本教材第1版曾获首届全国教材建设奖

"十四五"职业教育国家规划教材

U0683549

机械基础类
引领系列

机械制图与CAD

（第3版）

主　编　彭晓兰
副主编　吴剑平
　　　　鲁海斌

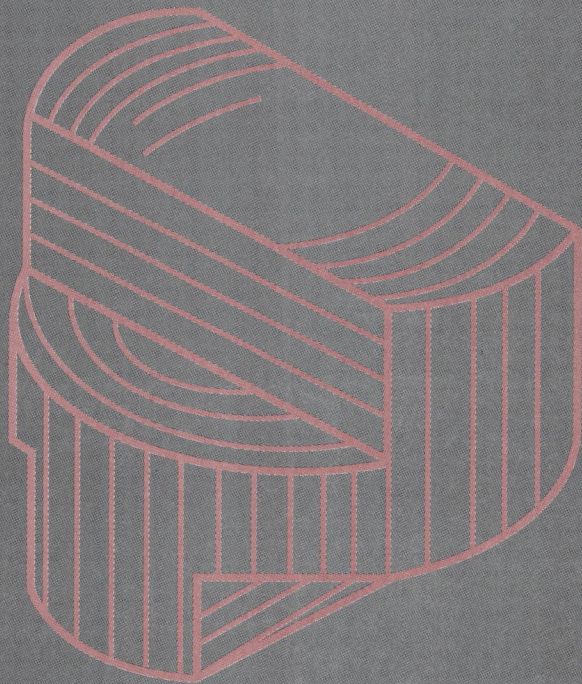

中国教育出版传媒集团
高等教育出版社·北京

内容提要

本教材第 1 版曾获首届全国教材建设奖全国优秀教材一等奖,本教材是"十四五"职业教育国家规划教材。

本教材是在前两版基础上,结合最新的《技术制图》和《机械制图》等国家标准修订而成的新形态一体化教材。

本教材根据机械零件常用分类方法,选择机械设备中典型的轴套类、盘盖类、叉架类、箱体类零件为载体,通过初识机械图样、创建三视图、零件内部结构的表达、轴套类零件图的识读与绘制、盘盖类零件图的识读与绘制、叉架类零件图的识读与绘制、箱体类零件图的识读与绘制、装配图的绘制、装配图拆画零件图 9 大模块,由浅入深系统介绍机械图样的识读与绘制方法,既保持了传统机械制图教材的知识体系,又注重加强识图与绘图实践环节,使读者在学习过程中循序渐进了解行业、贴近专业。教材将 CAD 绘图内容渗透至模块教学,与手工绘图交叉融合,帮助读者熟练识读图样和掌握 CAD 绘图技能。同时,为了解决传统制图课教学中学生感觉过于抽象等问题,教材采用 AR 技术及三维动画技术将抽象的二维图与形象的三维模型紧密联系在一起,帮助读者直观、形象地理解形体特征,为读者识读和绘制机械图样提供极大帮助。

本教材可作为高等职业院校机械类、近机械类专业的制图课程教材,也可作为成人高等教育等层次的相关课程教材,并可作为相关工程技术人员的参考用书。与本教材配套的《机械制图与 CAD 习题集》(第 3 版)同步出版,供读者选用。本教材建议教学时数为 90~100 学时。

授课教师如需本教材配套教学课件,可发送邮件至邮箱 gzjx@pub.hep.cn 获取。

图书在版编目(CIP)数据

机械制图与 CAD / 彭晓兰主编. --3 版. -- 北京:
高等教育出版社,2023.9(2024.8重印)
ISBN 978-7-04-060511-2

Ⅰ. ①机… Ⅱ. ①彭… Ⅲ. ①机械制图-AutoCAD 软件-高等职业教育-教材 Ⅳ. ①TH126

中国国家版本馆 CIP 数据核字(2023)第 087496 号

机械制图与 CAD(第 3 版)
JIXIE ZHITU YU CAD

策划编辑	张 璋	责任编辑	张 璋	封面设计	李小璐	版式设计	杨 树
责任绘图	邓 超	责任校对	张 薇	责任印制	沈心怡		

出版发行	高等教育出版社	网 址	http://www.hep.edu.cn
社 址	北京市西城区德外大街 4 号		http://www.hep.com.cn
邮政编码	100120	网上订购	http://www.hepmall.com.cn
印 刷	人卫印务(北京)有限公司		http://www.hepmall.com
开 本	787mm×1092mm 1/16		http://www.hepmall.cn
印 张	20.5	版 次	2014 年 8 月第 1 版
字 数	540 千字		2023 年 9 月第 3 版
购书热线	010-58581118	印 次	2024 年 8 月第 4 次印刷
咨询电话	400-810-0598	定 价	48.80 元

AR教材
一书在手，全部拥有

内容精选，理实一体，贴近职业教育实际。

双色印刷，图文并茂，机械形体生动具体。

AR 技术，随扫随学，即时获取立体三维模型，

激发学生学习兴趣。

机械制图与CAD（第3版）

主编 郭晓兰

配套AR模型

高等教育出版社

1. 使用微信扫描下方二维码，进入登录页面，完成登录、绑定。

2. 进入"资源详情"页，点击"查看资源"，即可进入AR模型页面，展开自己的3D学习之旅。

注： 教材中带有 " AR " 标识的图片，均配套有对应的AR资源。

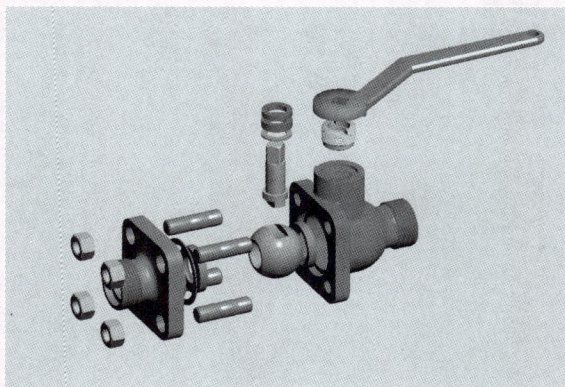

Ⅱ "智慧职教" 服务指南

"智慧职教"（www.icve.com.cn）是由高等教育出版社建设和运营的职业教育数字教学资源共建共享平台和在线课程教学服务平台，与教材配套课程相关的部分包括资源库平台、职教云平台和 App 等。用户通过平台注册，登录即可使用该平台。

● 资源库平台：为学习者提供本教材配套课程及资源的浏览服务。

登录"智慧职教"平台，在首页搜索框中搜索"机械制图"，找到对应作者主持的课程，加入课程参加学习，即可浏览课程资源。

● 职教云平台：帮助任课教师对本教材配套课程进行引用、修改，再发布为个性化课程（SPOC）。

1. 登录职教云平台，在首页单击"新增课程"按钮，根据提示设置要构建的个性化课程的基本信息。

2. 进入课程编辑页面设置教学班级后，在"教学管理"的"教学设计"中"导入"教材配套课程，可根据教学需要进行修改，再发布为个性化课程。

● App：帮助任课教师和学生基于新构建的个性化课程开展线上线下混合式、智能化教与学。

1. 在应用市场搜索"智慧职教 icve"App，下载安装。

2. 登录 App，任课教师指导学生加入个性化课程，并利用 App 提供的各类功能，开展课前、课中、课后的教学互动，构建智慧课堂。

"智慧职教"使用帮助及常见问题解答请访问 help.icve.com.cn。

Ⅲ 第3版前言

本教材是在首届全国教材建设奖全国优秀教材一等奖《机械制图与CAD》基础上，以党的二十大精神为指引，坚持科技是第一生产力、人才是第一资源、创新是第一动力，强化教材对学生创新精神、创造能力和工匠精神的培养，并结合最新的《技术制图》和《机械制图》等国家标准，修订而成的新形态一体化教材。

本教材编写团队在广泛听取有关院校师生建议与意见的基础上，保留了模块化架构，对轴套类零件图的识读与绘制、盘盖类零件图的识读与绘制、叉架类零件图的识读与绘制、箱体类零件图的识读与绘制、装配图的绘制等几大模块涵盖的知识点重新进行了序化，更新了大量教学资源。具体调整与修订情况如下：

（1）基本保持前两版的结构体系，为了更好地遵循学生的认知规律，从原先轴套类零件图、盘盖类零件图、叉架类零件图和箱体类零件图模块中将零件内部结构的表达方法整理出来单独作为一个模块，放在4类典型零件模块之前，使得教学内容前后关联性更加科学严谨。

（2）坚持"立德树人"根本任务，依据各模块教学内容，在"学习目标"中明确职业素养目标，并对应新增"大国工匠""解决'卡脖子'技术难题""企业实际工作案例"等课程思政教学资源。

（3）本教材依据最新的国家标准修订了教学内容，应用最新AutoCAD版本介绍CAD绘图方法与步骤，且更换与修改了一些实体模型、图样。

（4）本教材新增动画、AR交互、微课等数字化资源，以二维码形式嵌入纸制教材中，读者可通过手机扫描二维码，将线上线下资源有机衔接起来，从而使机械制图的学习更加直观、形象、方便、有趣。

（5）本教材配套新型活页式习题集，教师与学习者可根据需要进行有选择性和针对性的绘图技能训练。

本教材配套的课程"机械制图"为省级精品在线课程，书中大量的动画与实体模型均是在线课程建设成果，目前课程已在"智慧职教"（www.icve.com.cn）平台运行，配有大量微课、动画、模型、仿真资源等，欢迎广大院校师生参考使用。

本教材由江西职业技术大学彭晓兰任主编，吴剑平、鲁海斌任副主编。参与教材第1版编写、第2版和本次修订的人员还有：韩燕、郭文星、吴金会、王宏松、罗涛、杨静云、赵亮、胡斌、李雪英。

郑州铁路职业技术学院史艳红教授对教材内容进行了认真、详尽的审阅和悉心指导。在教材修订过程中，还得到了九江市飞达机械设备制造有限公司王少云高级工程师的大力支持和帮助，在此一并表示衷心感谢。

由于本课程的模块教学法仍处在不断探索和经验积累过程中，教材中难免存在疏漏和不足，恳请同行专家和读者批评指正。

编　者
2024年6月

▌▌▌ 第 1 版前言

　　本书是根据数控技术等机械类专业的改革与实践，在普通高等教育"十一五"国家级规划教材《机械制图与计算机绘图》的基础上编写而成的。为更好地夯实专业基础，服务专业课程，本书采用机械零件常用分类方法，将机械设备中常用的典型零部件按照轴套类、盘盖类、叉架类、箱体类零件分类，通过八大项目的教学由简到繁、由浅至深地介绍机械图样的识读与绘制方法，辅之以大量的读图和绘图训练。本书建议教学时数为 100 学时左右。

　　本书具有以下特色：

　　（1）始终贯彻专业思想，不断了解和熟悉专业知识，培养职业能力。

　　（2）严格贯彻执行最新《技术制图》和《机械制图》等国家标准。

　　（3）将手工绘图技能训练与 CAD 绘图技能训练有机融合。

　　（4）与传统教材相比，强化了第三角投影、尺寸注法、装配图拆画零件图等内容教学与训练。

　　（5）采用大量三维实体造型图，生动、直观、形象地反映形体特征。

　　（6）配套赠送电子课件和习题册三维实体模型等数字化教学资源。

　　本书由彭晓兰任主编，吴剑平、鲁海斌任副主编。参加本书编写的有：彭晓兰（绪论、项目 1）、吴剑平（项目 2）、鲁海斌（项目 7、附录）、王宏松（项目 3）、韩燕（项目 5）、罗涛（项目 6）、郭文星（项目 4）、李雪英（项目 8），全书由彭晓兰、吴剑平负责统稿和定稿。

　　本书由王槐德教授和李澄教授审稿。两位专家对教材内容进行了认真、详尽的审阅和悉心指导。在本书的编写过程中，还得到了刘晓红、王祥祯、朱庆太老师的大力支持和帮助，在此一并表示衷心感谢。

　　由于本课程的项目教学法处在探索和经验积累过程中，书中难免存在疏漏和不足，恳请同行专家和读者批评指正。

编　者

2014 年 5 月

▮ 目录

绪论

机械图样是机械制造业重要的技术资料和语言，贯穿机械产品设计、生产、装配、检验、使用、维护的全生命周期，在机械制造业中起着至关重要的作用。通过学习本课程，学生应具备较强的空间想象和空间思维能力，熟练掌握机械图样的识读能力、机械零部件及装配体的表达能力、机械制图国家标准的应用能力，为后续机械类专业课程学习及成为服务"制造强国"战略的高素质技术技能型人才打下坚实基础。

一、本课程的研究对象

本课程研究的是机械图样的识读与绘制。掌握了机械图样的识读与绘制，就能准确地了解或表达设计思想。如图 0-1（a）所示的齿轮泵模型图，它由多个零件装配而成，加工这些零件和进行装配时，仅有这个模型图是远远不够的，既不能了解零件的加工要求，也不能把握零件间的装配关系。又如图 0-1（b）所示的轴盖模型图，若采用图 0-2 所示的轴盖零件图表达，即可准确表达出该零件的形状、尺寸和技术要求。读懂机械图样，才可以进行加工、检验和装配等工作。

拓展阅读
制造业正从中国制造向中国创造迈进

(a) 齿轮泵模型图   (b) 轴盖模型图(放大)

图 0-1 模型图

二、本课程的学习任务和目标

本课程包括 9 大模块，每个模块包含若干工作任务，通过本课程的学习，应达到以下目标：

① 正确使用绘图工具手工绘制机械图样。

② 正确使用常用测绘工具测绘零部件。

③ 培养和增强空间想象和空间思维能力。

④ 熟练识读零件图、装配图，包括结构、尺寸和技术要求等。

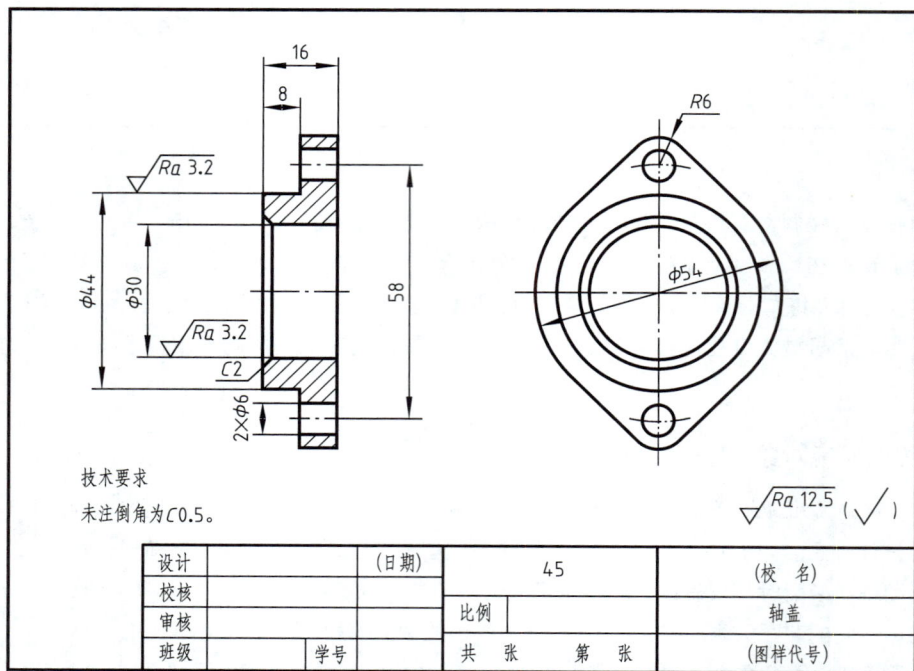

图 0-2 轴盖零件图

技术要求
未注倒角为 C0.5。

设计		（日期）		45	（校 名）
校核					轴盖
审核			比例		
班级	学号		共 张 第 张		（图样代号）

三、本课程的学习方法

① 认真学习机械制图相关国家标准，并严格遵守和执行国家标准。

② 常动脑：认真学习掌握正投影基本理论，仔细观察、积极思考，培养空间想象和空间思维能力。

③ 勤动手：机械图样识读与绘制既是一门实用技术，又是一项操作技能，要想熟练掌握，必须勤学多练，反复实践。

④ 充分利用教材配套数字化教学资源辅助学习。

⑤ 培养良好的学习习惯，做到充分预习、认真听课、独立完成作业、及时纠错和复习。

模块 1 初识机械图样

学习目标

1. 了解机械图样的内容及作用。
2. 掌握国家标准《机械制图》和《技术制图》中的基本规定。
3. 能正确使用常用绘图工具和仪器。
4. 具备徒手绘图的基本能力。
5. 掌握 AutoCAD 基础知识。
6. 通过学习相关标准，强化"不以规矩，不能成方圆"观念，树立诚实守信、遵纪守法意识。

学习重点

国家标准《机械制图》和《技术制图》中的基本规定；AutoCAD 图层设置。

学习难点

国家标准《机械制图》和《技术制图》中的基本规定；常用绘图工具和仪器的使用。

任务 1.1 机械图样概述

任务描述

机械图样是机械设计和制造过程中重要的技术资料。

本任务先学习机械图样相关知识，有助于后续任务的学习。

1.1.1 零件的概念

零件是指机械中不可拆分的单个制件，是机器的基本组成要素，也是机械制造过程中的基本单元。其制造过程一般不需要装配工序。常见的零件如螺栓、齿轮、减速器箱体等，如图 1-1 所示。从加工的角度来说，零件通常是不可拆分的最小加工单元。

微课扫一扫
机械图样概述

1.1.2 零件的分类及结构特点

机器是由零件装配而成的，零件的结构千变万化。零件按其结构特点、视图表达、尺寸标注、制造方法等分类，大致可以分为轴套类、盘盖类、叉架类和箱体类 4 种类型，如图 1-2 所示。

(a) 螺栓　　　　　　　　(b) 齿轮　　　　　　　　(c) 减速器箱体

图 1-1　常见的零件

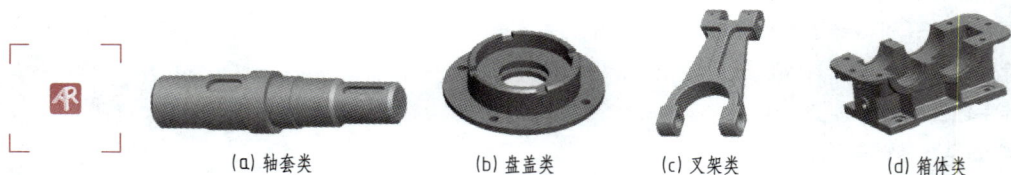

(a) 轴套类　　　　(b) 盘盖类　　　　(c) 叉架类　　　　(d) 箱体类

图 1-2　4 种典型零件

1. 轴套类零件

轴套类零件主体结构为回转体，径向尺寸小，轴向尺寸大，如图 1-2（a）所示。轴通常是机器的核心零件，可分为心轴、转轴和传动轴，以实心轴居多，也有空心轴，如机床主轴；套为空心零件。

2. 盘盖类零件

盘盖类零件主体结构为扁平形状，如图 1-2（b）所示。若主体结构为回转体，则结构有较大的径向尺寸和较小的轴向尺寸。

3. 叉架类零件

叉是操纵件，用以操纵其他零件变位，其运动就像晒衣服时用衣叉操纵衣架的移动一样；架是支承件，用以支持其他零件。叉由圆柱筒结构、叉口、连接结构组成；架由支持底部结构、支持面、连接结构组成，如图 1-2（c）所示。

4. 箱体类零件

箱体常为薄壁容腔结构，可安装、容纳其他零件，一般由底板、箱壁、箱孔、凸台等结构组成，如图 1-2（d）所示。

1.1.3　机械图样的概念

对于从事机械设计与制造相关工作的人员而言，为了准确地表达或理解设计者的意图，需要将零件转化成零件工作图（简称零件图）表达。如图 1-3 所示的某小型起重设备中的吊钩，需要将其转化成图 1-4 所示的吊钩零件图表达，这种图即称为机械图样。

1. 图的定义

图　用点、线、符号和数字等描绘实物几何特性、形态、位置及大小的一种形式。

图 1-3　吊钩

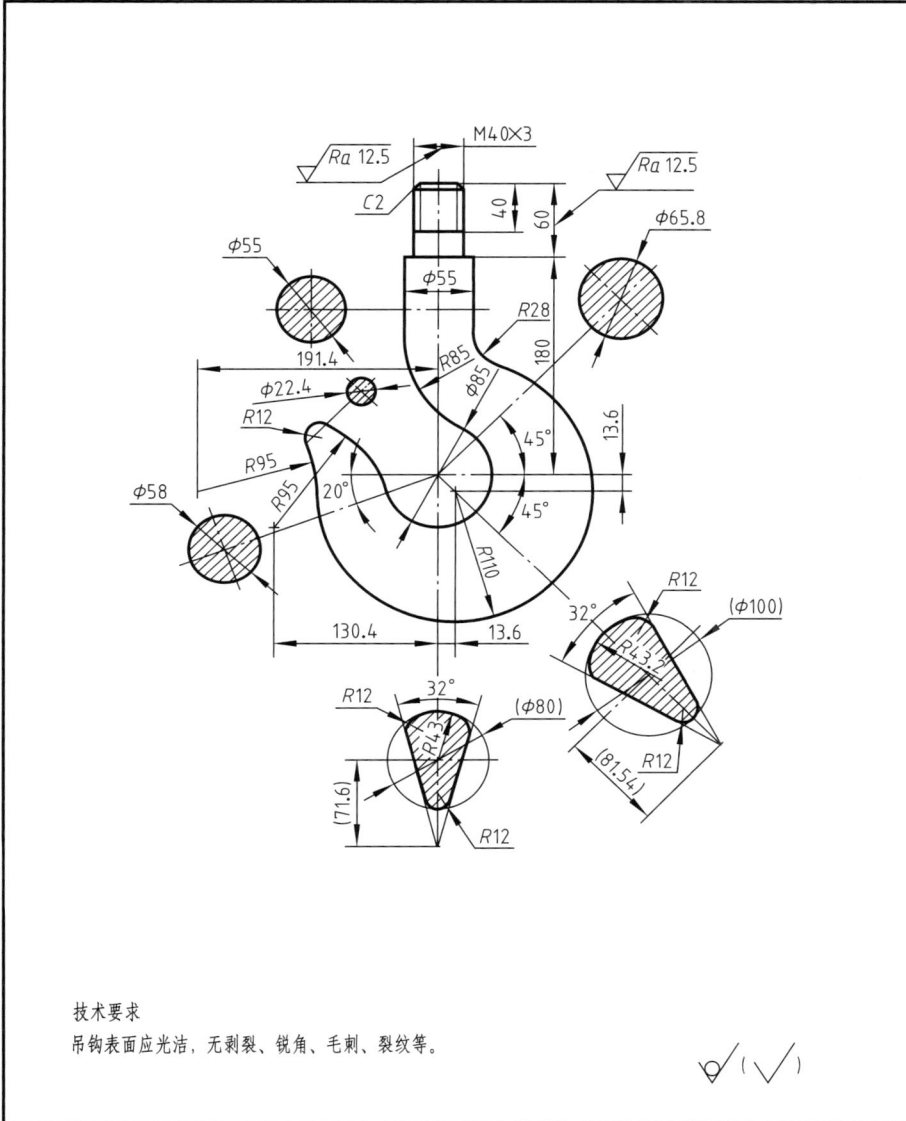

技术要求
吊钩表面应光洁，无剥裂、锐角、毛刺、裂纹等。

标记	处数	分区	更改文件号	签名	年，月，日				（单位名称）
设计	（签名）	（年月日）	标准化	（签名）	（年月日）	阶段标记	重量	比例	吊　钩
审核								1:1	（图样代号）
工艺			批准			共　张　第　张			（投影符号）

HT350

图 1-4　吊钩零件图

5

2. 图样的定义

图样　根据投影原理、标准或有关规定，表示工程对象，并有必要的技术说明的图。图样是设计者表达设计意图的信息载体。图样应能准确地表达物体的形状、尺寸和技术要求。

3. 机械图样的概念与作用

机械工程中使用的图样称为机械图样。机械图样是设计者表达设计意图的重要载体，是制造者组织生产、制造零件和装配机器的依据，是使用者了解产品结构和性能的途径，是维修者进行维修的参考。机械图样通常分为零件图和装配图。

4. 零件图与装配图

表示单个零件的图样，称为零件图。在生产实际中，哪怕结构形状简单的零件，要制造它，通常亦需先绘制其零件图。零件图是制造零件和检验零件的依据，是指导生产的重要技术文件之一。

装配图（图 1-5）是产品设计中设计意图的反映，是产品设计、制造的重要技术依据。机器或部件在设计制造及装配时都需要装配图，用以表达机器或部件的工作原理、零件间的装配关系和各零件的主要结构形状，以及装配、检验和安装时所需的尺寸和技术要求。

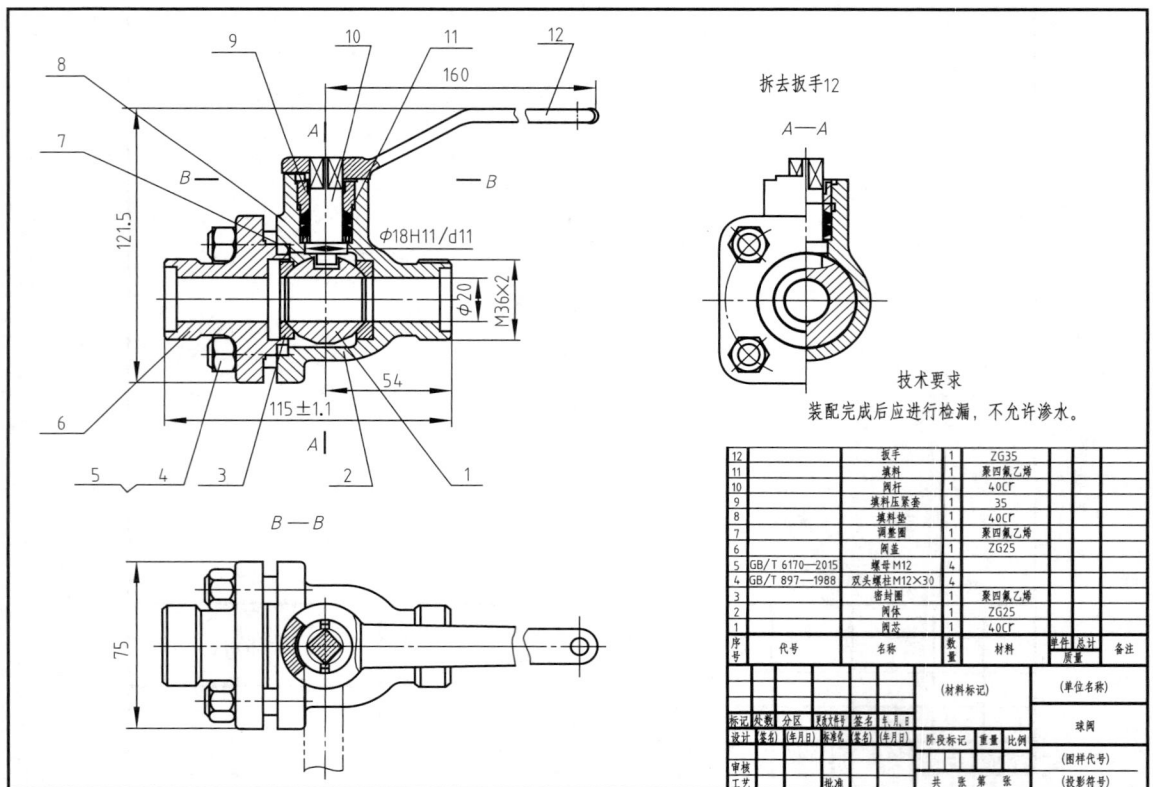

图 1-5　球阀装配图

1.1.4　零件图基本组成

以图 1-4 为例可以看到，零件图主要包含以下几方面内容：

① 图框和周边　图框内为吊钩图形绘制、书写的范围；周边即图框外的部分，用于保护图形及图纸的装夹整理，需要装订时左边较宽，其他边相对较窄。

② 标题栏　即吊钩设计、制造关键信息的注写栏，配置在图框内的右下方。

③ 一组图形　即用图线绘制出的吊钩的轮廓，以及表示其结构的点、线和符号等，配置在图框中央偏上位置。

④ 技术要求　配置在标题栏的附近（上面或左边）。

⑤ 尺寸　即用来表示吊钩各部分结构大小和结构间相对位置的描述。

装配图主要内容详见模块 8。

复习思考题

1. 常见零件有哪几类？
2. 什么是机械图样？
3. 机械图样的作用？

任务 1.2　熟悉机械制图基本知识

任务描述

为了能正确识读与绘制机械图样，需熟悉和掌握有关标准和规定。本任务主要学习现行国家标准《技术制图》和《机械制图》中部分内容。

在标准编号"GB/T 14689—2008"中，标准代号"GB/T"称为"推荐性国家标准"，简称"国标"。"14689"为标准顺序号，"2008"为标准发布的年号。

提示

国家标准规定，机械图样中的尺寸以 mm（毫米）为单位时，不需标注单位符号。如采用其他单位，则必须注明相应的单位符号。本教材文字叙述和图样中尺寸单位为 mm（毫米）的，酌情省略单位符号。

1.2.1　图幅（GB/T 14689—2008）和标题栏（GB/T 10609.1—2008）

1. 图纸幅面

图纸幅面由图纸宽度 B 和长度 L 组成，图纸幅面分为基本幅面和加长幅面两种，在绘图时应优先采用基本幅面。基本幅面共有 5 种，代号由"A"和阿拉伯数字 0~4 组成，见表 1-1。

幅面代号的几何含义，实际上是 A0 幅面图纸的对开数。如 A1 幅面为 A0 幅面的一半（以长边对折裁开），A2~A4 幅面以此类推，如图 1-6 中粗实线所示。

微课扫一扫
图幅和标题栏

表 1-1　基本幅面及图框尺寸　　　　　　　　　　　　　　　　　mm

幅面代号	A0	A1	A2	A3	A4
尺寸 $B \times L$	841×1 189	594×841	420×594	297×420	210×297
a	25				
c	10			5	
e	20		10		

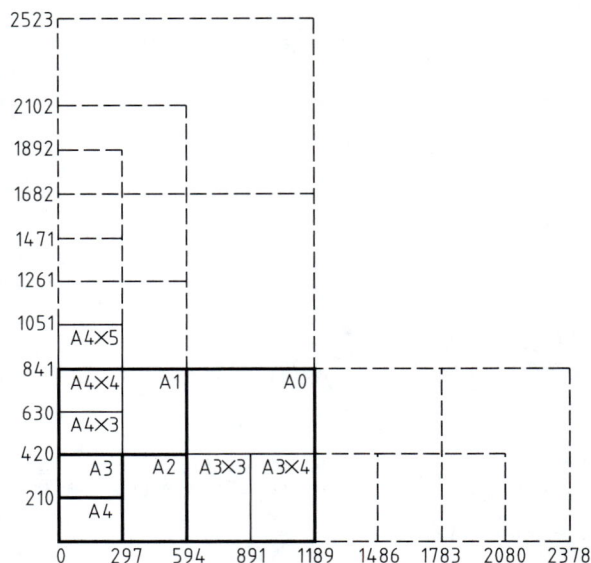

图 1-6　图纸的基本幅面及加长幅面尺寸

必要时，允许选用加长幅面，加长幅面的大小按基本幅面的短边成整数倍增加后得出，如图 1-6 中细实线和细虚线所示。如 A3 幅面要加长至 3 倍，则长边 420 mm 不变，短边为 297 mm×3=891 mm，因此其幅面尺寸为 420 mm×891 mm。

2. 图框格式

图框是图纸上限定绘图区域的线框，在图纸中用粗实线表示，如图 1-7 所示。图框的格式分为不留装订边和留有装订边两种，注意同一产品的图样只能采用一种格式。两种图框格式如图 1-7 所示，它们各自的图框尺寸见表 1-1。加长幅面的图框尺寸按所选用的基本幅面大一号的图框尺寸确定，如 A2×3 幅面的图框尺寸按 A1 幅面的图框尺寸确定，即 e 为 20 mm。

3. 标题栏（GB/T 10609.1—2008）

机械图样中，必须在图纸的右下角画出标题栏，标题栏的内容、格式和尺寸应按 GB/T 10609.1—2008《技术制图　标题栏》的规定绘制，如图 1-8 所示。

在制图作业中，为了简化绘图，可以采用简化标题栏，如图 1-9 所示。需要注意的是零件图和装配图中所用标题栏的格式应是完全一致的。

纸边界线

图框线

标题栏

周边

X 型图纸

e

e

e

e

B

L

Y 型图纸

e

e

e

B

L

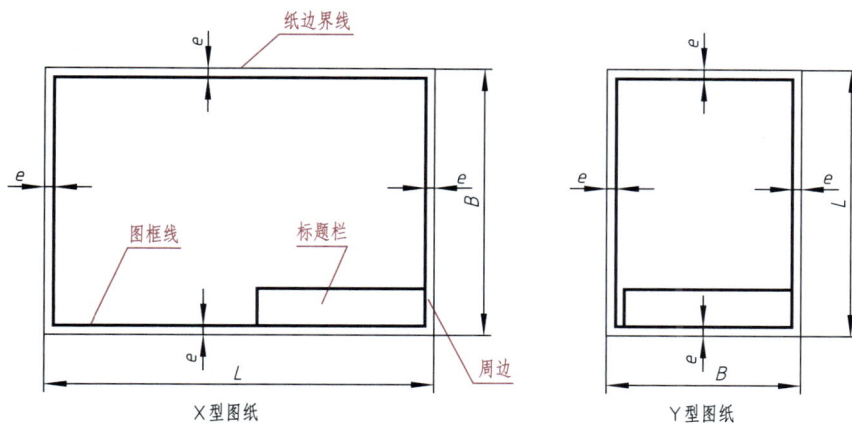

(a) 不留装订边的图框格式

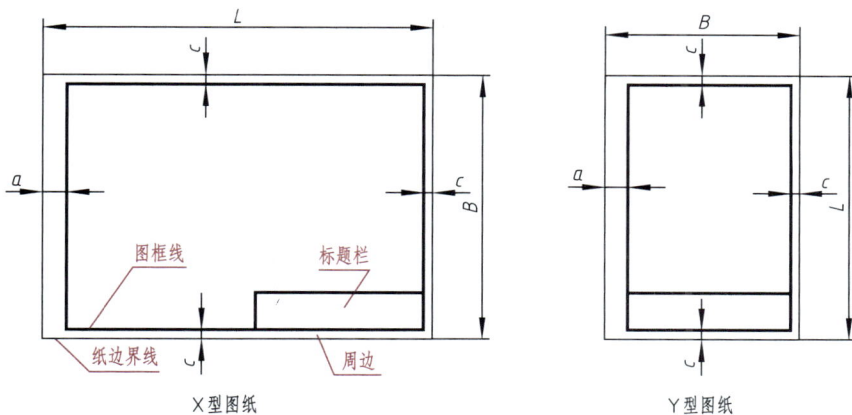

L

c

a

c

B

图框线

标题栏

纸边界线

周边

X 型图纸

c

B

a

c

Y 型图纸

c

c

L

(b) 留有装订边的图框格式

图 1-7　图框格式

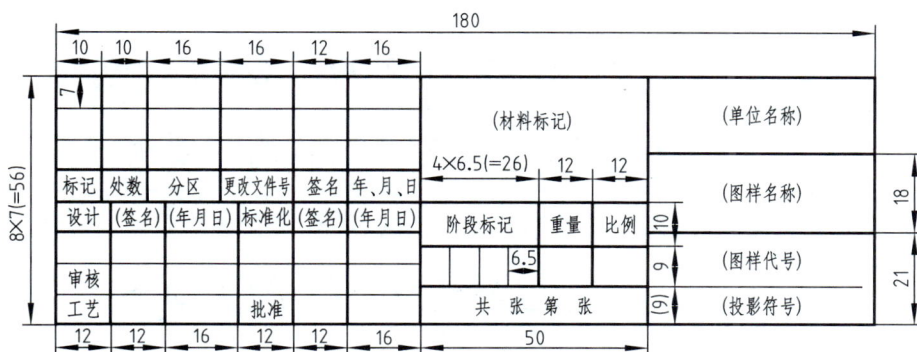

						(材料标记)			(单位名称)
标记	处数	分区	更改文件号	签名	年、月、日	4×6.5(=26)	12	12	(图样名称)
设计	(签名)	(年月日)	标准化	(签名)	(年月日)	阶段标记	重量	比例	(图样代号)
审核							6.5		
工艺			批准			共　张　第　张			(投影符号)

180

10　10　16　16　12　16

7

8×7(=56)

12　12　16　12　12　16

50

10　9　(9)

18　21

图 1-8　国标规定的标题栏格式

15	35	20	15		
设计		(日期)	(材料)	(校　名)	
校核			比例	(图样名称)	
审核					
班级	学号		共　张　第　张	(图样代号)	

4×7.5(=30)　12　180　60　9　9

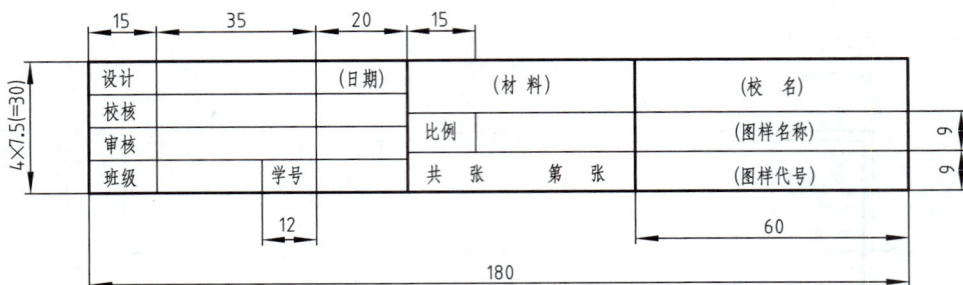

图 1-9　简化标题栏

若标题栏长边置于水平方向并与图纸长边平行，则构成 X 型图纸；若标题栏长边与图纸长边垂直，则构成 Y 型图纸，如图 1-7 所示。不论是 X 型或 Y 型图纸，其看图方向通常与图纸标题栏的方向一致。

4. 图纸的折叠（GB/T 10609.3—2009）

为便于图纸装入文件袋或装订成册保存，国家标准规定了有关图纸的折叠方法。折叠后的图纸幅面一般是 A4 或 A3 大小，折叠时图纸的图面应朝外，并以手风琴式样折叠，折叠后图纸上的标题栏应位于首页右下方并朝外，以便查阅。

1.2.2　字体（GB/T 14691—1993）

图样中的字体有汉字、数字和字母，书写时必须做到：字体工整、笔画清楚、间隔均匀、排列整齐，以保证图样的清晰、美观。字体的字号即指字体高度，用 h 表示，分为 8 种：1.8，2.5，3.5，5，7，10，14，20 mm。用来表示指数、分数、极限偏差、注脚等的数字及字母，一般应采用小一号的字体。

汉字采用长仿宋体，并采用国家正式颁布推行的简化字。汉字的高度不小于 3.5 mm，其宽度一般为 $h/\sqrt{2}$，见表 1-2。

字母和数字按笔画粗细分为 A 型和 B 型，A 型字体的笔画宽度 d 为字高 h 的 1/14，B 型字体的笔画宽度 d 为字高 h 的 1/10。在同一图样上，只允许选用同一型式的字体。

数字和字母可写成斜体或直体，斜体字字头向右倾斜，并与水平基准线成 75°，见表 1-2。应注意数字、字母与汉字同时出现时均用直体。

表 1-2　字 体 示 例

字体		示例
长仿宋体汉字	7 号字	横平竖直注意起落结构均匀填满方格
	5 号字	技术制图机械电子汽车航空船舶土木建筑矿山井坑
拉丁字母	大写斜体	*ABCDEFGHIJKLMNOPQRSTUVWXYZ*
	小写直体	abcdefghijklmnopqrstuvwxyz

字体		示例
希腊字母	大写斜体	ABΓΔEZHΘIKΛMNΞO ΠΡΣΤΥΦΧΨΩ
	小写直体	αβγδεζηθϑχικλμνξοπρστυ φφχψω
阿拉伯数字	斜体	0123456789
	直体	0123456789
罗马数字 A 型字体	斜体	I II III IV V VI VII VIII IX X
	直体	I II III IV V VI VII VIII IX X
字体运用示例		10^3 S^{-1} D_1 Td $\Phi20^{+0.010}_{-0.023}$ $7°^{+1°}_{-2°}$ $\frac{3}{5}$ $\Phi25\frac{H6}{m5}$ $\frac{II}{2:1}$ $10Js5(±0.003)$ $M24$ $R8$ 5% $\sqrt{}$ Ra 1.6 $220V$ $5M\Omega$ $380kPa$ $460r/min$

1.2.3 比例（GB/T 14690—1993）

比例是指图样中的图形与其实物相应要素的线性尺寸之比，即比例 = 图样中图形的线性尺寸 / 实物相应要素的线性尺寸。

绘制图样时应尽可能按机件的实际大小采用 1∶1 的原值比例，但由于机件的大小及结构复杂程度不同，有时需要放大或缩小绘制。当需要按比例绘制图样时，优先选用第一系列比例，必要时允许选用第二系列比例，见表 1-3。

表 1-3 比　例

种类	比例				
	第一系列			第二系列	
原值比例	1∶1				
缩小比例	1∶2　　　1∶5　　　1∶10			1∶1.5　　1∶2.5　　1∶3　　1∶4　　1∶6	
	$1∶2×10^n$　$1∶5×10^n$　$1∶1×10^n$			$1∶1.5×10^n$　$1∶2.5×10^n$　$1∶3×10^n$　$1∶4×10^n$　$1∶6×10^n$	
放大比例	5∶1　　　2∶1			4∶1　　　2.5∶1	
	$5×10^n∶1$　$2×10^n∶1$　$1×10^n∶1$			$4×10^n∶1$　$2.5×10^n∶1$	

注：n 为正整数。

同一机件的各个视图（根据有关标准和规定，用正投影法所绘制出的机件的图形称为视图，主要用来表示机件的外部结构和形状，详细内容见模块 2）应采用相同的比例，在图样上标注比例采用比例符号"："，如 1：1、1：500 等。绘图比例一般应填写在标题栏中的"比例"栏目内。当某个视图需要采用不同的比例绘制时，应在视图名称的下方另行标注比例。

注意：图样上标注的尺寸，应按机件的实际尺寸标注，与所选择的比例是放大比例还是缩小比例无关，如图 1-10 所示。

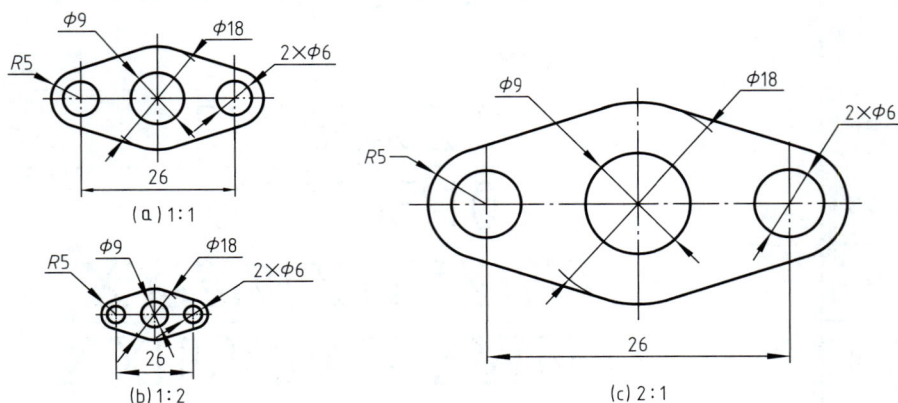

图 1-10　用不同比例画出的同一机件的图形

1.2.4　图线（GB/T 4457.4—2002）

图线是图样中所采用的各种形式的线。国家标准规定了机械图样中使用的 9 种图线，其名称、线型及一般应用见表 1-4，常用图线及其应用如图 1-11 所示。

表 1-4　图线名称、线型及一般应用

代码 No.	名称及线型	一般应用
01.1	细实线	(1) 过渡线；(2) 尺寸线；(3) 尺寸界线；(4) 指引线和基准线；(5) 剖面线；(6) 重合端面的轮廓线；(7) 短中心线；(8) 螺纹牙底线；(9) 尺寸线的起止线；(10) 表示平面的对角线；(11) 零件成形前的弯折线；(12) 范围线及分界线；(13) 重复要素表示线
	波浪线	(14) 断裂处边界线；视图与剖视图的分界线[①]
	双折线	(15) 断裂处边界线；视图与剖视图的分界线[①]
01.2	粗实线	(1) 可见棱边线；(2) 可见轮廓线；(3) 相贯线；(4) 螺纹牙顶线；(5) 螺纹长度终止线；(6) 齿顶圆(线)；(7) 表格图、流程图中的主要表示线；(8) 系统结构线；(9) 模样分型线；(10) 剖切符号用线

12

代码 No.	名称及线型	一般应用
02.1	细虚线	(1) 不可见棱边线；(2) 不可见轮廓线
02.2	粗虚线	允许表面处理的表示线
04.1	细点画线	(1) 轴线；(2) 对称中心线；(3) 分度圆（线）；(4) 孔系分布的中心线；(5) 剖切线
04.2	粗点画线	限定范围表示线
05.1	细双点画线	(1) 相邻辅助零件的轮廓线；(2) 可动零件的极限位置的轮廓线；(3) 重心线；(4) 成形前轮廓线；(5) 剖切面前的结构轮廓线；(6) 轨迹线；(7) 毛坯图中制成品的轮廓线；(8) 特定区域线；(9) 延伸公差带表示线；(10) 工艺用结构的轮廓线；(11) 中断线

注：① 在一张图样上一般采用一种线型，即采用波浪线或双折线。

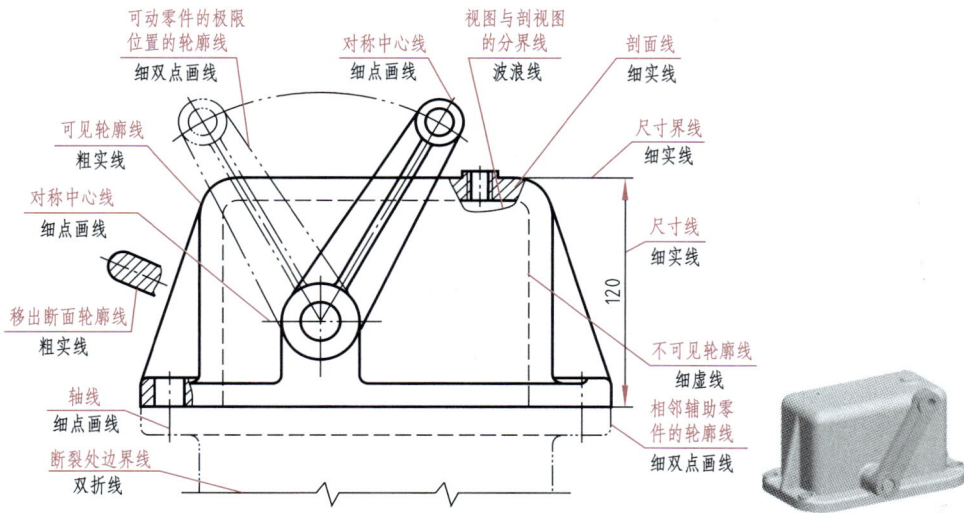

图 1-11 常用图线及其应用

机械图样中采用粗、细两种线宽，比例为 2∶1。图线的线宽应根据图样的类型和大小在下列数系中选取：0.13，0.18，0.25，0.35，0.5，0.7，1，1.4，2 mm。优先推荐选用的粗、细线宽为 0.7 mm 和 0.35 mm，0.5 mm 和 0.25 mm。

图线的画法：

① 同一图样中，同类图线的线宽应一致。虚线、点画线及双点画线的画线和间隔长度应各自大致

相等。

② 两平行线（含剖面线）之间的距离应不小于粗实线的两倍宽度，其最小距离不得小于 0.7 mm。

③ 绘制圆的对称中心线时，圆心应为画线的交点，而不应在点或间隔处相交。点画线和双点画线的首末两端应是画线，且中心线应超出图形轮廓线 3～5 mm，如图 1-12 所示。

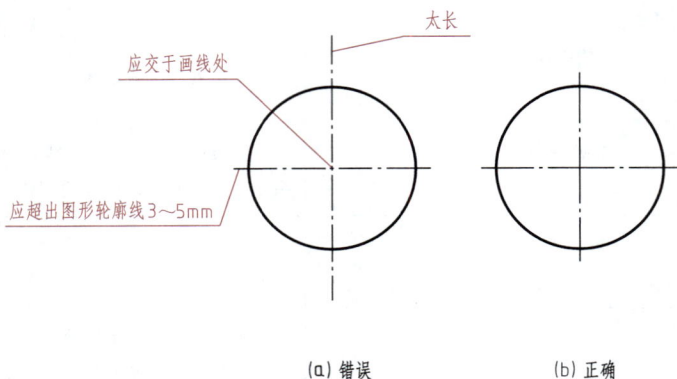

(a) 错误　　　　　(b) 正确

图 1-12　对称中心线的画法

④ 在绘制较小的图形时，如绘制细点画线有困难，则可用细实线来代替。

⑤ 虚线、点画线或双点画线与实线或它们自己相交时，应在画线处相交，而不应在点或间隔处相交。

⑥ 当细虚线位于粗实线的延长线上时，在细虚线与粗实线连接处应留空隙，如图 1-13 所示。圆弧细虚线与直线相切时，圆弧细虚线应画至切点处，留空隙后再画直线。

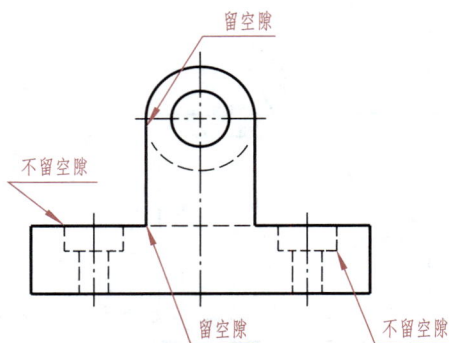

图 1-13　细虚线连接处的画法

复习思考题

1. 不同图纸幅面尺寸之间有何规律？ A2 幅面的面积是 A4 幅面的几倍？

2. 什么是比例？在使用比例时应注意哪些问题？

3. 字体的号数与字高有何关系？书写汉字、数字和字母时应遵守哪些规定？

4. 制图标准中规定使用的机械制图常用图线有哪几种？各图线的线宽是如何确定的？

任务 1.3　尺寸注法

任务描述

国家标准 GB/T 4458.4—2003《机械制图　尺寸注法》和 GB/T 16675.2—2012《技术制图　简化表示法　第 2 部分：尺寸注法》规定了尺寸标注的规则、符号和方法。本任务主要熟悉这些规定，并严格遵守。

机械图样中图形只能表达零件的结构形状，零件的大小则由标注的尺寸来确定。尺寸是产品加工和装配时的重要依据，尺寸标注若不完整或出现错误，将无法加工或致生产出废品。因此，标注尺寸时，应严格遵守国家标准，做到"正确、完整、清晰、合理"。

1.3.1　尺寸标注的基本规则（GB/T 4458.4—2003、GB/T 16675.2—2012）

① 机件的真实大小以图样上所标注的尺寸数值为准，与图形的大小、比例及绘图的准确度无关。

② 如果图样中（包括技术要求和其他说明）的尺寸以 mm 为单位，则不需标注单位符号（或名称）。若采用其他单位，则必须注明相应的单位符号。

③ 图样中所标注的尺寸应是指该图样所示机件的最后完工尺寸，否则必须另加说明。

④ 机件的每一个尺寸一般都只标注一次，并应标注在反映该结构最清晰的图形上。

⑤ 标注相互平行的尺寸时，应遵循"小尺寸在里，大尺寸在外"的原则，依次排列整齐，相互平行的两尺寸线间距相等，且应大于 5 mm。

⑥ 标注尺寸时，应使用规定符号和缩写词。常用符号和缩写词见表 1-5。

表 1-5　常用符号和缩写词（摘自 GB/T 16675.2—2012）

序号	名称	符号或缩写词	序号	名称	符号或缩写词
1	直径	ϕ	9	深度	↓
2	半径	R	10	沉孔或锪平	⊔
3	球直径	$S\phi$	11	埋头孔	∨
4	球半径	SR	12	弧长	⌒
5	厚度	t	13	斜度	∠
6	均布	EQS	14	锥度	◁
7	45° 倒角	C	15	展开[①]	↻→
8	正方形	□	16	型材截面形状	（按 GB/T 4656）

注：① 展开符号 ↻ 标在展开图上方的名称字母后面（如：*A—A* ↻ ）；当弯曲成形前的坯料形状叠加在成形后的视图上画出时，则该图上方不必标注展开符号，但图中的展开尺寸应按照"↻ *x*"（其中 *x* 为尺寸数值）的形式注写。

1.3.2　尺寸标注的基本要素

尺寸标注一般包含尺寸数字、尺寸线和尺寸界线三个要素，如图 1-14 所示。

微课扫一扫
尺寸标注的基
本要素

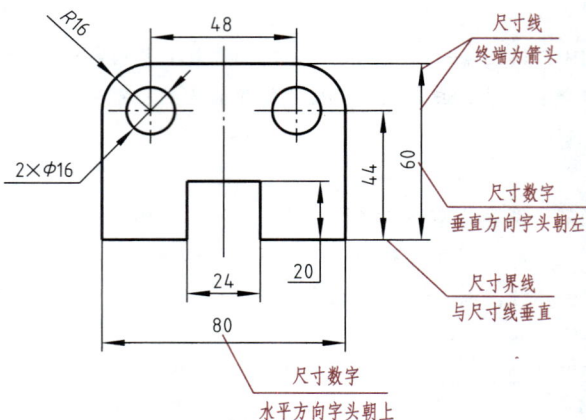

图 1-14　尺寸标注示例

1. 尺寸数字

尺寸数字表示尺寸的大小。线性尺寸的尺寸数字一般应注写在尺寸线上方，对于非水平方向的尺寸，其尺寸数字亦可水平地注写在尺寸线的中断处，如图 1-15 中的尺寸 30。

线性尺寸的尺寸数字一般应按图 1-16（a）所示方向注写，即水平方向字头朝上，垂直方向字头朝左，倾斜方向字头保持朝上趋势，并尽可能避免在图 1-16（a）所示的 30° 范围内标注，当无法避免时，可按图 1-16（b）所示形式引出标注。

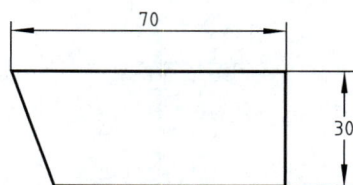

图 1-15　非水平方向的尺寸注法

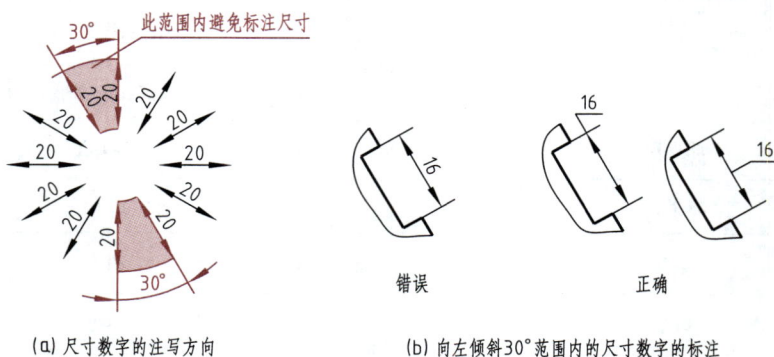

（a）尺寸数字的注写方向　　　　（b）向左倾斜30°范围内的尺寸数字的标注

图 1-16　尺寸数字的注写

在不致引起误解时，允许采用图 1-15 所示的方法标注，在同一张图样中，应尽可能采用图 1-16 或图 1-15 所示两种方法中的一种方法标注。

尺寸数字不允许被任何图线通过。当不可避免时，必须将图线断开，如图 1-17 所示。

16

2. 尺寸线

尺寸线一般表示尺寸度量的方向。尺寸线用细实线绘制，不能用其他图线代替，也不得与其他图线重合或画在其延长线上。尺寸线的终端形式有两种，如图 1-18 所示，机械图样中一般采用箭头作为尺寸线的终端。标注线性尺寸时，尺寸线应与所标注的线段平行。尺寸线的注法如图 1-19 所示。

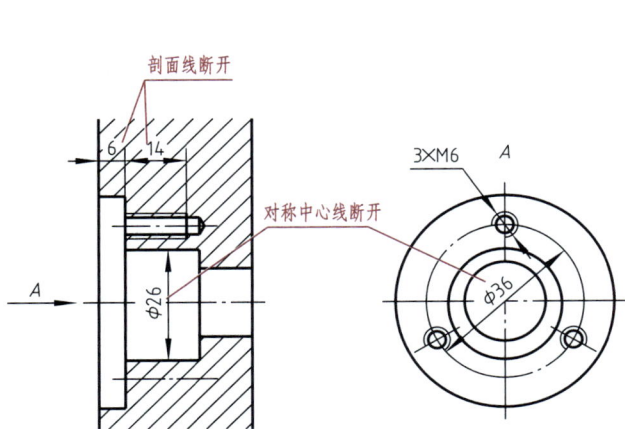

图 1-17 尺寸数字不允许被任何图线通过

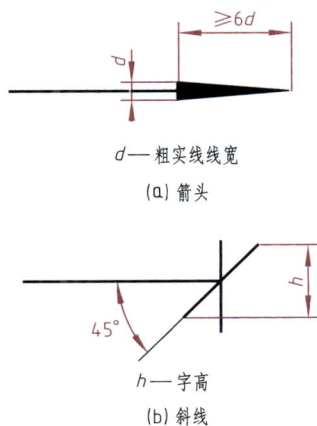

图 1-18 尺寸线终端形式

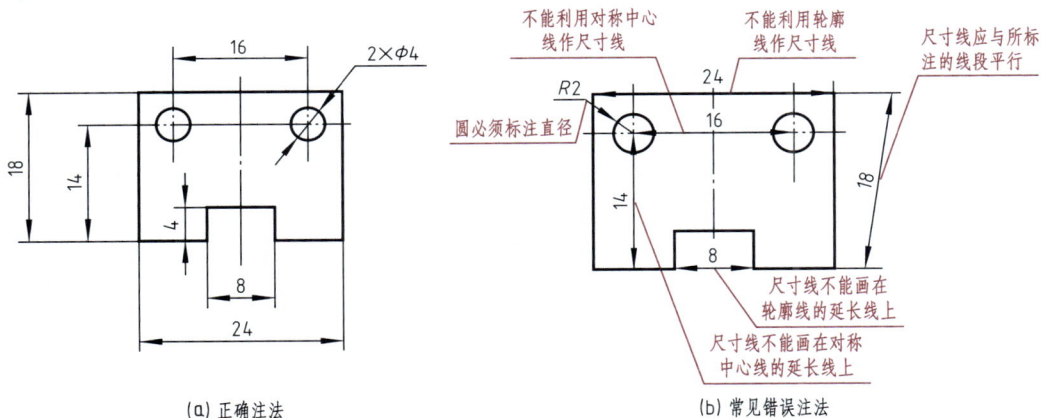

(a) 正确注法

(b) 常见错误注法

图 1-19 尺寸线的注法

3. 尺寸界线

尺寸界线表示尺寸度量范围。尺寸界线用细实线绘制，并应从图形的轮廓线、轴线或对称中心线处引出；也可利用轮廓线、轴线或对称中心线作尺寸界线，如图 1-20（a）所示。

尺寸界线一般应与尺寸线垂直并超过尺寸线 2～3 mm，有需要时尺寸界线才允许倾斜，如图 1-20（b）所示。在光滑过渡处标注尺寸时，需用细实线将轮廓线延长，并从它们的交点处引出尺寸界线，如图 1-20（c）所示。

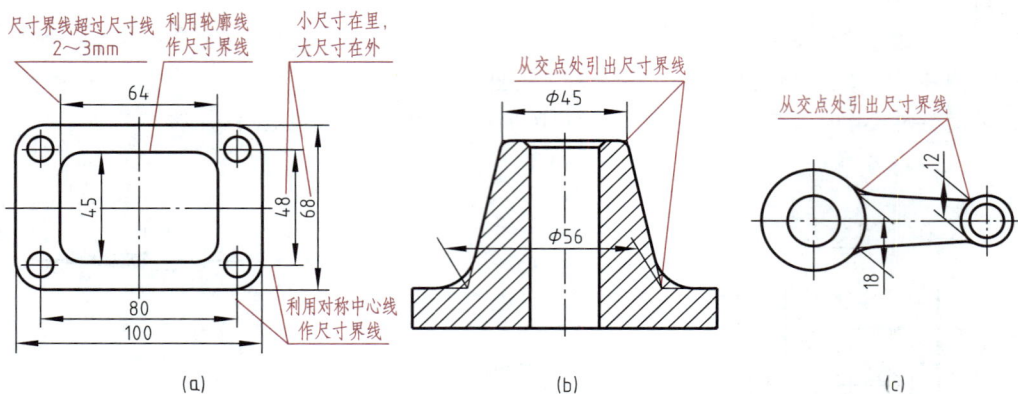

图 1-20　尺寸界线的注法

1.3.3　常用的尺寸注法

1. 圆、圆弧和球面的尺寸注法

标注圆或大于半圆的圆弧时应标注直径尺寸。标注圆直径时，直径尺寸的尺寸数字前应加注符号"ϕ"，尺寸线要通过圆心，以圆周轮廓线为尺寸界线，终端画成箭头，如图 1-21（a）所示；标注大于半圆的圆弧直径时，其尺寸线应画至超过圆心，只在指向圆弧的一端画箭头，并标注直径符号和尺寸数字，如图 1-21（b）所示。

标注小于或等于半圆的圆弧时应标注半径尺寸，尺寸线应从圆心出发指向圆弧并画箭头，在半径尺寸的尺寸数字前加注符号"R"，如图 1-21（c）所示。

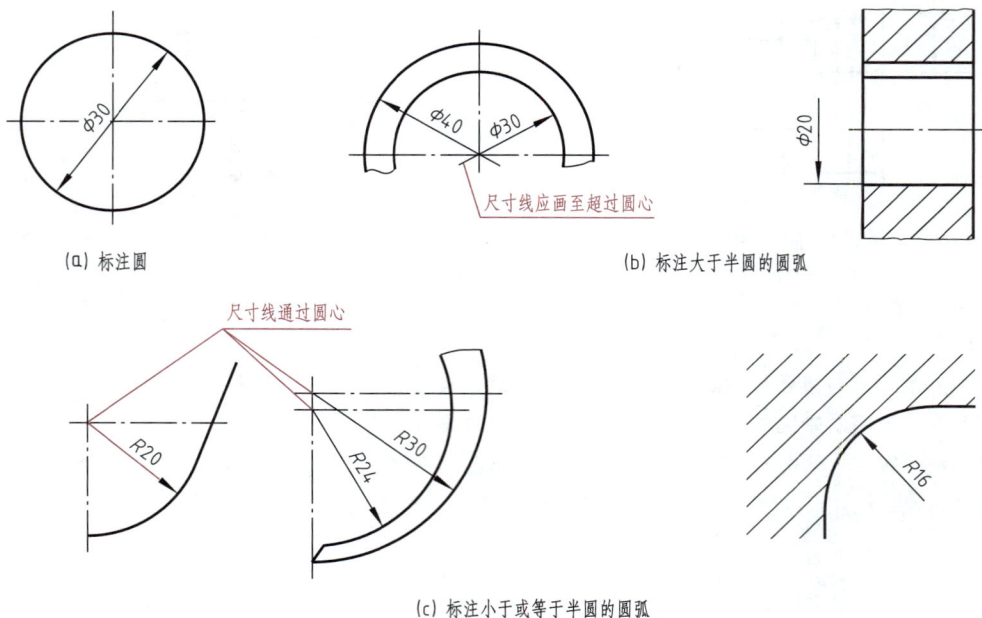

（a）标注圆　　　　　　　　　　　　　（b）标注大于半圆的圆弧

（c）标注小于或等于半圆的圆弧

图 1-21　圆和圆弧的尺寸注法

当圆弧的半径过大或在图纸范围内无法标出其圆心位置时，可采用折线形式标注，如图 1-22（a）所示；若不需要标出其圆心位置时，则尺寸线只画靠近箭头一段，如图 1-22（b）所示，但尺寸线仍应指向圆心。

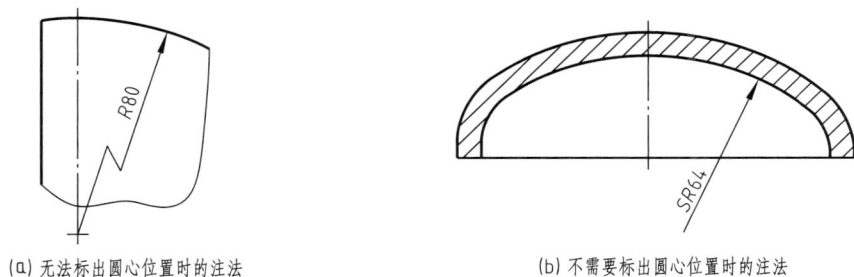

(a) 无法标出圆心位置时的注法　　　　　(b) 不需要标出圆心位置时的注法

图 1-22　圆弧半径过大时的尺寸注法

标注球面的直径或半径时，应在尺寸数字前加注球直径符号"Sφ"或球半径符号"SR"，如图 1-23（a）所示。对于螺钉、铆钉的头部、轴和手柄的端部等结构，在不致引起误解的情况下，标注尺寸时可省略符号"S"，如图 1-23（b）所示。

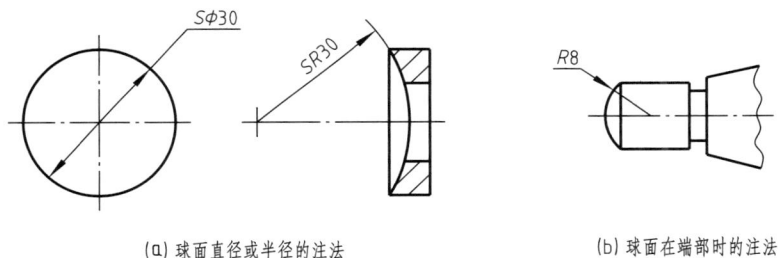

(a) 球面直径或半径的注法　　　　　(b) 球面在端部时的注法

图 1-23　球面的尺寸注法

2. 角度的注法

标注角度时尺寸界线应沿径向引出，尺寸线画成圆弧，圆弧圆心是该角的顶点，半径取适当大小，角度的尺寸数字一律写成水平方向，一般注写在尺寸线的中断处，如图 1-24（a）所示；必要时也可注写在尺寸线的上方或外侧，角度小时也可用指引线引出标注，如图 1-24（b）所示。

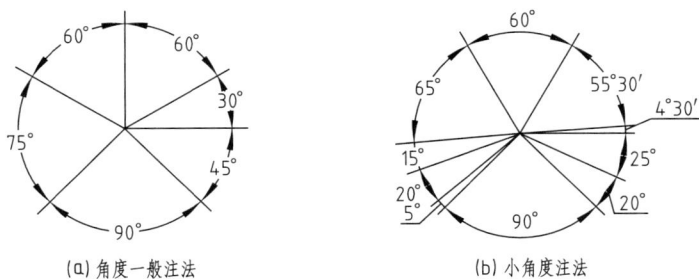

(a) 角度一般注法　　　　　(b) 小角度注法

图 1-24　角度的注法

19

3. 小尺寸的注法

对于尺寸界线间没有足够位置画箭头或注写尺寸数字的小尺寸，可按图 1-25 所示的形式标注。标注一连串小尺寸时，可用小圆点或短斜线代替箭头（圆点大小应与箭头尾部宽度相同），但最外两侧终端仍应画箭头。当直径或半径尺寸较小时，箭头和数字都可以布置在圆弧外侧。

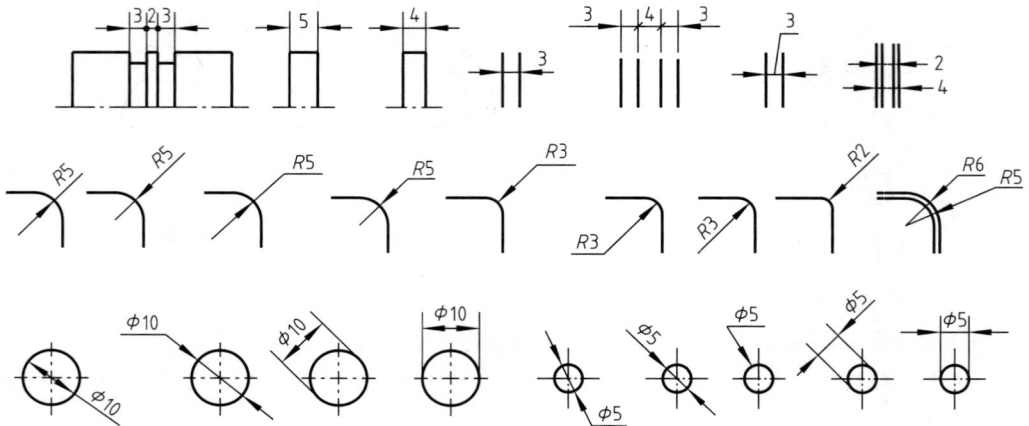

图 1-25　小尺寸的注法

4. 对称图形的尺寸注法

当对称图形只画出一半或略大于一半时，尺寸线一端应略超过对称中心线或断裂处的边界线，仅在另一端画出箭头即可，如图 1-26 所示。

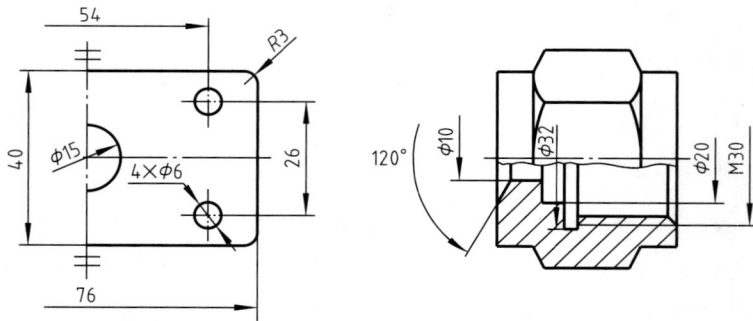

图 1-26　对称图形的尺寸注法

5. 弦长和弧长的尺寸注法

标注弦长时，尺寸线平行于该弦，尺寸界线平行于弦的垂直平分线，如图 1-27（a）所示。

标注弧长时，尺寸线是与该弧同心的圆弧，尺寸界线应平行于该弧所对圆心角的角平分线，并在尺寸数字左侧加注符号"⌒"，如图 1-27（b）所示。

6. 板状零件厚度的尺寸注法

标注板状零件的厚度时，可在尺寸数字前加注厚度符号"t"，如图 1-28 所示。

(a) 弦长尺寸注法	(b) 弧长尺寸注法

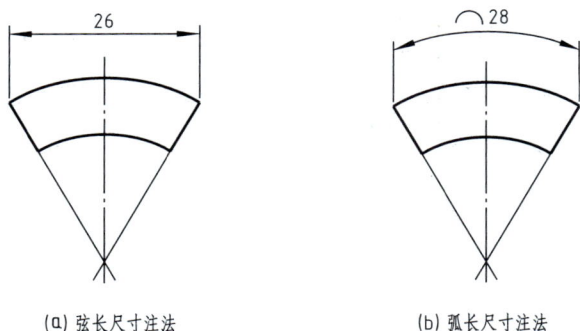

图 1-27　弦长和弧长的尺寸注法

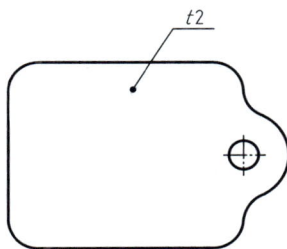

图 1-28　板状零件厚度的尺寸注法

7. 尺寸标注应注意的若干问题

① 连续尺寸线应排在一条线上。

② 同一图样上尺寸线箭头的大小应一致，机械图样中尺寸线箭头一般采用闭合的实心箭头。

③ 同一图样上公称尺寸的字高应保持一致，一般用 3.5 号字。字符间隔要均匀，字符格式按国家标准中的规定书写。此外还应注意图 1-29 中所示的问题。

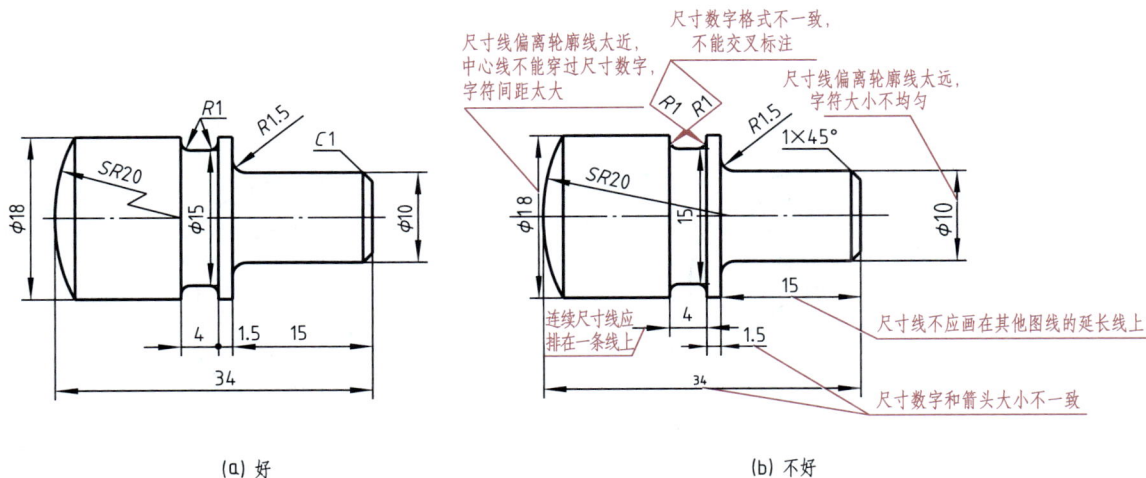

(a) 好	(b) 不好

图 1-29　尺寸标注应注意的若干问题

1.3.4　尺寸的简化注法（GB/T 16675.2—2012）

① 尺寸线的终端形式可使用单边箭头，如图 1-30 所示。

② 标注尺寸时，可采用带箭头的指引线，如图 1-31 所示；也可采用不带箭头的指引线，如图 1-32 所示。

③ 对一组同心圆（圆弧）或尺寸较多的台阶孔进行尺寸标注时，可采用共用尺寸线和箭头，再依次标注直径或半径，如图 1-33 所示。

④ 图样中有均匀分布的孔、槽等要素时，仅在一个要素中注出其尺寸和数量，并用缩写词"EQS"表示"均布"即可，如图 1-34 所示。当成组要素的定位和分布情况已在图形中明确时，可不标注其角度，并省略"EQS"，如图 1-35 所示。

21

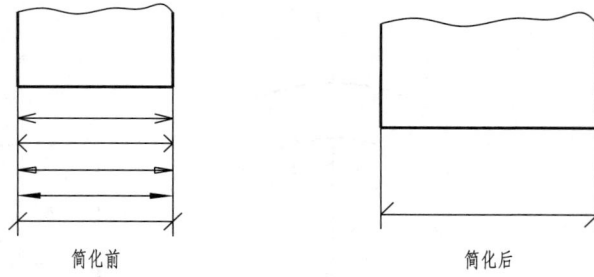

图 1-30　单边箭头标注

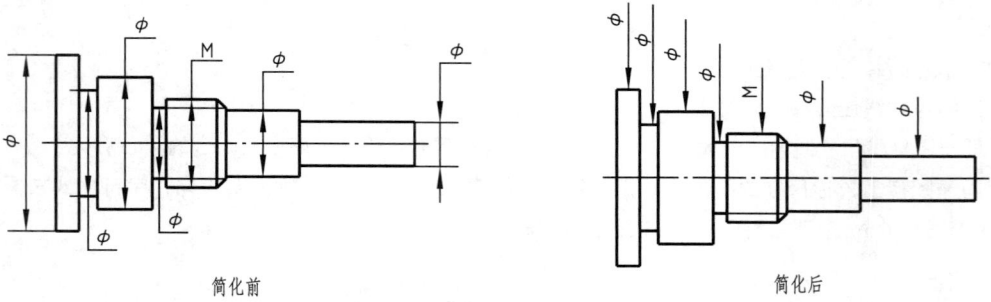

简化前　　　　　　　　　　　　　　　　简化后

图 1-31　带箭头的指引线标注

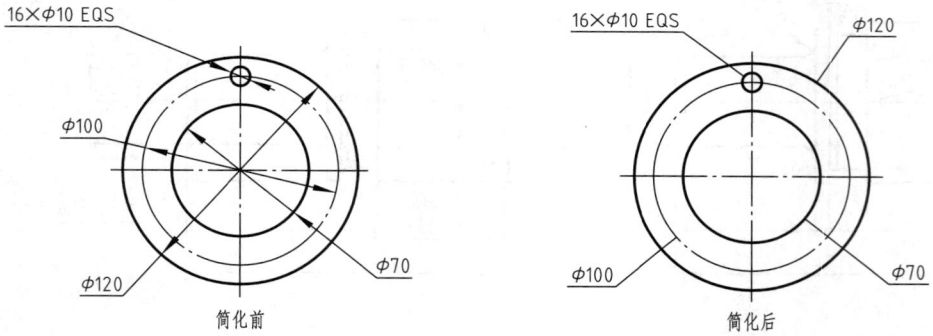

简化前　　　　　　　　　　　　　　　　简化后

图 1-32　不带箭头的指引线标注

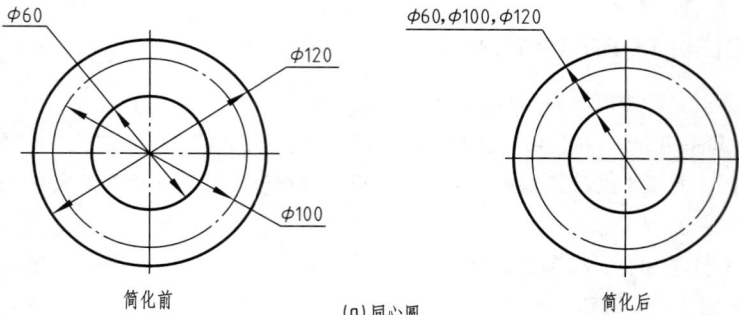

简化前　　　　　　(a) 同心圆　　　　　　简化后

简化前　　　　简化后

(b) 同心圆弧

简化前　　(c) 台阶孔　　简化后

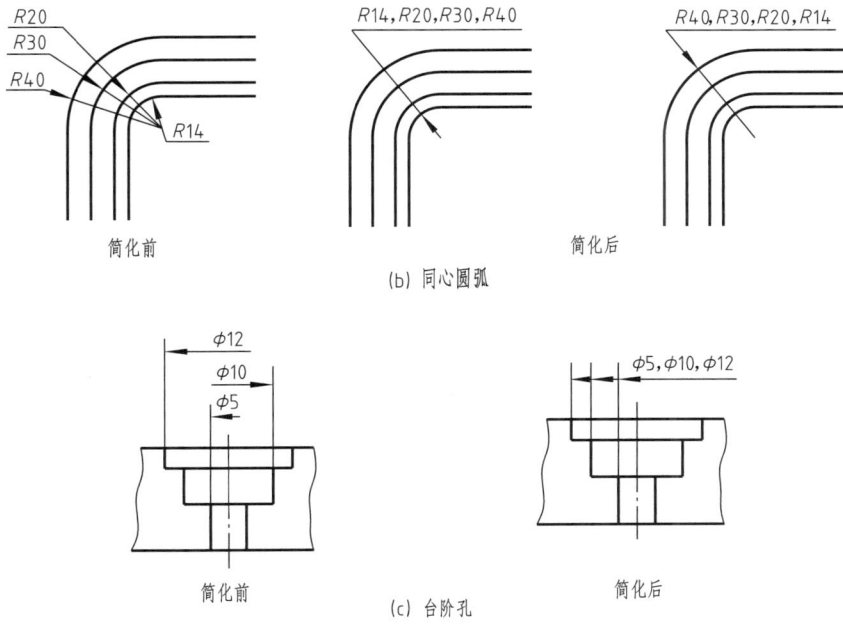

图 1-33　共用尺寸线和箭头

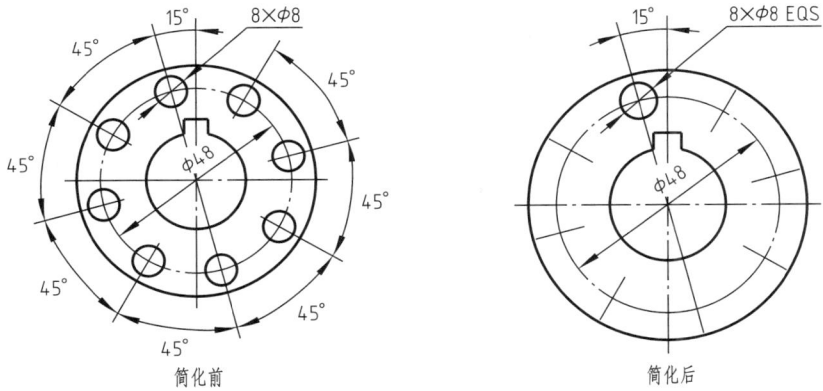

简化前　　　　简化后

图 1-34　均匀分布的孔、槽的简化注法

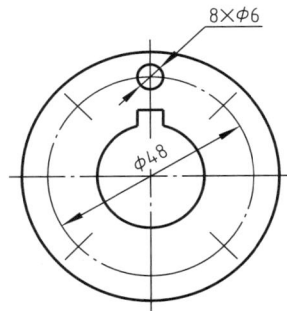

图 1-35　成组要素定位和分布情况已明确时的简化注法

23

复习思考题

1. 尺寸标注的基本原则有哪些？
2. 尺寸标注包含哪些要素？

任务 1.4 绘图工具的使用

任务描述

正确使用绘图工具和仪器是保证绘图质量和加快绘图速度的重要技能，也为后续学习测绘相关技能打下坚实基础。本任务将学习绘图工具的种类及掌握各绘图工具和仪器的使用。

1.4.1 图板、丁字尺

微课扫一扫
绘图工具的使用

图板是供铺放图纸用的空心木板，表面须经磨平磨光，要求表面平坦光洁，左、右两导边必须平直。绘图时图纸用胶带纸固定在图板的适当位置上。

丁字尺由尺头和尺身组成。尺头较短，固定在尺身的左端，其内侧边与尺身上方的工作边垂直。当尺头的内侧边贴紧图板的左导边时，即可沿尺身的工作边画出水平线，如图 1-36 所示；让尺头紧贴图板左导边上下移动，则可画出不同位置的水平线。丁字尺还可与三角板配合使用，如图 1-37 所示。

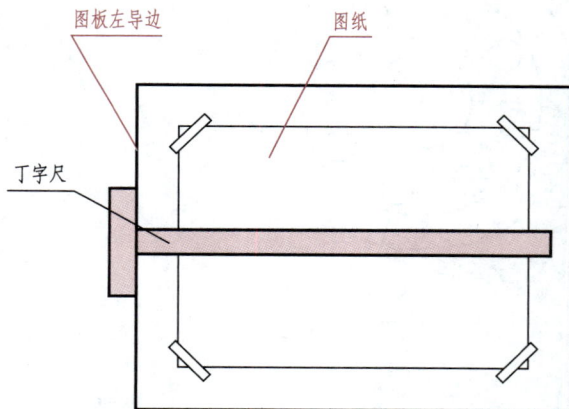

微课扫一扫
丁字尺与三角板

图 1-36 图板与丁字尺的使用

1.4.2 三角板

一副三角板由一块 45° 的等腰直角三角形板和一块 30°、60° 的直角三角形板组成。三角板与丁字尺配合使用可画出垂直线和任意递增角为 15° 的特殊角度斜线，如 15°、30° 和 45° 等特殊角度斜线，如图 1-37 所示；使用三角板也可画出任意直线的平行线或垂直线，如图 1-38 所示。画垂直线时应自下而上画出。

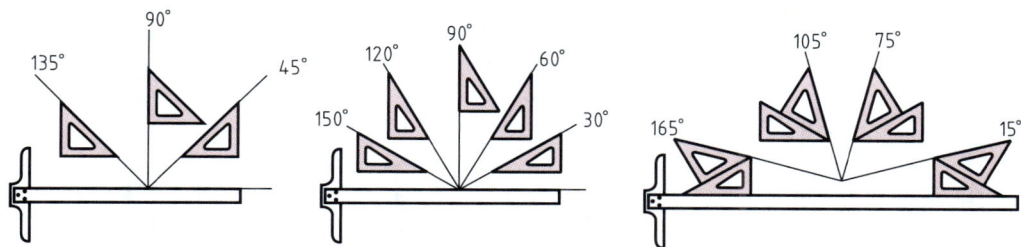

图 1-37　三角板与丁字尺配合使用画特殊角度斜线

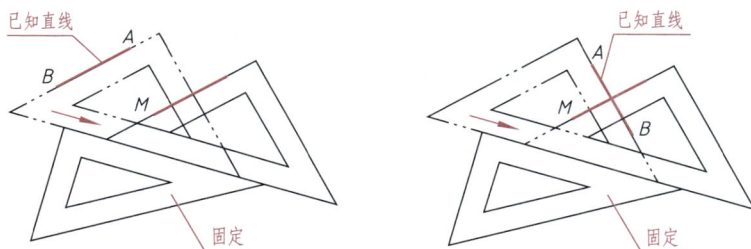

图 1-38　使用三角板画平行线或垂直线

1.4.3　铅笔

绘图铅笔有木杆铅笔和活动铅笔两种。绘图铅笔按铅芯的软硬程度有软（B）、中性（HB）、硬（H）三种，B 前面的数字越大，表示铅芯越软，H 前面的数字越大，表示铅芯越硬，HB 表示软硬适中。B 型或 2B 型铅笔用于画粗线；HB 型铅笔用于书写文字和画箭头；H 型或 2H 型铅笔用于画细线或打底稿。

铅笔笔尖根据作图线型不同可削制成锥形和铲形两种（保留标号），笔尖露出铅芯 6～8 mm，如图 1-39 所示。

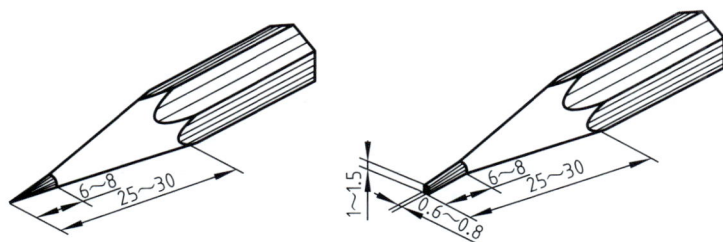

图 1-39　铅笔削法

锥形铅笔用于画细线及书写文字；B 型铅笔常削成铲形，用于描深、描粗实线。

1.4.4　圆规和分规

1. 圆规

圆规用于画圆和圆弧。常用圆规如图 1-40 所示。圆规上装有带台阶小钢针的脚称为针脚，用于确定圆心；装铅芯的脚称为笔脚，用于作图线。笔脚还可装鸭嘴笔尖，用于上墨描图；装延伸杆，用于画大圆；装钢针，用于当分规。

使用圆规时，应使针脚稍长于笔脚，针尖插入图板后，钢针台阶应与铅芯尖端齐平，铅芯削成与纸面成 75° 的楔形，以使圆弧线粗细均匀，如图 1-40（e）所示。

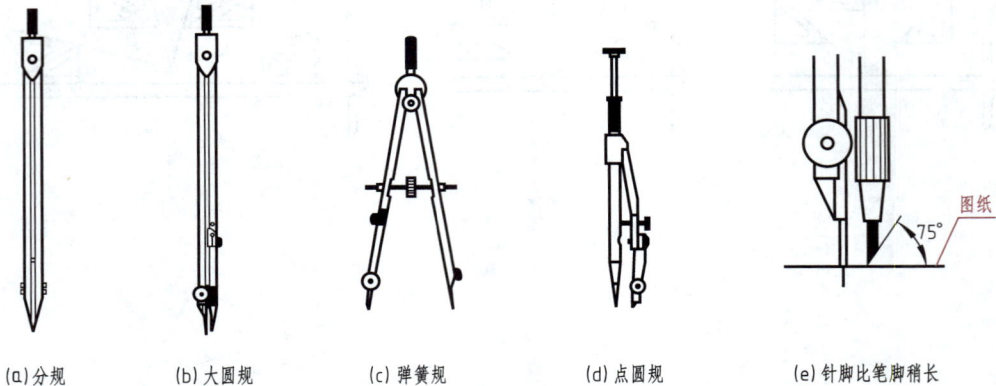

| (a)分规 | (b)大圆规 | (c)弹簧规 | (d)点圆规 | (e)针脚比笔脚稍长 |

图 1-40　常用圆规

画圆时应先定圆心位置，用点画线画出正交（垂直相交）的中心线，量取半径后，用右手转动圆规手柄，沿顺时针方向均匀画圆。画大尺寸圆弧时，应将笔脚折弯，使圆规两脚与纸面垂直，如图 1-41 所示。画小圆时，常用点圆规或弹簧规，也可用模板画出。

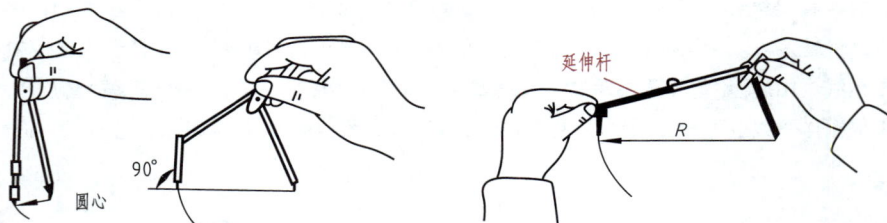

图 1-41　圆规使用方法

2. 分规

分规两脚均为钢针，两脚合拢时针尖应对齐，其用于量取线段长度或等分直线段及圆弧。

1.4.5　其他常用绘图工具

其他常用绘图工具有：比例尺、曲线板、鸭嘴笔、针管笔、模板、擦线板、胶带纸、橡皮、小刀、毛刷、量角器、细砂纸等。

复习思考题

1. 怎样用丁字尺和三角板画平行线、垂直线和特殊角度斜线？

2. 分规有什么作用？

任务 1.5　几何作图

任务描述

　　零件的轮廓形状基本上是由直线、圆弧及其他平面曲线所组成的几何图形。熟练掌握常见几何图形正确的作图方法，是提高手工绘图速度、保证绘图质量的重要技能之一。本任务主要学习平面图形绘制中线段等分、圆周等分、斜度、锥度、圆弧连接等内容，熟练掌握平面图形的手工绘制方法。

1.5.1　线段等分

　　过已知线段的一端点，画任意角度的射线，并用分规自射线的起点量取 n 个等长线段。将等分的最末点与已知线段的另一端点相连，再过各等分点作该线的平行线与已知线段相交，即得到已知线段等分点，如图 1-42 所示。

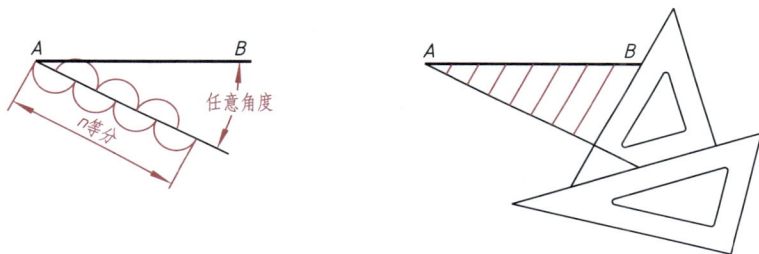

图 1-42　线段等分

1.5.2　六等分圆及画正六边形

　　按作图方法，分为用圆规作图和用丁字尺、60°三角板作图两种。

1. 用圆规作图

　　如图 1-43（a）所示，分别以点 A 和点 D 为圆心，以已知圆的半径为半径画圆弧，与已知圆相交于点 B、F 和点 C、E，则点 A、B、C、D、E、F 为该圆的各等分点，顺序连接各点即得该圆的内接正六边形。

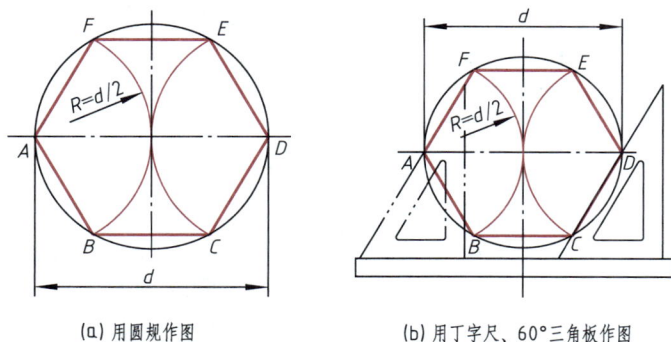

（a）用圆规作图　　　　　（b）用丁字尺、60°三角板作图

图 1-43　六等分圆及画正六边形

2. 用丁字尺、60°三角板作图

如图 1-43（b）所示，过点 A，用 60°三角板画出斜边 AF；向右平移三角板，过点 D 画出斜边 CD；翻转三角板，同理画出斜边 ED 和 AB；用丁字尺连接两水平边 EF 和 BC，即得该圆的内接正六边形。

1.5.3　斜度和锥度

1. 斜度

斜度是指一直线（或平面）相对另一直线（或平面）的倾斜程度，代号为 "S"，其大小用两条直线（或平面）间夹角的正切来表示，在图样上常用比例来表示，习惯上将比例前项化为 1，即以 $1:n$ 的形式表示（n 为正整数）。尺寸标注时在比值前加注斜度符号 "∠"，斜度符号中斜边的方向应与图中斜线的倾斜方向一致，如图 1-44 所示。

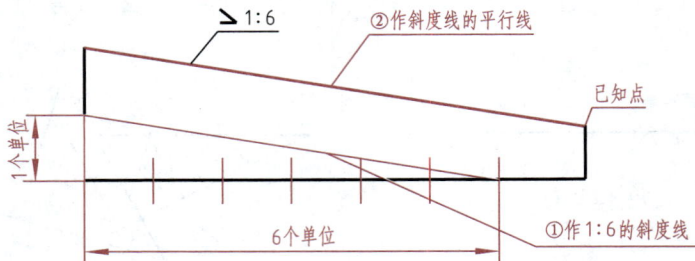

图 1-44　斜度及标注

2. 锥度

锥度是指正圆锥底圆直径与圆锥高度之比，代号为 "C"，如果是圆锥台，则为圆锥台上、下两底圆的直径之差与圆锥台高度之比，即锥度 $= D/L = (D-d)/l$，在图样上常用比例来表示，习惯上将比例前项化为 1，即以 $1:n$ 的形式表示（n 为正整数）。尺寸标注时用锥度符号 "▷" 作比值前缀，锥度符号方向应与锥度方向一致，如图 1-45 所示。

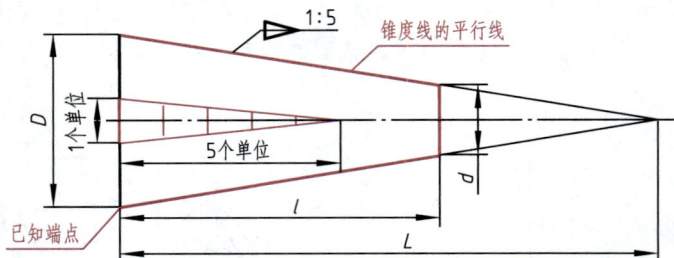

图 1-45　锥度及标注

1.5.4　圆弧连接

在机械图样中，大多数图形都是由直线和圆弧、圆弧和圆弧光滑连接而成的。圆弧连接是指用已知半径的圆弧光滑地连接两条已知线段（直线或圆弧）的作图方法。这种起连接作用的圆弧称为连接圆弧。

1. 直线与圆弧相切

如图 1-46 所示，作一半径为 R 的圆弧与已知直线 a 相切，作一直线 b 与直线 a 平行，且距离为 R，即直线 b 是以 R 为半径且与直线 a 相切的圆心轨迹。将直线 b 上任意一点 O 作为连接圆弧的圆心画圆弧，自点 O 向已知直线 a 做垂线，垂足 M 即为连接点（即圆弧与直线相切的切点）。

2. 圆弧连接

圆弧连接中，画连接圆弧的关键是要准确地求出连接圆弧的圆心 O 及连接点（即切点）A、B 的位置。

（1）用圆弧连接两已知直线

分别作与已知直线相距为 R 的平行线，交点 O 即为连接圆弧的圆心。自点 O 分别向两已知直线作垂线，垂足 A、B 即为两切点，如图 1-47 所示。

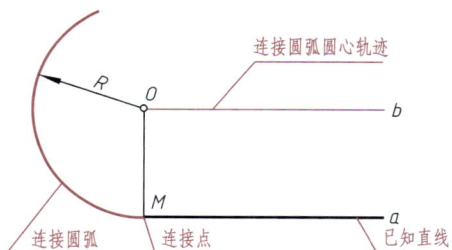

图 1-46 直线与圆弧相切

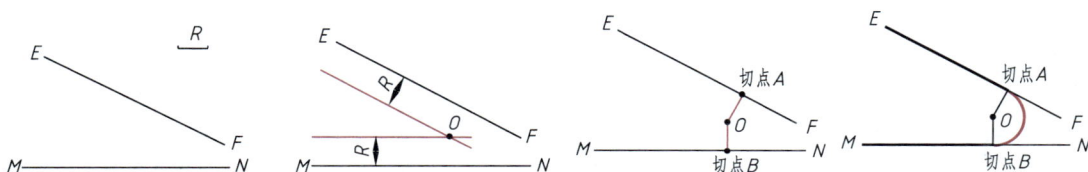

图 1-47 用圆弧连接两已知直线

（2）用圆弧内切连接已知直线和已知圆弧

作与已知直线相距为 R 的平行线，以已知圆弧的圆心 O_1 为圆心，以（$R-R_1$）为半径画圆，则直线和圆的交点 O 即为连接圆弧的圆心。连接 OO_1 并延长至与已知圆弧相交，交点 A 即为其中一个切点，自点 O 向已知直线作垂线，垂足 B 为另一个切点，如图 1-48 所示。

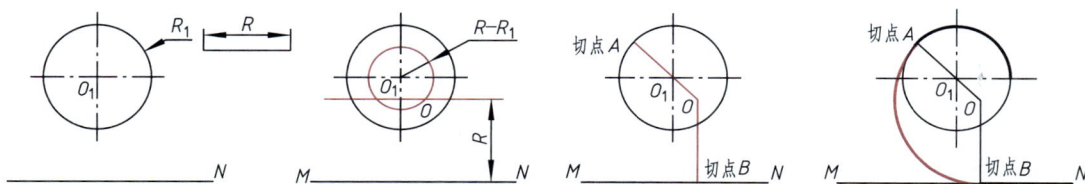

图 1-48 用圆弧内切连接已知直线和已知圆弧

（3）用圆弧外切连接两已知圆弧

分别以 O_1、O_2 为圆心，以（$R+R_1$）和（$R+R_2$）为半径画圆弧，交点 O 即为连接圆弧的圆心。连接 OO_1、OO_2，分别与已知圆弧相交于点 A、B，点 A、B 即为两切点，如图 1-49 所示。

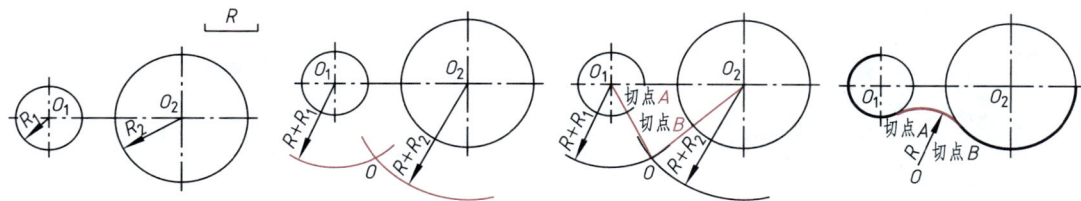

图 1-49 用圆弧外切连接两已知圆弧

（4）用圆弧分别内、外切连接两已知圆弧

分别以 O_1、O_2 为圆心，以（R_1+R）和（R_2-R）为半径画圆弧，交点 O 即为连接圆弧的圆心。连接 OO_1、OO_2，分别与已知圆弧相交于点 A、B，点 A、B 即为两切点，如图 1-50 所示。

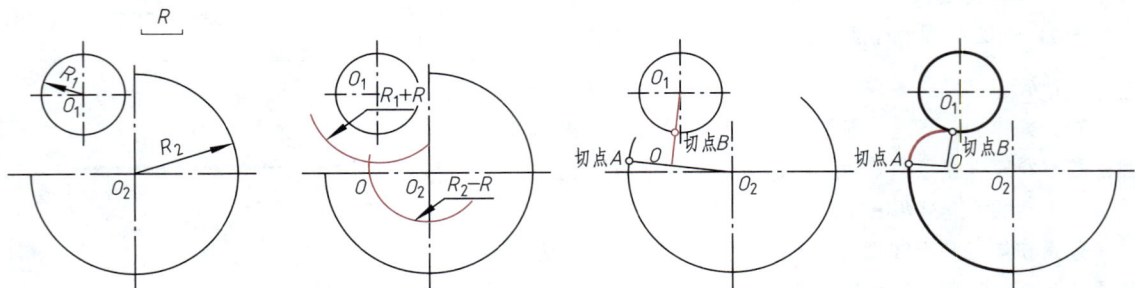

图 1-50　用圆弧分别内、外切连接两已知圆弧

由上述可知圆弧连接的作图步骤为：

① 求连接圆弧的圆心。

② 定出切点（连接点）的位置，此切点是连接圆弧与已知圆弧（或直线）光滑连接时的分界点，也是画连接圆弧的起点和讫点，它在连接圆弧和已知圆弧的连心线上，或是直线与连接圆弧相切的垂足。

③ 准确画出连接圆弧。

1.5.5　平面图形的绘制

1. 平面图形的尺寸分析

平面图形的尺寸分析，就是分析平面图形中每个尺寸的作用及图形和尺寸间的关系。平面图形的尺寸按其所起的作用分为定形尺寸和定位尺寸两类。

（1）定形尺寸

定形尺寸是指确定平面图形中各部分结构形状和大小的尺寸。如图 1-51 中的 $\phi15$、$\phi30$、$R18$、$R30$、$R50$、80 和 10。确定几何图形所需定形尺寸的个数通常是一定的，如直线段的定形尺寸是长度，圆和圆弧的定形尺寸是直径或半径，矩形的定形尺寸是长和宽。

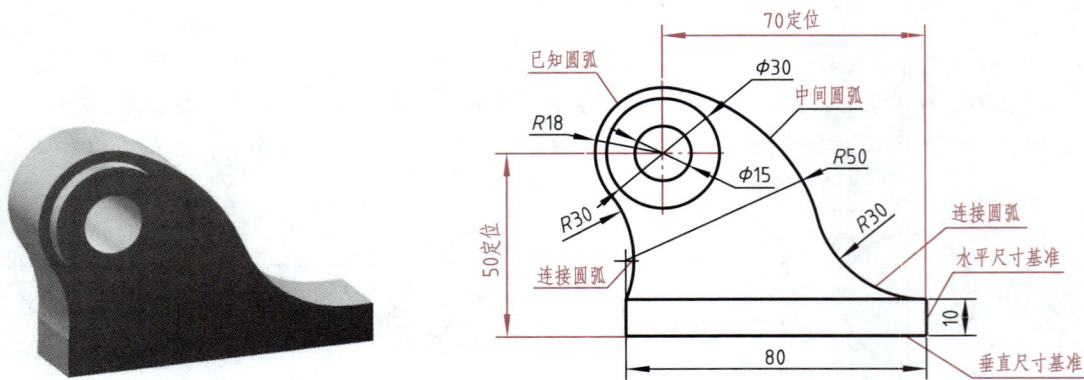

图 1-51　平面图形的尺寸分析与线段分析

（2）定位尺寸

定位尺寸是指确定平面图形中各部分结构之间相对位置的尺寸。确定平面图形的位置需有两个方向（水平与垂直）的定位尺寸，如图 1-51 中的 70 和 50。

（3）尺寸基准

在每个方向上，标注尺寸的起始点称为尺寸基准，平面图形一般有水平和垂直两个坐标方向的尺寸基准，通常选用对称图形的对称线、圆和圆弧的中心线、主要轮廓线（如图形的底线和边线）等。如图 1-51 中的底线和右侧边线分别为定位尺寸 50 和 70 的尺寸基准。

2. 平面图形的线段分析

平面图形是根据给定的尺寸绘制的。平面图形中的线段一般可根据尺寸的完整程度分为三类：已知线段、中间线段和连接线段。

（1）已知线段

具有全部定形尺寸和定位尺寸，可直接画出的线段，称为已知线段（已知圆弧），如图 1-51 中的两个同心圆 $\phi15$、$\phi30$，圆弧 $R18$ 和定形尺寸分别为 80、10 的线段。

（2）中间线段

具有完整的定形尺寸，但定位尺寸不全，可根据与其相邻线段的连接关系画出的线段，称为中间线段（中间圆弧），如图 1-51 中的 圆弧 $R50$。

（3）连接线段

只有定形尺寸而没有定位尺寸，只能在其相邻线段画出后，根据两线段相切的几何条件才能画出的线段，称为连接线段（连接圆弧），如图 1-51 中的圆弧 $R30$。

综上所述，可知平面图形线段分析的实质是其尺寸分析，其目的是：分析图形中的尺寸有无多余或遗漏，以便确定图形是否可以画出；分析图形中各线段的性质，以便确定画图步骤，即先画已知线段（已知圆弧），再画中间线段（中间圆弧），最后画连接线段（连接圆弧）。

3. 平面图形的绘图步骤

（1）绘图前的准备

绘图前应准备好图板、丁字尺、三角板、铅笔等绘图工具及其他绘图用品。工具及用品应擦拭干净，置于桌面右上方且保证不影响丁字尺的上下移动。

根据图形的大小和比例选取图纸幅面，将图纸固定在图板上，使图纸左边距图板左导边约 50 mm，上边与丁字尺工作边齐平，底边与图板底边的距离大于丁字尺的宽度。

（2）绘制图框和标题栏

按国标规定画出图框线和标题栏框格。

（3）图形布局

合理布置各视图及文字说明的位置，图形布置应留有标注尺寸的位置，布局应做到匀称适中，不偏置或过于集中。

（4）画底稿

用 2H 型或 H 型铅笔按照"画基准线（对称中心线或轴线）、定位线→画已知线段→画中间线段→画连接线段"的顺序，由大到小、由外到内、由圆到方、由整体到局部画出所有轮廓线，如图 1-52 所示。注意绘制底稿时，应轻、细、准确、线型分明，完成底稿后，仔细检查全图，修正错误，擦去画错的线和作图辅助线。

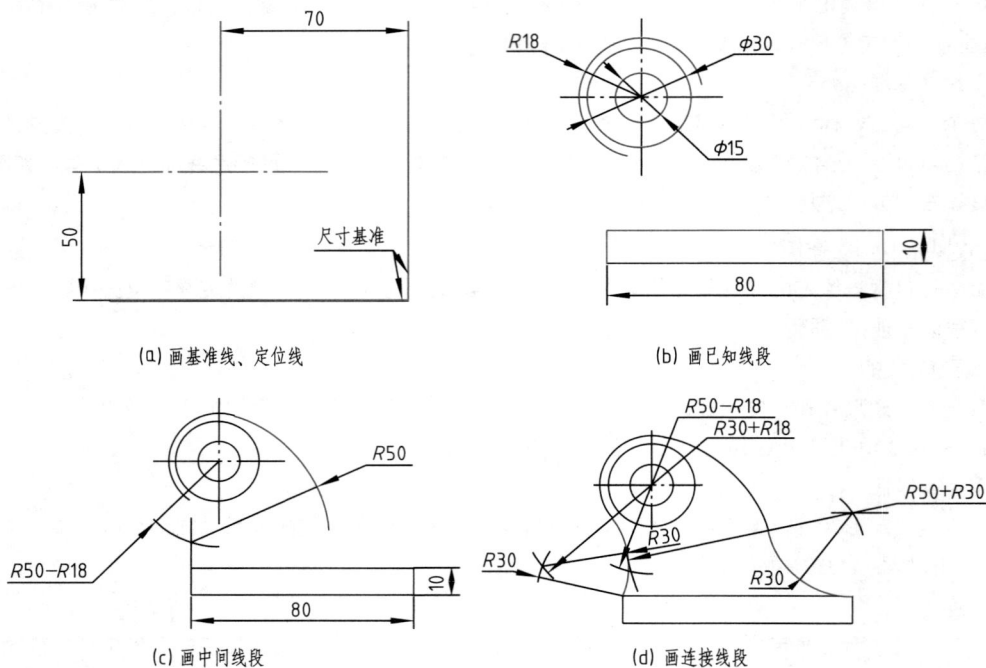

(a) 画基准线、定位线

(b) 画已知线段

(c) 画中间线段

(d) 画连接线段

图 1-52　画底稿

（5）描深图线，标注尺寸

描深时，按线型选用铅笔，描深细线及线宽约为 $b/2$ 的各类图线用削成锥形的 H 型或 HB 型铅笔，写字用 HB 型铅笔，描深粗线用削成铲形的 B 型或 2B 型铅笔，描圆弧和圆所用的铅芯应比描同类直线所用的铅芯软一号。

描深图线时，要注意以下几点：

① 先细后粗　先用 HB 型铅笔描深细虚线、细点画线、细实线，再用 B 型或 2B 型铅笔描深粗实线。

② 先曲后直　在描深同一种线型时，应先画圆或圆弧，后画直线。

③ 先水平，后垂斜　描深直线的顺序应是先横后竖再斜，按水平（横）线从上到下、垂直（竖）线从左到右，斜直线从上到下的顺序一次完成。

画出的图线应做到线型正确、粗细分明，同类图线粗细、深浅一致，圆弧连接光滑，图面整洁。

描深图线后，一次性画出尺寸界线、尺寸线、箭头，最后填写尺寸数字。

（6）全面检查，填写标题栏

描深后再次全面检查，确认无误后，填写标题栏及文字说明，完成全图。

4. 平面图形的尺寸标注

平面图形的尺寸标注要做到以下几点：

① 正确　标注的尺寸应符合国家标准的有关规定，并且尺寸数字正确，不误注，也不矛盾。

② 完整　尺寸标注齐全，不遗漏、不重复。

③ 清晰　尺寸配置在图形恰当处，布局整齐，标注清晰，便于查找。

标注平面图形尺寸的一般步骤如下：

① 分析图形及其线段，弄清各线段（已知线段、中间线段、连接线段）性质及其相互位置关系，确定好尺寸基准。

② 标注全部定形尺寸，如图 1-53（a）所示。

③ 标注必要的定位尺寸，如图 1-53（b）所示。已知线段的两个定位尺寸都要标出，中间线段只需要标注一个定位尺寸，连接线段的两个定位尺寸均不标注，避免出现多余尺寸，或遗漏尺寸。

平面图形尺寸标注示例见表 1-6。

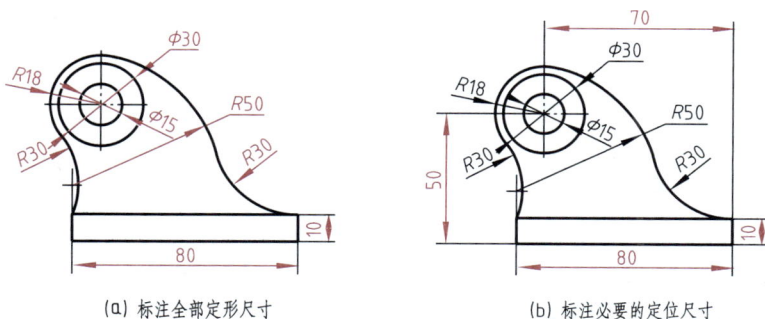

(a) 标注全部定形尺寸　　　　　　　(b) 标注必要的定位尺寸

图 1-53 平面图形的尺寸标注

表 1-6 平面图形尺寸标注示例

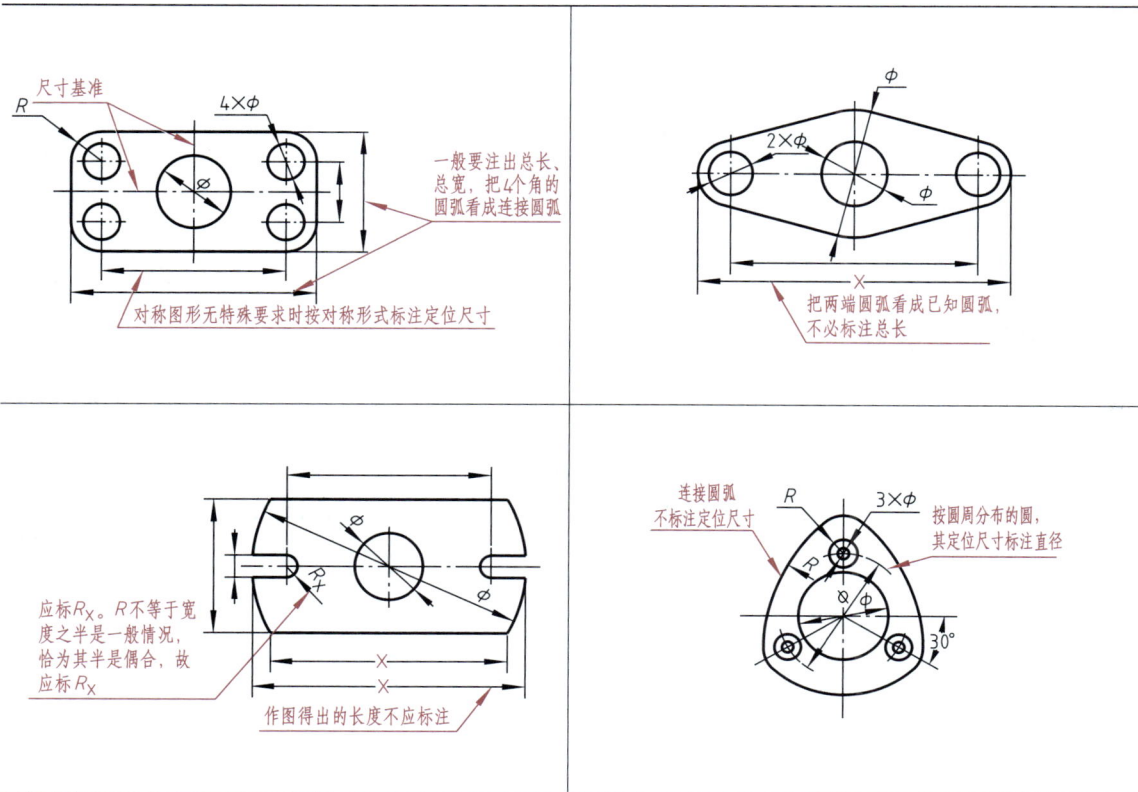

续表

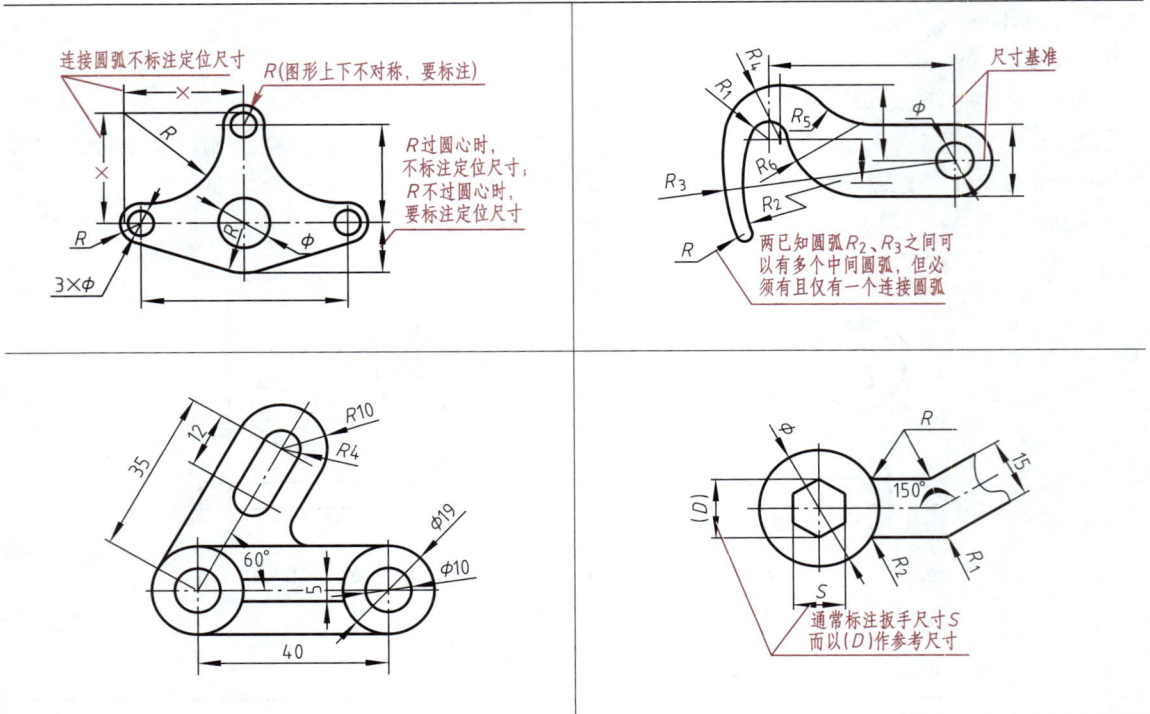

复习思考题

1. 什么是斜度？什么是锥度？它们如何作图？又如何标注？
2. 圆弧连接的要点是什么？
3. 什么是定形尺寸、定位尺寸和尺寸基准？
4. 平面图形的绘制步骤是怎样的？

任务 1.6　徒手绘图

任务描述

徒手画的图又叫草图，它是根据目测估计物体各部分的尺寸比例、形状、尺寸大小，不借助绘图工具徒手绘制的图样。一般是在设计开始阶段表达设计方案，以及在现场测绘时使用的方法。本任务主要学习草图的要求和画法。

1.6.1　草图的要求

徒手绘图时，手腕要悬空，小拇指接触纸面，一般图纸不固定，并且为了便于画图，还可以按往常习惯随时将图纸旋转至适当的角度。

草图虽不要求几何精度，但也不得潦草，必须做到：图形正确，图线清晰，线型分明，比例适当。

1.6.2　草图的画法

绘制草图应采用铅芯较软的铅笔（HB 型、B 型、2B 型），铅芯削成锥形，粗、细各一支，分别用于画粗、细线。

画草图可用带方格的专用草图纸，也可在白纸下面垫格子纸，以便控制图形的各部分比例、大小及投影关系，可利用线格画出定位中心线、直线（横、竖、斜）、弧线（圆、椭圆）和主要轮廓线等。

1. 直线的画法

画直线时，可先标出线段的两端点，手腕不要转动，目光注视线段的终点，轻轻移动手腕和手臂，使笔尖朝着线段的终点方向做近似直线的运动，匀速运笔连成直线。手执笔要稳，运笔时手腕灵活。

画水平线时，可将图纸微微左倾，自左下向右上画线；画垂直线时，自上向下画线；画斜线时，可按斜线的角度定出斜线两端点，然后连接两点，即为所画斜线。

如图 1-54 所示为徒手画直线的方法。

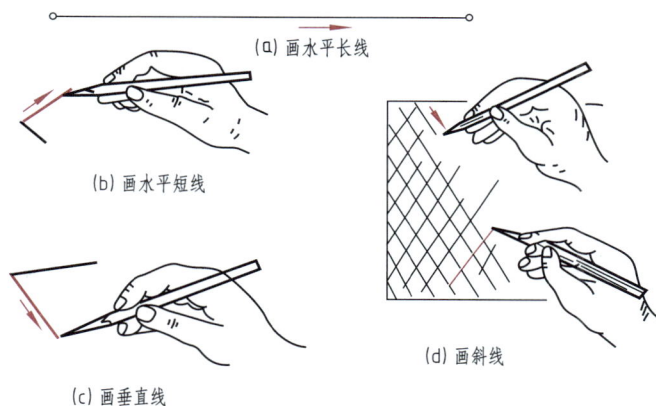

(a) 画水平长线

(b) 画水平短线

(c) 画垂直线

(d) 画斜线

图 1-54　徒手画直线

2. 圆的画法

画圆时，应先定圆心的位置，过圆心画出两条互相垂直的中心线，目测圆半径大小，在中心线上与圆心等距离位置取 4 个点，再过各点连成圆；当画较大圆时，可过圆心多做几条直径（一般八等分圆周），并在其上取点后过点连成圆，如图 1-55 所示。当圆的直径很大时，可用手做圆规，以小拇指轻压在圆心上，使铅笔尖与小拇指的距离等于圆的半径，笔尖接触纸面转动图纸，即可画出大圆。

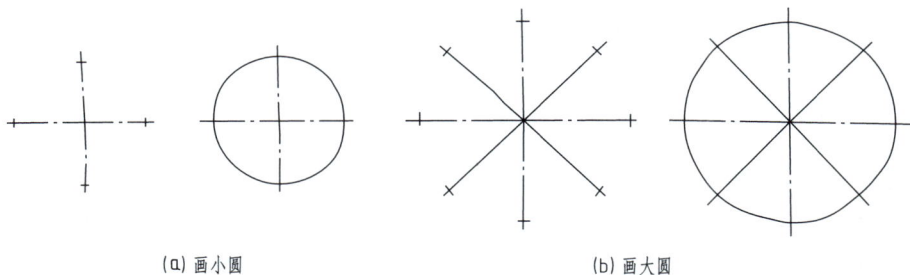

(a) 画小圆

(b) 画大圆

图 1-55　徒手画圆

3. 特殊角度斜线的画法

画 30°、45°、60° 等特殊角度斜线时，可根据直角三角形两直角边的比例关系，在直角边上定出两端点，然后连接而成，如图 1-56 所示。

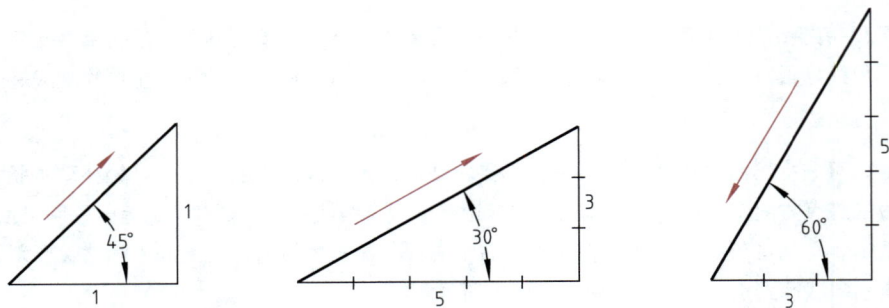

图 1-56　徒手画特殊角度斜线

4. 椭圆的画法

先根据长、短轴定出 4 个点，画出一个矩形，然后画出与矩形相切的椭圆，也可以先画出椭圆的外切菱形，然后画出椭圆，如图 1-57 所示。

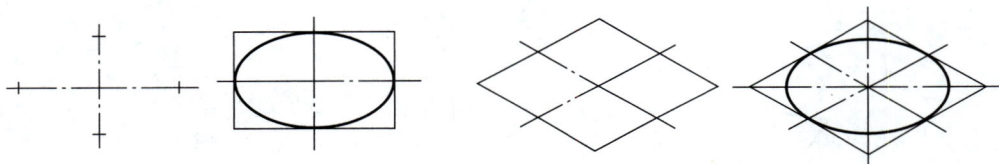

图 1-57　徒手画椭圆

复习思考题

课外训练徒手绘制直线、圆、特殊角度斜线和椭圆。

任务 1.7　AutoCAD 基础知识

任务描述

使用 AutoCAD 软件时，需先熟悉软件的基础知识，这样便于后续更好地应用 AutoCAD 绘图。本任务主要熟悉 AutoCAD 工作界面、图形文件管理及绘图环境的设置等知识。

1.7.1　AutoCAD 软件介绍

AutoCAD 是集二维绘图、三维设计、渲染及通用数据库管理和互联网通信功能于一体的计算机辅助绘图与设计软件包，具有易于掌握、使用方便、体系结构开放等特点。自 1982 年问世以来，经过多次版本更新和性能完善，AutoCAD 已广泛应用于机械、建筑、电子、航天、造船、石油化工、土木工程、冶金、农业、气象、纺织、轻工业等领域。目前，AutoCAD 为工程设计领域应用最为广泛的计算机辅助设计软件之一。

1.7.2 AutoCAD 工作界面

AutoCAD 的默认工作界面由标题栏、菜单浏览器、绘图区、命令行、状态栏、模型 / 布局选项卡、功能区等组成，如图 1-58 所示。

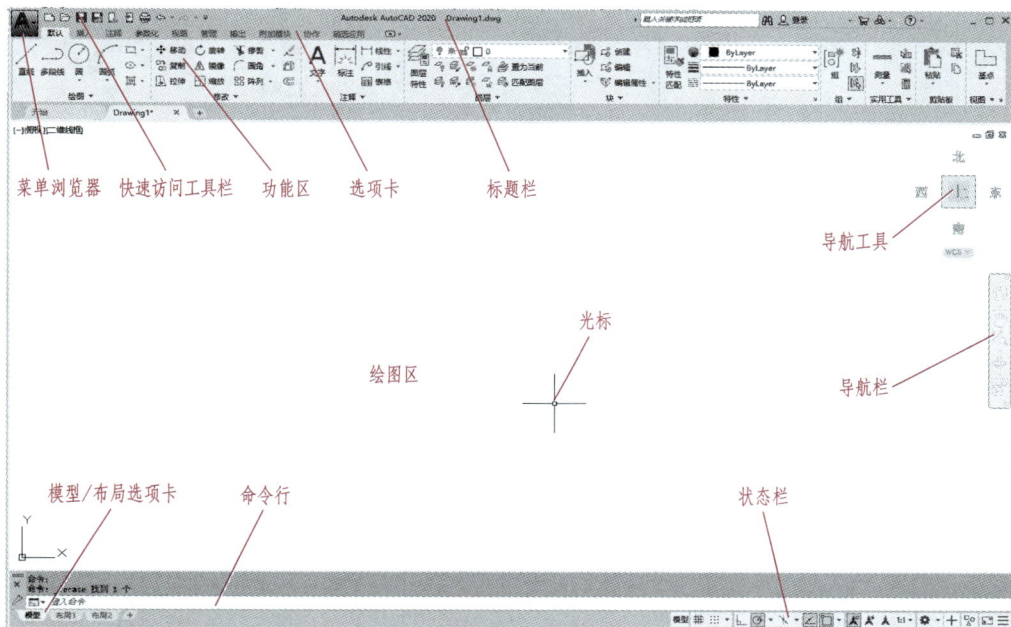

图 1-58 AutoCAD 默认工作界面

1. 标题栏

标题栏与其他 Windows 应用程序类似，用于显示 AutoCAD 的程序图标及当前所操作图形文件的名称。

2. 菜单浏览器

单击菜单浏览器，AutoCAD 将浏览器展开，通过菜单浏览器可执行相应的操作。

3. 绘图区

绘图区类似于手工绘图时的图纸，是 AutoCAD 绘图并显示所绘图形的区域。默认状态下的绘图区是一个无限大的栅格屏幕，无论多么大或多么小的图样，均可在绘图区绘制和显示。绘图区有视口控件、ViewCube 导航工具、导航栏光标、坐标系等工具元素，如图 1-59 所示。

（1）视口控件

视口控件显示在每个视口的左上角，为更改视图、视觉样式和其他设置提供便捷方式。

单击"［ – ］"可最大化视口、更改视口配置或控制导航工具的显示。

单击"［俯视］"可在几个标准和自定义视图之间做选择。

单击"［二维线框］"可选择视觉样式。其他大多数视觉样式用于三维可视化。

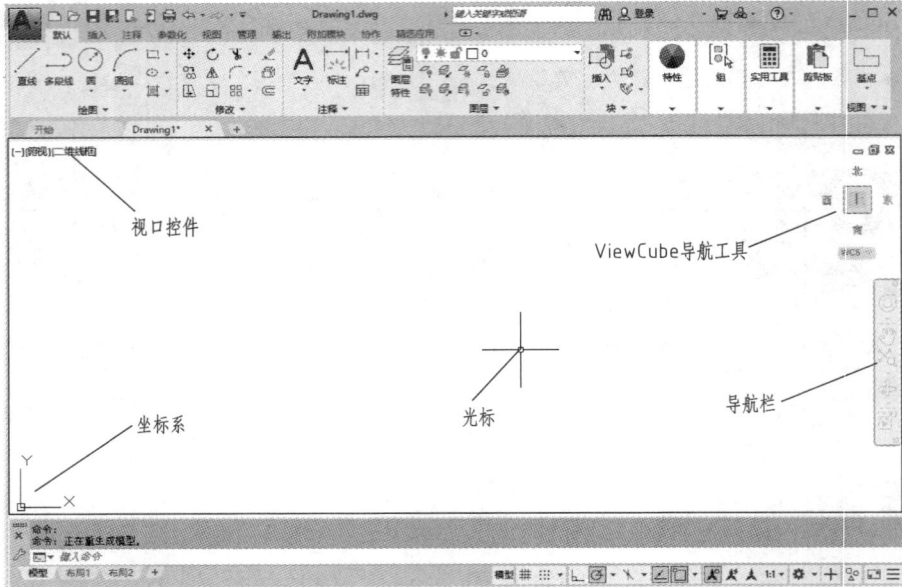

图 1-59　绘图区

（2）ViewCube 导航工具

ViewCube 导航工具是在二维模型空间或三维视觉样式中处理图形时显示的导航工具。通过 ViewCube，可以在标准视图和轴测视图间切换。

（3）导航栏

从导航栏中可以快捷访问通用导航工具，如二维 Steering Wheel、平移、缩放等。通过在导航栏上右击并在弹出的快捷菜单中选择"从导航栏中删除"命令，可以隐藏任何工具。

（4）坐标系

坐标系通常位于绘图区的左下角，表示当前绘图所使用的坐标系形式及坐标方向等。AutoCAD 提供有世界坐标系（World Coordinate System，WCS）和用户坐标系（User Coordinate System，UCS）两种坐标系。世界坐标系为默认坐标系。

4. 命令行

命令行是 AutoCAD 显示从键盘输入的命令和 AutoCAD 提示信息的地方。

5. 状态栏

状态栏用于显示或设置当前的绘图状态。状态栏上位于左侧的数字反映光标的当前坐标，其余按钮从左到右分别表示当前是否启用了捕捉模式、栅格显示、正交模式、极轴追踪、对象捕捉、对象捕捉追踪、动态 UCS（用鼠标左键双击，可打开或关闭）、动态输入等功能及是否显示线宽、当前的绘图空间等信息。

6. 模型 / 布局选项卡

模型 / 布局选项卡用于实现模型空间与图纸空间的切换。

7. 功能区

功能区在标题栏的下方，有多个选项卡，每个选项卡都包含若干个面板，每个面板又包含了许多的命令按钮，如图 1-60 所示。

图 1-60　功能区选项卡和面板

连续单击选项卡右侧 按钮，即可在"最小化为选项卡""最小化为面板标题""最小化为面板按钮"之间切换，以便更改功能区的显示样式。

1.7.3　AutoCAD 图形文件管理

1. AutoCAD 的文件格式

AutoCAD 中可以保存的文件格式很多，主要有 dwg、dws、dwt 和 dxf 等 4 种，其中最常用的是 dwg 格式。

（1）dwg 格式

dwg 格式是 AutoCAD 创立的一种图纸保存格式，已经成为二维 CAD 的标准格式，其他很多 CAD 软件为了兼容 AutoCAD，也直接使用 dwg 格式作为默认工作文件格式。

（2）dws 格式

dws 格式文件是图形标准文件，里面保存了图层、标注样式、线型、文字样式，当设计单位要实行图纸标准化，对图纸的图层、标注、文字、线型有非常明确的要求时，可以使用标准文件。

（3）dwt 格式

dwt 格式文件是图形样板文件，可在新建图形时加载一些格式（如图层、标注样式等）设置，除 CAD 提供的样板文件外，自己也可以创建符合需求的样板文件，可以直接替换 CAD 自带的样板文件，也可以重新命名。

（4）dxf 格式

dxf 格式文件是绘图交换文件，主要用于与其他软件进行数据交互。保存的文件可以用记事本打开，可以看到保存的各种图形数据。

2. 创建新图形

创建新图形的操作方法有以下 3 种：

① 通过键盘在"命令行"直接输入"NEW"后，按 Enter 键；

② 单击"快速访问工具栏"上的"新建"图标；

③ 选择"菜单浏览器"，单击"新建"子菜单。

启动命令后，AutoCAD 弹出"选择样板"对话框，如图 1-61 所示。通过此对话框选择对应的样板后（初学者一般选择样板文件 acadiso.dwt 即可），单击"打开"按钮，就会以对应的样板为模板创建一新图形。

3. 保存图形

保存图形的操作方法有以下 3 种：

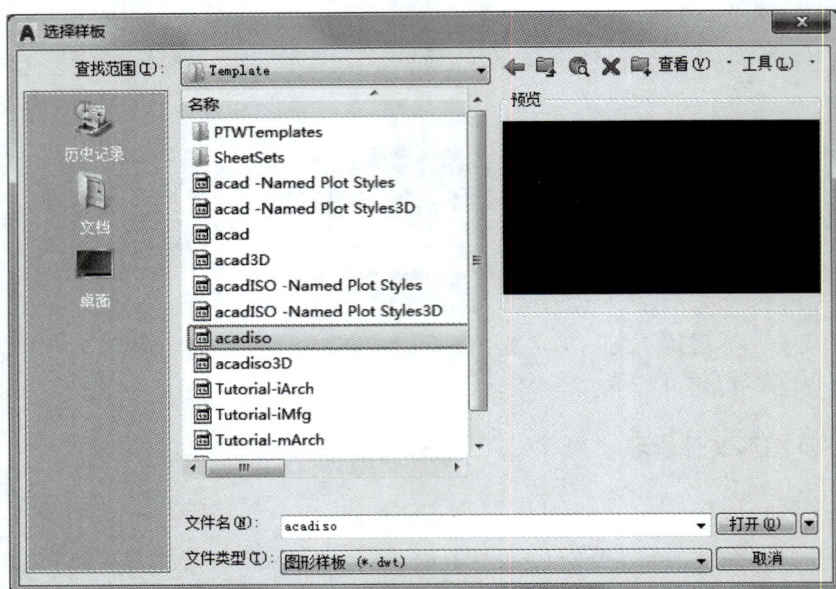

图 1-61　"选择样板"对话框

① 通过键盘直接输入"QSAVE"后，按 Enter 键；
② 单击"快速访问工具栏"上的"保存"图标；
③ 选择"菜单浏览器"，单击"保存"子菜单。

4. 打开图形

打开图形的操作方法有以下 3 种：
① 通过键盘直接输入"OPEN"后，按 Enter 键；
② 单击"快速访问工具栏"上的"打开"图标；
③ 选择"菜单浏览器"，单击"打开"子菜单。

1.7.4　AutoCAD 绘图环境的设置

1. 设置图形界限

图形界限是 AutoCAD 绘图空间中的一个假想矩形绘图区域，相当于选择的图纸幅面大小。图形界限的默认矩形区域的左下角坐标为（0，0），右上角坐标为（420，297）。设置图形界限的操作方法有以下两种：
① 通过键盘直接输入"Limits"后，按 Enter 键；
② 单击"快速访问工具栏"上的箭头，系统弹出下拉菜单，选择"显示菜单栏"选项，如图 1-62 所示，单击菜单栏中的"格式"菜单，选择"图形界限"选项，如图 1-63 所示。
启动命令后出现提示：
重新设置模型空间界限：
指定左下角点或［开（ON）/关（OFF）］<0.0000，0.0000>：（指定图形界限的左下角位置，直接按 Enter 键或 Space 键采用默认值）

40

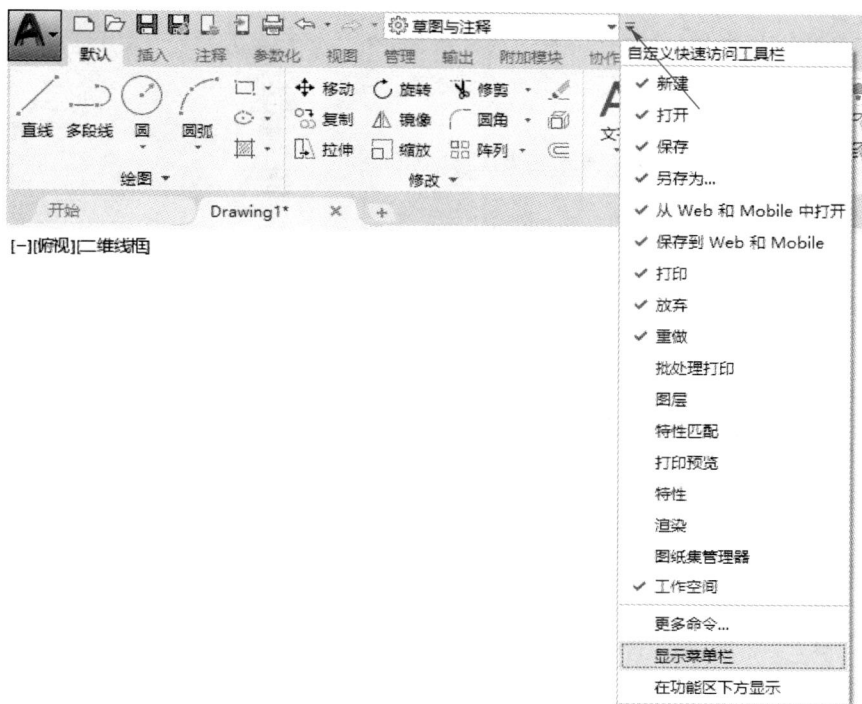

图 1-62　"显示菜单栏"选项

图 1-63　"图形界限"选项

指定右上角点 <420.0000，297.0000>：（指定图形界限的右上角位置，按 Enter 键）

说明：

① 开　打开图形界限检查，限制拾取点在图形界限范围内。

② 关　关闭图形界限检查，图形绘制允许超出图形界限，系统默认设置为关。

③ 左下角点（右上角点）　图形界限矩形区域的定点坐标，支持鼠标拾取和键盘直接输入。

2. 设置图形单位

运用 AutoCAD 提供的"图形单位"对话框可设置长度单位和角度单位（在默认情况下，图形单位为十进制数值显示）。设置图形单位的操作方法有以下两种：

① 通过键盘直接输入"Ddunits"或"Units"后，按 Enter 键；

② 单击"格式"菜单，选择"单位"选项。

启动命令后，系统弹出如图 1-64 所示的对话框。

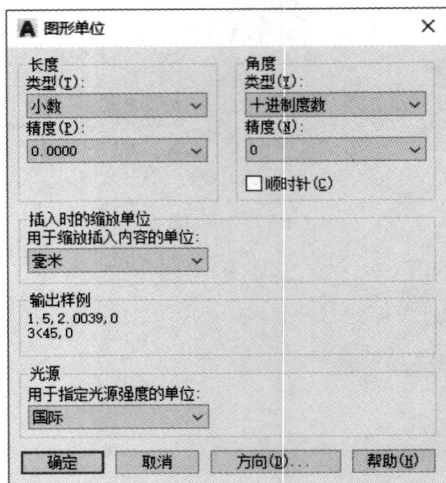

图 1-64　"图形单位"对话框

3. 设置线型

绘制机械图样时经常需要采用不同的线型，如实线、虚线、点画线等。

设置线型的操作方法有以下两种：

① 通过键盘直接输入"LINETYPE"后，按 Enter 键；

② 单击"格式"菜单，选择"线型"选项。

启动命令后，系统弹出如图 1-65 所示的"线型管理器"对话框，可通过其确定绘图线型和线型比例等。

如果线型列表框中没有列出所需要的线型，可从线型库中加载。单击"加载"按钮，系统弹出"加载或重载线型"对话框，从中可选择要加载的线型并完成加载。

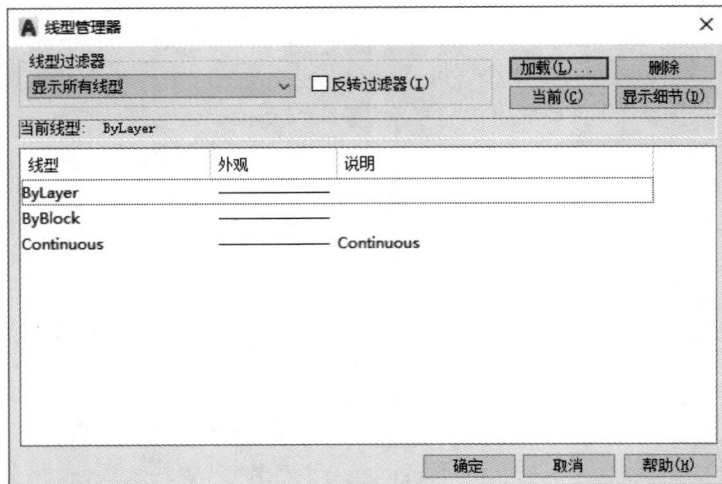

图 1-65　"线型管理器"对话框

在选取点画线、虚线或其他非连续线型时，若在屏幕上显示为连续的直线，可使用"线型比例"命令配制适当的线型比例，即可显示其真实的线型情况。方法如下：

单击图 1-65 所示的"线型管理器"对话框中的"显示细节"按钮，系统弹出如图 1-66 所示的界面，单击该对话框中的"全局比例因子"输入框并输入新的比例数值，然后单击"确定"按钮，AutoCAD 就会按新的比例重新生成图形。

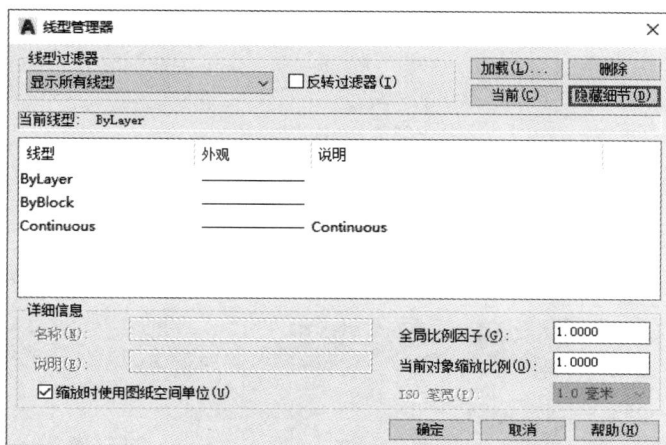

图 1-66　设置线型比例界面

4. 设置线宽

机械图样中不同的线型有不同的线宽要求。设置线宽的操作方法有以下两种：

① 通过键盘直接输入"LWEIGHT"后，按 Enter 键；

② 单击"格式"菜单，选择"线宽"选项。

启动命令后，系统弹出"线宽设置"对话框，如图 1-67 所示。

"线宽"列表框中列出了 AutoCAD 提供的 20 余种线宽，用户可在 ByLayer（随层）、ByBlock（随块）或某一具体线宽之间选择。其中，ByLayer（随层）表示绘图线宽始终与图形对象所在图层设置的线宽一致，这也是最常用到的设置。还可以通过此对话框进行其他设置，如单位、显示比例等。

5. 设置图层

（1）图层的作用

① 可提高绘图效率，便于图形管理与编辑，如图形的修改、删除、隐藏或显示等。

② 可控制各图层的图形属性，如线形、线宽和颜色等。

（2）设置图层操作步骤

设置图层的操作方法有以下 3 种：

① 通过键盘直接输入"LAYER"后，按 Enter 键；

② 单击"默认"选项卡，选择"图层"面板中的"图层特性"图标，如图 1-68 所示；

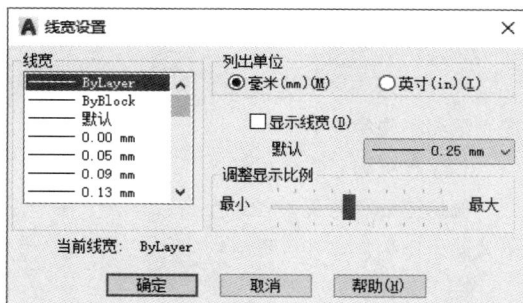

图 1-67　"线宽设置"对话框

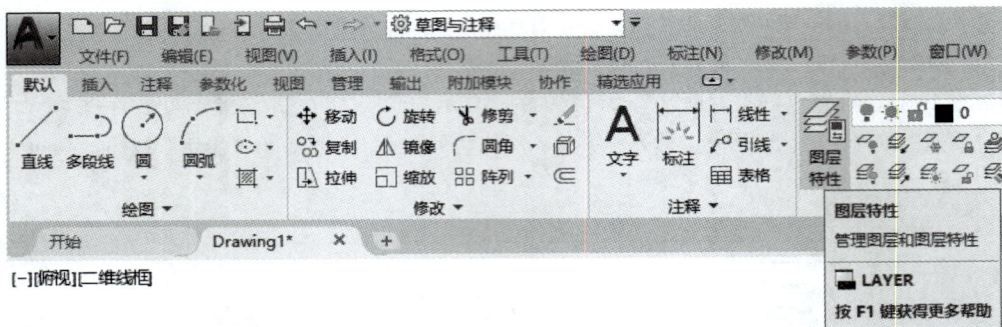

图 1-68　"图层特性"图标

③ 单击"格式"菜单，选择"图层"选项。

启动命令后，系统弹出如图 1-69 所示的"图层特性管理器"对话框。

可通过"图层特性管理器"对话框建立新图层，为图层设置线型、颜色、线宽及执行其他操作等。

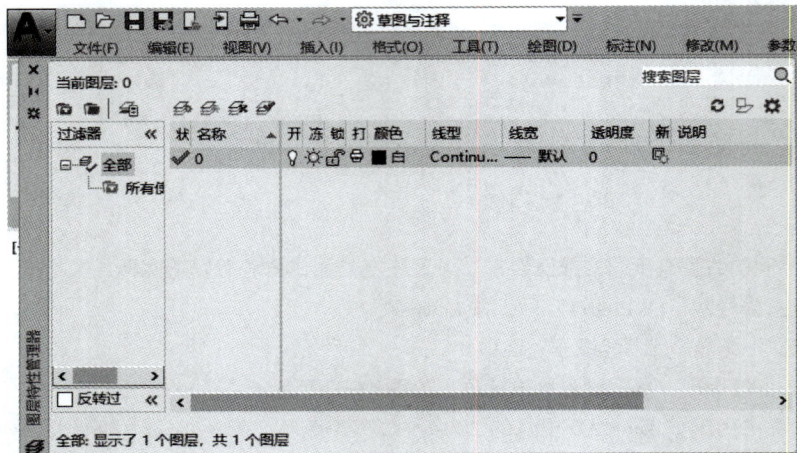

图 1-69　"图层特性管理器"对话框

6. 常用辅助对象工具的设置

为了快速准确地绘图，AutoCAD 提供了辅助绘图工具，它们位于状态栏上，可以通过单击命令按钮开启或关闭相应功能。

（1）捕捉模式

捕捉就是约束鼠标移动的步长，即规定鼠标每次在 X 轴和 Y 轴的移动距离，通过这个固定的间距可以控制绘图精确度。

（2）栅格显示

栅格是一种可见的位置参考图标，它由一系列有规则的点组成，类似于在图形下放置带栅格的纸。栅格有助于排列物体并可看清物体之间的距离。

（3）正交模式

使用正交模式可以方便地绘制或编辑水平或垂直的图形对象。

（4）"草图设置"对话框

"草图设置"对话框用于设置捕捉和栅格的各项参数和状态、对象捕捉的具体模式、角度追踪和对象追踪的相应参数等，如图 1-70 所示。打开"草图设置"对话框的操作方法有以下两种：

① 选择"工具"菜单，单击"绘图设置"子菜单；

② 用鼠标右键任意单击状态栏上的"捕捉""栅格""正交""极轴""对象捕捉"及"对象追踪"按钮，从弹出的快捷菜单中选择"设置"选项。

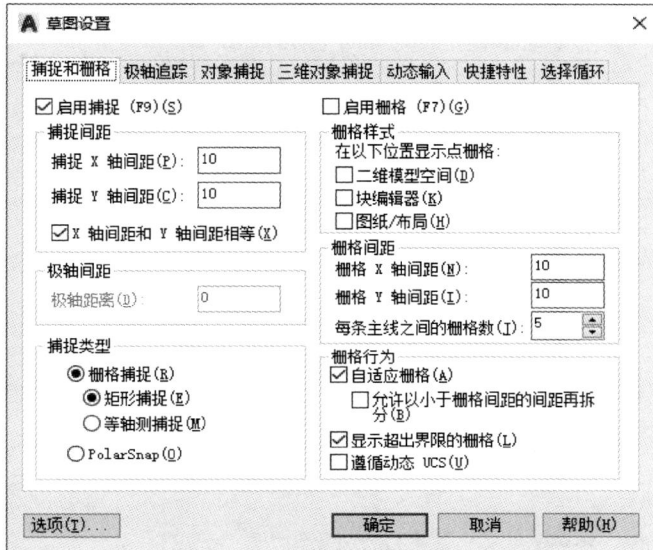

图 1-70　"草图设置"对话框

在"草图设置"对话框中，常用的有 4 个选项卡："捕捉和栅格""极轴追踪""对象捕捉"和"动态输入"。各选项卡的含义为：

"捕捉和栅格"选项卡：用于设置栅格的各项参数和状态，以及捕捉的类型和样式等。

"极轴追踪"选项卡：用于设置角度追踪和对象追踪的相应参数。该功能可以在指定一点，按预先设置的角度增量显示一条辅助线，并可以沿辅助线追踪得到光标点。

"对象捕捉"选项卡：如图 1-71 所示，用于设置对象捕捉的相应状态，可把点精确定位到可见图形的某特征点上。

"动态输入"选项卡：可以在工具栏中直接输入坐标值或进行其他操作，而不必在命令行中进行，这样可以帮助用户专注于绘图区域。

7. 创建文字样式

在绘图中，常需要添加一些注释性文字，如标题栏文字、技术要求等。为了使文字符合制图标准，应根据实际绘图需要先设置文字样式。文字样式包括字体、字高、字宽及倾斜角度等，字型可选用大字体字型文件（通常后缀为 .shx），也可使用 Windows 系统 TrueType 字体（如宋体、楷体等）。

创建文字样式的操作方法有以下两种：

① 通过键盘直接输入"STYLE"后，按 Enter 键；

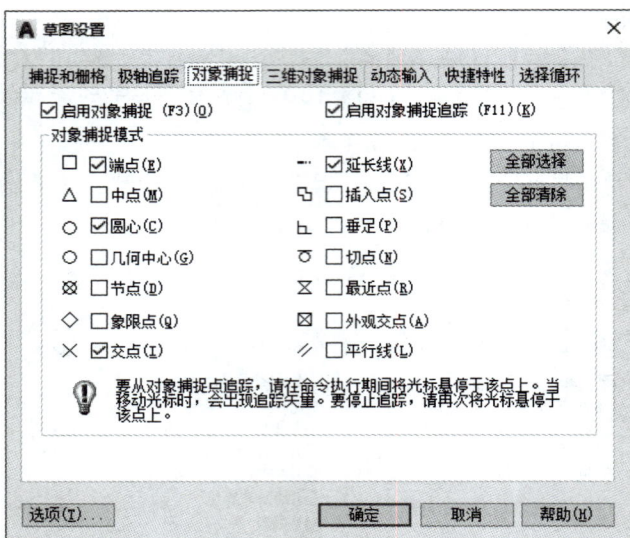

图 1-71　"对象捕捉"选项卡

② 选择"格式"菜单，单击"文字样式"子菜单。

启动命令后，系统弹出如图 1-72 所示的"文字样式"对话框，默认的文字样式为 Standard。但大多数情况下该样式不能满足绘图要求，需创建或编辑新的文字样式。

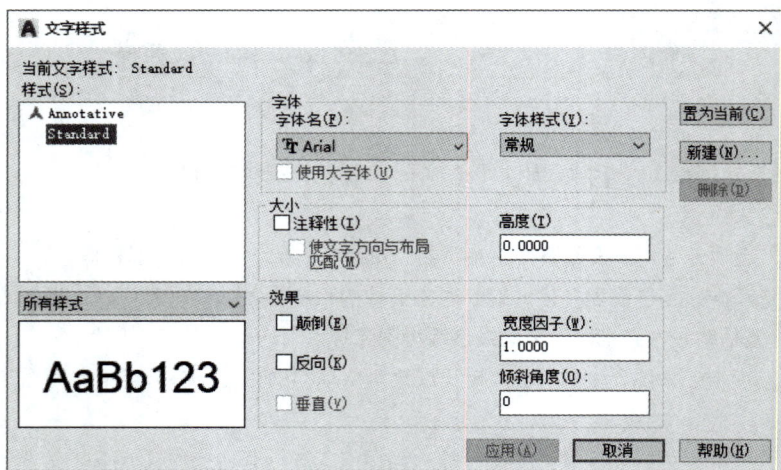

图 1-72　"文字样式"对话框

【例 1-1】　创建符合制图标准的"机械图样中的文字"文字样式。

解：文字样式用符合制图国标的汉字"长仿宋体"。其创建过程如下：

① 输入"STYLE"命令，弹出"文字样式"对话框，如图 1-72 所示。

② 单击"新建"按钮，弹出"新建文字样式"对话框，输入"机械图样中的文字"样式名，单击"确定"按钮，返回"文字样式"对话框。

46

③ 取消"使用大字体"复选框，在"字体名"下拉列表框中选择"T 仿宋 −GB2312"字体；将"高度"设为"0"；将"宽度因子"设为"0.7"；其他使用缺省值。也可以在"字体名"下拉列表框中选择"gbenor.shx 或 gbcbig.shx"字体；"宽度因子"采用默认值，其他使用缺省值。此设置可同时用于汉字、数字和字母的书写。

④ 单击"应用"按钮，完成创建。如不再创建其他样式，单击"关闭"按钮，退出"文字样式"对话框，结束命令即可。操作结果如图 1−73 所示。

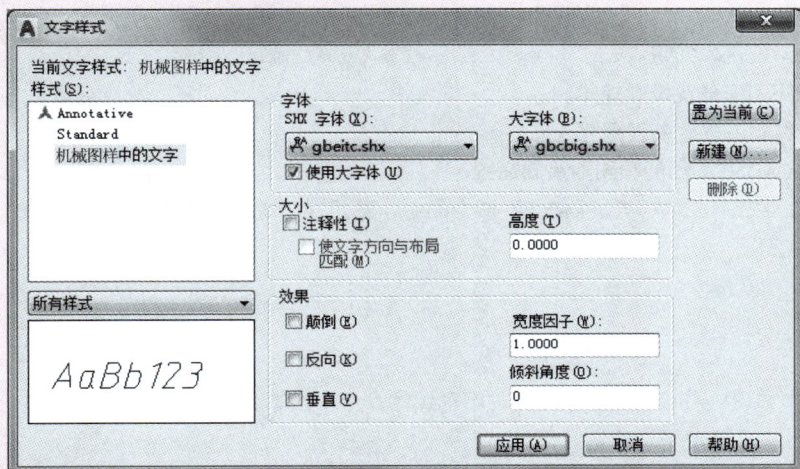

图 1−73　文字样式创建实例

复习思考题

1. 启动 AutoCAD，操作启动工作界面中的各选项，并熟悉工作界面。
2. 进行绘图环境的初步设置。

模块 2　创建三视图

学习目标

1. 掌握正投影的基本知识。
2. 掌握三视图的形成及投影规律。
3. 掌握组合体视图的绘制及尺寸注法。
4. 掌握 AutoCAD 基本绘图与图形编辑命令。
5. 通过"读三视图"的学习，强化"不谋全局者，不足谋一域"的意识，培养全局性、系统性分析问题的思维与能力。

学习重点

正投影的基本知识；AutoCAD 基本绘图与图形编辑命令；正等测图、三视图的绘制方法及尺寸注法。

学习难点

三视图投影规律及绘制方法。

任务 2.1　物体的三面投影图

任务描述

　　本任务通过正投影、三面投影相关知识的学习，理解正投影的基本原理，掌握物体三面投影的规律并绘制简单物体的三面投影图。图 2-1（a）所示为两个不同的物体获得相同的单面投影，图 2-1（b）所示为三投影面体系，是重点学习的内容。

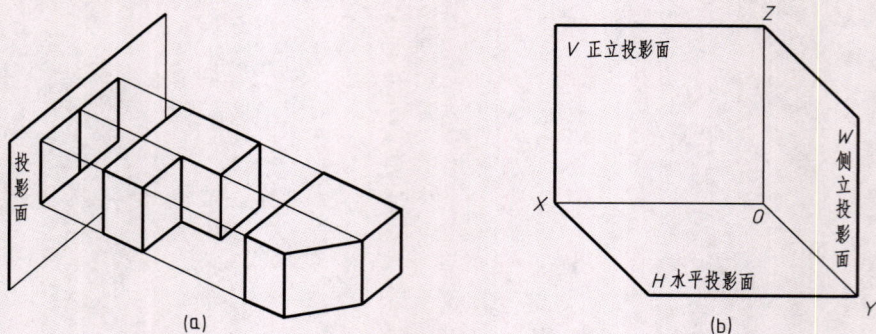

图 2-1　形体单面投影及三投影面体系

2.1.1　正投影的基本知识

1. 投影法的基本概念

投影法是指投射线通过物体向选定的投影面投射，在该面上得到图形的方法。通过投影法获得的图形称为投影。如图 2-2 所示，S 为投射中心，由 S 发出的投射线通过物体 $ABCD$，在投影面 P 上获得投影 $abcd$。

2. 投影法的分类

投影法分为两大类，即中心投影法和平行投影法。

（1）中心投影法

所有投射线均由一点发出而获得投影的方法称为中心投影法，如图 2-2 所示。由图可见，空间四边形 $ABCD$ 的投影 $abcd$ 的大小随投射中心 S 的远近而变化，其特点是直观性好、立体感强、可度量性差，常用于绘制建筑物的透视图，不适用于绘制机械图样。

（2）平行投影法

投射线相互平行的投影法称为平行投影法。平行投影法中物体投影的大小与物体离投影面的远近无关。

在平行投影法中，按投射线是否垂直于投影面又分为下列两种投影法。

① 斜投影法　投射线与投影面相倾斜的平行投影法。根据斜投影法所得到的图形称为斜投影（斜投影图），如图 2-3 所示。

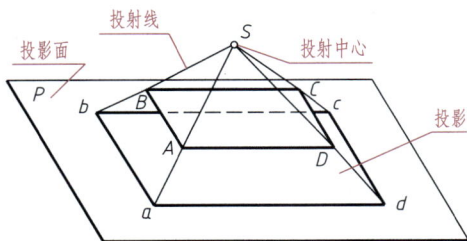

图 2-2　中心投影法

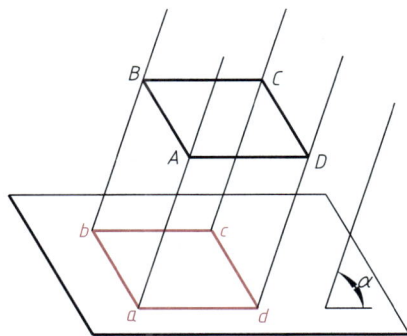

图 2-3　平行投影法中的斜投影法

② 正投影法　投射线与投影面相垂直的平行投影法。根据正投影法所得到的图形称为正投影（正投影图），如图 2-4 所示。

为叙述方便，本教材后续描述中若不特别指出，投影即指正投影。

3. 正投影的特性

（1）实形性

当物体上的平面或直线平行于投影面时，它们的投影反映平面的真实形状或直线的实长，如图 2-5 所示。

（2）积聚性

当物体上的平面或直线垂直于投影面时，它们的投影分别积聚成直线或点，如图 2-6 所示。

动画
正投影的特性

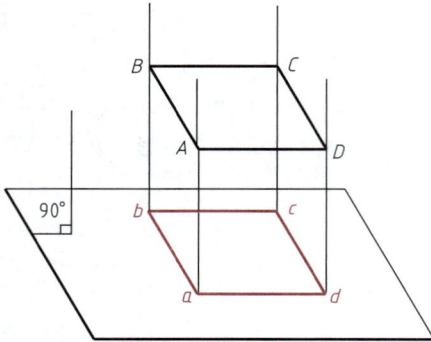

图 2-4　平行投影法中的正投影法

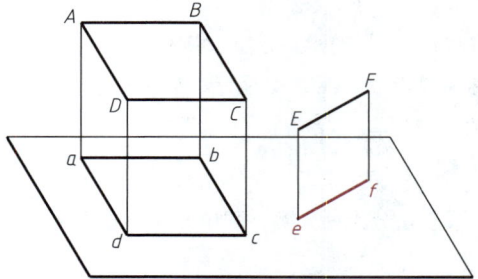

图 2-5　正投影的实形性

（3）类似性

当物体上的平面或直线倾斜于投影面时，平面的投影仍为类似的平面，但面积缩小；直线的投影仍为直线，但长度缩短，如图 2-7 所示。

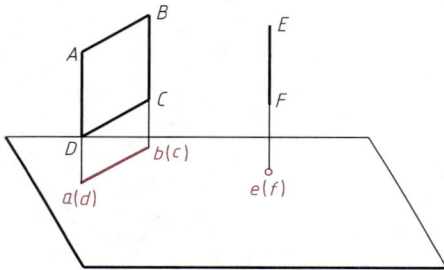

图 2-6　正投影的积聚性

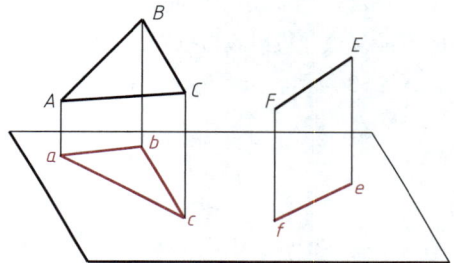

图 2-7　正投影的类似性

2.1.2　三面投影图的形成

用正投影法绘制图样时，通常总是使物体的主要表面平行于投影面，如图 2-8 所示。而物体上垂直于投影面的表面，投影后将积聚成直线段，无法表达其形状，故只画一面投影是不能完整和确切地表达物体的形状和大小的，如图 2-1（a）所示。为此，需将物体同时向几个方向的投影面进行投射，从而得到一组正投影图，以反映物体上下、左右、前后各部分的形状和大小。如图 2-9 所示，三个投影面 V 面、W 面、H 面互相垂直，形成三投影面体系。

如图 2-1（b）所示的三投影面体系中，正对着我们的投影面 V 称为正立投影面（简称正面），物体在正立投影面上的投影称为正面投影；水平放置的投影面 H 称为水平投影面（简称水平面），物体在水平投影面上的投影称为水平投影；右侧直立的投影面 W 称为侧立投影面（简称侧面），物体在侧立投影面上的投影称为侧面投影。投影面与投影面的交线称为投影轴，分别为 X、Y、Z 轴。三个投影轴的交点 O，称为投影原点。

用正投影法所绘制出的图形称为视图，在三投影面体系中，机件由前向后投射所得的图形（即正面投影）称为主视图，它通常反映机件形体的主要特征；机件由上向下投射所得的图形（即水平投影）称为俯视图；机件由左向右投射所得的图形（即侧面投影）称为左视图。

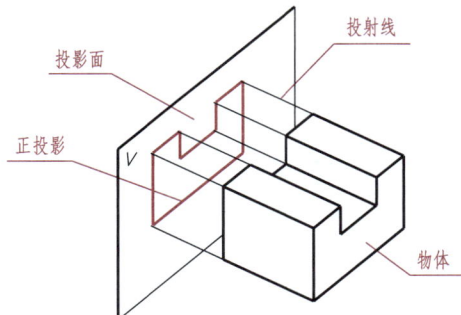

图 2-8　垫块的单面投影

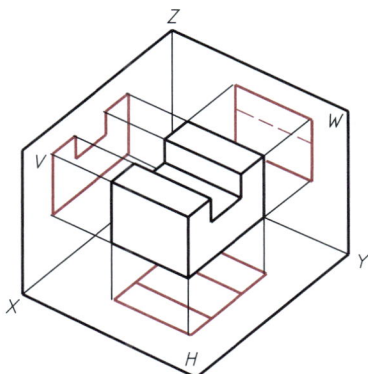

图 2-9　垫块三面投影图的形成

2.1.3　三面投影图投影关系

如图 2-9 所示，物体的三面投影处于空间位置，只有把它们摊平到一个平面上才便于作图。如果将物体拿走，让正面 V 保持不动，把水平面 H 向下旋转 90°，侧面 W 向右旋转 90°，它们就与正面 V 摊平在同一个平面上，如图 2-10 所示。

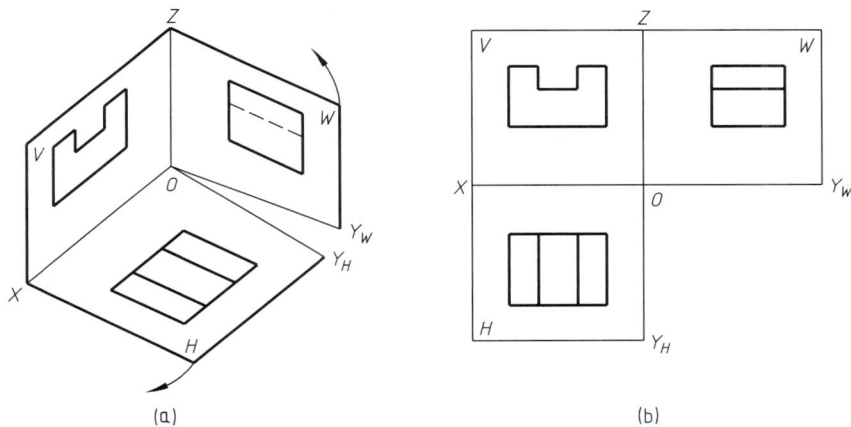

(a)

(b)

微课扫一扫
三面投影图的
形成

图 2-10　将投影面旋转摊平

为了方便起见，机械制图中规定，在投影图中投影面的边框线不必画出，投影之间的距离也可根据图纸幅面适当调整，投影面的名称也不用写出，如图 2-11（a）所示。

从图 2-11（b）可以看出，每面投影只能反映物体两个方向的尺寸。一般规定：物体左右方向的尺寸称为长，前后方向的尺寸称为宽，上下方向的尺寸称为高。那么正面投影反映了物体的长和高；水平投影反映了物体的长和宽；侧面投影反映了物体的高和宽。

由于三面投影表示的是同一物体，所以三面投影保持着以下关系：

① 正面投影和水平投影长对正；

② 正面投影和侧面投影高平齐；

③ 水平投影和侧面投影宽相等。

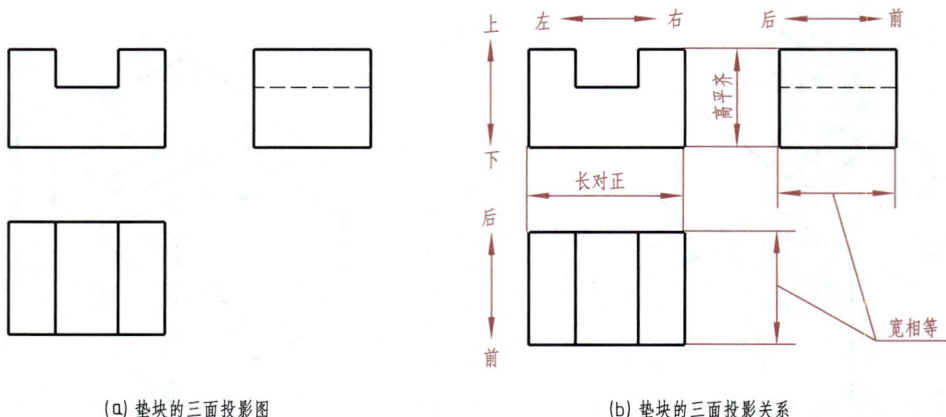

（a）垫块的三面投影图　　　　　　　　　（b）垫块的三面投影关系

图2-11　垫块的投影关系

"长对正、高平齐、宽相等"是三面投影的基本关系，是画图和读图必须遵守的重要法则。

为规范注写，空间几何点用大写字母注写，如图2-12（a）所示的"B"，三视图中的投影点用小写字母注写，且各有不同，如图2-12（b）所示的主视图中用"b'"、俯视图中用"b"、左视图中用"b″"。

【例2-1】　画出图2-12（a）所示物体的三面投影图（箭头所指方向为正面投影方向）。

解：画图之前首先要选好正面投影的投射方向，接着确定画图比例和图纸幅面。

画底稿时，最好三面投影同时进行。通常是先画正面投影，再画水平投影和侧面投影。但要注意保持"长对正、高平齐、宽相等"的投影关系。

底稿画完之后，擦去多余作图线，认真检查后按线型描深，可见轮廓描深成粗实线，如图2-12（b）所示。

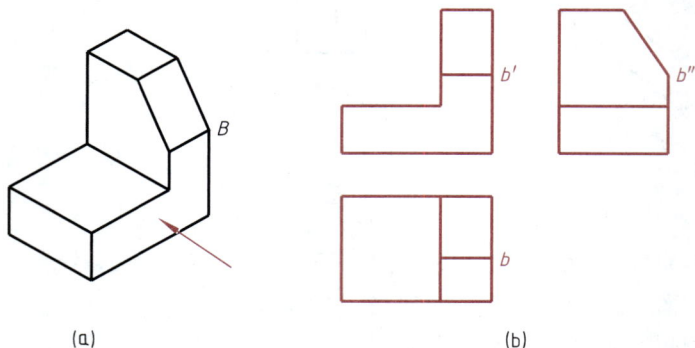

（a）　　　　　　　　　　　　　　（b）

图2-12　根据立体图画三面投影图

复习思考题

1. 正投影的投影特性有哪些？

2. 工程图样中常采用哪几种投影法？哪一种更适用于机械图样？为什么？

3. 三面投影相互处于什么位置？每一种投影面的名称是什么？用什么符号表示？

任务描述

轴测投影能同时反映物体长、宽、高三个方向的形状，比三面投影图更加直观，如图 2-13（b）所示，但也存在着度量性差且作图较复杂等缺点，因此轴测图在应用上有一定的局限性。

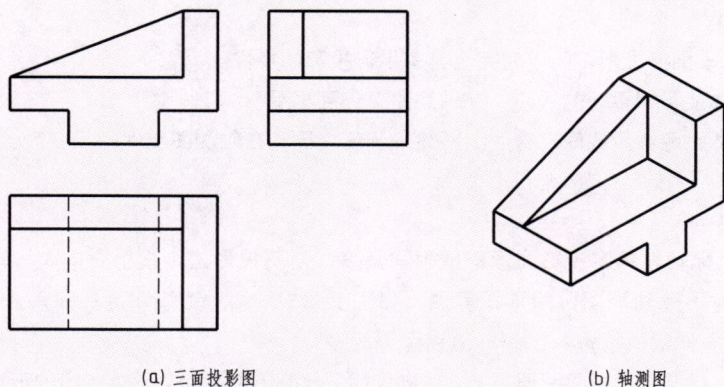

(a) 三面投影图　　　　　　　　　　(b) 轴测图

图 2-13　三面投影图与轴测图

2.2.1　轴测图的基本知识

用平行投影法，将物体连同其参考直角坐标系，沿不平行于任一坐标面的方向 S 投射到单一投影面 P 上得到的投影称为轴测投影，简称轴测图。投射方向 S 称为轴测投射方向，投影面 P 称为轴测投影面，如图 2-14 所示。

微课扫一扫
轴测图的基本知识

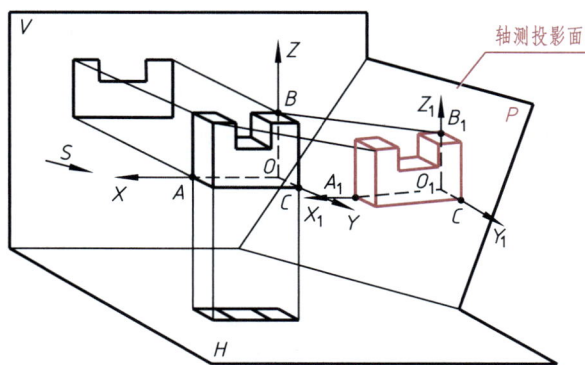

图 2-14　轴测投影的形成

1. 轴测轴的轴间角

坐标轴 OX、OY、OZ 在轴测投影面上的投影 O_1X_1、O_1Y_1、O_1Z_1 称为轴测轴；轴测轴之间的夹角称为轴间角。

53

2. 轴向伸缩系数

在轴测图中平行于轴测轴 O_1X_1、O_1Y_1、O_1Z_1 的线段单位长度与平行于坐标轴 OX、OY、OZ 的对应线段单位长度之比称为轴向伸缩系数。

① X 轴的轴向伸缩系数 $p_1 = O_1A_1/OA$；

② Y 轴的轴向伸缩系数 $q_1 = O_1C_1/OC$；

③ Z 轴的轴向伸缩系数 $r_1 = O_1B_1/OB$。

3. 轴测投影的特性

因为轴测投影属于平行投影，所以它完全具备平行投影的特性。

① 平行性   物体上互相平行的线段，在轴测图上仍互相平行。

② 定比性   物体上两线段或同一直线上两线段长度之比，在轴测图上保持不变。

2.2.2 正等轴测图

使物体的三个坐标轴与轴测投影面倾斜成相同角度，用正投影法（投射方向 S 与轴测投影面 P 垂直）所得到的轴测图称为正等轴测图，简称正等测，如图 2-15 所示。正等测的轴间角 $\angle X_1O_1Y_1 = \angle X_1O_1Z_1 = \angle Y_1O_1Z_1 = 120°$，轴向伸缩系数 $p_1 = q_1 = r_1 = 0.82$。

如图 2-16 所示，轴测轴 O_1Z_1 取铅垂方向，轴向伸缩系数简化为 1：1，这样绘出的正等测虽然比实物放大了 1.22 倍，但给绘图、读图都带来了很大的方便。因此，绘制正等测时所有轴向尺寸都用实长直接量取即可。

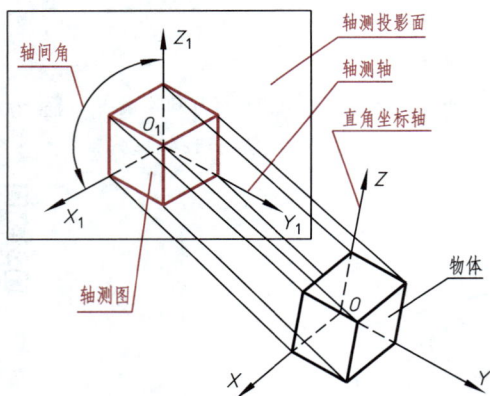

图 2-15 正等轴测图

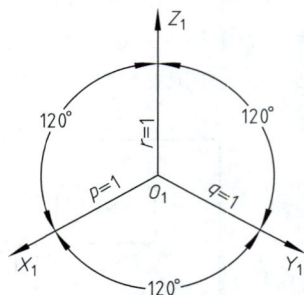

图 2-16 正等测简化轴向伸缩系数

1. 平面体正等测的绘制

以图 2-17 所示的正六棱柱为例，其绘图步骤如下：

① 确定坐标轴   为了作图方便，把坐标原点设在正六棱柱顶面中心点 O 上，如图 2-17（a）所示。

② 画出轴测轴   在轴测轴上标注出相应的字母 O_1X_1、O_1Y_1、O_1Z_1，如图 2-17（b）所示。

③ 作线取点   用 1：1 的比例在轴测轴上作出各对应点，按顺序连接各点，即得正六棱柱顶面的正等测，如图 2-17（c）所示。

④ 量取高度   沿 O_1Z_1 轴方向量取 h，即得底面的 7_1、8_1、9_1、10_1 4 个点，按顺序连接各点，即得六棱柱底面的正等测，如图 2-17（d）所示。

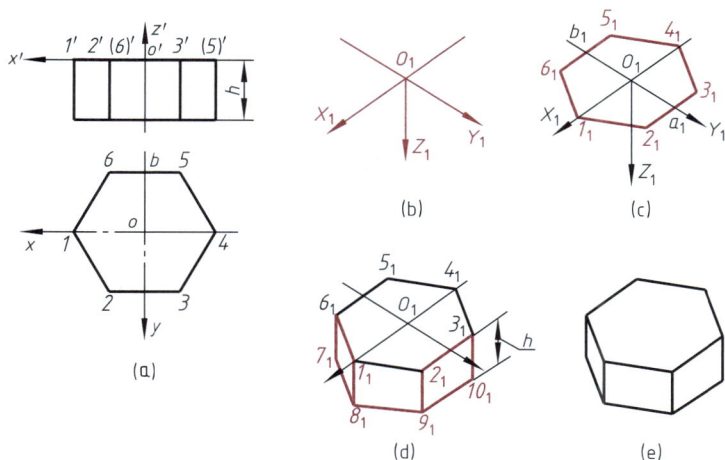

图 2-17 正六棱柱的正等测

⑤ 检查描深 擦去不必要的作图线、轴测轴、字母及不可见部分，即得正六棱柱的正等测，如图 2-17（e）所示。

其他棱柱、棱锥的正等测画法与正六棱柱的画法相类似，这里不再赘述。

2. 圆的正等测的绘制

以如图 2-18（a）所示的水平圆为例，可以把圆看成是正方形的内切圆，而正方形的正等测是菱形，其内切圆则为椭圆。则圆的正等测绘图步骤如下：

① 确定坐标轴 在水平圆的投影上，选定坐标轴 OX 和 OY 的投影，通过圆与坐标轴各交点 a、b、e、f 作正方形，如图 2-18（a）所示。

② 画出轴测轴 作 a、b、e、f 各点在轴测轴上的对应点 a_1、b_1、e_1、f_1，如图 2-18（b）所示。

③ 画菱形 过 a_1、b_1 和 e_1、f_1 分别作 O_1X_1 和 O_1Y_1 的平行线，即得菱形 $1c_12d_1$，并作出菱形的对角线，如图 2-18（c）所示。

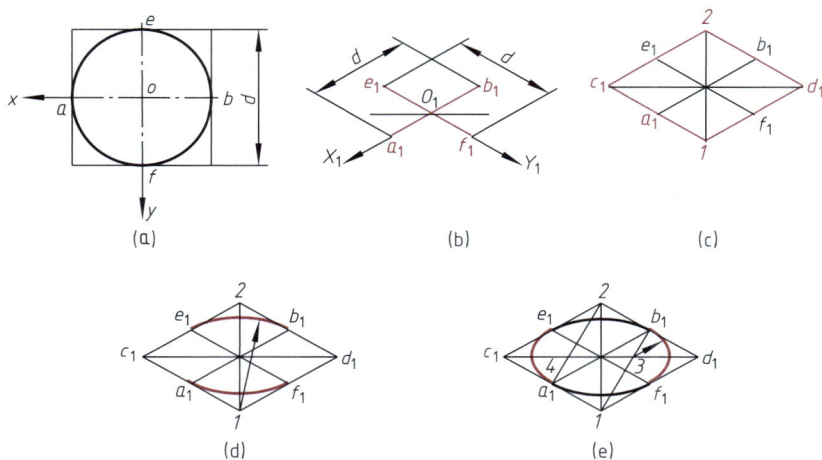

图 2-18 圆的正等测

④ 画大圆弧 分别以 1 和 2 为圆心，以 $1b_1$ 和 $2a_1$ 为半径画大圆弧 $\overarc{b_1e_1}$ 和 $\overarc{a_1f_1}$，如图 2-18（d）所示。

⑤ 画小圆弧 分别连接 $1b_1$ 和 $2a_1$ 与 c_1d_1 得交点 3 和 4，以其为圆心，以 $3b_1$ 和 $4a_1$ 为半径画小圆弧 $\overarc{b_1f_1}$ 和 $\overarc{a_1e_1}$，完成的椭圆即为水平圆的正等测，如图 2-18（e）所示。

水平圆的正等测的绘制方法，同样适用于正平圆及侧平圆的正等测的绘制，如图 2-19 所示。

3. 组合体正等测的绘制

如图 2-20（a）所示，已知一个组合体（支架）的三面投影图，求作它的正等测。

画正等测时，首先要分析支架的形体结构，确定坐标轴的位置，画好轴测轴，然后画主要形体的轴测图，再依次画出圆孔、圆角等结构。其作图方法和步骤如下：

① 在投影图上确定坐标轴的投影，如图 2-20（a）所示。

② 画出轴测轴，定出底板和竖板的位置。

③ 画出底板和竖板的主要形体，如图 2-20（b）所示。

④ 画出三角形肋板、竖板的半圆柱和底板的圆角，如图 2-20（c）所示。

⑤ 画出竖板和底板上的圆孔，如图 2-20（d）所示。

⑥ 擦去多余的作图线，检查、描深图线，如图 2-20（e）所示。

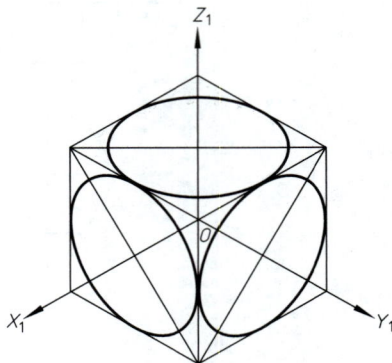

图 2-19 投影面上圆的正等测

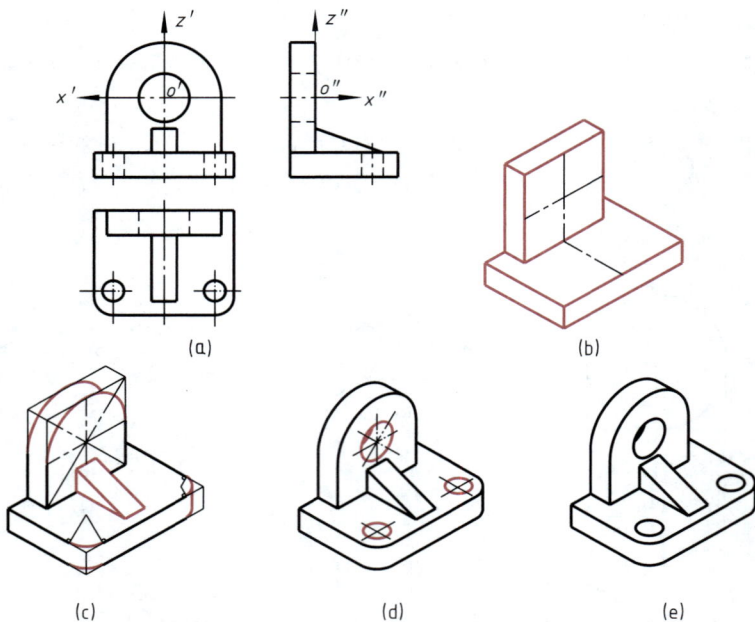

图 2-20 支架的正等测

上述底板圆角的画法如图 2-21 所示，在底板的投影图上，根据已知圆角半径 R，在轴测图上找出切点 A_1、B_1、C_1、D_1，过切点作边线的垂线，两垂线的交点即为圆心，以圆心到切点的距离为半径，便能画出顶面圆角的轴测图。再将圆心和切点垂直向下移一个底板的厚度，即能画出底面圆角的轴测图。必须注意，在 $O_1D_1C_1$ 圆角内，顶面和底面之间有一条两椭圆的公切线。

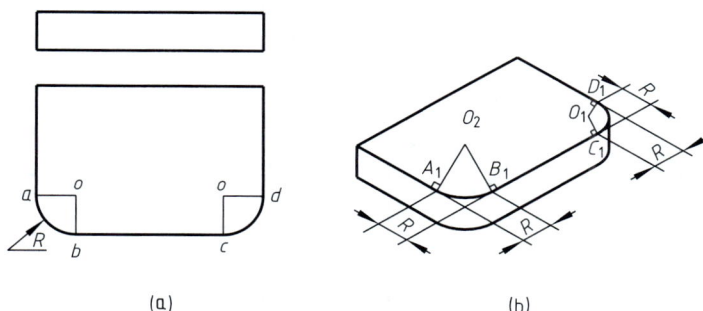

(a)　　　　　　　　　　(b)

图 2-21　圆角正等测的近似画法

复习思考题

1. 轴测图的投影规律有哪些？
2. 常用的轴测图有哪几种？它们的画法有哪些相同点和不同点？
3. 在正等测中，画形体的方法有哪几种？
4. 在正等测中，椭圆的长轴、短轴方向和大小如何确定？怎样用近似画法画椭圆？

任务 2.3　组合体的视图及尺寸注法

任务描述

对于任何物体，一般都可以把它看作是由若干基本几何体经过叠加、挖切等方式而形成的组合体。按标准规定，将物体用正投影法向投影面投射后所得到的图形即为视图。视图包括基本视图、局部视图、斜视图和向视图。本任务主要学习基本视图的知识，零件内部结构的表达将在模块 3 中学习。

机件向基本投影面投射所得到的视图称为基本视图，包括主视图、后视图、俯视图、仰视图、左视图及右视图 6 个视图。其中正面投影称为主视图，水平投影称为俯视图，侧面投影称为左视图（或右视图，常用的是左视图）。一般情况下，主视图、俯视图、左视图基本能够清晰表达机件的结构，把这 3 个基本视图组成的视图称为三视图。

2.3.1　常见的基本几何体结构及三视图

按照物体的复杂程度，一般把物体分为基本几何体和组合体。

基本几何体按形体表面性质的不同，可分为平面体和曲面体两大类。

1. 平面体

表面由平面构成的形体，称为平面体。平面体的表面由底面和棱面组成，各棱面的相交线称为棱线。画平面体的三视图，实质就是画出底面和所有棱线的投影，并判别其可见性即可。常见的平面体有棱柱、棱锥、棱台等。

（1）棱柱

棱柱是棱线相互平行的平面体。当棱线与底面垂直时，称为直棱柱；倾斜时，称为斜棱柱。当直棱柱的底面为正多边形时，称为正棱柱。如图 2-22 所示，正棱柱底面为正六边形，称为正六棱柱。

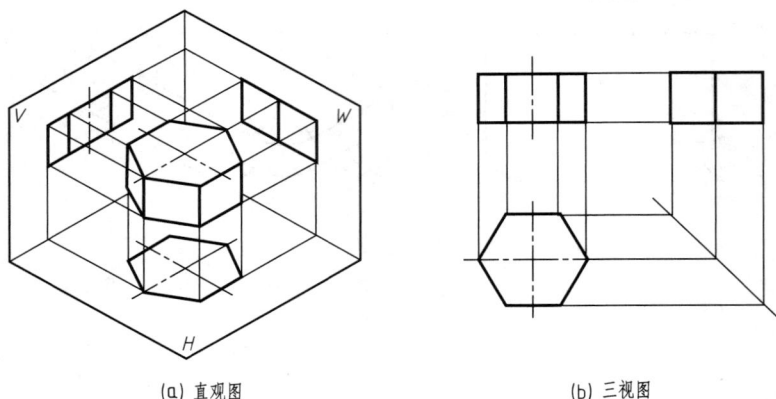

(a) 直观图　　　　　(b) 三视图

图 2-22　正六棱柱的投影

棱柱的三视图中，俯视图是反映顶、底面实形的多边形，另两个视图为相邻的矩形线框。作图时，可先画出多边形视图，再根据投影规律和棱柱高度作出其他两个视图即可。读图时，如果一个视图是多边形，另一个视图是矩形，就可以判断该形体是棱柱。

（2）棱锥

棱锥的各条棱线相交于锥顶，底面为多边形，侧面为三角形。正棱锥的底面是正多边形，侧面为等腰三角形，如图 2-23 所示为正三棱锥的投影。

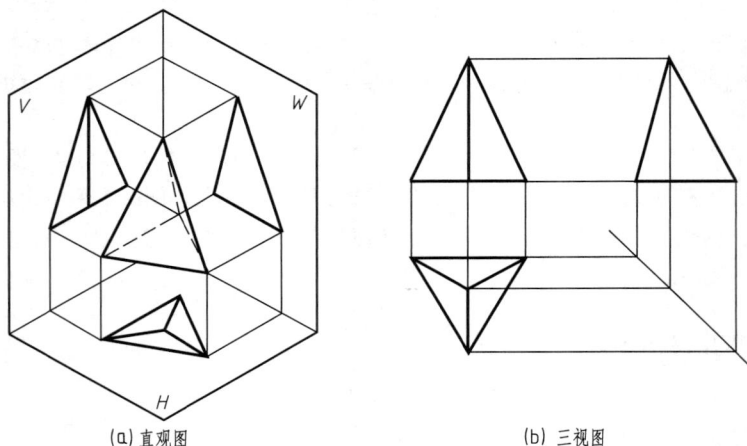

(a) 直观图　　　　　(b) 三视图

图 2-23　正三棱锥的投影

棱锥的三视图中，俯视图是反映底面实形的多边形，另两个视图为相邻的三角形线框。作图时，可先画出底面多边形视图，再作出锥顶的三面投影，然后连接各棱线的同面投影即可。读图时，如果一个视图是多边形，对应另一个视图是三角形，就可以判断该形体是棱锥。

（3）棱台

棱台是棱锥的一部分，由平行于棱锥底面的平面截去锥体顶部而形成。由正棱锥截得的棱台叫正棱台，其顶、底面为互相平行的相似多边形，各侧面为等腰梯形。如图 2-24 所示的正四棱台，其俯视图中，内、外矩形分别表示正四棱台顶、底面平行于 H 面的真实性投影，4 个等腰梯形表示四棱台侧面倾斜于 H 面的类似性投影。

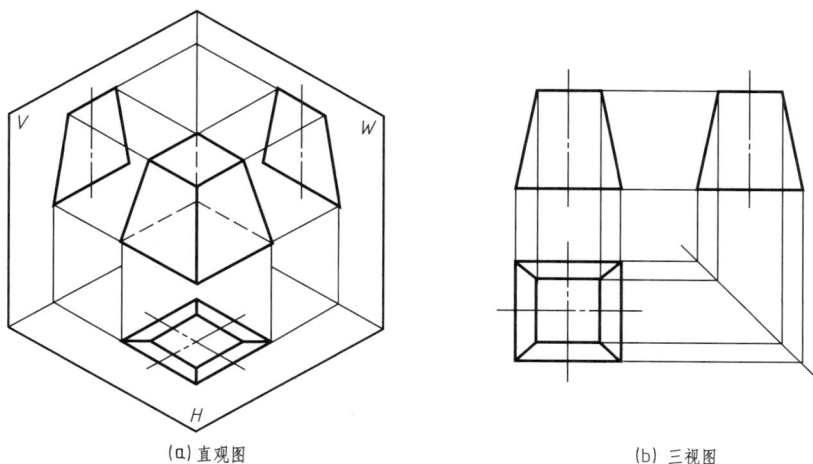

(a) 直观图　　　　　　　　(b) 三视图

图 2-24　正四棱台的投影

2. 曲面体

由曲面或曲面与平面所围成的形体，称为曲面体。常见的曲面体多是回转体，即由截面绕中心轴旋转一周而成。常见的回转体有圆柱、圆锥、圆台、圆球等。由于回转体的侧面是光滑曲面，因此，画其投影时只需画出曲面上可见部分与不可见部分分界线的投影即可，这种分界线称为转向轮廓线。

（1）圆柱

圆柱的顶、底面为水平圆，侧面为圆柱面，如图 2-25 所示。圆柱面上任意一条平行于轴线的直线都称为素线。

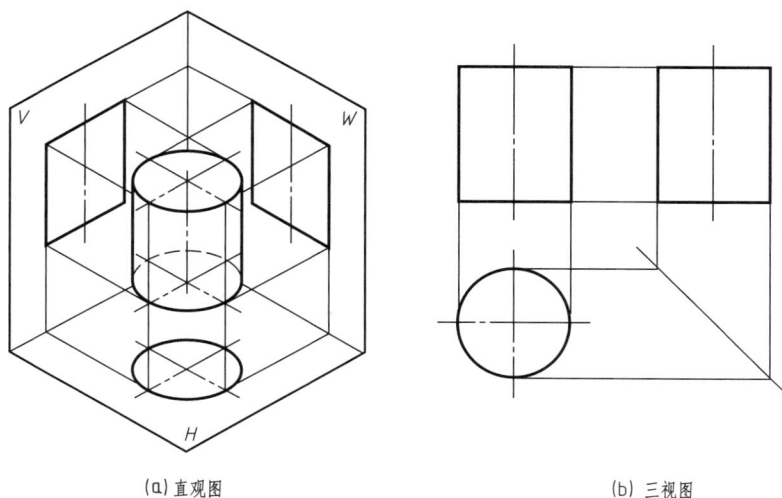

(a) 直观图　　　　　　　　(b) 三视图

图 2-25　圆柱的投影

圆柱的三视图中，俯视图是圆，另两个视图是全等的矩形。作图时，应先画出轴线、中心线，再画出投影为圆的视图，然后按投影关系画出其他两面投影为矩形的视图即可。读图时，如果一个视图是圆，对应另一个视图是矩形，就可以判断该形体是圆柱。

（2）圆锥

圆锥由底面（水平圆）和圆锥面组成，如图 2-26 所示。圆锥面是由一个直角三角形的斜边绕直角边旋转一周而形成的。

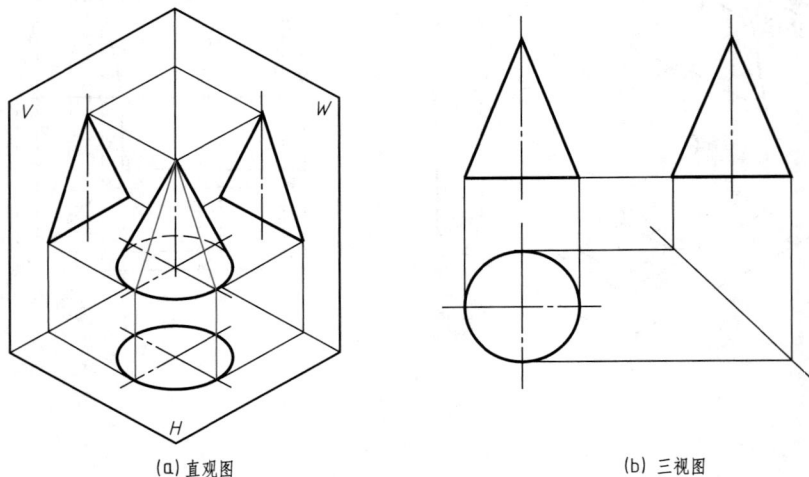

(a) 直观图　　　　　　　　　　　　　　(b) 三视图

图 2-26　圆锥的投影

圆锥的三视图中，俯视图是圆，另两个视图是全等的等腰三角形。作图时，应先画出轴线、中心线，再画出投影为圆的视图，然后按圆锥的高度及投影关系画出其他两面投影为等腰三角形的视图即可。读图时，如果一个视图是圆，对应另一个视图是等腰三角形，就可以判断该形体是圆锥。

（3）圆台

圆台是圆锥的一部分，由平行于圆锥底面的平面截去锥体顶部而形成，如图 2-27 所示。圆台的投影特性可参考圆锥。

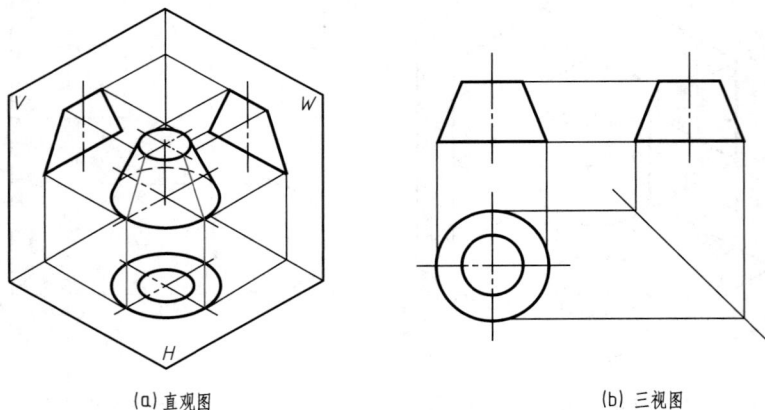

(a) 直观图　　　　　　　　　　　　　　(b) 三视图

图 2-27　圆台的投影

（4）圆球

圆球是由半圆绕其直径旋转一周而形成的，如图 2-28（a）所示。

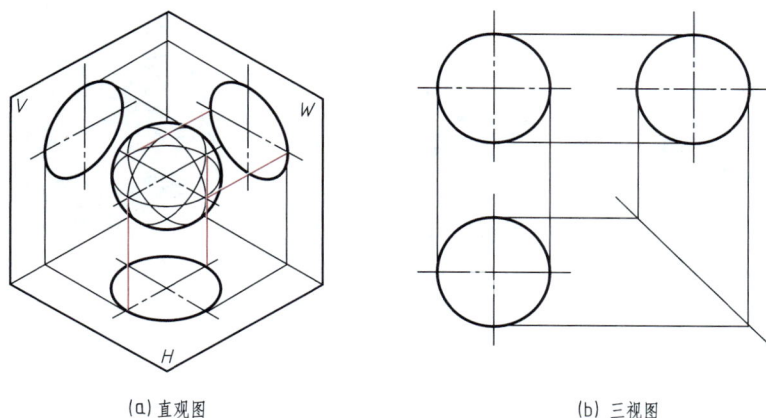

（a）直观图　　　　　　　　　　　　（b）三视图

图 2-28 圆球的投影

圆球的三个视图均为圆，其直径与圆球的直径相等，如图 2-28（b）所示。作图时，先画出中心线，以确定球心的三面投影，再画出三个与圆球等直径的圆即可。读图时，如果任意两个视图是直径相等的圆，就可以判断该形体是圆球。

2.3.2 组合体的组合形式

组合体一般可以分解成若干个基本几何体。组合体按其组合形式可以分为**叠加式、挖切式和综合式**。

叠加式组合体是将两个或多个基本几何体组合而成的组合体。图 2-29（a）所示为两个圆柱体；图 2-29（b）所示为两个圆柱体叠加组合而成的组合体；图 2-29（c）所示为棱柱、圆锥台、圆柱三部分叠加组合而成的组合体。

微课扫一扫
组合体的组合形式

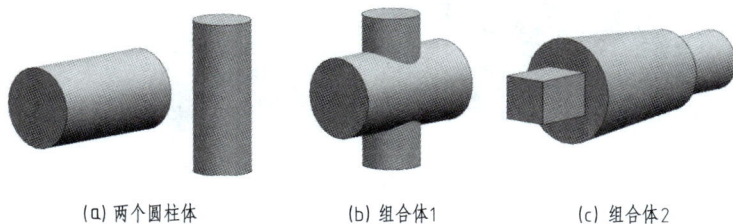

（a）两个圆柱体　　　　（b）组合体1　　　　（c）组合体2

图 2-29 叠加式组合体

挖切式组合体是将基本几何体减去部分基本几何体后形成的组合体。图 2-30（a）所示为圆柱挖切后形成的组合体；图 2-30（b）所示为长方体经过多次挖切后形成的组合体。

综合式组合体是上述两种形式的综合，如图 2-31 所示的轴承座即为综合式组合体。

(a) 圆柱挖切后　　　　　　　(b) 长方体挖切后

图 2-30　挖切式组合体

图 2-31　综合式组合体

2.3.3　画组合体视图

微课扫一扫
组合体相邻基本几何体表面的位置关系及其画法

　　画组合体视图，就是画组成组合体的各个基本几何体的视图。在组合体中，互相结合的两个或两个以上的基本几何体表面之间的相对位置关系，有相接、相交（含相贯）、相切 3 种形式。

1. 相对位置关系

（1）相接

　　当基本几何体组成组合体时，如两相接表面平齐，即两相接表面共面，则相接处不画线（图 2-32）；若不平齐，则相接处必须画线（图 2-33）。

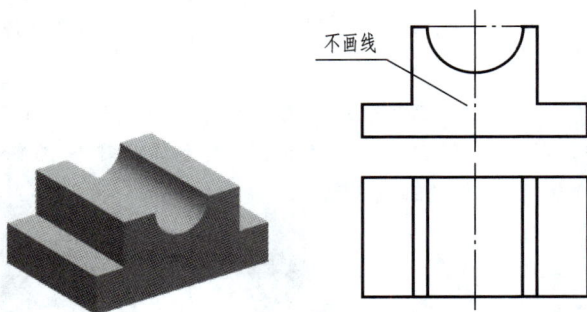

不画线

图 2-32　两相接表面平齐

（2）相交

常见的三种相交形式：

① 平面与平面相交　可相交成直线，如图 2-33 所示。

② 平面与曲面相交　可相交成直线或平面曲线，如图 2-34 所示相交成直线。

③ 曲面与曲面相交　可相交成平面曲线或空间曲线，如图 2-29（b）、图 2-30（a）。

（3）相切

　　由图 2-35 所示的组合体可以看出，耳板的前、后表面和圆柱面相切且光滑过渡，因此在光滑过渡处不应画线。

62

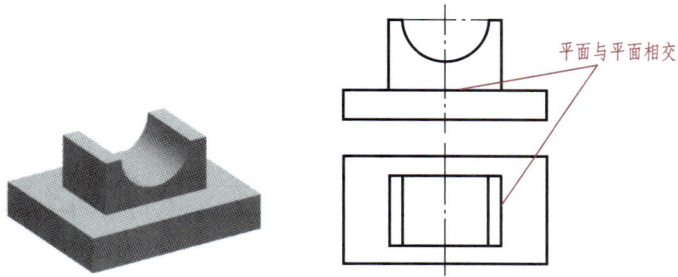

图 2-33　两相接表面不平齐

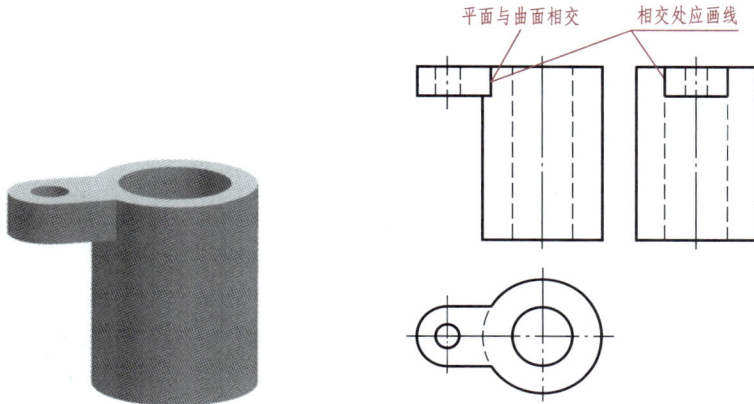

图 2-34　相交处应画线

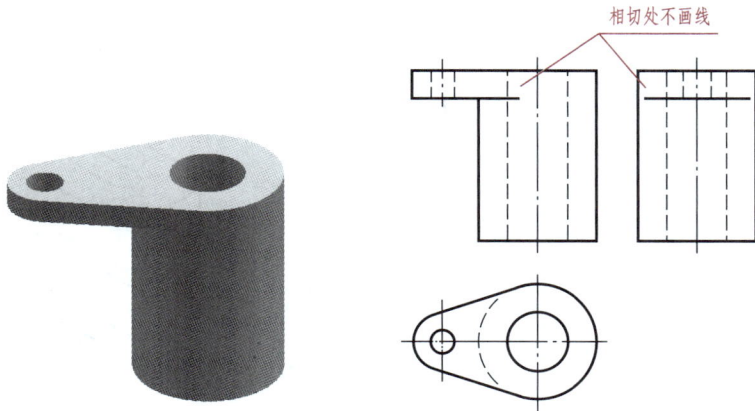

图 2-35　相切处不画线

（4）相交线的简化画法

这里简述利用圆弧或直线代替相交曲线投影的简化作图方法。如图 2-36 所示，以大圆柱半径 R 为半径，以大圆柱和小圆柱转向轮廓线的交点 O_1 为圆心画圆弧交小圆柱轴线于 O_2；再以 O_2 为圆心，半径不变画圆弧，即得相交曲线的简化投影。这类相交线是由两几何体相互贯穿而形成的，称为相贯线。

两圆柱相交时，如果其中一个圆柱的直径较小，则相交线的投影允许画成直线，如图 2-37 所示。

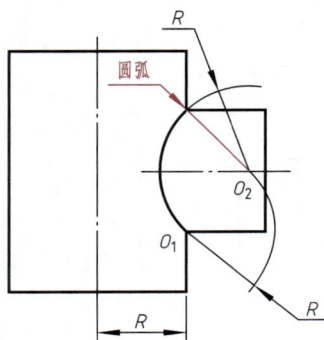

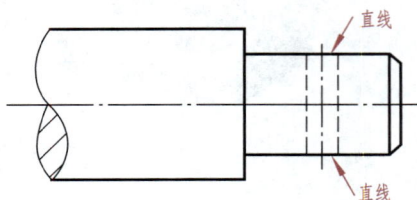

图 2-36　用圆弧代替相交线的投影　　　　图 2-37　用直线代替相交线的投影

2. 用形体分析法分析组合体

如图 2-38（a）所示的组合体由底板、凸台和竖板以叠加式组合而成，在组合时，底板和凸台前、后表面不平齐，底板和竖板前、后表面平齐。

如图 2-38（b）所示，竖板中间的孔可以看成是从中挖切一个圆柱；底板和凸台结合挖切一个圆柱头长方体而形成腰形孔；底板下部挖切一个棱柱，一般称为开槽。

微课扫一扫
形体分析法 1

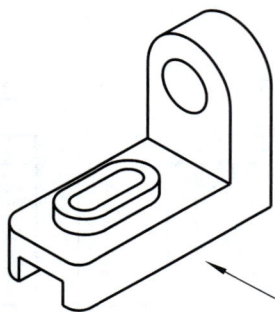

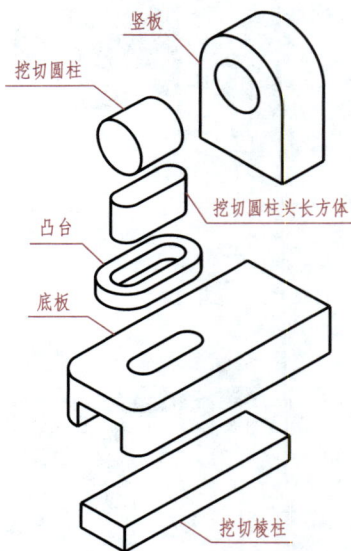

(a)　　　　　　　　　　　　(b)

图 2-38　用形体分析法分析组合体

由此可见，形体分析的方法就是把组合体分成一些简单的基本几何体，以及确定它们之间组合形式及其相对位置关系的一种思维方法。用形体分析法分析组合体的基本步骤如下。

（1）确定主视图的投射方向

一般把最能反映组合体形状特征的方向作为主视图投射方向。如图 2-38（a）所示的组合体，沿箭头所指的投射方向绘制主视图，能够表达出底板、凸台和竖板的上、下、左、右位置关系，为最佳方案。

（2）布置视图，画底稿

作图过程见表 2-1，由步骤（1）~（5）可知，画三视图时应以拆分的形体结构作为基本几何体，在三个视图中同步进行绘制，而不应将某个视图完全画好后再画其他视图，表 2-1 中（7）、（8）所示的画法是不宜使用的。

表 2-1　组合体画图步骤

(1) 画中心线，画底板挖切前的三视图

(2) 画底板挖切后的三视图

(3) 画竖板挖孔前的三视图

(4) 画竖板挖孔后的三视图

(5) 画凸台结构的三视图

(6) 擦去多余线条，描深图线

续表

(7) 不宜使用的画法 1	(8) 不宜使用的画法 2

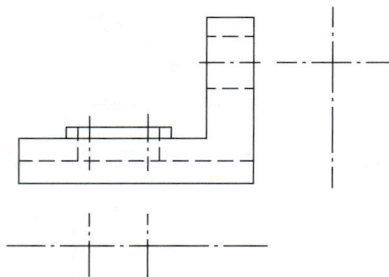

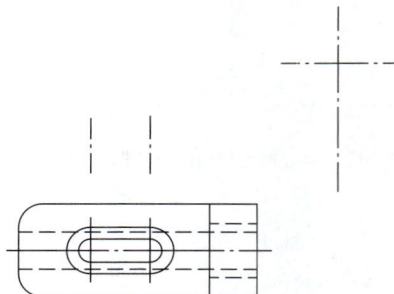

（3）检查底稿，描深图线

底稿画好后，要认真仔细地进行检查，确保无误后描深图线，描深时先描深圆弧，后描深直线，完成效果如表 2-1 中步骤（6）所示。

2.3.4　读组合体视图

常用的读组合体视图的方法有形体分析法和线面分析法。

1. 形体分析法

画组合体视图是把空间的组合体用正投影法表达在平面上，而读组合体视图则是运用正投影的原理，根据三面投影，想象出组合体的形状。

形体分析法是读组合体视图的基本方法，通常是从反映组合体形状特征的主视图着手，把视图分解成若干个线框，依照投影关系及特点对照其他视图，想象出组成组合体的基本几何体的形状，然后再弄清楚这些基本几何体之间的组合方式及相对位置，最后综合构思出组合体的整个形状。

微课扫一扫
形体分析法 2

读组合体视图举例：根据三视图想象出组合体的形状，见表 2-2。

表 2-2　根据三视图想象出组合体的形状

(1) 一个视图一般不能确定组合体的形状，读图时，要根据几个视图，运用投影规律构思	(2) 根据主视图，只能想象出该组合体为 L 形，无法确定其宽度

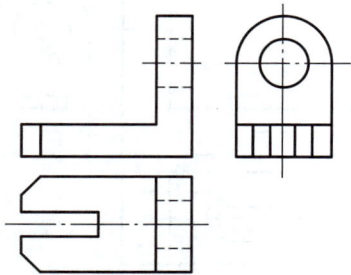

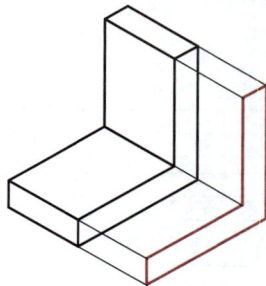

（3）结合俯视图，可确定该组合体的宽度及底板的形状，但仍不能确定竖板的形状	（4）结合左视图，可确定竖板的形状，从而想象出该组合体的形状
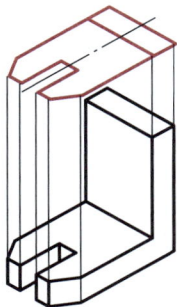	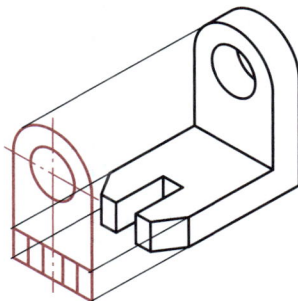

2. 线面分析法

读图时，在采用形体分析法的基础上，对局部比较难读懂的部分，还可运用线面分析法来帮助读图。线面分析法是研究构成组合体视图中的线、面的投影特征和它们之间相互位置的一种读图方法。特别是对一些挖切式组合体，如面的交线、切口比较多的视图，采用这种读图方法，可以大大提高读图速度及读图的准确率。

3. 读组合体视图的注意事项

（1）不能只凭一个视图确定组合体的形状

组合体的结构形状一般是用几个视图来表达的。每个视图只能表示组合体一个方向的形状。如图 2-39 所示，拥有相同主视图的组合体，对应有不同的左视图和俯视图。因此不能仅凭一个视图就确定组合体的形状。

（2）要搞清楚组合体视图中线条和线框的含义

由于组合体上的每个表面在视图上都以线条或线框的形式展现，因此为了正确读图，必须弄清楚视图中每个线条和每个线框的含义。

视图中每一条实线（或虚线）的含义分为以下三种情况：

① 垂直于投影面的平面或曲面的投影，如图 2-40 所示的线条 I 和 II。

② 两表面交线的投影，如图 2-40 所示的线条 III。

③ 曲面的转向轮廓线，如图 2-40 所示的线条 IV。

视图中每一个封闭的线框，可以是组合体上不同位置平面或曲面的投影，也可以是一个立体或通孔的投影，如图 2-40 所示线框 A 为平面的投影，线框 B 为曲面的投影，线框 C 为曲面和与它相切平面的投影，线框 G 为通孔的投影。

4. 由已知两视图补画第三视图

由已知两视图补画第三视图是培养分析问题、解决问题，以及空间想象能力的一种有效手段。一般情况下，通过两个视图能够基本确定组合体的形状。因此，补画前应先读懂所给的两个视图，并想象出组合体的空间形状，然后再补画第三视图。

主视图　　　　左视图1　　　　左视图2　　　　左视图3

俯视图1

俯视图2

俯视图3

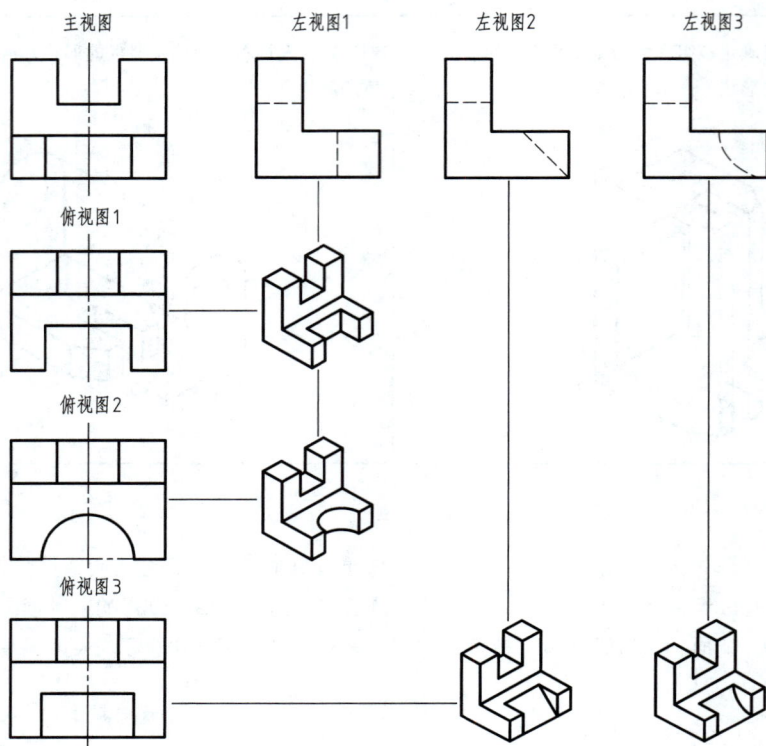

图 2-39　主视图相同的不同组合体

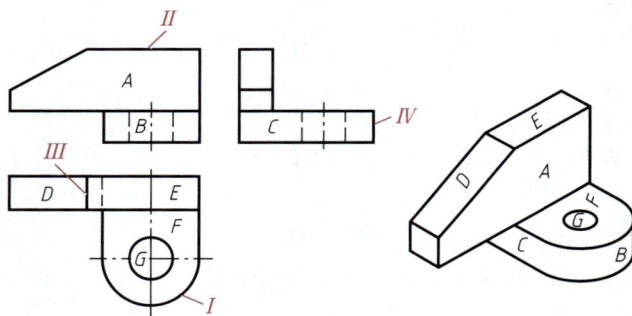

图 2-40　用线面分析法分析组合体

【例2-2】 已知组合体的主视图和俯视图，补画其左视图，如图 2-41（a）所示。

解：用形体分析法，将组合体的主视图划分成 I、II、III 三个封闭线框，用对照投影的方法找出俯视图中对应的线框。如线框 I 是一个圆柱形的底板，钻了三个均匀分布的小孔；线框 II 是一个空心圆柱体；线框 III 是一个凸台，其上钻了一个小孔，根据主视图上的相贯线 K 可分析出：凸台的上部是一个半圆柱，下部是一个长方体并与上部的半圆柱相切。经综合分析，可想象出组合体的形状如图 2-41（b）所示。

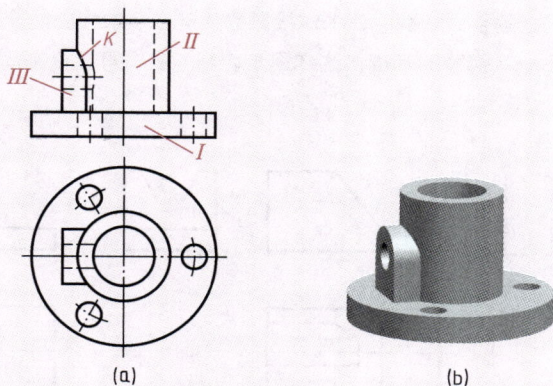

图 2-41　组合体的两个视图

在读懂图的基础上，着手补画其左视图。一般应按基本几何体逐步补画外形轮廓，然后再补画细节结构，其作图步骤如下：

① 画出轴线及底板和圆柱的外形轮廓，如图 2-42（a）所示。

② 画出孔中心线及凸台的外形轮廓，如图 2-42（b）所示。

③ 画出细节结构，如图 2-42（c）所示。

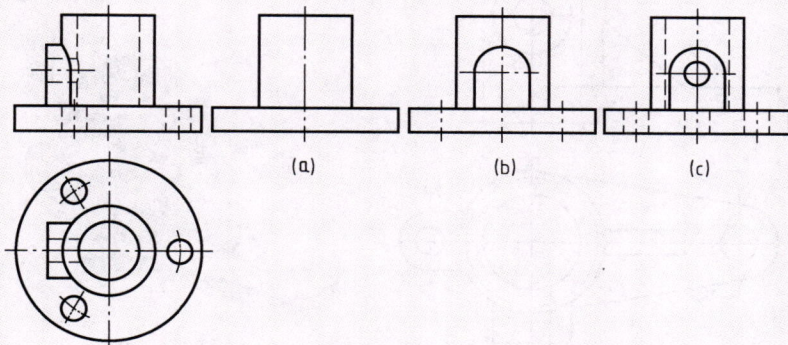

图 2-42　补画第三视图

【例 2-3】 根据图 2-43（a）所示组合体的主视图和左视图，补画其俯视图。

解：该组合体的基本几何体形状是长方体，再由三个基本几何体切割而成，其空间形状如图 2-43（b）所示。

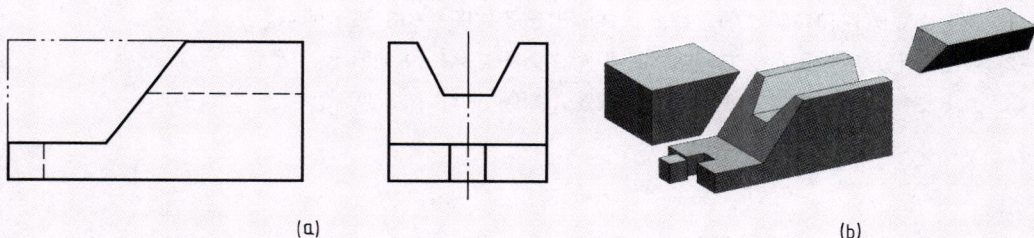

图 2-43　组合体的两个视图

69

当基本几何体被两个以上的平面切割时，求作投影的关键在于求相交线，为了使问题简化，可将前一次切割得到的立体当作后一次切割的基础，这样逐步切割下去，可让复杂问题得到简化，方便作图。图 2-44 列出了切割三次的作图过程。

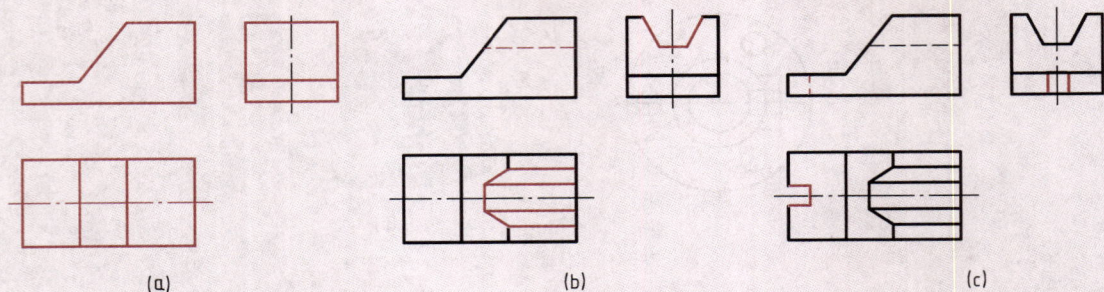

(a)　　　　　　　　　(b)　　　　　　　　　(c)

图 2-44　补画第三视图

【例 2-4】 已知组合体的主视图和俯视图，补画其左视图，如图 2-45 所示。

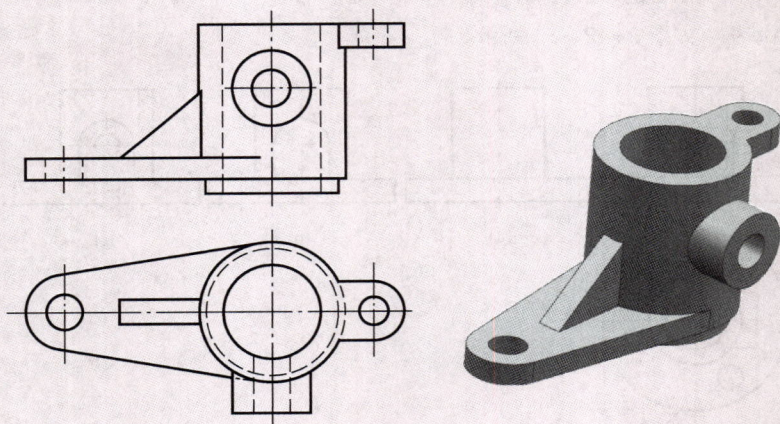

图 2-45　组合体的两个视图

解：由所给的两视图可知，该组合体由 6 个基本几何体组合而成。中间直立圆柱和下部的扁圆柱相接后钻了一个通孔；左下方的底板侧面与直立圆柱相切；左侧肋板和右上方的耳板与直立圆柱相交；前方的空心圆柱与直立的空心圆柱相贯。其作图步骤如下：

① 画出直立圆柱和扁圆柱的左视图，并画出通孔如图 2-46（a）所示。

② 画出左下方底板和右上方耳板的左视图，如图 2-46（b）所示。

③ 画出左侧肋板和前方空心圆柱的左视图，如图 2-46（c）所示。

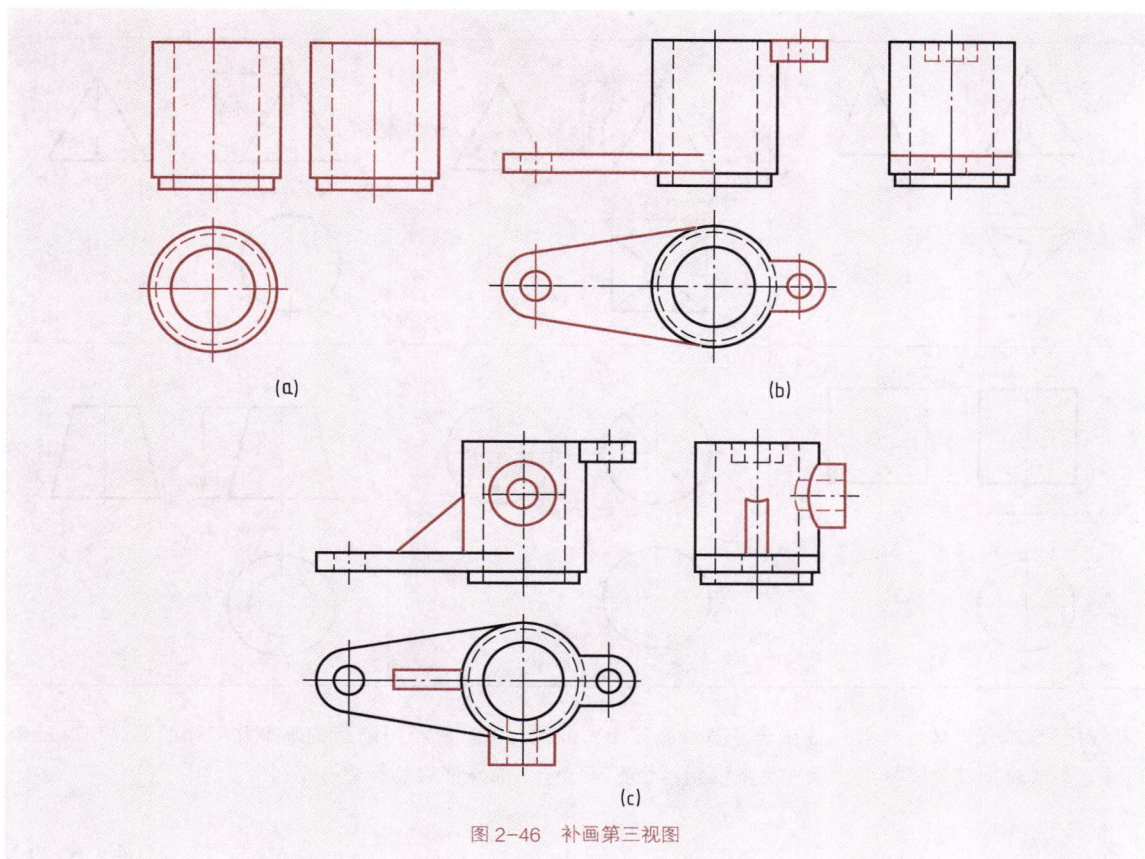

图 2-46　补画第三视图

2.3.5　组合体的尺寸注法

组合体视图主要用于表达组合体的形状，其真实大小须由视图中所标注的尺寸来确定。因此在进行组合体尺寸标注之前，必须首先了解基本几何体的尺寸注法。

微课扫一扫
组合体的尺寸标注

1. 基本几何体的尺寸注法

基本几何体的尺寸注法见表 2-3。

表 2-3　基本几何体的尺寸注法

71

对于基本几何体，一般应注出长、宽、高三个方向的尺寸。但不是所有的基本几何体都要注出这三个尺寸，有时根据其几何特点，尺寸可减少到两个甚至一个，如球体只需标注一个尺寸。

2. 组合体的尺寸注法

组合体的尺寸一般是按先定位再定形的顺序进行标注。

在表 2-4 中列出了组合体的尺寸注法。除必须注出基本几何体的尺寸外，挖切体必须注出截平面的位置尺寸，叠加体则必须注出两基本几何体的相对位置尺寸。至于相交线，在截平面的位置及两基本几何体的相对位置、大小确定之后，其形状就可以完全确定了，因此不需要标注其尺寸。

表 2-4　组合体的尺寸注法

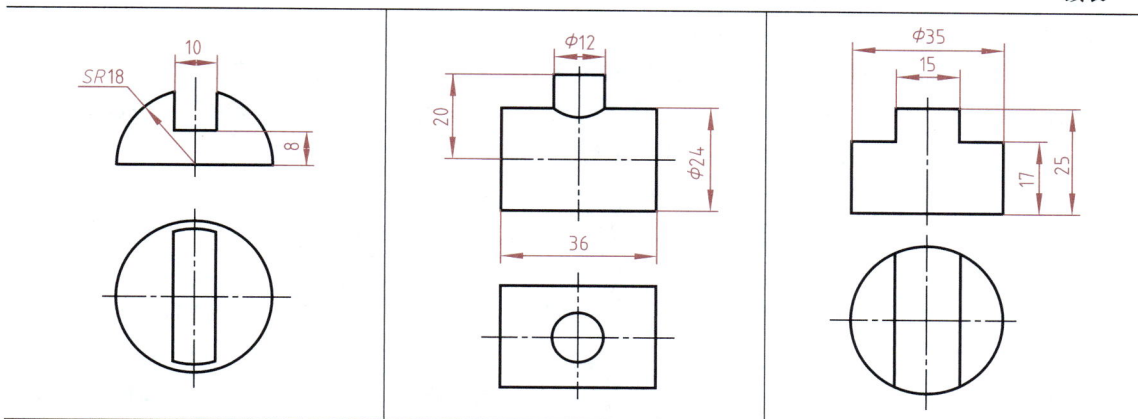

（1）组合体的尺寸基准

组合体上的点、线、面都可作为基准。点作为基准的只能是球心；曲线、曲面一般不能作为基准；直线可作为基准的有回转体的轴线、圆柱的转向轮廓线；平面作为基准的有形体的对称面、底（顶）面、端面（左或右、后或前）。通常采用较大的对称面、底面、左或后端面、较长的回转轴线、对称中心线作为基准。

基准分为主要基准（起主要作用的那个基准，通常大多尺寸都由其注出）和辅助基准。如图 2-47 所示的轴承座，其长度方向上的对称面、宽度方向上的后端面 A、高度方向上的底面，分别为各方向上的主要基准。在每个方向上只能有且必须有一个主要基准，其余基准均为辅助基准，如图 2-47 所示肋板的尺寸 16 是以底板的顶面作为辅助基准标注的。主要基准与辅助基准的主要区别是：前者只能是标注尺寸的起点，而后者既可作为标注某一尺寸的终点，又可作为另一尺寸的起点。

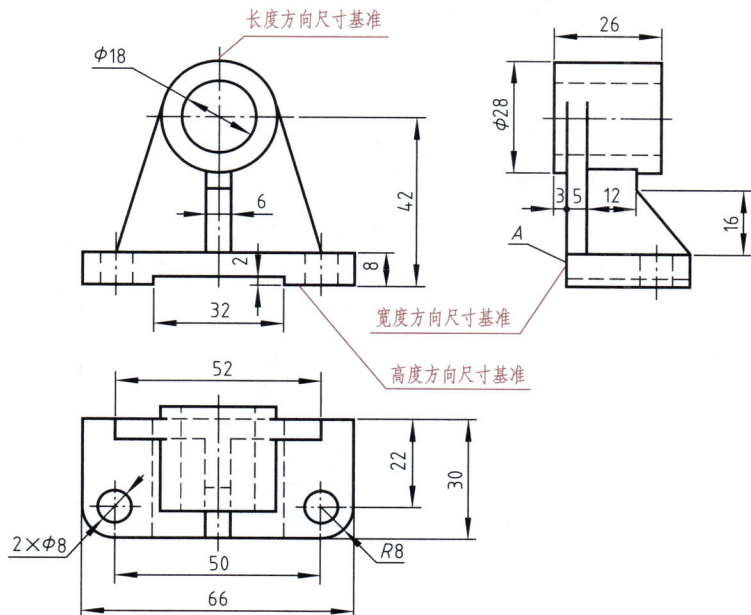

图 2-47　轴承座的尺寸标注

（2）标注组合体尺寸的步骤

以图 2-47 所示轴承座的尺寸标注为例。

① 进行形体分析（必要时进行线面分析）　轴承座是由底板、支承板、肋板和轴承圆筒等叠加组合而成的，支承板及肋板的左、右两侧面分别与轴承圆筒表面相切和相交，轴承圆筒挖切掉一同轴圆柱孔，底板下面挖切掉四棱柱槽，左、右两边还挖切掉两个圆柱通孔。

② 选定尺寸基准　三个方向的主要尺寸基准如图 2-47 所示。

③ 标注定位尺寸　标注长度方向上的定位尺寸 50，宽度方向上的定位尺寸 3、22，高度方向上的定位尺寸 42。

④ 标注定形尺寸　标注底板的 66、30、8，轴承圆筒的 26、ϕ18、ϕ28，支承板的 52、5，肋板的 6、12、16。

⑤ 标注总体尺寸　总长 66（上一步已标注），该尺寸也是定形尺寸。总宽 30（上一步已标注），虽然轴承圆筒伸出支承板 3 mm，但不必标注总宽 33，否则会形成封闭尺寸链，关于尺寸链的概念将在后续的学习中介绍。总高 42（上一步已标注），虽然总高尺寸为 56（42+28/2），但当组合体的一端为回转体时，总体尺寸一般不直接注出。

可见这三类尺寸（定位、定形、总体）可以相互兼作。

注意：定位尺寸是基准之间的联系尺寸，应该先将其标注出来，接下来再标定形尺寸和总体尺寸就非难事了。

2.3.6　第三角投影简介

动画
第三角投影

目前，在国际上使用的有两种投影制，即第一角投影（又称"第一角画法"）和第三角投影（又称"第三角画法"）。中国、德国、俄罗斯、罗马尼亚等国家采用第一角投影，美国、日本、英国、澳大利亚、加拿大、新加坡等国家及中国香港及台湾地区的企业采用第三角投影。

1. 第三角投影概念

取两个相互垂直的投影面 V 面和 H 面，这两个面将空间划分为 4 个区间，依次将这 4 个区间分别命名为第一分角、第二分角、第三分角和第四分角（图 2-48），所谓第三角投影（third angle method）就是将物体置于第三分角内，用正投影法而获得的多面正投影。

2. 第一角画法与第三角画法的区别

第一角画法　将物体置于第一分角内，并使其处于观察者与投影面之间而得到正投影的方法，如图 2-49 所示，图中 A 向为主视图投射方向。

第三角画法　将物体置于第三分角内，即投影面处于观察者与物体之间而得到正投影的方法，如图 2-50 所示，图中 A 向为主视图投射方向。

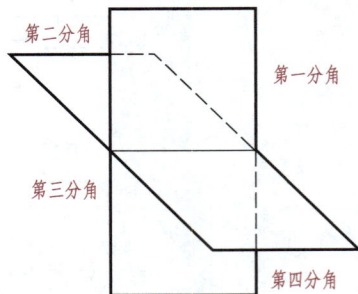

图 2-48　4 个分角

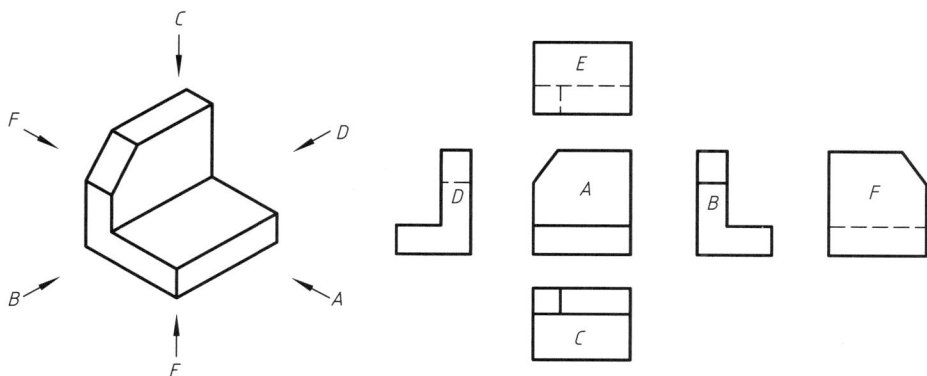

图 2-49　第一角画法

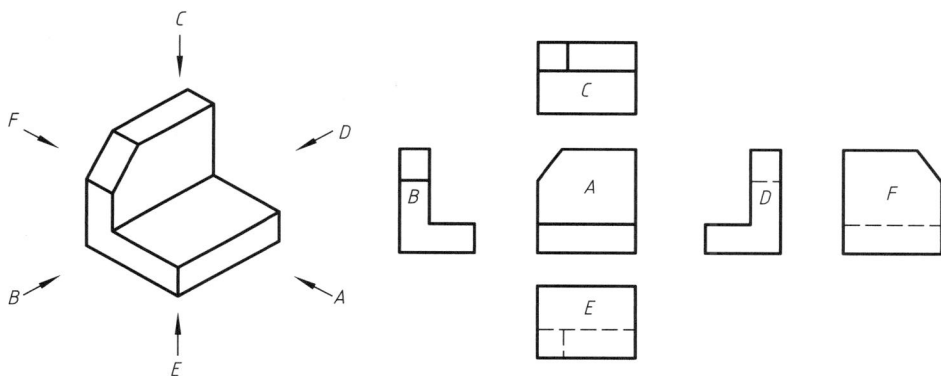

图 2-50　第三角画法

3. 第一角与第三角的投影识别符号

在机械图样中，为了区别两种投影制，ISO 国际标准规定了第一角和第三角的投影识别符号，简称投影符号，如图 2-51 所示。我国国家标准规定，采用第三角画法时，应在标题栏中标注第三角投影符号；采用第一角画法时，可省略标注投影符号，必要时才标注。投影符号在标题栏中的标注位置如图 1-8 所示。

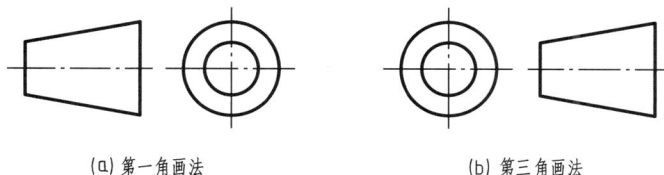

(a) 第一角画法　　　　　(b) 第三角画法

图 2-51　投影识别符号

4. 第三角画法基本视图的形成

将物体置于第三角三投影面体系中，并分别向三个投影面投射，即得到图 2-52 所示的三个视图，分别为：

75

① 主视图　以 A 向为投射方向，在 V 面所得的视图；
② 俯视图　以 C 向为投射方向，在 H 面所得的视图；
③ 右视图　以 D 向为投射方向，在 W 面所得的视图。

三投影面体系展开后，三视图的配置及对应关系如图 2-53 所示。

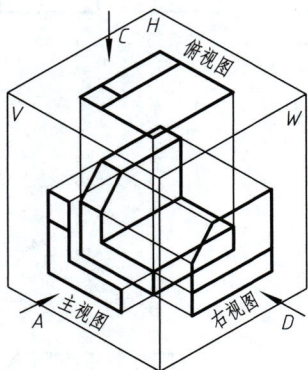

图 2-52　第三角画法的三视图形成　　图 2-53　第三角画法的三视图配置及对应关系

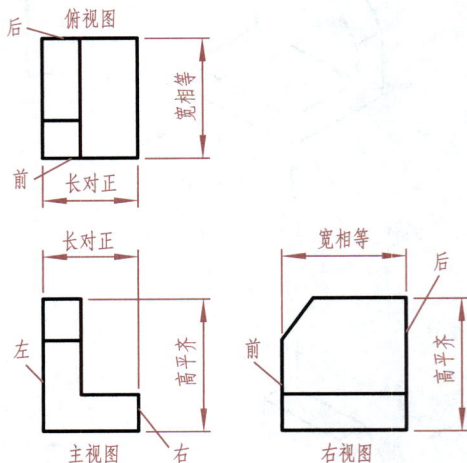

第三角投影除了视图名称、配置位置与第一角投影有所不同外。还应注意，俯视图的下方和右视图的左方都表示物体的前面；俯视图的上方和右视图的右方都表示物体的后面，如图 2-53 所示。

复习思考题

1. 机械图样中常采用哪几种投影图？哪一种应用最广？为什么？
2. 三投影面相互处于什么位置？每一种投影面的名称是什么？用什么符号表示？
3. 什么是形体分析法和线面分析法？
4. 为什么在画三视图时，不宜使用先将某个视图完全画好后再画其他视图的方法？
5. 第三角画法与第一角画法有何区别？

任务 2.4　AutoCAD 绘制三视图

任务描述

　　本任务需熟悉 AutoCAD 基本绘图命令、图形编辑命令等命令的应用方法及场合，并可应用这些命令绘制三视图。

2.4.1　AutoCAD 基本绘图命令

　　调用"绘图"命令的方法有三种：直接通过键盘在命令行中输入相关命令；单击"绘图"面板中的图标按钮；通过"绘图"菜单调用。

1. 绘制直线

启动命令有以下 3 种方法：

① 命令：输入"Line"或"L"；

② 功能区：在功能区"默认"选项卡上单击"绘图"面板的"直线"按钮 ⟋；

③ 菜单栏：在"绘图"菜单上选择"直线"选项。

系统提示：命令：Line

指定第一点：X_1，Y_1

指定下一点或［放弃（U）］：X_2，Y_2

指定下一点或［放弃（U）］：

继续指定点，就可绘制出下一条线段；绘制两条以上线段后，输入"C"即可形成闭合折线；若输入"U"，则取消最后绘制的线段。该命令所画折线中的每一条直线都是一个独立的线段。

注："X_1，Y_1"为线段第一个端点坐标，"X_2，Y_2"为线段第二个端点坐标。

2. 绘制圆

启动命令有以下 3 种方法：

① 命令："Circle"或"C"；

② 功能区：在功能区"默认"选项卡上单击"绘图"面板的"圆"按钮 ⊙；

③ 菜单栏：在"绘图"菜单上选择"圆"子菜单。

AutoCAD 提供了 6 种画圆的选项，如图 2-54 所示。

各选项的含义如下：

圆心、半径（R）——圆心和半径决定一个圆。

圆心、直径（D）——圆心和直径决定一个圆。

两点（2）——用直径的两端点决定一个圆。

三点（3）——用圆弧上的三个点决定一个圆。

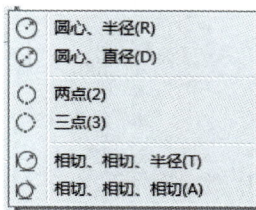

图 2-54　"圆"子菜单

相切、相切、半径（T）——选择两个对象（直线、圆弧或其他圆）并指定圆半径，系统绘制圆与选择的两个对象相切。

相切、相切、相切（A）——选择三个对象（直线、圆弧或其他圆），系统绘制圆与选择的三个对象相切。

【例 2-5】 如图 2-55 所示，用"相切、相切、半径"选项画一个圆与直线 L_1、L_2 相切，且圆的直径为 120。

解：命令：_circle 指定圆的圆心或［三点（3P）/两点（2P）/相切、相切、半径（T）］：T

在对象上指定一点作圆的第一条切点：（将鼠标移至 A 点附近，系统提示："递延切点"时单击鼠标拾取第一点）

在对象上指定一点作圆的第二条切点：（将鼠标移至 B 点附近，系统提示："递延切点"时单击鼠标拾取第二点）

指定圆的半径：60

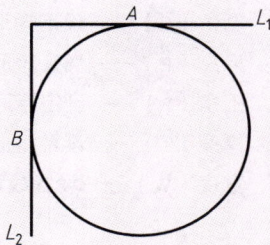

图 2-55　用 T 选项画圆

3. 绘制圆弧

启动命令有以下 3 种方法：

① 命令：输入"Arc"或"A"；

② 功能区：在功能区"默认"选项卡上单击"绘图"面板的"圆弧"按钮 ⌒ ；

③ 菜单栏：在"绘图"菜单上选择"圆弧"子菜单。

AutoCAD 提供了 11 种画圆弧的选项，如图 2-56 所示；用前 3 种选项绘制圆弧如图 2-57 所示。

当使用"起点、圆心、长度"选项绘制圆弧时应注意：长度为正时，画小于半圆的圆弧；长度为负时，画大于半圆的圆弧。

当使用"继续"选项绘制圆弧时，以最后一次画的圆弧或直线的终点作为起点，再按提示给出圆弧的终点绘制圆弧，那么该圆弧将与上一段线相切。

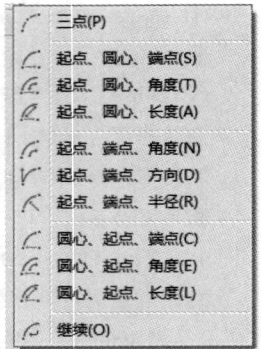

⌒	三点(P)
⌒	起点、圆心、端点(S)
⌒	起点、圆心、角度(T)
⌒	起点、圆心、长度(A)
⌒	起点、端点、角度(N)
⌒	起点、端点、方向(D)
⌒	起点、端点、半径(R)
⌒	圆心、起点、端点(C)
⌒	圆心、起点、角度(E)
⌒	圆心、起点、长度(L)
⌒	继续(O)

图 2-56　"圆弧"子菜单

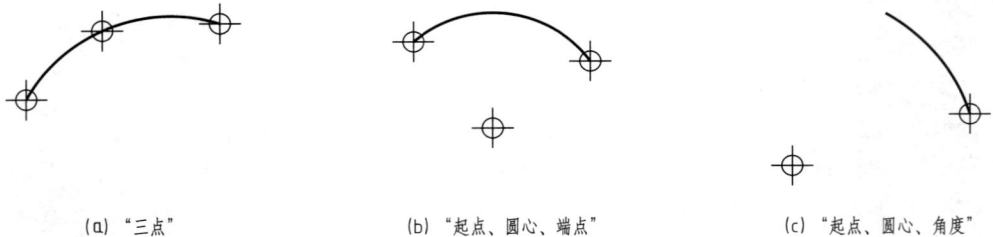

(a)"三点"　　　(b)"起点、圆心、端点"　　　(c)"起点、圆心、角度"

图 2-57　绘制圆弧

4. 绘制矩形

启动命令有以下 3 种方法：

① 命令：输入"Rectang"；

② 功能区：在功能区"默认"选项卡上单击"绘图"面板的"矩形"按钮 ▭ ；

③ 菜单栏：在"绘图"菜单上选择"矩形"选项。

系统提示：指定第一角点或［倒角（C）/标高（E）/圆角（F）/厚度（T）/宽度（W）］：

如果选择第一角点，则会继续出现确定第二角点的命令提示：指定另外一个角点：

这时将自动绘出一个矩形，如图 2-58（a）所示。

其他选项的含义如下：

倒角（C）——设定矩形四角为倒角并设置大小，如图 2-58（b）所示。

标高（E）——确定矩形在三维空间内的基面高度。

圆角（F）——设定矩形四角为圆角并设置大小，如图 2-58（c）所示。

厚度（T）——设置矩形厚度。

宽度（W）——设置线宽，如图 2-58（d）所示。

| (a) "对角点" 矩形 | (b) 带倒角的矩形 | (c) 带圆角的矩形 | (d) 指定线宽的矩形 |

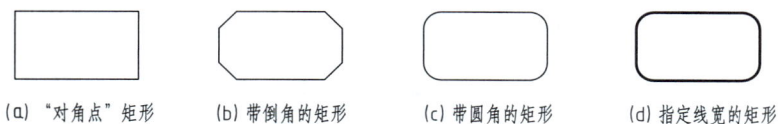

图 2-58　各种形状的矩形

5. 绘制正多边形

启动命令有以下 3 种方法：

（1）命令：输入 "Polygon"；

（2）功能区：在功能区 "默认" 选项卡上单击 "绘图" 面板的 "多边形" 按钮 ⬠；

（3）菜单栏：在 "绘图" 菜单上选择 "多边形" 选项。

系统提示：输入边的数目 <4>：指定正多边形的边数

指定多边形的中心点或 [边（E）]：

在该提示下，有两种选择，一种是直接输入一点作为正多边形的中心；另一种是输入 "E"，即指定两个点，以这两点的连线作为正多边形的一条边，来确定正多边形。

如图 2-59（a）所示，直接输入正多边形的中心时，系统提示：输入选项 [内接于圆（I）/ 外切于圆（C）] <I>：若输入 "I"，指定画内接正多边形，如图 2-59（b）所示；若输入 "C"，则指定画外切正多边形，如图 2-59（c）所示。

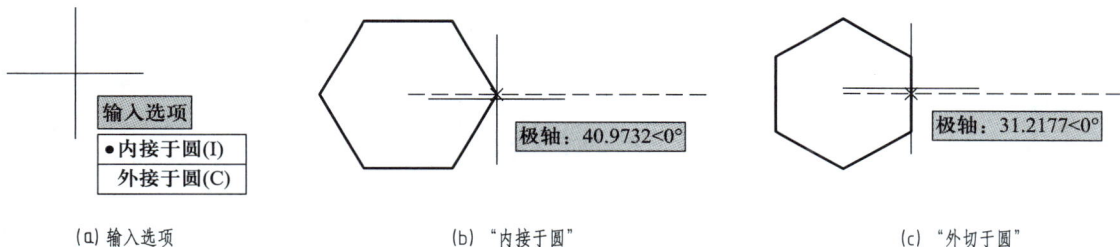

| 输入选项 |
| 内接于圆(I) |
| 外接于圆(C) |

极轴：40.9732<0°

极轴：31.2177<0°

| (a) 输入选项 | (b) "内接于圆" | (c) "外切于圆" |

图 2-59　正多边形绘制

【例 2-6】　如图 2-60 所示，绘制一个正六边形，且内接圆直径为 10。

解：命令：polygon 输入边的数目 <4>：6

指定多边形的中心点或 [边（E）]：在绘图区指定点 P_1

输入选项 [内接于圆（I）/ 外切于圆（C）] <I>：C

指定圆的半径：5

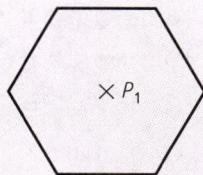

× P_1

图 2-60　画正六边形

6. 绘制点

（1）启动命令的 3 种方法

① 命令：输入 "Point"；

② 功能区：在功能区 "默认" 选项卡上单击 "绘图" 面板的 "多点" 按钮 ∴；

③ 菜单栏：在 "绘图" 菜单上选择 "点" 子菜单中的 "多点" 选项。

系统提示：命令：Point

当前点模式：PDMODE = 0　PDSIZE = 0.0000

指定点：

在该提示下，可以在命令行输入点的坐标，也可以通过光标在屏幕上直接确定一点。

（2）设置点样式

点样式可以通过以下两种途径确定：

① 菜单栏：在"格式"菜单上选择"点样式"选项；

② 命令：输入"Ddptype"。

启动命令后，系统弹出图 2-61 所示的"点样式"对话框，根据需要选择样式，单击"确定"按钮即可。

（3）设置等分点

利用点的等分命令，可以沿直线或圆周方向均匀间隔排列"点"或"块"，可等分的对象包括圆、圆弧、椭圆、椭圆弧、多段线等。操作如下：

① 命令：输入"Divide"；

② 菜单栏：在"绘图"菜单上选择"点"子菜单中的"定数等分"选项。

系统提示：选择要定数等分的对象：

输入线段的数目或［块］：直接输入等分段的数目或输入要插入的块名后即可。

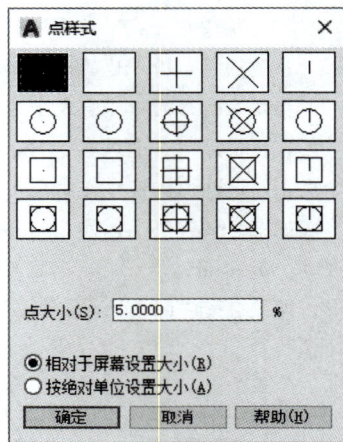

图 2-61　"点样式"对话框

7. 绘制构造线

构造线通常用作机械图样中的辅助线，它没有起点和终点，即按指定的方式和距离画一条或多条无穷长的直线。

在绘制实体的三视图时，为了保证投影关系，可先画出若干条构造线，再以构造线为基准画图。通常将构造线单独设置图层，图形绘制完成后，关闭构造线所在的图层。

启动命令有以下 3 种方法：

（1）命令：输入"XLINE"。

（2）功能区：在功能区"默认"选项卡上单击"绘图"面板的"构造线"按钮 ╱。

（3）菜单栏：在"绘图"菜单上选择"构造线"选项。

8. 绘制多段线

启动命令有以下 3 种方法：

① 命令：输入"PLINE"。

② 功能区：在功能区"默认"选项卡上单击"绘图"面板的"多段线"按钮 ⌐⊃。

③ 菜单栏：在"绘图"菜单上选择"多段线"选项。

【例 2-7】如图 2-62 所示，绘制一个箭头。

解：命令：PLINE

指定起点：在绘图区指定水平直线左端点

图 2-62　画箭头

指定下一个点或［圆弧（A）半宽（H）长度（L）放弃（U）宽度（W）］：在绘图区指定水平直线右端点

指定下一个点或［圆弧（A）半宽（H）长度（L）放弃（U）宽度（W）］：W

指定起点宽度 <0.0000>：2

指定端点宽度 <2.0000>：0

指定下一个点或［圆弧（A）半宽（H）长度（L）放弃（U）宽度（W）］：6

9. 绘制样条曲线

启动命令有以下 3 种方法：

① 命令：输入"SPLINE"。

② 功能区：在功能区"默认"选项卡上单击"绘图"面板的"样条曲线拟合"按钮 $\sim$。

③ 菜单栏：在"绘图"菜单上选择"样条曲线拟合"选项。

【例 2-8】　如图 2-63 所示，绘制一条经过点 P_1、P_2、P_3、P_4 的样条曲线。

解：命令：SPLINE

指定第一个点或［方式（M）节点（K）对象（O）］：M

输入样条曲线创建方式［拟合（F）控制点（CV）］：F

指定第一个点或［方式（M）节点（K）对象（O）］：选择 P_1 点

输入下一个点或［起点切向（T）公差（L）］：选择 P_2 点

输入下一个点或［起点切向（T）公差（L）］：选择 P_3 点

输入下一个点或［起点切向（T）公差（L）放弃（U）闭合（C）］：选择 P_4 点

按 Enter 键确认结束命令

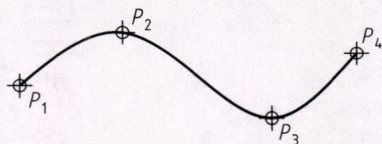

图 2-63　画样条曲线

2.4.2　AutoCAD 图形编辑命令

1. 编辑修改命令

（1）删除命令

① 功能：删除指定的对象。

② 启动命令有以下 3 种方法：

● 命令：输入"Erase"或"E"；

● 功能区：在功能区"默认"选项卡上单击"修改"面板的"删除"按钮 ；

● 菜单栏：在"修改"菜单上选择"删除"选项。

启动命令后，系统提示：命令：Erase

选择需要删除的对象：

（2）复制命令

① 功能：复制对象。

② 启动命令有以下 3 种方法：

- 命令：输入 "Copy" 或 "Co"；
- 功能区：在功能区 "默认" 选项卡上单击 "修改" 面板的 "复制" 按钮 ；
- 菜单栏：在 "修改" 菜单上选择 "复制" 选项。

启动命令后，系统提示：命令：Copy

选择对象：选择要复制的对象

选择对象：继续选择或按 Enter 键结束选择

指定基点或［位移（D）/模式（O）］＜位移＞：

指定位移的第二点或＜用第一点做位移＞：

【例2-9】 如图 2-64 所示，将图（a）中的小圆进行复制，绘制出图（b）的图形。

解：使用复制命令，以小圆圆心为基点，矩形 4 个顶点为目标点复制小圆。

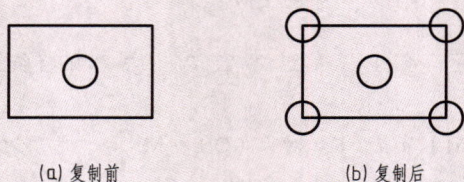

(a) 复制前   (b) 复制后

图 2-64 复制命令的应用

（3）镜像命令

① 功能：将图形对象镜像复制。

② 启动命令有以下 3 种方法：

- 命令：输入 "Mirror" 或 "MI"；
- 功能区：在功能区 "默认" 选项卡上单击 "修改" 面板的 "镜像" 按钮 ；
- 菜单栏：在 "修改" 菜单上选择 "镜像" 选项。

系统提示：命令：Mirror

选择对象：选择要进行镜像的对象

选择对象：继续选择或按 Enter 键结束选择

指定镜像线第一点：指定镜像线的第一点

指定镜像线的第二点＜正交开＞：指定镜像线的第二点

是否删除源对象？［是（Y）否（N）］＜N＞：默认保留原对象；输入 "Y" 则将原对象删除

如图 2-65（a）所示，框选虚线内的图形对象，以中心线为镜像轴，使用镜像命令可获得图 2-65（b）所示图形。

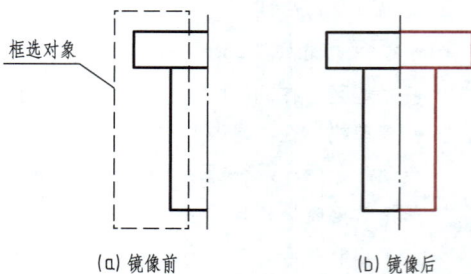

框选对象

(a) 镜像前   (b) 镜像后

图 2-65 镜像命令的应用

（4）偏移命令

① 功能：从已有图形对象等距离偏移出新的对象。

② 启动命令有以下 3 种方法：

82

- 命令：输入"Offset"或"O"；
- 功能区：在功能区"默认"选项卡上单击"修改"面板的"偏移"按钮 ⊆；
- 菜单栏：在"修改"菜单上选择"偏移"选项。

【例2-10】 如图2-66所示，将矩形框向内偏移。

解：命令：Offset

指定偏移距离或［通过（T）删除（E）图层（L）］：M

选择要偏移的对象，或［退出（E）放弃（U）］：选择矩形

指定要偏移的那一侧上的点，或［退出（E）多个（M）放弃（U）］：选择矩形内的任意一点

选择要偏移的对象，或［退出（E）放弃（U）］＜退出＞：按 Enter 键

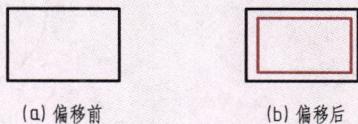

(a) 偏移前   (b) 偏移后

图 2-66　偏移命令的应用

（5）阵列命令

① 功能：以指定的方式（矩形、路径或环形）将选择对象进行多重复制。

② 启动命令有以下3种方法：

- 命令：输入"Array"或"AR"；
- 功能区：在功能区"默认"选项卡上单击"修改"面板的"阵列"按钮 品；
- 菜单栏：在"修改"菜单上选择"阵列"选项。

如图2-67所示，图（a）为两行三列矩形阵列的结果，图（b）为沿样条曲线路径阵列的结果，图（c）为环形阵列的结果。

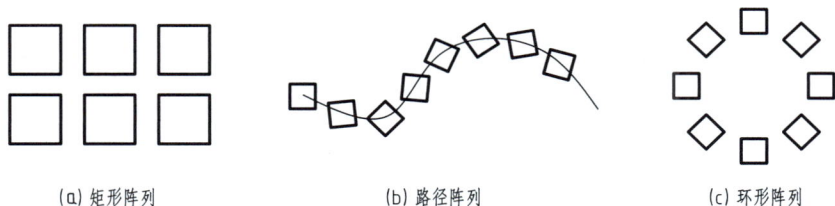

(a) 矩形阵列   (b) 路径阵列   (c) 环形阵列

图 2-67　阵列命令的应用

（6）移动命令

① 功能：将图形对象从一个位置移动到另一个位置。

② 启动命令有以下3种方法：

- 命令：输入"Move"或"M"；
- 功能区：在功能区"默认"选项卡上单击"修改"面板的"移动"按钮 ✛；
- 菜单栏：在"修改"菜单上选择"移动"选项。

【例2-11】 如图2-68所示，使用移动命令，将小圆移动到 P_1 处。

解：命令：Move

选择对象：选择要进行移动的对象小圆

选择对象：按 Enter 键结束选择

指定基点或 [位移（D）] <位移> : 捕捉小圆圆心

指定第二个点或 <使用第一个点作为位移> : 捕捉 P_1 点

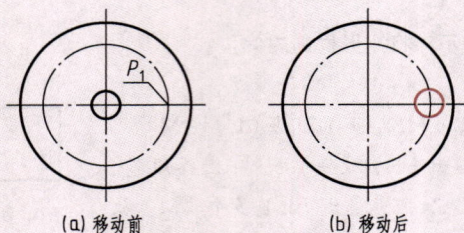

(a) 移动前　　(b) 移动后

图 2-68　移动命令的应用

（7）旋转命令

① 功能：使图形实体绕给定点旋转一定角度。

② 启动命令有以下 3 种方法：

● 命令：输入"Rotate"或"RO"；

● 功能区：在功能区"默认"选项卡上单击"修改"面板的"旋转"按钮 ↻ ；

● 菜单栏：在"修改"菜单上选择"旋转"选项。

【例 2-12】　如图 2-69 所示，使用旋转命令，将小圆旋转到 P_1 处。

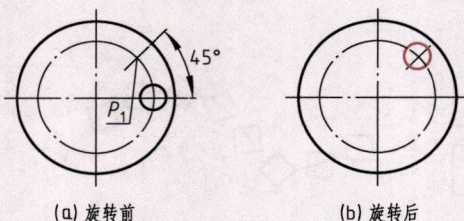

(a) 旋转前　　(b) 旋转后

图 2-69　旋转命令的应用

解：命令：Rotate

选择对象：选择要进行旋转的对象小圆

选择对象：按 Enter 键结束选择

指定基点：捕捉大圆圆心

指定旋转角度，或 [复制（C）参照（R）] <0> : 45

（8）缩放命令

① 功能：放大或缩小图形实体。

② 启动命令有以下 3 种方法：

● 命令：输入"Scale"或"SC"；

● 功能区：在功能区"默认"选项卡上单击"修改"面板的"缩放"按钮 ◲ ；

● 菜单栏：在"修改"菜单上选择"缩放"选项。

【例2-13】 如图 2-70 所示，使用缩放命令，将小圆缩小为原来的一半。

解：命令：Scale

选择对象：选择要进行缩放的对象小圆

选择对象：按 Enter 键结束选择

指定基点：捕捉大圆圆心

指定比例因子，或［复制（C）参照（R）］：0.5

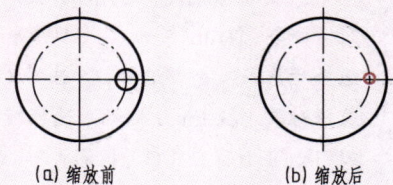

(a) 缩放前　　　　(b) 缩放后

图 2-70 缩放命令的应用

（9）拉伸命令

① 功能：拉伸图形中指定部分，使图形沿某个方向改变尺寸，但保持与原图中不动部分的连接。

② 启动命令有以下 3 种方法：

● 命令：输入"Stretch"或"S"；

● 功能区：在功能区"默认"选项卡上单击"修改"面板的"拉伸"按钮 ；

● 菜单栏：在"修改"菜单上选择"拉伸"选项。

【例2-14】 如图 2-71 所示，使用拉伸命令，将上部矩形高度拉长 10 mm。

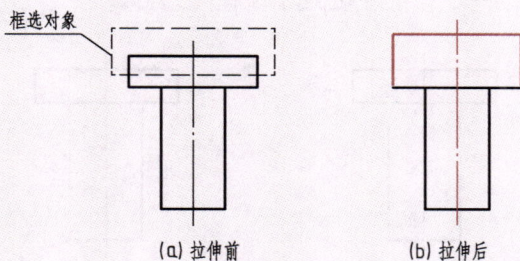

框选对象

(a) 拉伸前　　　　(b) 拉伸后

图 2-71 拉伸命令的应用

解：命令：Stretch

选择对象：从右上方向左下方拉出矩形虚框，如图 2-71（a）所示，选中需要拉伸的矩形

选择对象：按 Enter 键结束选择

指定基点或［位移（D）］＜位移＞：单击绘图区任意位置

指定第二个点或＜使用第一个点作为位移＞：打开正交模式，向上移动鼠标，输入 10

（10）修剪（剪切）命令

① 功能：以选定的一个或多个实体作为裁剪边，修剪过长的直线或圆弧等，使被切实体在与修剪边相交处被切断并删除。

② 启动命令有以下 3 种方法：

● 命令：输入"Trim"；

● 功能区：在功能区"默认"选项卡上单击"修改"面板的"修剪"按钮 ；

● 菜单栏：在"修改"菜单上选择"修剪"选项。

【例2-15】　如图2-72所示，使用修剪命令，修剪多余线段。

解：命令：Trim

选择对象或＜全部选择＞：选择L_2线

选择对象：按 Enter 键结束选择

［栏选（F）窗交（C）投影（P）边（E）删除（R）］：选择L_1线下端

［栏选（F）窗交（C）投影（P）边（E）删除（R）］：按 Enter 键结束选择

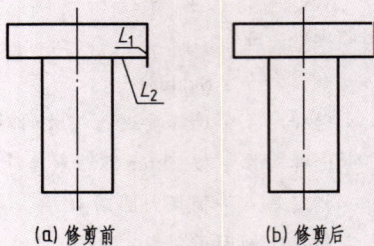

(a) 修剪前　　　　(b) 修剪后

图 2-72　修剪命令的应用

（11）延伸命令

① 功能：延伸实体到选定的边界上。

② 启动命令有以下 3 种方法：

· 命令：输入"Extend"或"EX"；

· 功能区：在功能区"默认"选项卡上单击"修改"面板的"延伸"按钮 ⟶|；

· 菜单栏：在"修改"菜单上选择"延伸"选项。

【例2-16】　如图2-73所示，使用延伸命令，延伸指定线段。

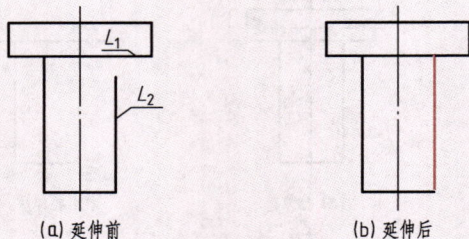

(a) 延伸前　　　　(b) 延伸后

图 2-73　延伸命令的应用

解：命令：Extend

选择对象或＜全部选择＞：选择L_1线

选择对象：按 Enter 键结束选择

［栏选（F）窗交（C）投影（P）边（E）删除（R）］：选择L_2线上端

［栏选（F）窗交（C）投影（P）边（E）删除（R）］：按 Enter 键结束选择

（12）倒角命令

① 功能：在两条不平行的直线间生成直线倒角。

② 启动命令有以下 3 种方法：

· 命令：输入"Chamfer"或"CHA"；

· 功能区：在功能区"默认"选项卡上单击"修改"面板的"倒角"按钮 ⟋；

· 菜单栏：在"修改"菜单上选择"倒角"选项。

【例 2-17】　如图 2-74 所示，使用倒角命令，作出两个倒角。

解：命令：chamfer

（"修剪"模式）当前倒角距离 1 = 0.0000，距离 2 = 0.0000

选择第一条直线或 [多段线（P）/距离（D）/角度（A）/修剪（T）/方法（M）]：D

指定第一个倒角距离 <0.0000>：5

指定第二个倒角距离 <0.0000>：按 Enter 键

命令：chamfer（"修剪"模式）当前倒角距离 1 = 5.0000，距离 2 = 5.0000

图 2-74　倒角命令的应用

选择第一条直线或 [多段线（P）/距离（D）/角度（A）/修剪（T）/方法（M）]：选择 L_1 线

选择第二条直线：选择 L_2 线

按上述方法完成另一倒角。

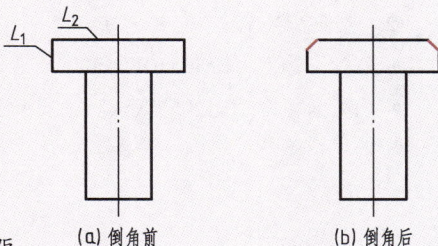

（13）圆角（倒圆角）命令

① 功能：用光滑圆弧平滑连接两个实体。

② 启动命令有以下 3 种方法：

● 命令：输入"Fillet"或"F"；

● 功能区：在功能区"默认"选项卡上单击"修改"面板的"圆角"按钮；

● 菜单栏：在"修改"菜单上选择"圆角"选项。

【例 2-18】　如图 2-75 所示，使用圆角命令，作出两个圆角。

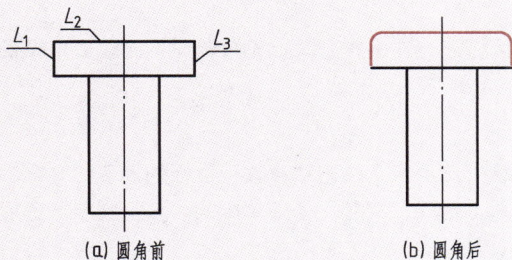

图 2-75　圆角命令的应用

解：命令：Fillet

选择第一个对象或 [放弃（U）多段线（P）半径（R）修剪（T）多个（M）]]：R

指定圆角半径 <0.000>：5

选择第一个对象或 [放弃（U）多段线（P）半径（R）修剪（T）多个（M）]]：选择 L_1 线

选择第二个对象，或按住 Shift 键选择对象以应用角点或 [半径（R）]：选择 L_2 线

按 Enter 键（重复圆角命令）

选择第一个对象或 [放弃（U）多段线（P）半径（R）修剪（T）多个（M）]]：选择 L_2 线

选择第二个对象，或按住 Shift 键选择对象以应用角点或 [半径（R）]：选择 L_3 线

（14）分解命令

① 功能：将复合对象（如矩形、正多边形、尺寸标注、块等）进行分解，方便后续图形修改。

② 启动命令有以下 3 种方法：

- 命令：输入"EXPLODE"或"X"；
- 功能区：在功能区"默认"选项卡上单击"修改"面板的"分解"按钮 ；
- 菜单栏：在"修改"菜单上选择"分解"选项。

2. 文字的输入

（1）创建文字样式

创建文字样式的方法已在模块 1 中讲述，在此不再赘述。

（2）单行文字输入

绘图过程中，一些简短的文字可以使用单行文字来进行说明。

① 启动命令有以下两种方法：

- 命令：输入"Dtext"；
- 菜单栏：在"绘图"菜单上选择"文字"子菜单中的"单行文字"选项；

② 系统提示：命令：Dtext

当前文字样式："Standard"文字高度：2.5000 注释性：否

指定文字的起点或［对正（J）/ 样式（S）］：指定文字的起点

指定高度 <2.5000>：5（如输入文字的高度 5）

指定文字的旋转角度 <0>：（如输入文字的旋转角度 0，即普通正立文字）

在命令行的提示下，指定文字的起点、高度和旋转角度后，在绘图区中将出现单行文字的动态输入框，该框的大小将随用户的输入而展开，输入完毕，按两次 Enter 键即可。

（3）多行文字输入

多行文字可布满指定的宽度，还可在垂直方向上无限延伸，比较适用较长的文字内容。

① 启动命令有以下 3 种方法：

- 命令：输入"Mtext"；
- 功能区：在功能区"默认"选项卡上单击"修改"面板的"多行文字"按钮 **A**；
- 菜单栏：在"绘图"菜单上选择"文字"子菜单中的"多行文字"选项。

② 系统提示：命令：Mtext

当前文字样式：当前样式。文字高度：当前值

③ 多行文字编辑器：设置了各选项后，系统会再次显示前面的提示。当指定了矩形区域的另一点后，将弹出多行文字编辑器。该编辑器对话框中的选项卡大体归纳有 4 个，分别用于字符格式化、改变特性、改变行距及查找和替换文字。

2.4.3　AutoCAD 绘制三视图

以图 2-76 所示的轴承座为例，介绍绘制组合体三视图的方法。

（1）绘制图框及标题栏

根据图形的大小，选择 A4 图幅，建立图框、中心线、粗实线、细实线、细虚线等图层，在图框层绘制图框及标题栏。

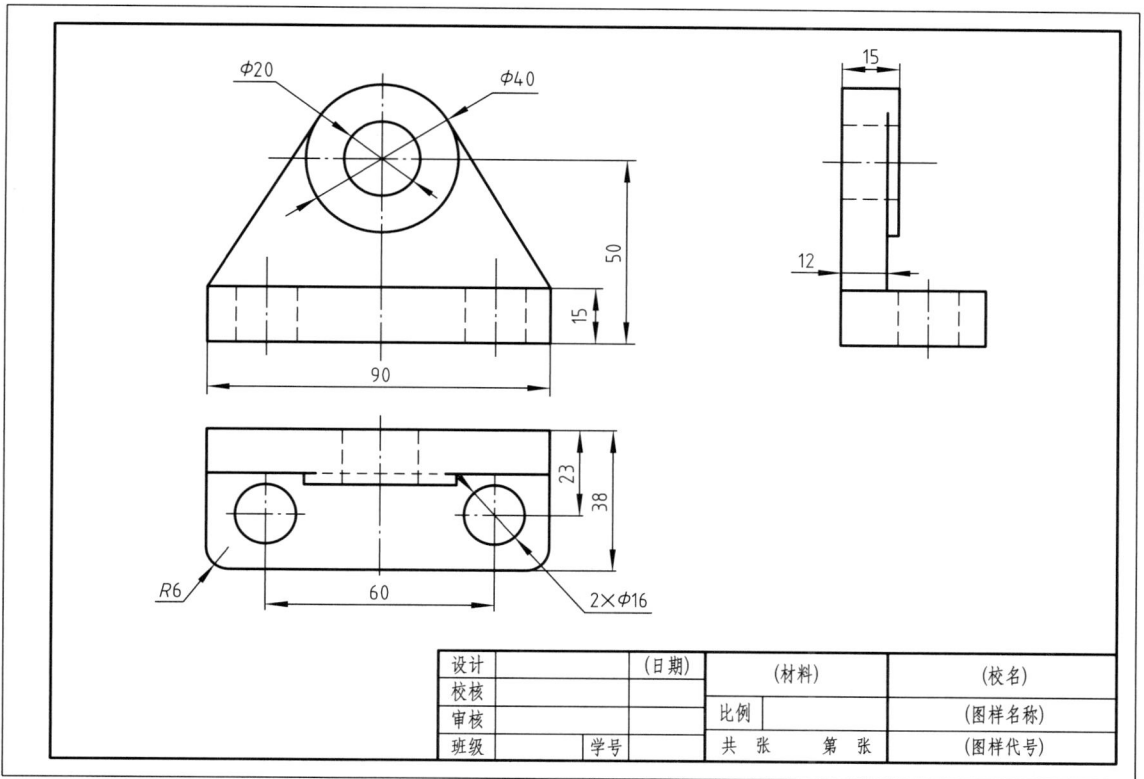

图 2-76　组合体三视图

（2）绘制底板三视图

① 设粗实线层为当前层，启动"矩形"命令，在 A4 图幅左下方绘制长 90、宽 38 的矩形，如图 2-77 所示。

② 启动"矩形"命令，绘制底板矩形的主视图和左视图，如图 2-78 所示。

③ 设中心线层为当前层，画中心线，如图 2-79 所示。

④ 设粗实线层为当前层，启动"圆"及"镜像"命令，作出俯视图底板两侧 φ16 圆，如图 2-80 所示。

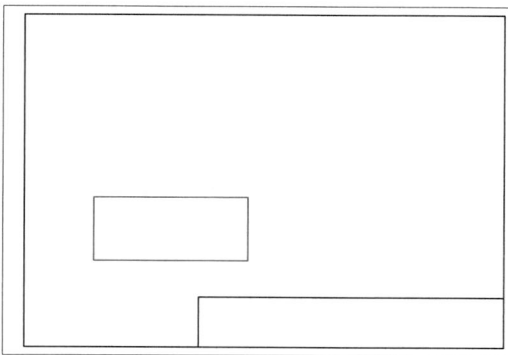

图 2-77　绘制底板矩形（俯视图）

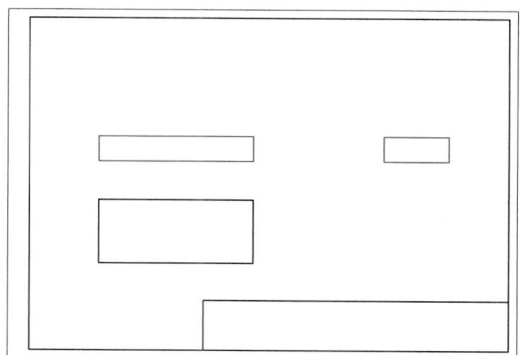

图 2-78　绘制底板矩形（主视图和左视图）

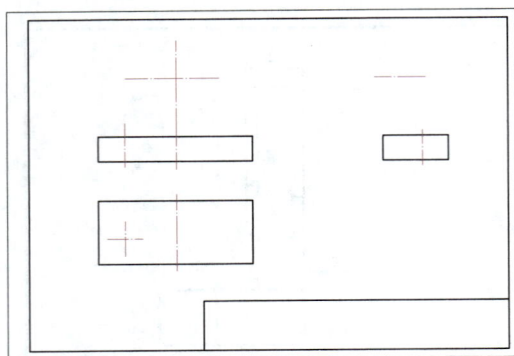

图 2-79　绘制中心线

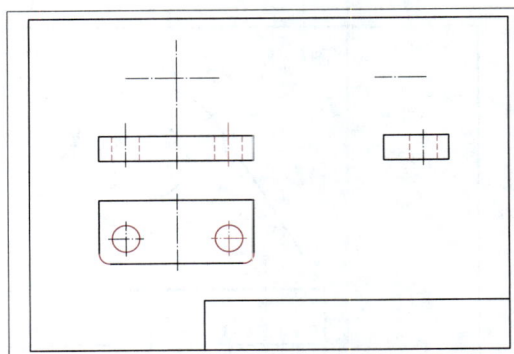

图 2-80　绘制底板孔及圆角

⑤ 根据对应关系，做两圆在主视图、左视图上的细虚线图形，如图 2-80 所示。

⑥ 启动"圆角"命令，作出俯视图矩形的圆角，如图 2-80 所示。

（3）绘制轴孔三视图

① 启动"圆"命令，在主视图上绘制直径分别为 $\phi20$、$\phi40$ 的同心圆，如图 2-81 所示。

② 绘制图 $\phi20$、$\phi40$ 在俯视图和左视图中的图形，如图 2-81 所示。

（4）绘制支承板三视图，完成轴承座三视图的绘制

启动"直线"命令，绘制支承板三视图，效果如图 2-82 所示。

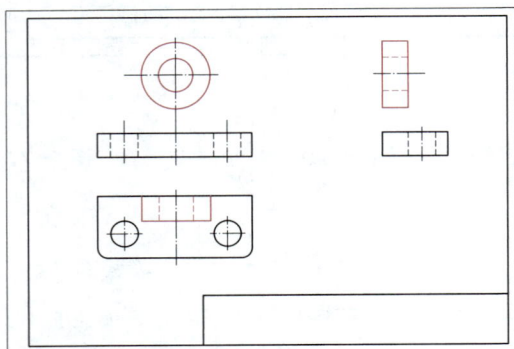

图 2-81　绘制轴孔三视图

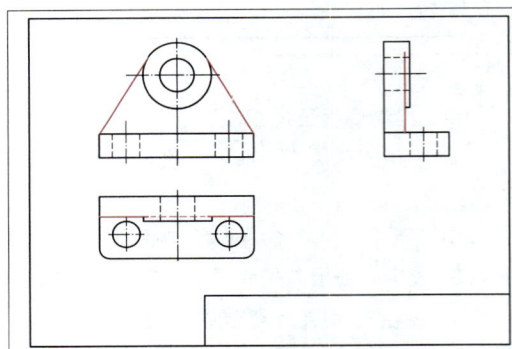

图 2-82　绘制支承板三视图

（5）标注尺寸（具体操作方法将在模块 3 中学习）

建立尺寸标注样式，完成尺寸的标注及标题栏内容，如图 2-76 所示。

（6）检查

检查视图和尺寸标注，保存文件。

复习思考题

1. 练习 AutoCAD 基本绘图命令。

2. 练习 AutoCAD 常用图形编辑命令。

模块 3　零件内部结构的表达

学习目标

1. 熟悉剖视图的概念、形成方法及分类。
2. 正确理解剖视图的作用及使用场合。
3. 掌握 AutoCAD 样板图创建内容与步骤。
4. 掌握国家标准中关于剖视图的画法和标注规定。
5. 掌握断面图的应用场合、画法及标准规定。
6. 掌握局部放大图、视图的简化画法等其他画法。
7. 通过"剖视图概念、作用"的学习，深刻理解"找对方法、事半功倍"的含义，养成具体问题具体分析的能力。

学习重点

剖视图的画法规定及全剖视图、半剖视图、局部剖视图、断面图的画法。

学习难点

全剖视图、半剖视图、局部剖视图、断面图的画法。

任务 3.1　剖视图基本知识

任务描述

在实际生产中，机件的形状和结构是多种多样的，有的机件内外结构非常复杂。为了完整、清晰地表达机件，国家标准规定了图样画法，如基本视图、剖视图、断面图、局部放大图、简化画法等。本任务主要包括熟悉剖视图的概念、形成、分类，掌握剖视图的画法规定及相关注意事项。

3.1.1　剖视图的概念

1. 概念

机件中往往存在着孔、槽及腔体等内部结构，这些内部结构在视图上需用细虚线表达，当内部结构比较复杂时，会出现过多的细虚线，如图 3-1 所示机件的视图。这样既影响读图，同时也不利于标注尺寸和其他要求。为了将内部结构表达清楚，我们试图找到一种假想切开零件的表示法，使原本不可见的部分变为可见，这就是剖视，如图 3-2 所示。

(a) 轴测图   (b) 视图

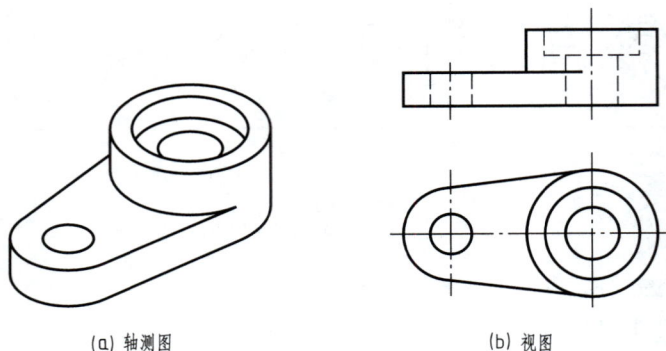

图 3-1 机件的视图表达

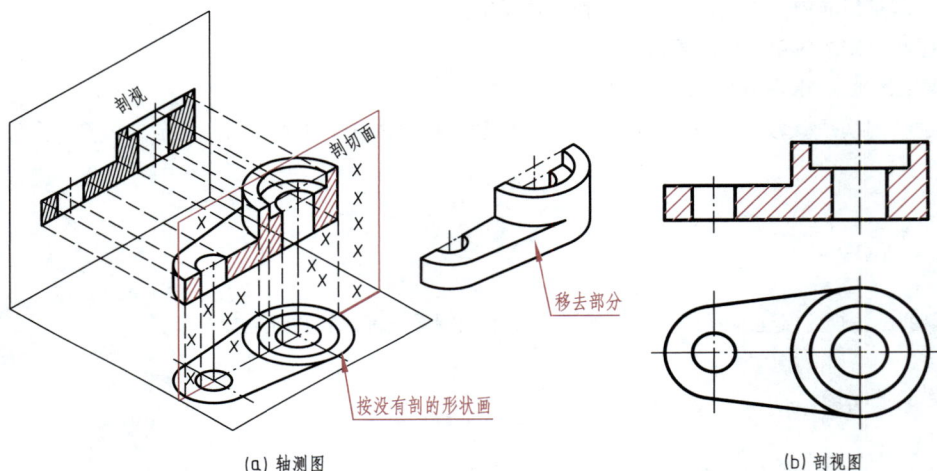

(a) 轴测图   (b) 剖视图

图 3-2 剖视图的形成

微课扫一扫
剖视图的形成

2. 剖视图的形成

假想用剖切面将零件剖开，移去观察者与剖切面之间的部分，将其余部分向投影面投射所得到的图形称为剖视图，简称剖视，如图 3-2（b）的主视图所示。

3. 剖视图的分类

按照零件被剖开的范围来分，剖视图可分为全剖视图、半剖视图和局部剖视图三种。图 3-3 所示的主视图为全剖视图，图 3-4 所示的主视图与左视图均为半剖视图，图 3-5 所示的主视图为局部剖视图。

3.1.2 剖视图的画法规定

微课扫一扫
剖切面与剖面区域

1. 剖切面与剖面区域

图 3-6（a）所示为塑料模具中定位圈零件的剖视图，剖切定位圈的假想平面或曲面称为剖切面（多采用剖切平面，本教材亦主要介绍剖切平面的用法），剖切面与机件的接触部分称为剖面区域。

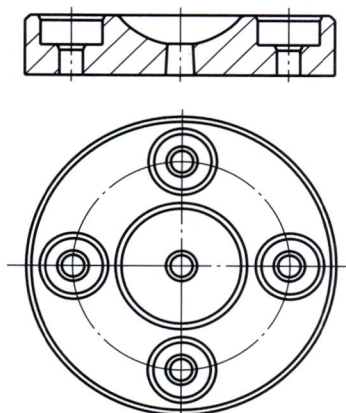

图 3-3　定位圈的表达方案

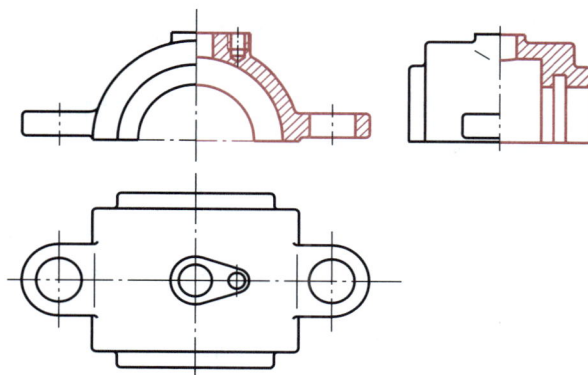

图 3-4　阀盖的表达方案

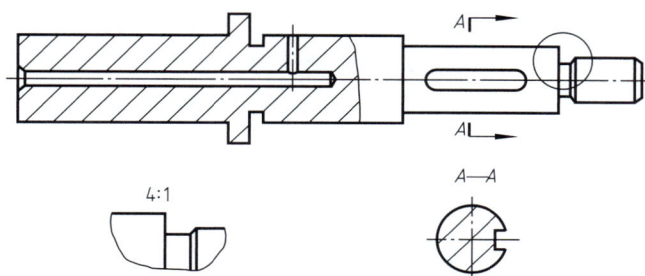

4:1

A—A

图 3-5　输出轴的表达方案

微课扫一扫
轴的局部剖视图

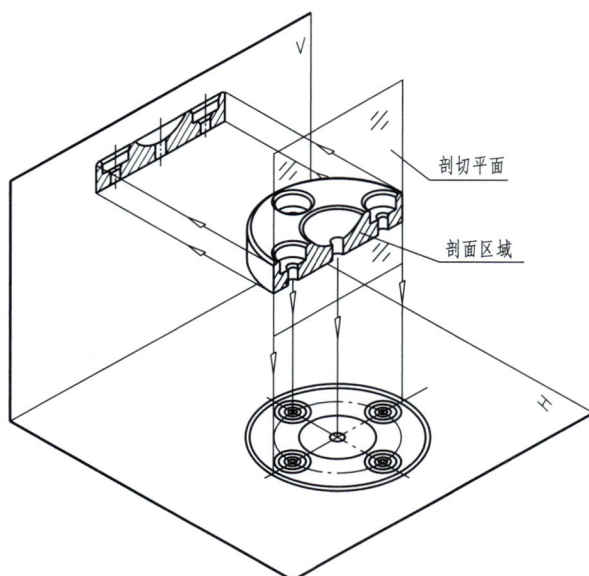

剖切平面

剖面区域

(a) 机件的剖视图

(b) 机件的三维模型

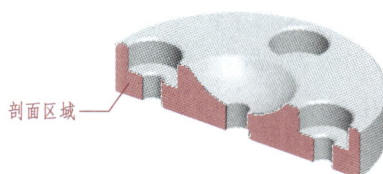

剖面区域

(c) 机件剖开一半后的模型

图 3-6　剖切面与剖面区域

2. 剖视图的画法规定和应注意的事项

①　如图 3-6（a）所示，为了反映内部结构（如孔、槽等）的实际形状和大小，剖切平面一般应通过所需表达的内部结构的对称面或轴线，并且平行于基本投影面。

②　剖切是假想的，虽然机件的某个视图画成剖视图，而机件仍是完整的，所以其他图形一般仍应按完整的机件画出，如图 3-6（a）所示的俯视图。

③　画剖视图时，一定要想清楚剖切平面的位置、剖切后哪些部分被移走、哪些部分被保留下来、哪些区域被剖切到、剖面区域是怎样的形状等问题，画剖视图通常有两种情况：

a. 由含细虚线的视图改画剖视图，这种情况是先将剖到的内形轮廓线和剖切后的所有可见轮廓线用粗实线画出，再去掉多余的轮廓线。

b. 根据机件直接画出剖视图，这种情况是先用粗实线画出剖切平面上的内形轮廓线，再用粗实线画出剖切后所有可见的轮廓线。

④　剖视图中，凡是已表达清楚的结构，细虚线应省略不画。

⑤　在剖面区域应画出剖面符号。表示金属材料的剖面符号（剖面线）用相互平行的细实线绘制，一般与主要轮廓线或剖面区域的对称线成 45°角，必要时，剖面线也可画成与主要轮廓成适当角度，细实线之间的距离视剖面区域的大小而异，如图 3-7 所示。若需在剖面区域中表示被剖机件的其他材料类别，应采用国家标准规定的剖面符号，见表 3-1。

⑥　图样中表示同一金属零件时，剖视和断面的剖面线的倾斜方向必须保持一致，间隔亦要相同。

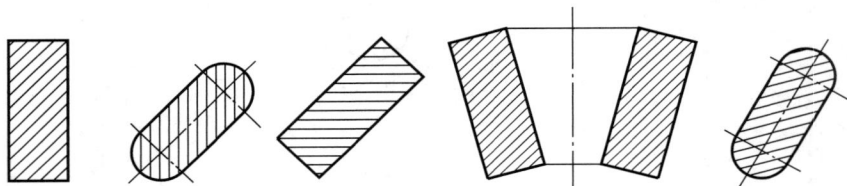

图 3-7　剖面线的画法

表 3-1　剖面区域表示法（GB/T 4457.5—2013）

金属材料（已有规定剖面符号者除外）		液体	
非金属材料（已有规定剖面符号者除外）		木质胶合板（不分层数）	
玻璃及供观察用的其他透明材料		格网（筛网、过滤网等）	
木材　纵剖面		型砂、填砂、粉末冶金、砂轮、陶瓷刀片、硬质合金刀片等	
木材　横剖面			

注：1. 剖面符号仅表示材料的类别，材料的代号和名称应另行注明。

　　2. 液面用细实线绘制。

3.1.3　剖视图的标注规定

1. 剖视图标注三要素

剖视图一般应进行标注。剖视图的标注有以下 3 个要素：

① 剖切符号　剖切符号是用于指示剖切平面起、讫和转折位置（用粗实线表示）及投射方向（用箭头表示）的符号。如图 3-8 所示，注有字母"A"的两段粗短画及两端箭头，即为剖切符号。左视图是将机件从"A"处剖开后画出的剖视图。

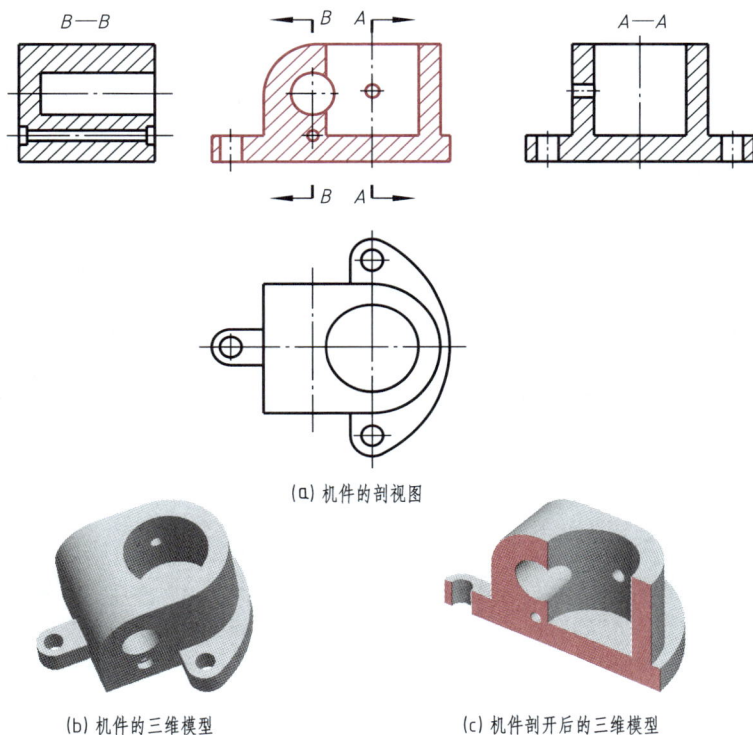

(a) 机件的剖视图

(b) 机件的三维模型

(c) 机件剖开后的三维模型

图 3-8　剖视图的标注

② 字母　字母表示剖视图的名称。在剖切符号起、讫和转折处注上相同的大写字母，在相应剖视图上方采用相同的大写字母，注成"×—×"形式，以表示该剖视图的名称，如图 3-8 中的"A—A""B—B"。

③ 剖切线　剖切线是指示剖切平面位置的线（用细点画线表示），可画在两相邻的剖切符号之间，如图 3-9（a）所示。剖切线一般均省略不画，如图 3-10（b）所示。剖切线在断面图的标注中应用较多。

剖视图标注的三要素同样适用于后面讲述的断面图。

2. 剖视图的注法

① 一般应在剖视图的上方用大写拉丁字母标出剖视图的名称"×—×"，在相应的视图上用剖切符号表示剖切位置和投射方向（用箭头表示），并标注相同的字母，如图 3-10 所示。

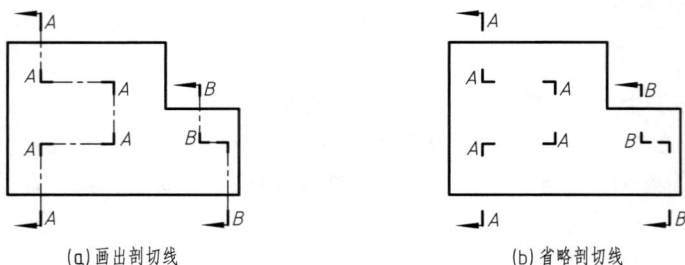

(a)画出剖切线   (b)省略剖切线

图 3-9 剖视（断面）标注要素的组合

(a)剖视图   (b)三维模型   (c)剖开的三维模型

图 3-10 剖视图的一般标注

② 当剖视图按投影关系配置，中间又没有其他图形隔开时，可省略箭头，如图 3-11 所示。

③ 当单一剖切平面通过机件的对称平面或基本对称平面，且剖视图按投影关系配置，中间又没有其他图形隔开时，不必标注，如图 3-12 的主视图所示。

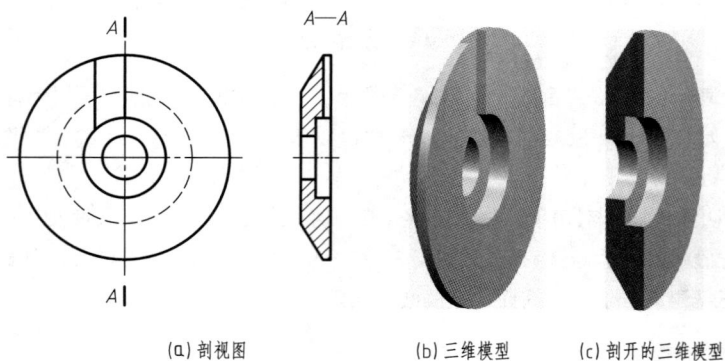

(a)剖视图   (b)三维模型   (c)剖开的三维模型

图 3-11 剖视图的省略注法

96

(a) 剖视图　　　　(b) 三维模型　　　　(c) 剖开的三维模型

图 3-12　不必标注的剖视图

任务 3.2　全剖视图

任务描述

　　按照零件被剖开的范围不同，剖视图可分为全剖、半剖和局部剖，它们的概念、应用与画法等有所不同。本任务首先学习全剖视图的概念、应用与画法。

3.2.1　全剖视图的概念及其应用

1. 概念

　　所谓全剖视图是指用剖切平面完全地剖开机件所得到的剖视图，如图 3-13 的主视图所示。

2. 全剖视图的应用

　　全剖视图主要应用在零件具有孔、槽、腔体等内部型腔结构，同时外部形状较简单或外部形状在其他视图上已经表达清楚的场合。

3.2.2　用单一剖切平面剖切的全剖视图

　　图 3-13 所示为机用台虎钳滑块零件，图（a）主视图中采用了单一剖切平面剖切的全剖视图的表达方法，其中 A 面为剖切平面。

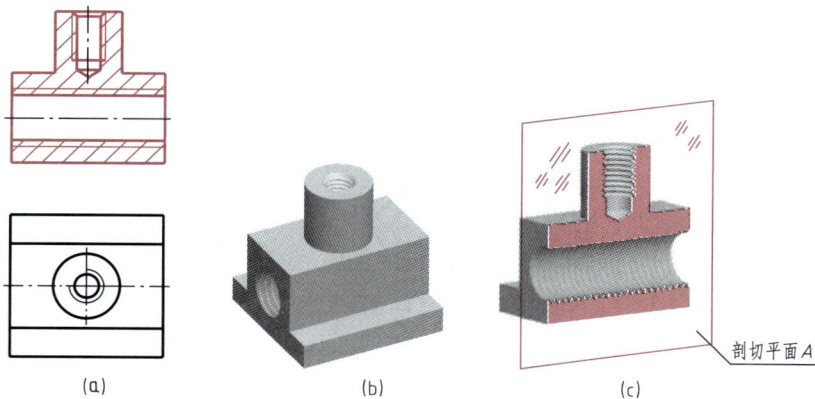

微课扫一扫
用单一剖切平面剖切的全剖视图

(a)　　　　(b)　　　　(c)　　　剖切平面A

图 3-13　机用台虎钳滑块的全剖视图

97

3.2.3 用几个平行剖切平面剖切的全剖视图

当机件上具有几种不同的结构要素（如孔、槽等），且它们的中心线排列在相互平行的平面上时，为表达这几个结构要素，宜采用几个平行剖切平面进行剖切。如图 3-14 所示的机件中，圆柱孔和带凸台的孔是平行排列的，若采用单一剖切平面不能将孔、槽同时剖到；若采用两个平行的剖切平面，分别把槽和孔剖开，再向投影面投射，就能清楚地表达这两部分结构了。

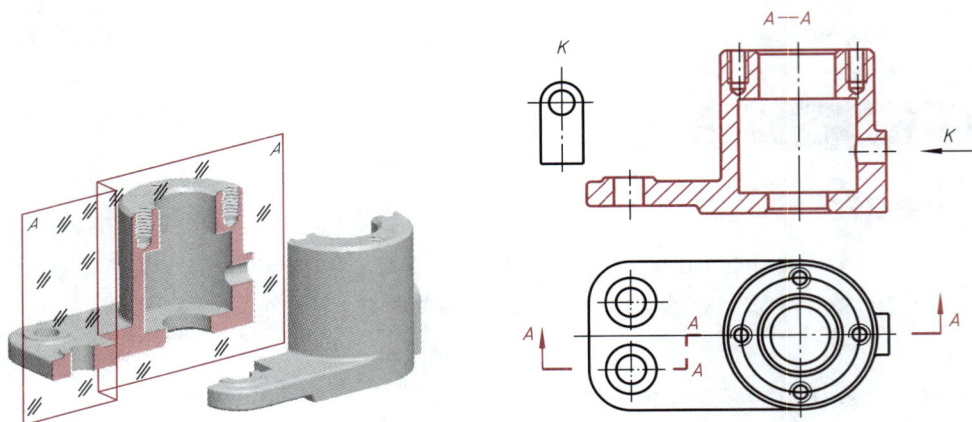

图 3-14 两个平行剖切平面剖切的方法

画此类剖视图时，应注意以下几点：

① 剖视图上不允许画出剖切平面转折处的分界线，如图 3-15（a）所示。

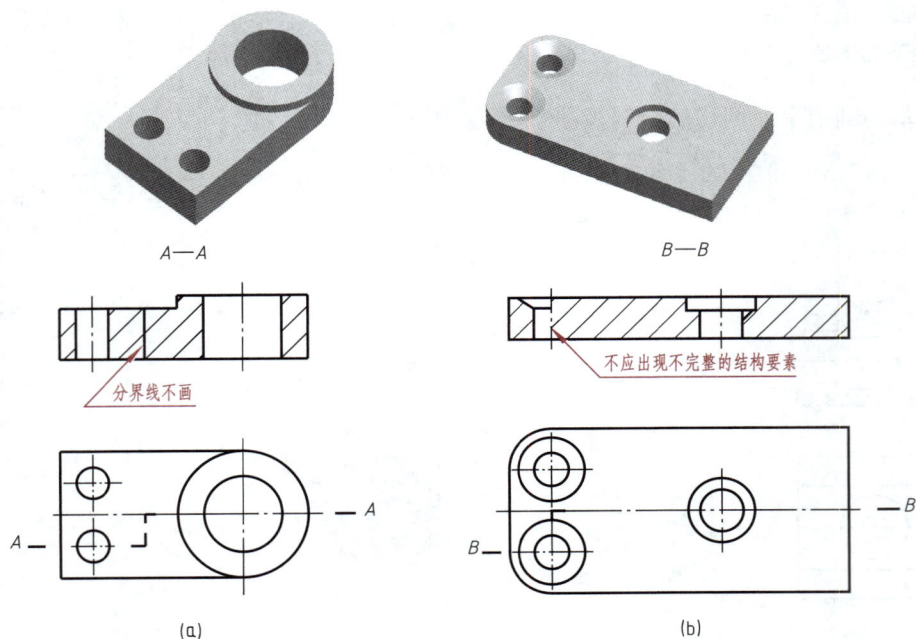

图 3-15 几个平行剖切平面作图时的常见错误

② 不应出现不完整的结构要素，如图 3-15（b）所示。只有当不同的孔、槽在剖视图中具有共同的对称中心线或轴线时，才允许剖切平面在孔、槽中心线或轴线处转折，如图 3-16 所示。不同的孔、槽各画一半，二者以共同的中心线分界。

③ 标注方法如图 3-14、图 3-16 所示。注意：剖切符号的转折处不允许与图上的轮廓线重合；转折处如位置有限，且不致引起误解，可以不注写字母。

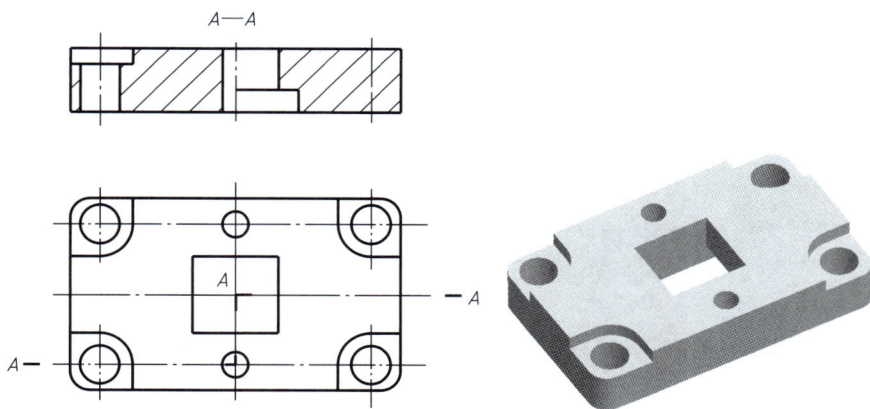

图 3-16　模板的全剖视图

3.2.4　用几个相交剖切平面剖切的全剖视图

画此类剖视图时，应将被剖切平面剖开的结构及其有关部分旋转到与选定的投影面平行后，再进行投射。旋转部分的投影与其他视图的投影将不再遵守相互之间的投影关系。如图 3-17 所示的法兰盘就是将下方倾斜剖切平面及被剖开的沉孔都旋转到与正立投影面平行后再投射。显然，由于被剖开的沉孔是经过旋转后再投射的，因此，在主、左视图中，沉孔的投影不再保持原位置"高平齐"的关系。图 3-18 所示的摇臂用两个相交剖切平面剖切后，左边倾斜悬臂的真实长度及摇臂孔的结构在剖视图中均能反映实形。

应注意的是：凡是没有被剖切平面剖到的结构，应按原来位置画出它们的投影。

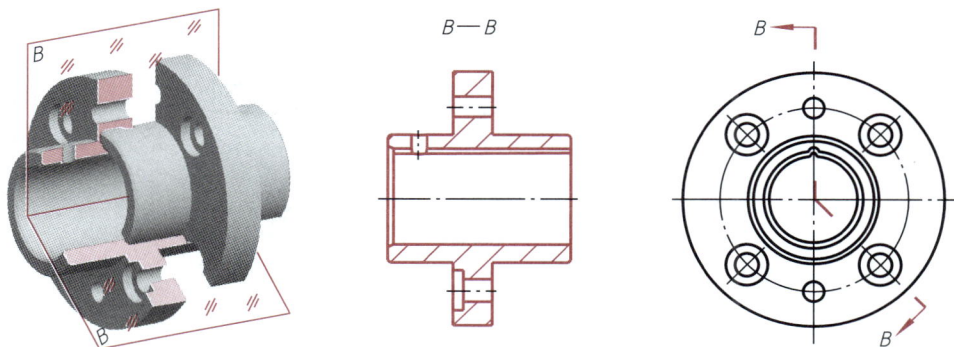

图 3-17　旋转绘制的剖视图

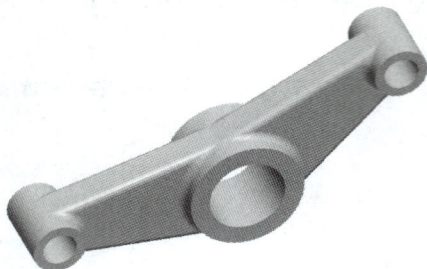

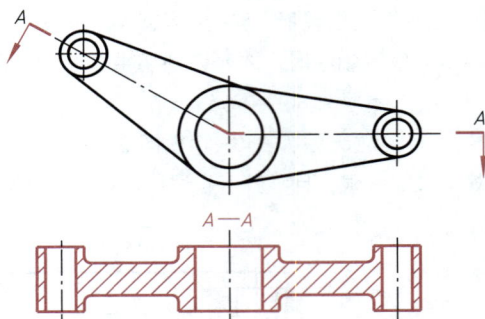

图 3-18　两个相交剖切平面剖切的方法

任务 3.3　半剖视图

任务描述

　　当机件不宜采用全剖视图表达时，可考虑采用其他剖视图表达。本任务主要学习半剖视图的概念、应用与画法。

3.3.1　半剖视图的概念及其应用

1. 概念

　　半剖视图是当机件具有对称平面时，向垂直于对称平面的投影面上投射所得的图形，是以对称中心线为界，一半画成视图，另一半画成剖视图的组合图形。

　　如图 3-19 所示的机件，左右对称，前后对称，因此左视图和俯视图都可以画成半剖视图。

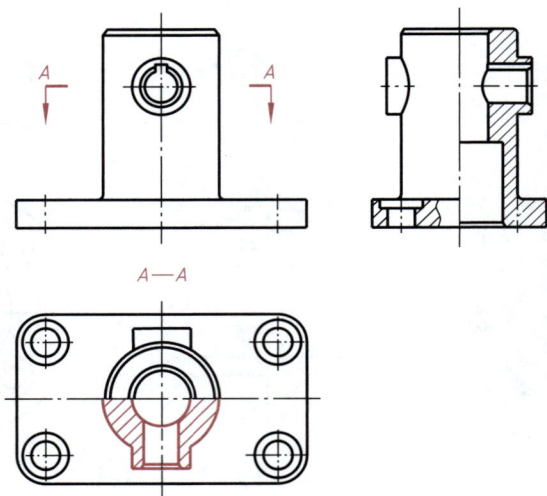

A—A

(a) 机件的三视图

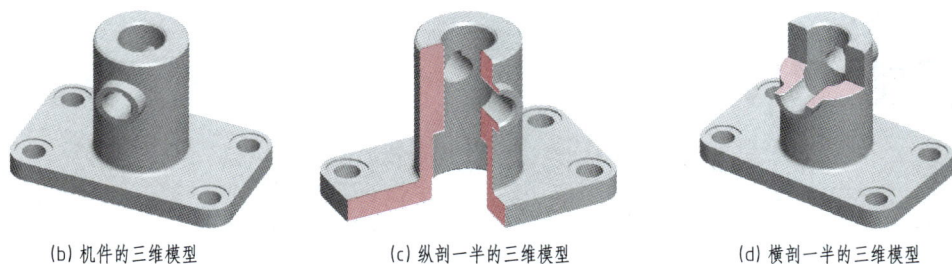

(b) 机件的三维模型　　(c) 纵剖一半的三维模型　　(d) 横剖一半的三维模型

图 3-19　机件的半剖视图

2. 半剖视图的应用

由于半剖视图既充分地表达了机件的内部结构，又保留了机件的外部形状，所以常采用它来表达既有内部型腔结构同时外部形状又比较复杂的对称机件。

3.3.2　半剖视图的画法

画半剖视图时，应注意以下几点：

① 只有当机件对称时，才能在与对称面垂直的投影面上作半剖视图。当机件基本对称，且不对称的部分已在其他视图中表达清楚时，也可以画成半剖视图。如图 3-20 所示，机件除顶部凸台外，其他结构左右对称，且凸台的形状在俯视图中已表示清楚，所以主视图仍可画成半剖视图。

② 在表示外部形状的半个视图中，一般不画细虚线部分，如图 3-20（a）所示。

③ 剖与未剖的半个视图必须以细点画线分界。如果机件的轮廓线恰好与细点画线重合，则不能采用半剖视图。此时应采用其他表达方案，如局部剖视图（详见任务 3.4）等。

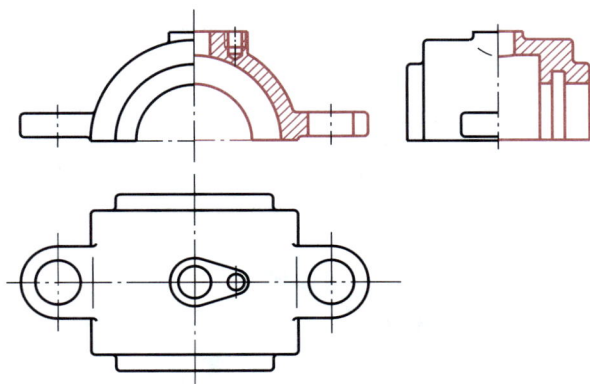

(a) 机件的三视图

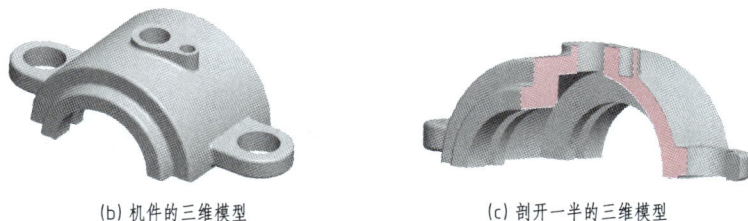

(b) 机件的三维模型　　(c) 剖开一半的三维模型

图 3-20　用半剖视图表示基本对称的机件

101

半剖视图的标注，仍应符合剖视图的标注规则。

任务 3.4　局部剖视图

任务描述

　　当某机件内外结构均需表达时，如果是对称机件，可考虑采用半剖视图表达；如果是不对称机件，则考虑采用局部剖视图表达。本任务主要学习局部剖视图的概念、应用与画法。

3.4.1　局部剖视图的概念及其应用

1. 概念

　　所谓局部剖视图，就是用剖切平面局部地剖开机件所得的剖视图，如图 3-21（a）中的主视图所示。

2. 局部剖视图的应用

　　局部剖视图不受图形是否对称的限制，剖切位置、剖面区域的大小均可视需要来决定，局部剖视图通常应用于以下场合：

　　① 当机件只有局部的内部结构（如轴、手柄、连杆等实体零件有局部的孔、槽时，如图 3-21 所示的孔）需要表达，不必或不宜采用全剖视图或半剖视图时，可采用局部剖视图。

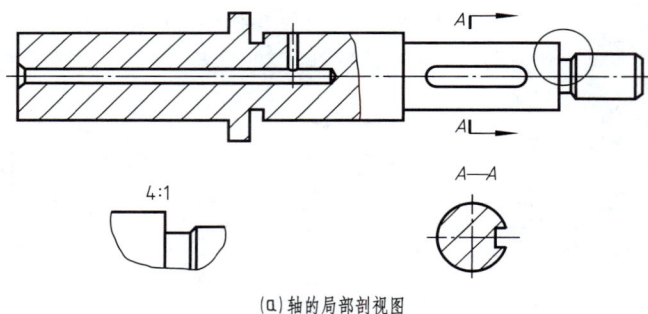

（a）轴的局部剖视图

（b）轴的三维模型

（c）局部剖开后的三维模型

图 3-21　轴的局部剖视图

　　② 当机件的外部形状和内部结构均需表达时，可采用局部剖视图。由图 3-22（a）所示箱体的三维模型可看出，箱体具有内部结构和较复杂的外部形状，为了使箱体的内部和外部结构都能表达清楚，可以局部剖开这个箱体，这样既能表达清楚内部结构又能保留部分外部形状，如图 3-22（b）所示为局部剖的方法，图 3-22（c）所示为得到的局部剖视图。

　　③ 当对称中心线与轮廓线重合而不适合采用半剖视图时，也可采用局部剖视图，如图 3-23 所示。

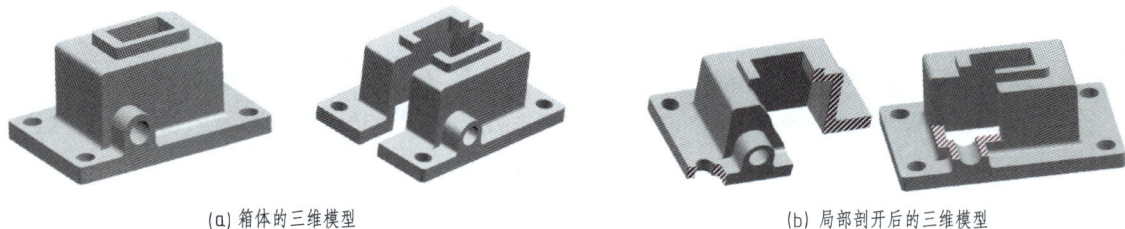

(a) 箱体的三维模型

(b) 局部剖开后的三维模型

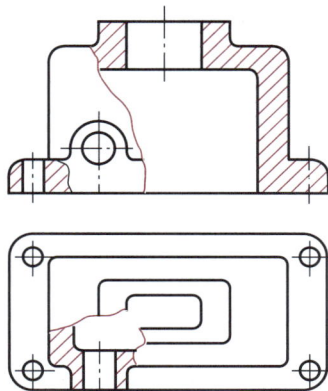

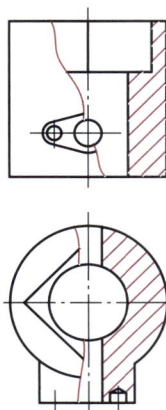

(c) 箱体的局部剖视图

图 3-22 外形较复杂的机件采用局部剖视图表达示例

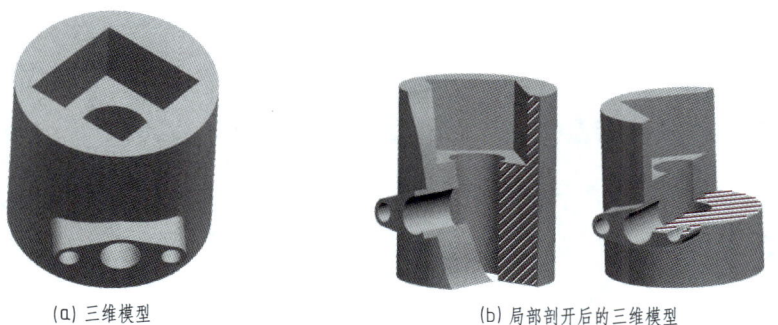

(a) 三维模型

(b) 局部剖开后的三维模型

波浪线不能超出
机件实体外

波浪线不应穿过
机件可见孔

(c) 局部剖视图中波浪线的正确画法

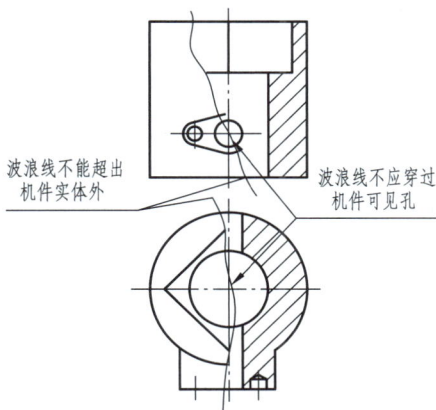

(d) 局部剖视图中波浪线的错误画法

图 3-23 不宜采用半剖视图的局部剖视图表达示例

103

3.4.2　局部剖视图的画法

画局部剖视图时，应注意以下几点：

① 局部剖视图中，可用波浪线作为剖开部分和未剖部分的分界线。波浪线不应与其他图线重合。若遇孔、槽等结构，波浪线不应穿过机件可见孔，也不允许画到轮廓线之外，应画在机件的实体上，不可画在机件的中空处，如图 3-23（c）、（d）所示是正、误画法的对比。

② 局部剖视图是一种比较灵活的表达方法，但在一个视图中，局部剖视图的数量不宜过多，以免使图形过于破碎、割断内部结构之间的联系。

③ 当单一剖切平面的剖切位置明确时，局部剖视图不必标注，如图 3-23（c）的主视图所示。

应注意的是：全剖视图中所讲述的三种剖切平面（单一剖切平面、几个平行剖切平面和几个相交剖切平面），既适用于全剖视图，也适用于半剖视图和局部剖视图，即三种剖切平面可供三种剖视图按需选用。

任务 3.5　断面图

任务描述

国家标准规定断面图可以较清楚地表达机件上某局部结构时，无须采用剖视图表达。本任务主要学习断面图的形成、种类及规定画法。

3.5.1　断面图的形成及种类

1. 断面图的形成

假想用剖切平面将零件的某处切断，仅画出该剖切平面与零件接触部分的图形称为断面图（简称断面），如图 3-24 所示。

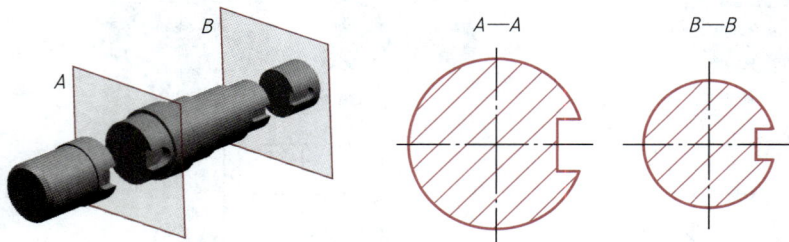

图 3-24　断面图的形成

微课扫一扫
断面图的形成

表达轴套类零件时，一般用主视图表达主体结构，其上未表达清楚的结构（如键槽的深度），可以用剖视图来表达，但有时会重复地表达不需要表达的结构；如果用断面图来表达，即假想用一个垂直于轴线的剖切平面在键槽处将轴剖开，只画其横截面的图形，并画上剖面符号，则视图的表达清晰、一目了然。

2. 断面图的种类

断面图可分为重合断面图和移出断面图两种。

（1）重合断面图

重合断面图画在视图之内，其轮廓线用细实线绘制，如图 3-25 所示。

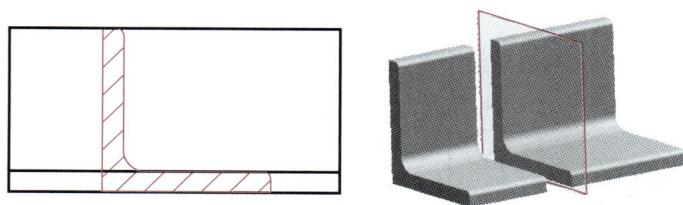

图 3-25　重合断面图

（2）移出断面图

移出断面图画在视图之外，其轮廓线用粗实线绘制，如图 3-26 所示。

3.5.2　断面图的画法

微课扫一扫
断面图的画法

① 按照断面图的定义绘制，如图 3-26 所示。

② 当剖切平面通过由回转面形成的孔或凹槽等结构的轴线时，这些结构应按剖视图画出，如图 3-27 所示。

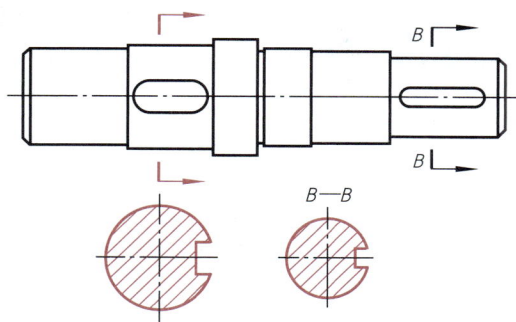

图 3-26　移出断面图

③ 当剖切平面通过非圆孔，导致出现完全分离的断面时，这些结构应按剖视图要求绘制，如图 3-28 所示。

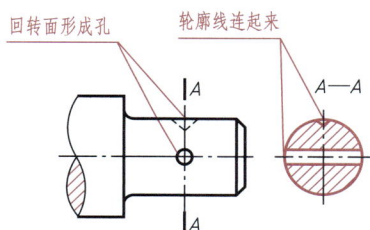

图 3-27　移出断面图的画法

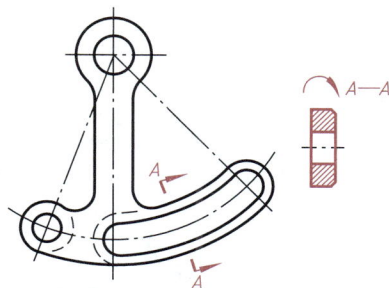

图 3-28　剖切平面通过非圆孔时断面图的画法

④ 剖切平面一般应垂直于被剖切部分的主要轮廓线。当遇到如图 3-29 所示的肋板结构时，为准确地表达两倾斜肋板的断面形态，可用两个相交的剖切平面，分别垂直于左、右肋板进行剖切，中间部分一般

用波浪线断开。

⑤ 对于较长对称机件，其断面也可画在视图的中断处，如图 3-30 所示。

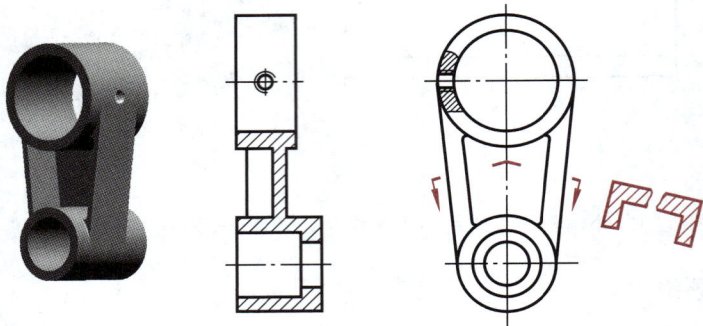

图 3-29　用两个相交且垂直于肋板的平面剖切出的断面

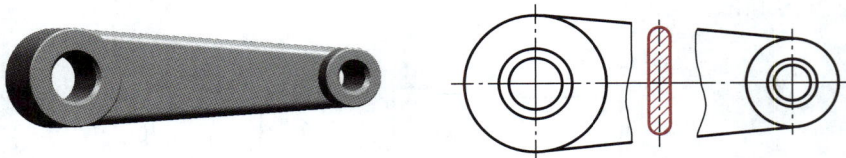

图 3-30　较长对称机件的断面

3.5.3　断面图的标注

断面图的标注内容与剖视图基本相同。

1. 移出断面图的标注

① 当断面图配置在剖切符号的延长线上时，如果断面图形对称，则不必标注；如果断面图形不对称，则须用剖切符号表示剖切位置和投射方向，如图 3-26 所示。

② 当断面图不是配置在剖切符号的延长线上时，不论断面图形是否对称，都应画出剖切符号并注写字母，以表示剖切位置和断面名称。

③ 当断面图按照投影关系配置时，只标注字母，不标注箭头，如图 3-27 所示。

2. 重合断面图的标注

① 不对称的重合断面图可省略标注，如图 3-25 所示。

② 对称的重合断面图不必标注，如图 3-31 所示。

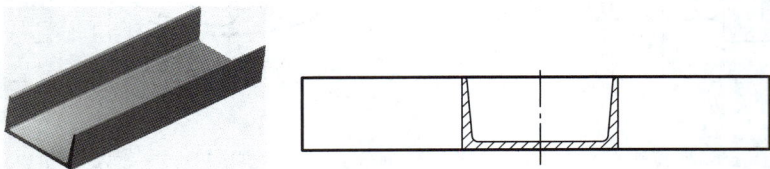

图 3-31　对称机件的重合断面图

任务 3.6　其他画法

任务描述

在保证不引起误解和歧义的前提下，为了便于绘图与识图，还可采用国家标准规定的其他画法，如局部放大图、简化画法。本任务主要学习其他画法的相关规定。

3.6.1　局部放大图

1. 局部放大图的概念

局部放大图是将机件的部分结构用大于原图形所采用的比例画出的图形。

2. 局部放大图的应用场合

当选择好合适的绘图比例后，有些细小结构表达不清楚或不便于标注尺寸和技术要求时，可以采用局部放大图的方法来绘制，如图 3-32 所示。局部放大图的绘图比例比原图形大，但仍应遵循国家标准中比例的规定。

3. 绘制和标注局部放大图的注意事项

对局部放大图进行绘制和标注时应注意以下几点：

① 局部放大图可画成视图、剖视图、断面图，它与原图形的表达方式无关，局部放大图应尽量配置在被放大部位的附近。

② 绘制局部放大图时，除螺纹牙型、齿轮和链轮的外形外，其他结构应用细实线圈出被放大的部位，如图 3-32 所示。

③ 当同一零件上有几处需要放大时，需用罗马数字依次标明放大部位，并在局部放大图的上方标注出相应的罗马数字和采用的比例，如图 3-32 所示。

④ 局部放大图的比例是指局部放大图的图形与其实物相应要素的线性尺寸之比。

⑤ 当机件只有一处部位被放大时，在局部放大图的上方只需注明所采用的放大比例即可，如图 3-33 所示。

⑥ 必要时可用几个局部放大图表达同一部位被放大部分的结构，如图 3-34（a）所示。

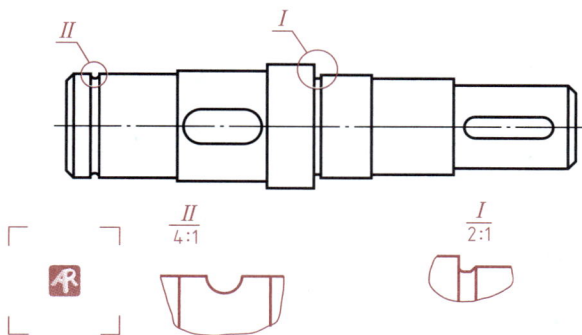

图 3-32　局部放大图

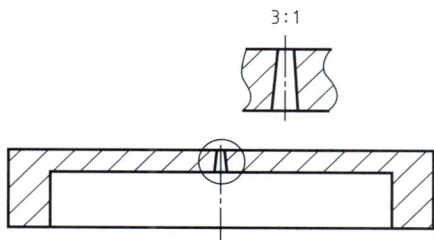

图 3-33　一处放大时局部放大图的标注

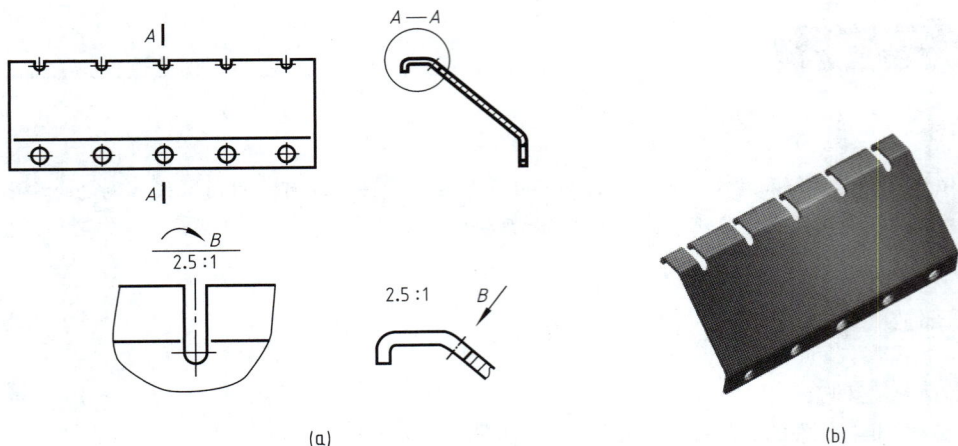

图 3-34　同一部位多个局部放大图表达

3.6.2　简化画法

1. 简化画法的概念

简化画法是指包括规定画法、省略画法、示意画法等在内的图示方法。其中，规定画法是对标准中规定的某些特定的表达对象所采用的特殊图示方法，如机械图样中对螺纹、齿轮的表达；省略画法是通过省略重复投影、重复要素、重复图形等使图样简化的图示方法；示意画法是用规定符号、较形象的图线绘制图样的表意性图示方法，如滚动轴承、弹簧的示意画法等（见模块 4 相关内容）。

2. 简化的原则

① 简化必须保证不会产生误解和理解的多意性。在此前提下，应力求制图简便。

② 便于绘制和识读，注重简化的综合效果。

③ 在考虑便于手工绘图和计算机绘图的同时，还要兼顾缩微制图的要求。

3. 简化画法及其他画法的具体绘制方法

对于简化画法及其他画法综述如下：

① 机件的肋板、轮辐及薄壁等，如按纵向剖切，这些结构都不画剖面符号，而用粗实线将它与相邻部分分开。但横向剖切这些结构时，则应画出剖面符号，如图 3-35、图 3-36 所示。当回转体上均布的

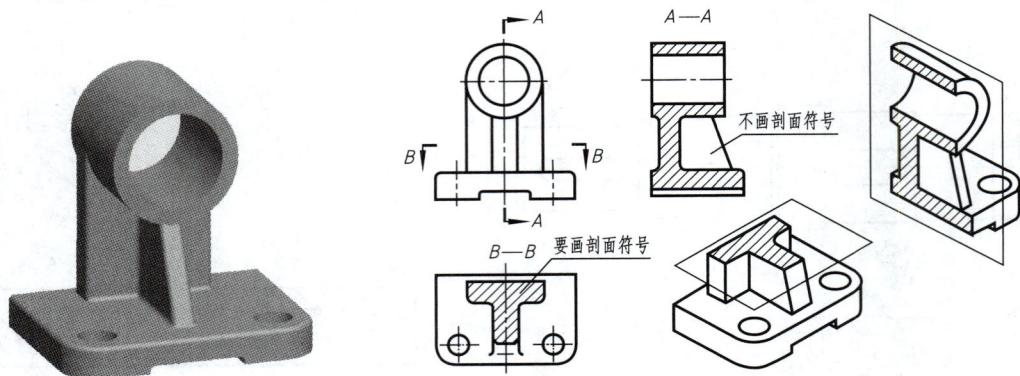

图 3-35　肋板的规定画法

108

肋板、轮辐、孔等结构不处于剖切平面的位置时，可将这些结构旋转到剖切平面上画出，如图 3-36～图 3-38 所示。

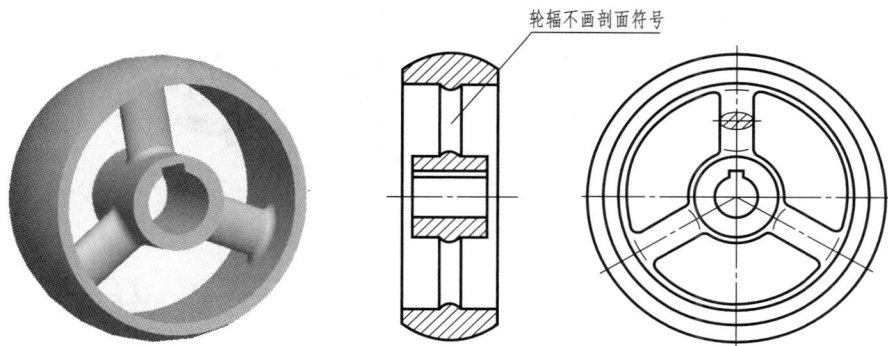

图 3-36　轮辐的规定画法

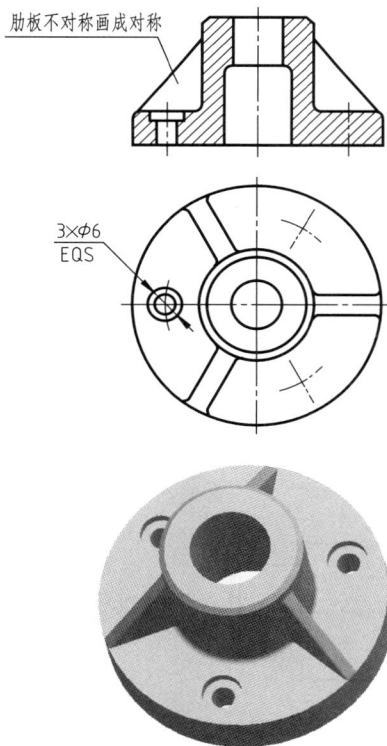

图 3-37　均布孔、肋板的简化画法（一）

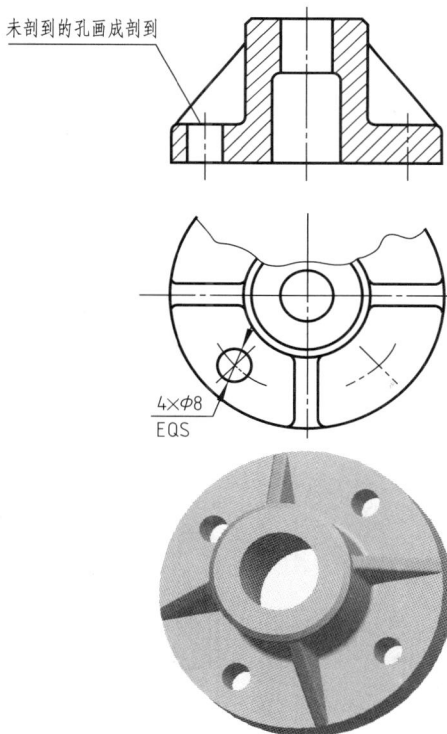

图 3-38　均布孔、肋板的简化画法（二）

②　当机件上具有多个相同结构要素（如孔、槽、齿等）并且按一定规律分布时，只需画出几个完整的结构，其余用细实线连接，或画出它们的中心线，然后在图中注明它们的总数即可，如图 3-39 所示。

③　对于厚度均匀的薄片零件，可采用图 3-39（a）中所注 $t2$ 的形式表示圆片的厚度为 2 mm。这种标注可减少视图个数。

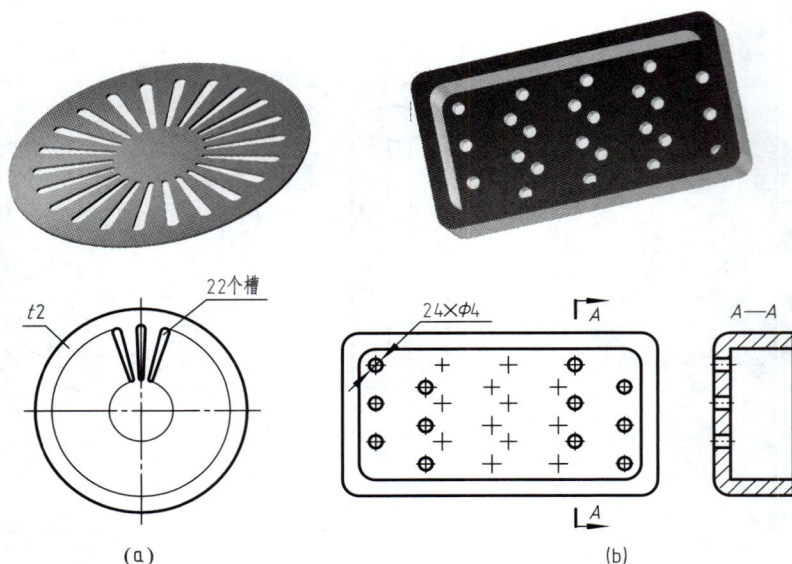

图 3-39　相同结构要素的简化画法

　④ 较长的机件（轴、杆、型材、连杆等）沿长度方向的形状一致或按一定规律变化时，可断开后缩短绘制，如图 3-40 所示。这种画法便于使细长的机件采用较大的比例绘图，同时又可使图面紧凑。机件采用断开画法后，尺寸仍应按机件的实际长度标注。

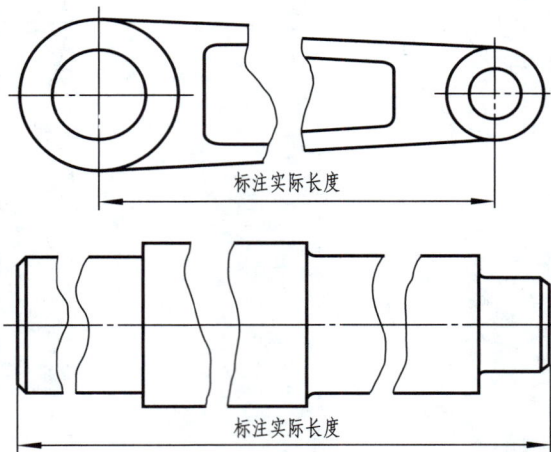

图 3-40　断开画法

　⑤ 为了节省绘图时间和图幅，在不致引起误解时，对称机件的视图可只画一半或四分之一，并在对称中心线的两端画出两条与其垂直的细实线，如图 3-41 所示。

　⑥ 与投影面倾斜角度小于或等于 30° 的圆或圆弧，其投影可用圆或圆弧代替，而不必画出椭圆，如图 3-42 所示。

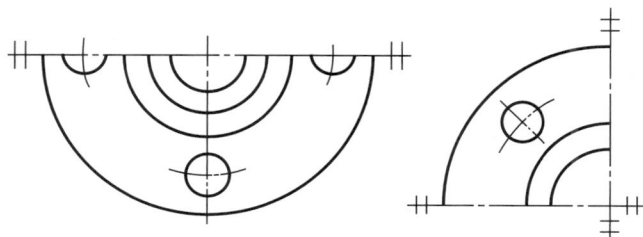

图 3-41　对称机件的简化画法

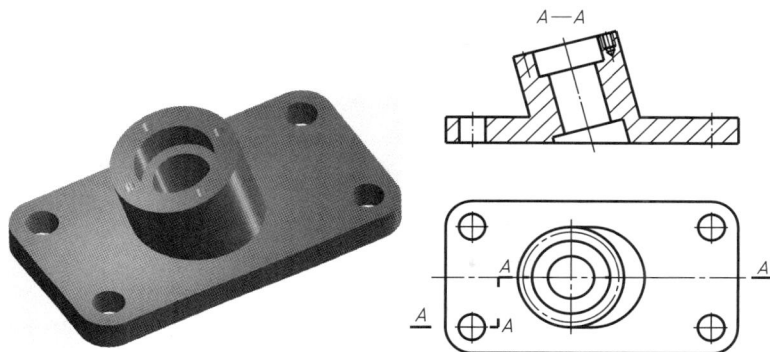

图 3-42　较小倾斜角度圆的简化画法

⑦　在不致引起误解时，过渡线、相贯线允许简化，可用圆弧或直线代替非圆曲线，如图 3-43 所示。

⑧　圆柱形法兰和类似零件上均布的孔，可按图 3-43（b）所示方法表示。

⑨　当图形不能充分表达平面结构时，可用平面符号（相交的两细实线）表示，如图 3-44 所示。

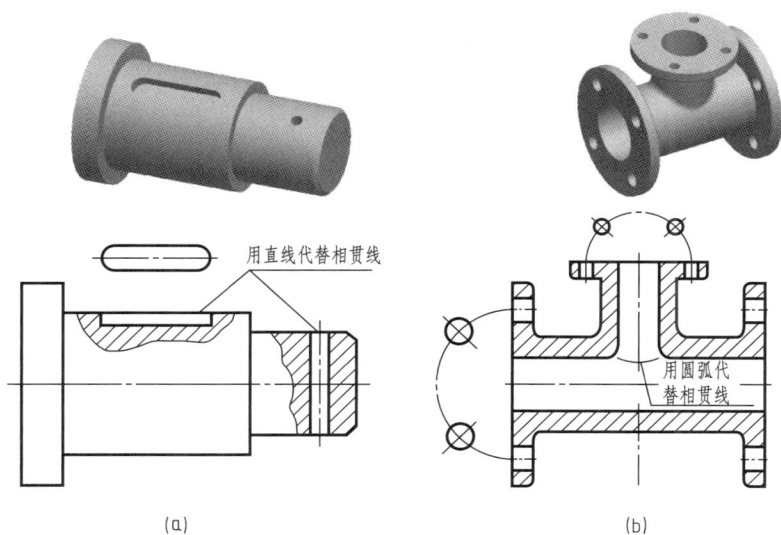

用直线代替相贯线

用圆弧代替相贯线

（a）　　　　　　　　　　　　　　　　　　（b）

图 3-43　相贯线的简化画法

111

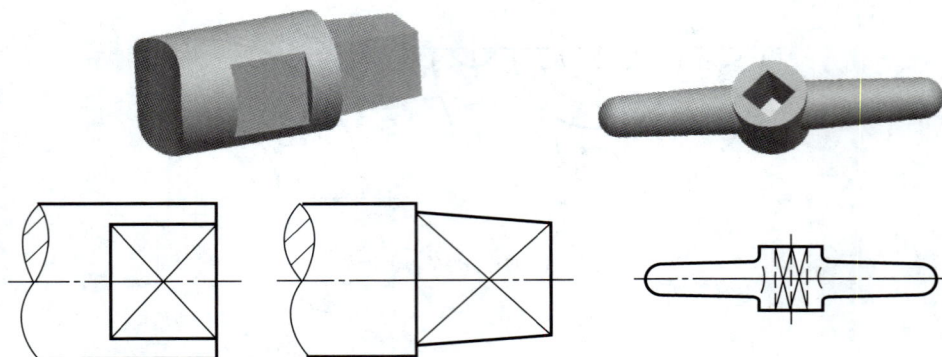

图 3-44　用平面符号表示平面结构

复习思考题

1. 什么是剖切和剖视图？为什么要使用剖视图？

2. 按剖切范围的大小，剖视图可分为几类？

3. 剖面线（剖面符号）的画法是如何规定的？

4. 断面图与剖视图有什么区别？

5. 使用简化画法的目的是什么？

任务 3.7　AutoCAD 创建样板图

任务描述

　　AutoCAD 样板图实际上是一块绘图模板，在样板图中设置好符合国家标准的绘图环境，如图幅、线型、图层、文字样式、标注样式等，这样在每次绘图时就可以直接使用该样板图，大大减少了重复设置绘图环境的时间，提高了工作效率。本任务以创建 A4 样板图为例介绍使用 AutoCAD 软件创建样板图的方法。

3.7.1　样板图的创建方法

　　创建样板图的步骤如下：

① 新建 acadiso.dwt 图形样板文件；

② 对图形界限进行设置；

③ 对长度和角度的单位类型及精度进行设置；

④ 对辅助绘图工具进行设置，如对象捕捉和极轴追踪等；

⑤ 对图层进行设置；

⑥ 对文字样式进行设置；

⑦ 对标注样式进行设置；

112

⑧ 绘制图框和标题栏；

⑨ 创建符号图块；

⑩ 保存格式为 dwt 的样板图文件。

3.7.2　创建 A4 样板图

1. 新建图纸

启动"新建"命令，系统弹出"选择样板"对话框，选择默认的图形样板"acadiso.dwt"，如模块 1 中图 1-61 所示，然后单击"打开"按钮。

2. 设置图形界限

在"格式"菜单上选择"图形界限"选项，将图形界限设置为左下角为（0，0），右上角为（297，210），并作满屏缩放，具体操作是：单击"视图"菜单，选择"缩放"/"全部"选项。

3. 设置绘图单位

在"格式"菜单上选择"单位"选项，长度类型选择"小数"，精度为小数点后两位"0.00"；角度类型选择"十进制度数"，精度为小数点后一位"0.0"；插入时的缩放单位选择"毫米"。

4. 设置辅助绘图工具

在"工具"菜单上选择"绘图设置"选项，系统弹出"草图设置"对话框，选择"对象捕捉"选项卡，勾选"启用对象捕捉"及"启用对象捕捉追踪"复选框。在"对象捕捉模式"选项组中，系统默认勾选"端点""圆心""交点""延长线"等几种常用的对象捕捉模式，其他捕捉模式可根据具体绘图需要进行选择。

再选择"极轴追踪"选项卡，设置极轴追踪。勾选"启用极轴追踪"复选框，增量角设置为"30"，对象捕捉追踪设置选为"用所有极轴角设置追踪"，极轴角测量设置为"绝对"。

5. 设置图层

在"格式"菜单上选择"图层"选项，系统弹出"图层特性管理器"对话框，新建不同的图层，修改各图层的属性，如名称、颜色、线型、线宽等。设置结果如图 3-45 所示。

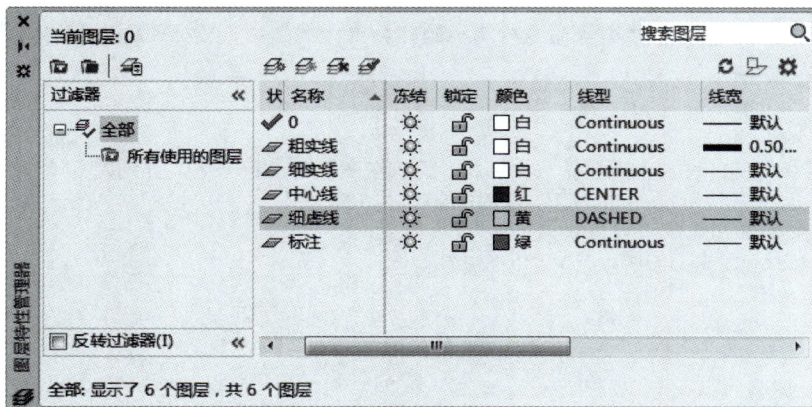

图 3-45　设置图层

6. 设置文字样式

在"格式"菜单上选择"文字样式"选项,系统弹出"文字样式"对话框,新建文字样式,命名为"图样文字"。字体选用"gbenor.shx",文字高度设置为"3.5000",宽度因子默认为"1.0000"。设置结果如图 3-46 所示。

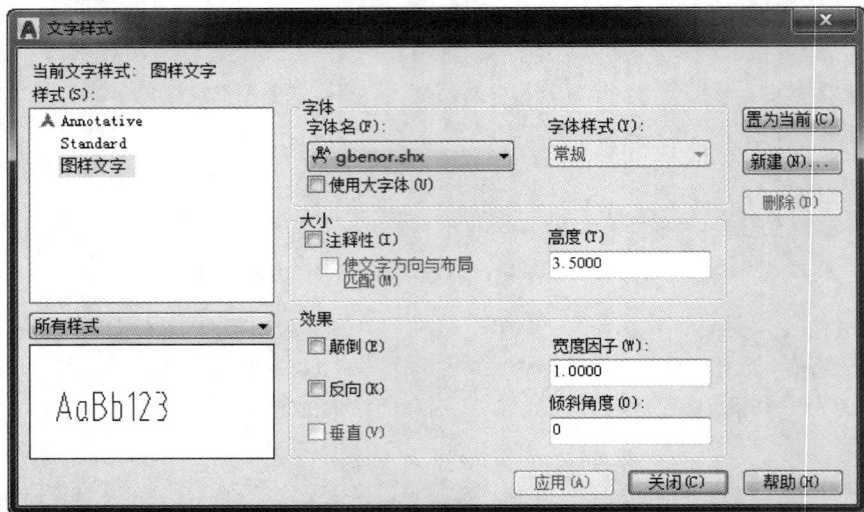

图 3-46　设置文字样式

7. 设置标注样式

标注样式的设置详见任务 3.9。

8. 绘制图框和标题栏

① 将"细实线"设为当前图层,用矩形命令输入左下角点坐标值为(0,0),右上角点坐标值为(297,210),画出 A4 图纸边界线。

② 将"粗实线"设为当前图层,用矩形命令输入左下角点坐标值为(25,5),右上角点坐标值为(292,205),画出图框线。

③ 用直线、复制、偏移和修剪等命令绘制标题栏。用文字命令完成标题栏内容的书写。绘制完成的 A4 样板图如图 3-47 所示。

9. 创建符号图块

机械 CAD 样板图中的图块主要包括表面结构、几何公差及基准符号等。详细内容请参照任务 5.3。

10. 保存文件

最后保存文件名为"A4 样板图 .dwt"的样板图文件。

设计		(日期)	(材料)		(校名)
校核					
审核			比例		(图样名称)
班级	学号		共　张　　第　张		(图样代号)

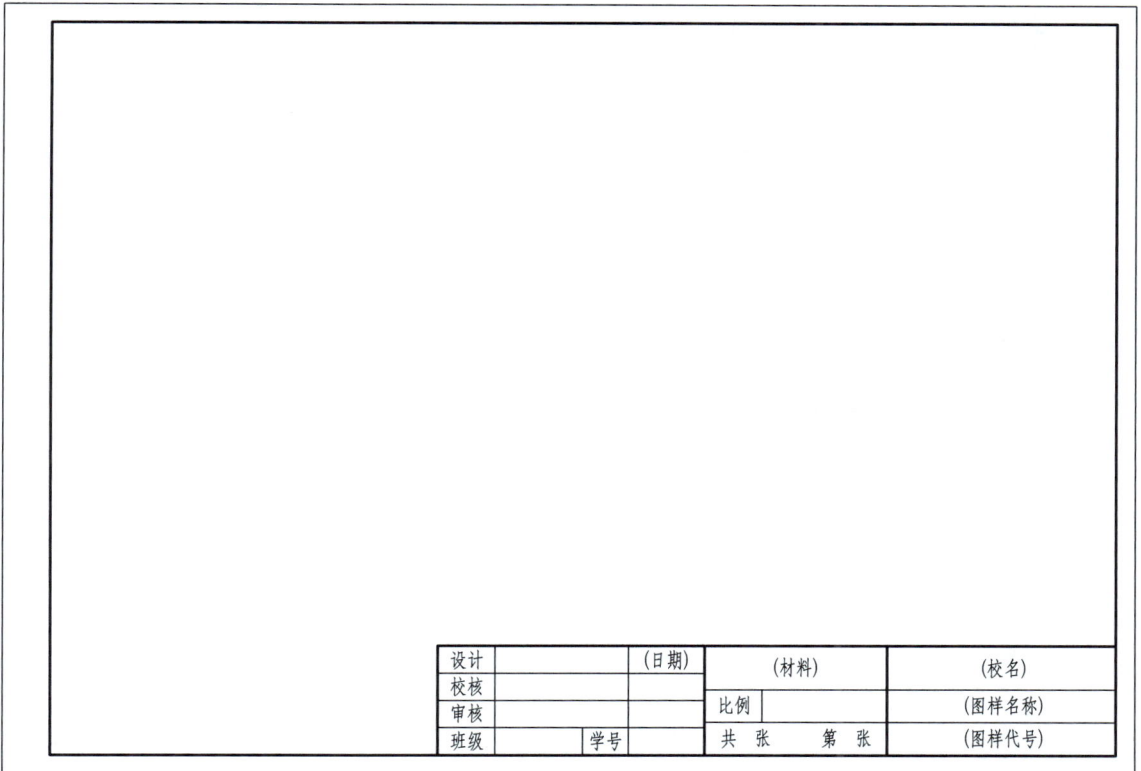

图 3-47　A4 样板图

复习思考题

1. 样板图的图形格式是什么?

2. 试创建一个 A3 样板图。

任务 3.8　AutoCAD 图案填充

任务描述

　　绘制机械图样时，需要在剖视图或断面图的指定区域内画出剖面线，以表达剖切区域的形状，在 AutoCAD 绘图中，剖面线用图案填充命令来实现。

3.8.1　图案填充命令

启动命令有以下 3 种方法:

① 命令:输入"HATCH";

② 在功能区"默认"选项卡上单击"绘图"面板的"图案填充"按钮 ▦;

115

③ 菜单栏：在"绘图"菜单上选择"图案填充"选项。

执行命令后，功能区弹出"图案填充创建"选项卡，如图 3-48 所示。

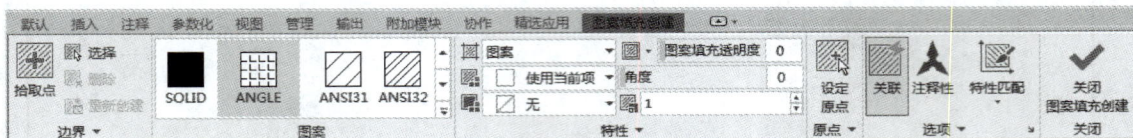

图 3-48　"图案填充创建"选项卡

"边界"面板：用于选择填充区域的边界，可通过拾取点或选择对象的方式来确定边界。

"图案"面板：可以选择各种图案进行填充。

"特性"面板："角度"和"填充图案比例"用于设置填充图案的旋转角度和填充比例。

"原点"面板：用于设置图案填充原点，一般是通过指定点作为图案填充原点。

系统提示：命令：_hatch

HATCH 拾取内部点或［选择对象（S）放弃（U）设置（T）］：

各选项的含义如下：

拾取内部点——在封闭区域内单击，拾取内部点。需要说明的是，当填充边界是封闭轮廓时，只要在封闭区域内任意拾取一点，即可自动识别填充边界。

选择对象——选择一个封闭图形，实现填充。

放弃（U）——放弃上一次的选择。

设置（T）——执行该选项后，系统会弹出"图案填充和渐变色"对话框，如图 3-49 所示，其功能与图 3-48 所示的"图案填充创建"选项卡相同。

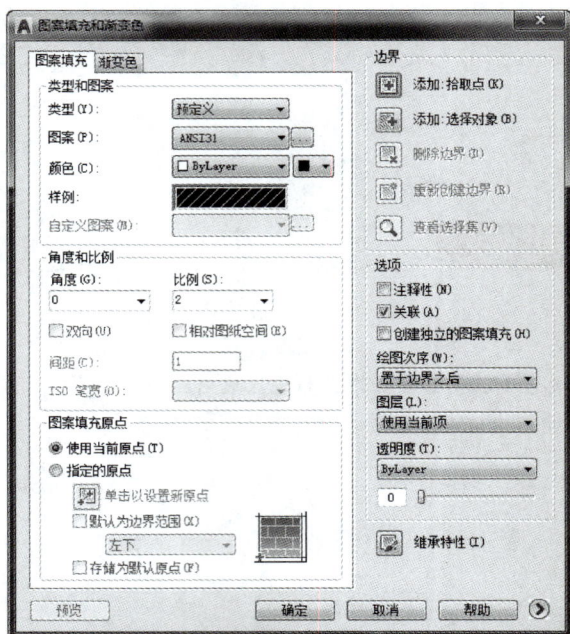

图 3-49　"图案填充和渐变色"对话框

116

3.8.2 应用实例

在图 3-48 所示"图案填充创建"选项卡的"图案"面板中选择"ANSI31"样式，在"特性"面板中将比例改为"2"。

单击"拾取点"按钮 ，在如图 3-50 所示的三个封闭区域内单击鼠标左键以拾取点，完成剖面线填充后的效果如图 3-51 所示。

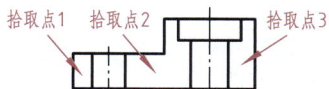

图 3-50 在封闭区域内拾取点

图 3-51 填充的剖面线

如果填充后，发现填充的图案不合适，可以选中已填充好的图案，单击鼠标右键，选择"图案填充编辑"命令，重新修改图案。

任务 3.9 AutoCAD 尺寸标注

任务描述

尺寸标注是绘制 AutoCAD 机械图样的重要内容，也是难点。一个完整的尺寸标注包括：标注文字（尺寸数字）、尺寸线、箭头和尺寸界线。尺寸标注应遵循制图国家标准规定，且要求标注正确、完整、清晰和合理。本任务讲解标注样式的设置和常用尺寸标注的操作方法。

3.9.1 标注样式的设置

标注样式管理器可以设置尺寸标注样式，如标注文字的字体、高度，箭头的形状、大小，尺寸线和尺寸界线的放置等。在 AutoCAD 中标注尺寸，应创建符合制图国家标准的标注样式。

在"格式"菜单上选择"标注样式"选项，系统弹出"标注样式管理器"对话框，如图 3-52 所示。

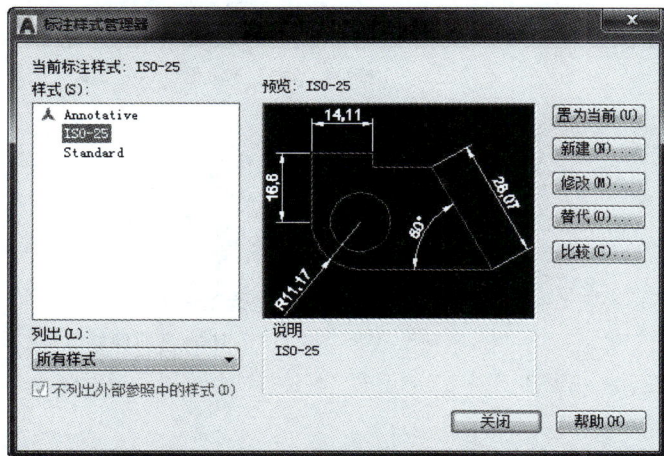

图 3-52 "标注样式管理器"对话框

1. 新建标注样式

单击"标注样式管理器"对话框中的"新建"按钮,弹出"创建新标注样式"对话框,如图 3-53 所示。在"新样式名"中输入新样式的名称,如"工程图";在"基础样式"中确定基础样式,如"ISO-25";在"用于"下拉列表中确定新建样式的使用范围,如"所有标注"。单击"继续"按钮,弹出如图 3-54 所示的"修改标注样式"对话框。

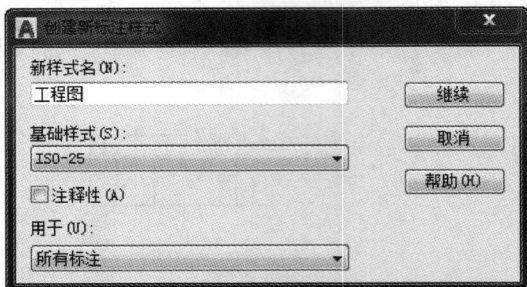

2. 设置标注样式

在"线"选项卡下,把"超出尺寸线"由"1.25"改为"2",把"起点偏移量"由"0.625"改为"0"。

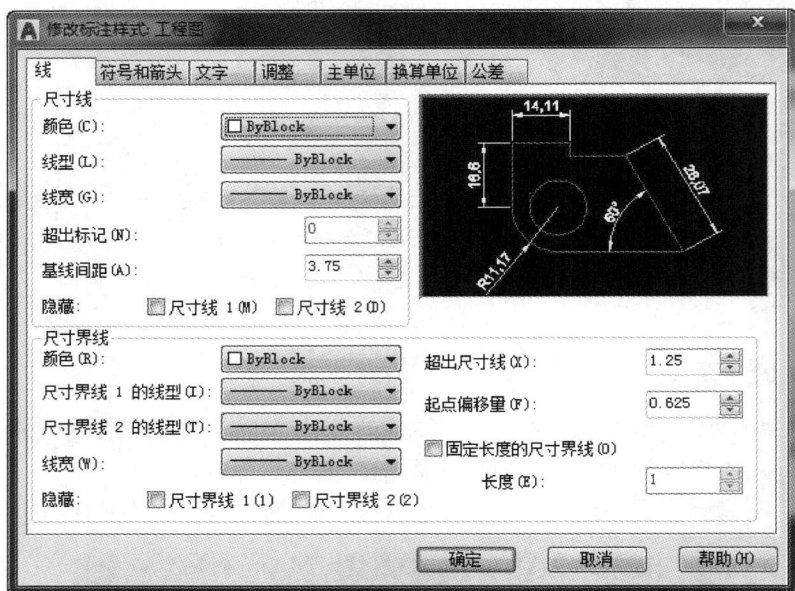

图 3-53 "创建新标注样式"对话框

图 3-54 "修改标注样式"对话框

在"符号和箭头"选项卡下,"箭头大小"使用默认值"2.5"。

在"文字"选项卡下,把"文字样式"改为先前创建的"图样文字",把"文字高度"由"2.5"改为"3.5",把"从尺寸线偏移"由"0.625"改为"1",把"文字对齐"改为"ISO 标准",如图 3-55 所示。

在"调整"选项卡下,勾选"手动放置文字"复选框,其他选项保持默认。

在"主单位"选项卡下,把"小数分隔符"改为"句点",其他选项保持默认,如图 3-56 所示。设置完成后单击"确定"按钮,系统返回图 3-52 所示的"标注样式管理器"对话框。

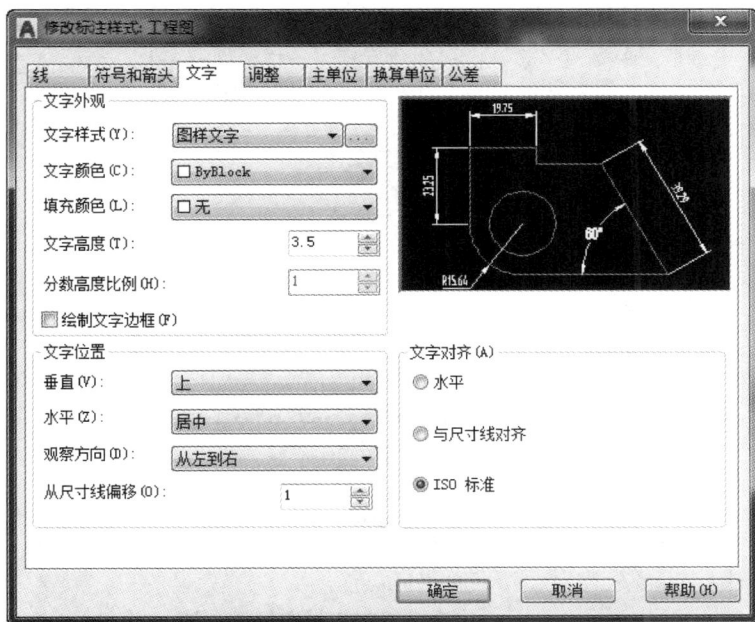

图 3-55 "文字"选项卡的设置

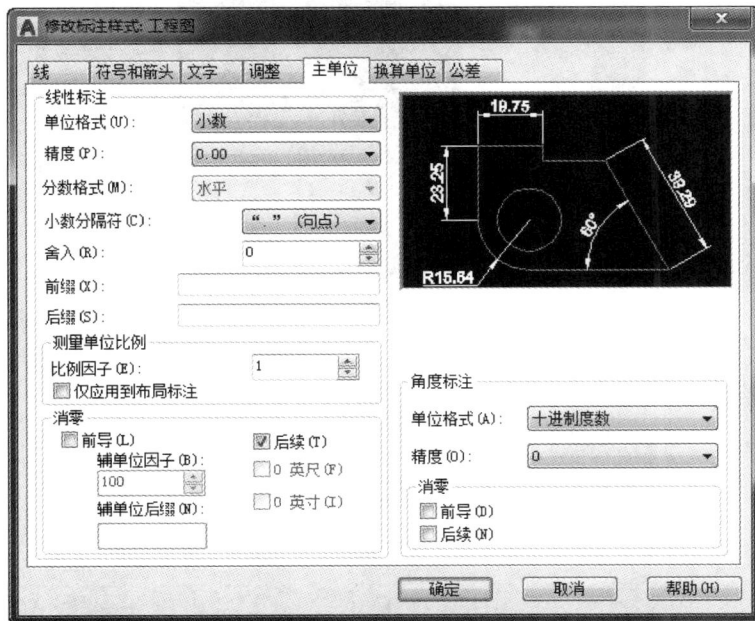

图 3-56 "主单位"选项卡的设置

3. 新建角度标注子样式

在"标注样式管理器"对话框中单击"新建"按钮，弹出"创建新标注样式"对话框。"基础样式"选择前面创建的"工程图"样式，"用于"选择下拉列表中的"角度标注"，如图 3-57 所示。单击"继续"按钮，弹

119

出"修改标注样式"对话框，在"文字"选项卡下，把"文字对齐"改为"水平"。设置完成后单击"确定"按钮，返回"标注样式管理器"对话框。设置完成的角度标注子样式如图3-58所示，单击"关闭"按钮，完成标注样式的设置。

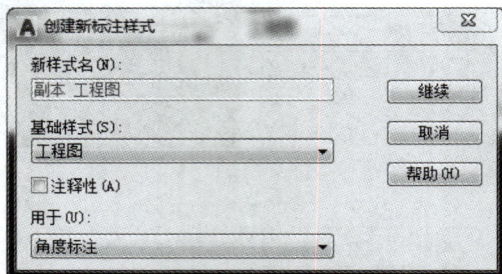

图3-57 "创建新标注样式"对话框

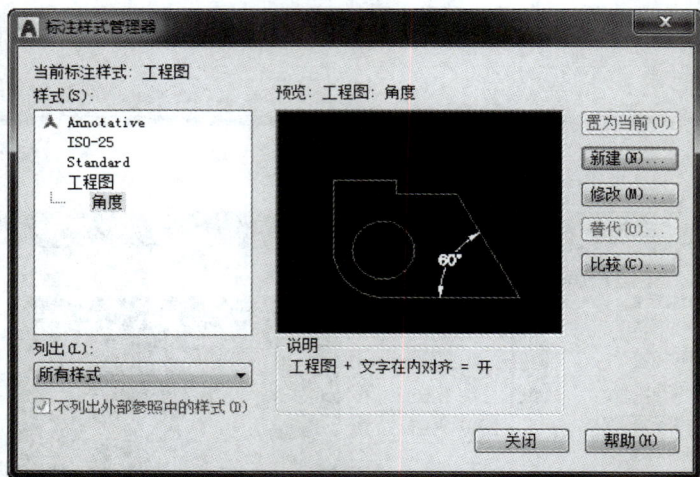

图3-58 设置完成的角度标注子样式

3.9.2 常用尺寸标注

常用尺寸标注包括长度型尺寸标注（水平标注、垂直标注、倾斜标注、对齐标注、基线标注、连续标注等）、角度型尺寸标注、径向型尺寸标注（半径标注和直径标注）、公差标注等。"尺寸标注"工具栏如图3-59所示。

图3-59 "尺寸标注"工具栏

1. 线性标注

将"工程图"标注样式设置为当前，单击"线性"图标 ⊢┤，可标注如图3-60所示的水平尺寸"18"及垂直尺寸"20"。

2. 倾斜标注

在"标注"菜单上选择"倾斜"选项，再选择图 3-60 所示的尺寸"20"，按 Enter 键确认后，在命令行中输入倾斜角度"30"，再按 Enter 键。倾斜标注的结果如图 3-61 所示。

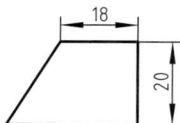

图 3-60　线性标注

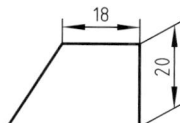

图 3-61　倾斜标注

3. 对齐标注

单击"对齐"图标 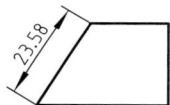，选择图 3-62 所示斜边的两个端点，标注尺寸，标注效果如图 3-62 所示。

4. 基线标注

将图 3-54 所示"线"选项卡中的"基线间距"改为"6"，先标注图 3-63（a）所示的线性尺寸"11"，再单击"基线"图标 🗂，标注尺寸"21"和"31"，效果如图 3-63（b）所示。

图 3-62　对齐标注

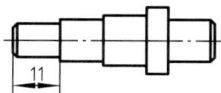

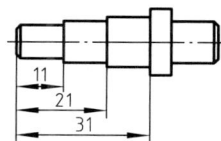

（a）　　　　　　　　　　（b）

图 3-63　基线标注

5. 连续标注

先标注图 3-64（a）所示的线性尺寸"10"，再单击"连续"图标 ⊞，标注尺寸"9"和"10"，效果如图 3-64（b）所示。

6. 角度标注

单击"角度"图标 △，分别选择角度相邻的两条边，标注效果如图 3-65 所示。

（a）

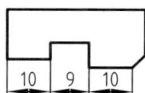

（b）

图 3-64　连续标注

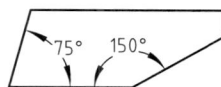

图 3-65　角度标注

7. 半径标注和直径标注

单击"半径"图标 🖊，选择圆弧，标注如图 3-66 所示的半径尺寸"R6"。单击"直径"图标 🚫，选择圆，标注如图 3-66 所示的直径尺寸"ϕ25.2"。

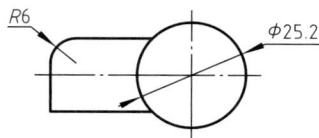

图 3-66　半径和直径标注

121

复习思考题

1. "修改标注样式"对话框有哪些选项卡？
2. 如何设置箭头的样式？
3. 如何让尺寸线和尺寸数字对齐放置？
4. 如何在现有标注样式下创建子样式？

模块 4　轴套类零件图的识读与绘制

学习目标

1. 熟悉轴套类零件的常见结构。
2. 掌握螺纹和键等标准件和常用件的画法。
3. 掌握轴套类零件视图表达、尺寸与技术要求的注法。
4. 掌握 AutoCAD 公差标注方法。
5. 掌握轴套类零件图 AutoCAD 的绘制方法。
6. 通过"技术要求"的学习，深刻理解"失之毫厘，谬以千里"的含义，养成严谨细致、精益求精的工匠精神。

学习重点

轴套类零件的结构分析；轴套类零件的视图表达；螺纹的画法与步骤。

拓展阅读
徐立平：在刀尖上"跳舞"的大国工匠

学习难点

轴套类零件的识读与视图表达，尺寸注法、技术要求的规范注写；AutoCAD 公差标注方法。

任务 4.1　轴套类零件的常见结构

任务描述

　　常见于减速器中的从动轴是典型的轴套类零件，如图 4-1 所示，作为轴系的核心串联零件，其将整个轴系的零件有机装配起来，实现运动和动力的输出；从动轴上有中心孔、倒角、退刀槽、键槽等结构，经过车削等机械加工而成。本任务通过对轴套类零件上常见结构的学习和训练，为后续的视图表达做好铺垫，使学生掌握轴套类零件常见结构的读图和绘图相关技能。

图 4-1　从动轴

4.1.1　倒角和倒圆

为了便于孔、轴的装配和去除零件的毛刺、锐边，在轴或孔的端部，一般都加工有倒角。常见倒角为45°，也有30°和60°等，它们的尺寸注法如图4-2所示。当倒角尺寸很小或无一定尺寸要求时，图样上可不画出，只在技术要求中注明即可，如"锐边倒钝"。

为了避免因应力集中而产生裂纹，在轴或孔中直径不等的交接处常用圆角过渡，称为倒圆，如图4-2所示。

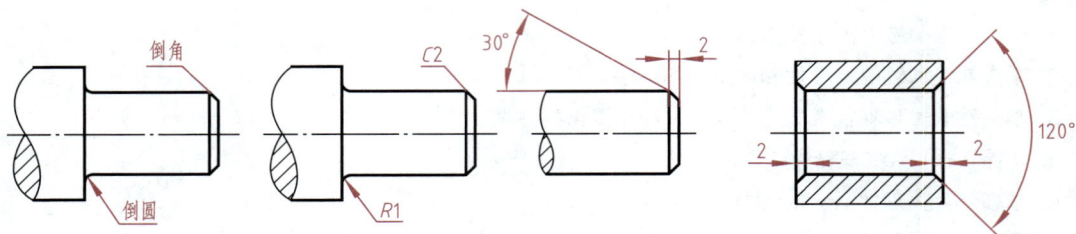

图 4-2　倒角和倒圆的尺寸注法

4.1.2　退刀槽和砂轮越程槽

为了切削加工时不致损坏刀具，使其能容易地进入或退出加工区，以及在装配时使相邻两个零件贴紧，常在台肩处预先加工出退刀槽或砂轮越程槽。

退刀槽和砂轮越程槽的形式和尺寸可根据轴、孔直径的大小，从相应标准中查得。其尺寸注法可按"槽宽 × 槽深"或"槽宽 × 直径"的形式集中标注，如图4-3所示。

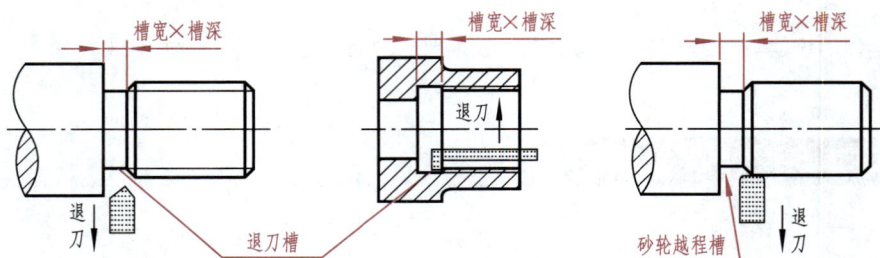

图 4-3　退刀槽和砂轮越程槽

4.1.3　中心孔（GB/T 4459.5—1999）

中心孔在轴的两端中心处，是为轴类零件装夹、测量等需要而设计的，常见的有A、B、C、R 4种类型，如图4-4所示。在图样中，中心孔可不绘制出详细结构，只需注出其代号即可。中心孔表示法的具体规定可查阅GB/T 4459.5—1999。

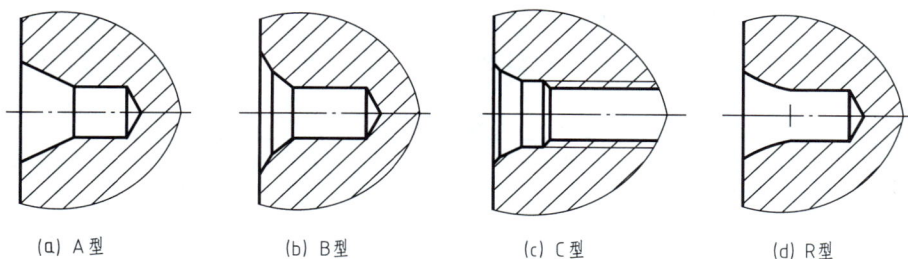

(a) A型　　　　(b) B型　　　　(c) C型　　　　(d) R型

图 4-4　中心孔的类型

任务 4.2　认识标准件与常用件

任务描述

　　轴套类零件上除螺纹、中心孔、倒角、退刀槽、键槽等结构外，在与其他零件装配时，其上常装有键、销、轴承和弹簧等标准件和常用件。本任务通过标准件和常用件相关知识的学习和训练，使学生掌握常见标准件和常用件的读图和绘图相关技能。

4.2.1　螺纹

　　螺纹是零件上一种常见的结构，常用的螺纹均已标准化。

1. 螺纹的形成

　　螺纹是指一平面图形（如三角形、矩形或梯形等）沿圆柱或圆锥表面上的螺旋线运动形成的具有相同轴向剖面的连续凸起和凹陷。凸起部分是指螺纹两侧面间的实体部分，又称为牙；凹陷部分称为沟槽。螺纹凸起的顶部，连接相邻两个牙侧的螺纹表面，称为牙顶；螺纹沟槽的底部，连接相邻两个牙侧的螺纹表面，称为牙底。在圆柱或圆锥外表面上所形成的螺纹，称为外螺纹；在圆柱或圆锥内表面上所形成的螺纹，称为内螺纹，如图 4-5 所示。

图 4-5　螺纹示例

　　螺纹的加工方法很多，常见的是在车床上车削内、外螺纹，将工件夹紧在车床的卡盘中做匀速旋转，车刀沿其轴线做匀速移动，当车刀切入工件一定深度时，便在工件表面加工出螺纹。

2. 螺纹的结构要素

　　螺纹的结构要素有牙型、直径、线数、螺距、导程和旋向。

（1）螺纹牙型

螺纹牙型指沿螺纹轴线剖切所得到的牙的轮廓形状。它由牙顶、牙底和两牙侧构成，并成一定的牙型角。不同的螺纹用途不同，牙型也不同，常见的螺纹牙型一般有三角形、梯形、锯齿形等，见表4-1。

表 4-1　常见的螺纹牙型

种类	普通螺纹（三角形）	梯形螺纹	锯齿形螺纹	管螺纹
牙型符号	M	Tr	B	Rc　R　Rp　G
牙型图				

（2）螺纹直径

① 螺纹大径（公称直径）　螺纹大径是指与外螺纹牙顶或内螺纹牙底相重合的假想圆柱面的直径，是螺纹的最大直径；外螺纹大径用 d 表示，内螺纹大径用 D 表示，如图4-6所示。

② 螺纹小径　螺纹小径是指与外螺纹牙底或内螺纹牙顶相重合的假想圆柱面的直径，是螺纹的最小直径，外螺纹小径用 d_1 表示，内螺纹小径用 D_1 表示，如图4-6所示。

外螺纹大径或内螺纹小径又称顶径；外螺纹小径或内螺纹大径又称底径。

③ 螺纹中径　螺纹中径是指在螺纹大径和小径之间的一个假想圆柱面的直径，在该圆柱面母线上，牙型的凸起和沟槽宽度相等，它是控制螺纹精度的主要参数之一，外螺纹中径用 d_2 表示，内螺纹中径用 D_2 表示，如图4-6所示。

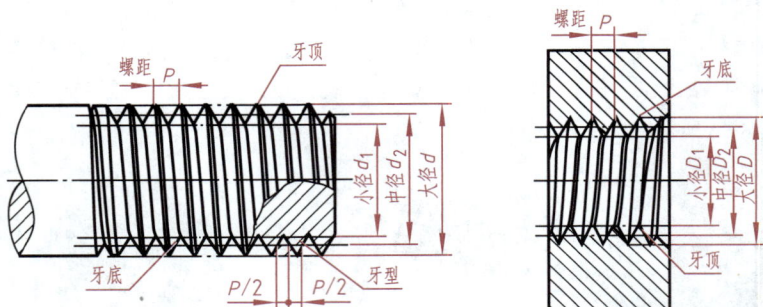

图4-6　螺纹的结构要素

（3）螺纹的线数 n

螺纹的线数是指在同一圆柱或圆锥面上车制螺纹的条数，用 n 表示。螺纹有单线或多线之分。沿一条螺旋线形成的螺纹，称为单线螺纹；沿轴向等距分布的两条或两条以上的螺旋线形成的螺纹，称为多线螺纹，如图4-7所示。连接螺纹常用单线，不必标注。多线螺纹必须标注导程和螺距。

（4）螺距 P 和导程 P_h

螺距是指螺纹上相邻两牙在中径线上对应两点间的轴向距离，用 P 表示。导程是指同一条螺旋线上相邻两牙在中径线上对应两点间的轴向距离，用 P_h 表示。螺距、导程与线数三者之间的关系如图 4-7 所示，单线螺纹：$P_h = P$；多线螺纹：$P_h = nP$。

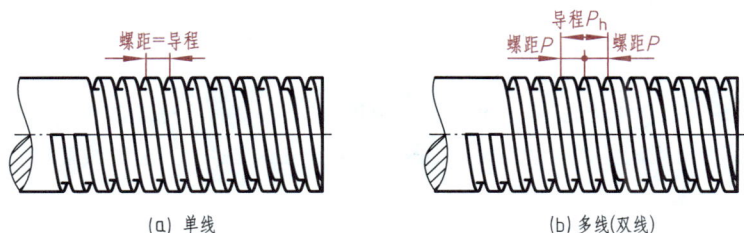

图 4-7 螺纹的线数、导程和螺距

（5）螺纹的旋向

螺纹的旋向分为左旋和右旋。内、外螺纹旋合时，顺时针旋转时旋入的螺纹，称为右旋螺纹；逆时针旋转时旋入的螺纹，称为左旋螺纹。也可采用右手法则或左手法则来判断，还可将螺纹竖起来看，螺纹可见部分向右上升的是右旋螺纹，向左上升的是左旋螺纹，如图 4-8 所示。工程上常用右旋螺纹。

只有牙型、直径、螺距、线数和旋向完全相同的内、外螺纹，才能相互旋合。

在螺纹的 5 个结构要素中，螺纹的牙型、公称直径和螺距是螺纹最基本的三个要素，称为螺纹的三要素。国家标准中对螺纹的三要素作了统一的规定。凡是螺纹的牙型、公称直径和螺距三个要素都符合国家标准的螺纹，称为标准螺纹。

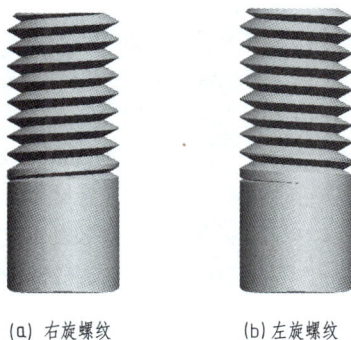

图 4-8 螺纹的旋向

3. 螺纹的种类

螺纹的分类方法很多。通常按用途可分为连接螺纹（如普通螺纹）、传动螺纹（如梯形螺纹、锯齿形螺纹）和管螺纹。

4. 螺纹标记（GB/T 197—2018）

（1）普通螺纹的标记

完整的螺纹标记由螺纹特征代号、尺寸代号、公差带代号及其他有必要做进一步说明的信息组成，如图 4-9 所示。

图 4-9 所示标记的含义是：普通细牙螺纹，大径为 30 mm，螺距为 2 mm，单线螺纹，左旋，中径公差带代号为 5g，顶径公差带代号为 6g，短旋合长度。

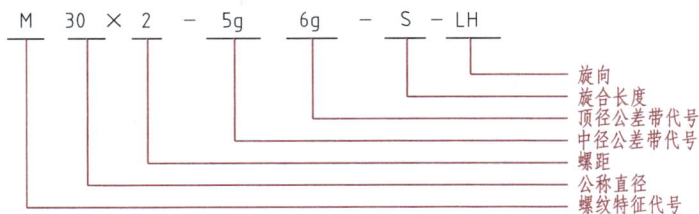

图 4-9 螺纹标记

127

① 螺纹特征代号　普通螺纹的螺纹特征代号用字母"M"表示。

② 尺寸代号　单线螺纹的尺寸代号为"公称直径 × 螺距",公称直径和螺距的单位为 mm,对粗牙螺纹,可以省略标注其螺距项。

如:公称直径为 8 mm、螺距为 1 mm 的单线细牙螺纹:M8×1

公称直径为 8 mm、螺距为 1.25 mm 的单线粗牙螺纹:M8

多线螺纹的尺寸代号为"公称直径 ×Ph 导程 P 螺距",如果要进一步表明螺纹的线数,可在后面增加括号说明(使用英文进行说明。如双线为 two starts;三线为 three starts)。当无误解风险时,可省略导程代号(例如,Ph3P1.5 可注写为 3P1.5)。

如:公称直径为 16 mm、螺距为 1.5 mm、导程为 3 mm 的双线螺纹:

M16×Ph3P1.5 或 M16×Ph3P1.5 (two starts)

③ 公差带代号　包含中径公差带代号和顶径公差带代号。中径公差带代号在前,顶径公差带代号在后,螺纹的公差带代号由表示公差等级的数值和表示公差带位置的字母(内螺纹用大写字母;外螺纹用小写字母)组成。如果中径公差带代号与顶径公差带代号相同,则应只标注一个公差带代号。尺寸代号与公差带代号间用"—"号分开。

如:中径公差带代号为 5 g、顶径公差带代号为 6 g 的外螺纹:M10×1-5 g6 g

中径公差带代号和顶径公差带代号均为 6 g 的粗牙外螺纹:M10-6 g

中径公差带代号为 5H、顶径公差带代号为 6H 的内螺纹:M10×1-5H6H

中径公差带代号和顶径公差带代号均为 6H 的粗牙外螺纹:M10-6H

在下列情况下,中等公差精度螺纹可省略其公差带代号注写:

内螺纹:-5H　公称直径小于或等于 1.4 mm 时;

　　　　-6H　公称直径小于或等于 1.6 mm 时。

注:对螺距为 0.2 mm 的螺纹,其公差等级为 4 级。

外螺纹:-6h　公称直径小于或等于 1.4 mm 时;

　　　　-6 g　公称直径小于或等于 1.6 mm 时。

如:中径公差带代号和顶径公差带代号均为 6 g、中等公差精度的粗牙外螺纹:M10

中径公差带代号和顶径公差带代号均为 6H、中等公差精度的粗牙内螺纹:M10

④ 螺纹副　表示螺纹副时,内螺纹公差带代号在前,外螺纹公差带代号在后,中间用斜线分开。

如:公差带代号为 6H 的内螺纹与公差带代号为 5 g6 g 的外螺纹组成配合:M20×2-6H/5 g6 g

公差带代号为 6H 的内螺纹与公差带代号为 6 g 的外螺纹组成配合(中等公差精度、粗牙):M6

⑤ 其他信息　标记内有必要说的其他信息包括螺纹的旋合长度和旋向等。

对短旋合长度组及长旋合长度组的螺纹,宜在公差带代号后分别标注"S"和"L"代号。旋合长度代号与公差带代号间用"—"号分开。中等旋合长度组螺纹不标注旋合长度代号(N)。

如:短旋合长度的内螺纹:M20×2-5H-S

长旋合长度的螺纹副:M6-7H/7 g6 g-L

中等旋合长度的外螺纹(粗牙、中等公差精度、公差带代号为 6 g):M6

对左旋螺纹,应在螺纹标记的最后标注"LH"代号。旋合长度代号和旋向代号间用"—"号分开。右旋螺纹不标注旋向代号。

如:左旋螺纹:M8×1-LH (公差带代号和旋合长度代号被省略)

M6×0.75-5h6h-S-LH

M14×Ph6P2-7H-L-LH 或 M14×Ph6P2（three starts）-7H-L-LH

右旋螺纹：M6（螺距、公差带代号、旋合长度代号和旋向代号被省略）

公称直径以 mm 为单位的螺纹，其标记应直接注在大径的尺寸线上或其引出线上，如图 4-10 所示。

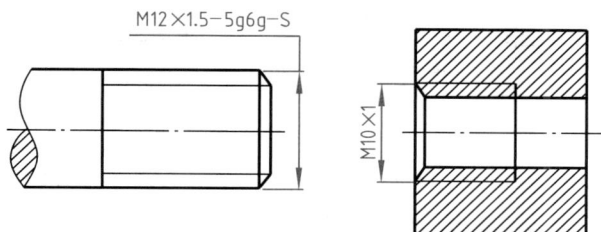

图 4-10　普通螺纹的标注

（2）管螺纹的标记

下面主要介绍 55° 非密封管螺纹（G）、55° 密封管螺纹（Rp、R_1、Rc、R_2）和 60° 密封管螺纹（NPT、NPSC）的标记。

管螺纹的标记由螺纹特征代号和尺寸代号等组成。

① 螺纹特征代号：

55° 非密封管螺纹（GB/T 7307—2001）：G——内、外螺纹都用 G 表示。

55° 密封管螺纹（GB/T 7306.1—2000）：Rp——表示圆柱内螺纹；

R_1——表示与圆柱内螺纹相配合的圆锥外螺纹。

55° 密封管螺纹（GB/T 7306.2—2000）：Rc——表示圆锥内螺纹；

R_2——表示与圆锥内螺纹相配合的圆锥外螺纹。

60° 密封管螺纹（GB/T 12716—2011）：NPT——表示圆锥管螺纹（内、外）；

NPSC——表示圆柱内螺纹。

② 尺寸代号　详见国家标准 GB/T 7307—2001、GB/T 7306.1—2000、GB/T 7306.2—2000 和 GB/T 12716—2011。

如：尺寸代号为 3/4 的右旋圆柱内螺纹的标记为 Rp 3/4；尺寸代号为 3 的右旋圆锥外螺纹的标记为 R_1 3 或 R_2 3；尺寸代号为 1/2 的 55° 非密封管螺纹的标记为 G 1/2；尺寸代号为 6 的 60° 密封管螺纹的标记为 NPT 6。

③ 旋向　当管螺纹为左旋时，应在尺寸代号后加注 "LH"，如：Rp 3/4-LH 表示尺寸代号为 3/4 的左旋圆柱内螺纹。

④ 螺纹副　当表示螺纹副时，内螺纹的螺纹特征代号在前，外螺纹的螺纹特征代号在后，中间用斜线分开，如：Rp/R_1 3 表示尺寸代号为 3 的右旋圆锥外螺纹与圆柱内螺纹所组成的螺纹副；55° 非密封管螺纹副仅需标注外螺纹的标记，如 G $1^1/_2$ A。

管螺纹的标记一律注在引出线上，引出线应由大径处引出或由对称中心处引出，如图 4-11 所示。

5. 螺纹的画法

根据国家标准的规定，在图样上绘制螺纹时应按规定画法作图，而不必画出真实投影。

$R_P\ 1/2$　　　　　$R_1\ 3/4$　　　　　　　　　$G\ 1/2-LH$

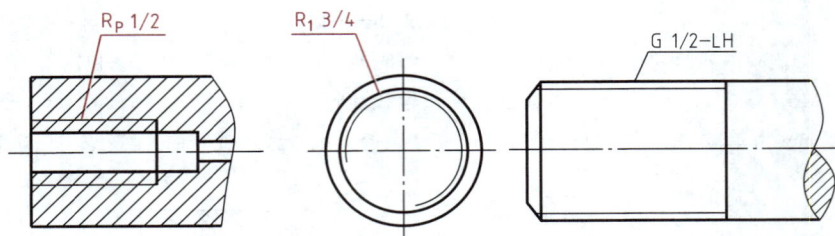

图 4-11　管螺纹的标注

（1）外螺纹的画法

画外螺纹时，不论其牙型如何，在投影为非圆的视图上，螺纹的牙顶（大径）及螺纹终止线用粗实线画出，螺杆的倒角或倒圆部分也应画出；螺纹的牙底（小径 $d_1 = 0.85d$）用细实线画出，并且表示小径的细实线应画入倒角内；在投影为圆的视图上，表示螺纹大径的圆用粗实线画出，表示螺纹小径的圆用细实线画出，并只画 3/4 圈（空出 1/4 圈的方位不作规定），此时，螺杆上倒角的投影圆省略不画，如图 4-12 所示。

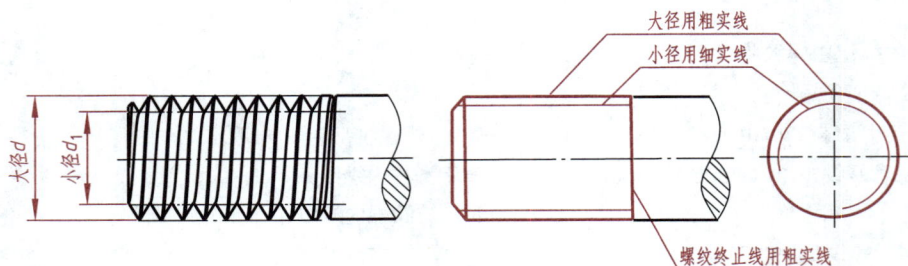

大径用粗实线
小径用细实线

大径 d　小径 d_1

螺纹终止线用粗实线

图 4-12　外螺纹的画法

（2）内螺纹的画法

当内螺纹未被剖切时，所有不可见的螺纹图线均用细虚线表达。当画剖视图时，在投影为非圆的视图上，螺纹的牙底（大径）用细实线画出，螺纹的牙顶（小径）用粗实线画出，螺纹终止线用粗实线画出，剖面线应画到表示小径的粗实线为止；在投影为圆的视图上，表示螺纹大径的圆用细实线画出，并且只需画 3/4 圈即可，表示螺纹小径的圆用粗实线画出。此时，螺孔上倒角的投影圆省略不画，如图 4-13 所示。

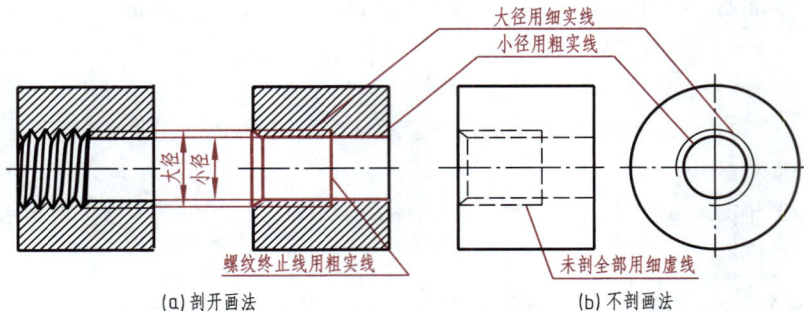

大径用细实线
小径用粗实线

大径　小径

螺纹终止线用粗实线

未剖全部用细虚线

（a）剖开画法　　　　　　（b）不剖画法

图 4-13　内螺纹的画法

（3）螺纹连接的画法

内、外螺纹旋合在一起时，称为螺纹连接。一般用全剖视图来表达内、外螺纹的连接，实心螺杆按不剖绘制。当以剖视图表达螺纹连接时，其旋合部分按外螺纹的画法绘制，其余部分仍按各自的规定画法表示，剖面线应画到粗实线。当不采用剖视图表达螺纹连接时，所有不可见的螺纹图线均用细虚线表示。由于螺纹连接时，内、外螺纹的 5 个要素必须完全相同，所以表示大径、小径的粗实线和细实线应分别对齐，而与倒角的大小无关，如图 4-14 所示。

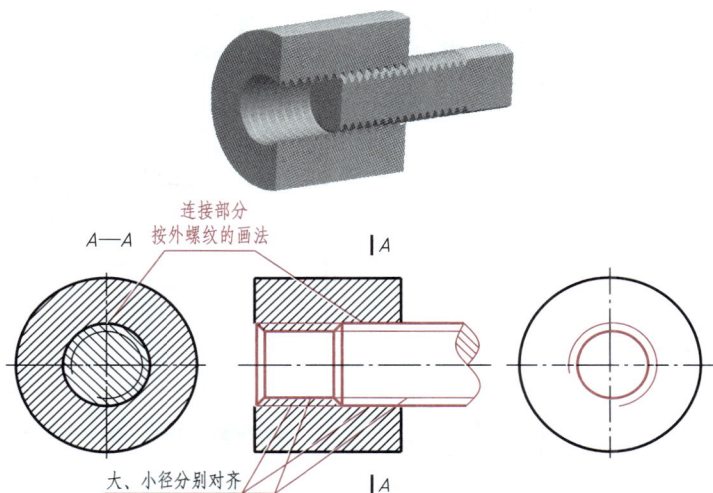

图 4-14　螺纹连接的画法

（4）其他规定画法

① 不通螺孔的画法　加工不通螺孔时，先按螺纹小径选用钻头，加工出圆孔后再用丝锥攻出螺纹，由于钻头端部是 118°锥面，所以钻孔底部也有 118°锥孔，在图上简化画成 120°，同时，还应将螺孔深度和钻孔深度分别画出，一般钻孔比螺孔深 0.5d，如图 4-15 所示。

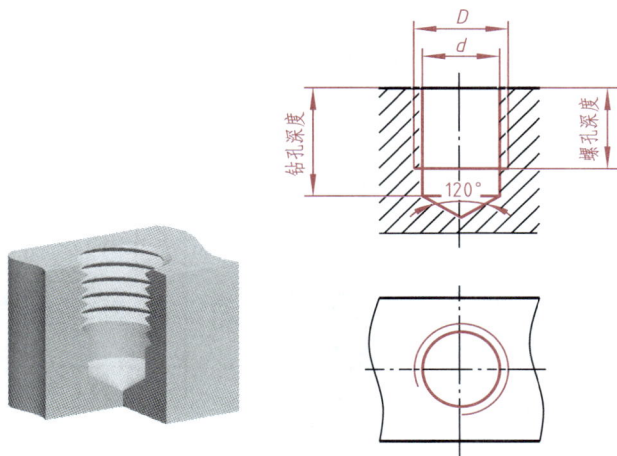

图 4-15　不通螺孔的画法

131

② 螺尾的画法　一般情况下不画出螺尾。当需要表示螺尾时，螺尾部分的牙底用与轴线成 30° 角的细实线绘制，如图 4-16 所示。注意在这种情况下螺纹终止线应画在有效螺纹长度的终止处。有退刀槽的螺尾的画法如图 4-17 所示。

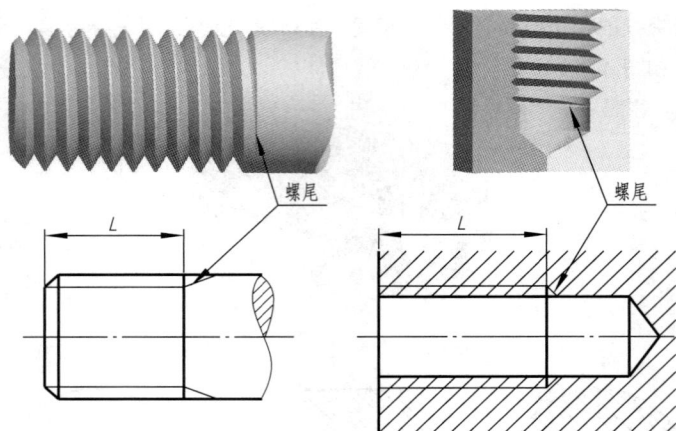

图 4-16　螺尾的画法

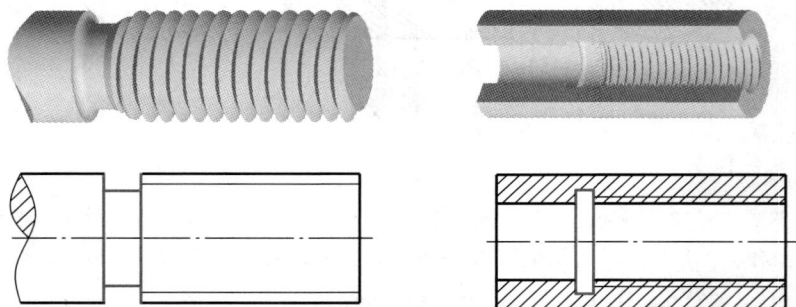

图 4-17　有退刀槽的螺尾的画法

③ 螺纹倒角的画法　在投影为圆的视图上，倒角圆省略不画。

④ 螺孔相贯线的画法　螺孔与螺孔、螺孔与光孔相交时，只在牙顶处（内螺纹小径）画一条相贯线，如图 4-18 所示。

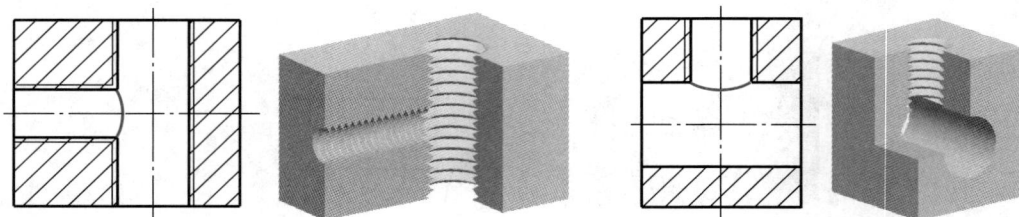

图 4-18　螺孔相贯线的画法

4.2.2　键

键主要用于连接轴和装在轴上的传动零件（如齿轮、带轮等），使它们和轴一起转动，起传递转矩的作用，如图 4-19 所示。

图 4-19　键连接

1. 常用键及其标记

键是标准件，常用的有普通平键、半圆键、钩头楔键和花键等多种，如图 4-20 所示。普通平键又有 A 型（圆头）、B 型（平头）和 C 型（单圆头）三种。在标记时，A 型平键省略 A 字，而 B 型、C 型应写出 B 或 C 字。表 4-2 为几种常用键的画法和标记示例。

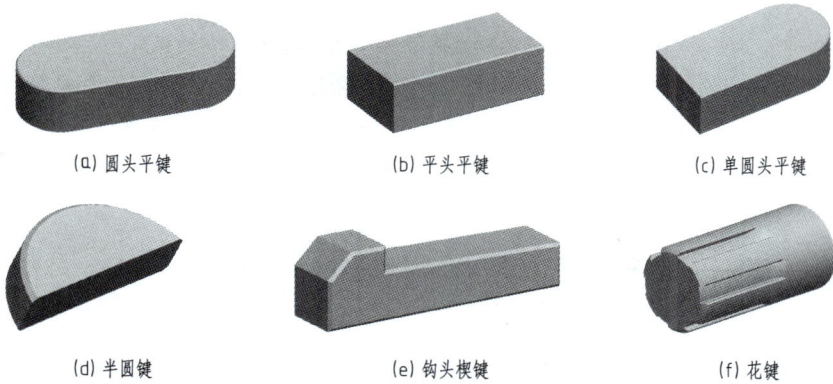

(a) 圆头平键　　　　(b) 平头平键　　　　(c) 单圆头平键

(d) 半圆键　　　　(e) 钩头楔键　　　　(f) 花键

图 4-20　常用键示例

表 4-2　几种常用键的画法和标记示例

名称	图例	标记示例
圆头平键	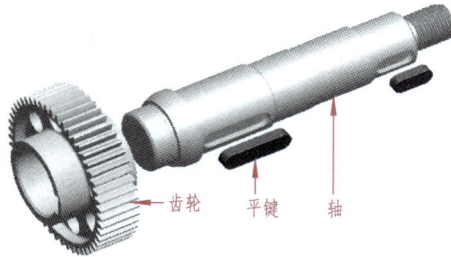 $c \times 45°$ 或 r　　$R=b/2$	$b=10$ mm、$h=8$ mm、$L=28$ mm 的普通平键（A 型）：键 10×28

133

名称	图例	标记示例
半圆键	$r \approx 0.1b$	$b = 6 \text{ mm}$、$h = 10 \text{ mm}$、$d_1 = 25 \text{ mm}$、$L = 24.5 \text{ mm}$ 的半圆键： 键 6×25
钩头楔键		$b = 18 \text{ mm}$、$h = 11 \text{ mm}$、$L = 100 \text{ mm}$ 的钩头楔键： 键 18×100

2. 键槽的画法及尺寸标注

因为键是标准件，所以一般不必画出它的零件图。但要画出零件上与键相配合的键槽。键槽分为轴上的键槽和轮毂上的键槽。键槽的宽度 b 可根据轴的直径 d 查表确定，轴上的槽深 t_1 和轮毂上的槽深 t_2 可以分别从键的标准中查得，键的长度 L 应小于或等于轮毂的宽度 B。键槽的画法及尺寸标注如图 4-21 所示。

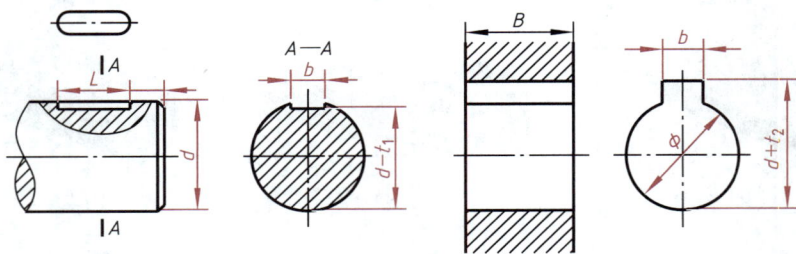

图 4-21　键槽的画法及尺寸标注

3. 键连接装配图的画法

① 普通平键连接装配图的画法　用普通平键连接时，其两侧面为工作面，键与轴和轮毂的键槽两侧面接触，只画一条线；而键的顶面是非工作面，与轮毂的键槽顶面之间应有间隙，要画两条线，如图 4-22（a）所示。

在剖视图中，当剖切平面通过键的纵向对称平面剖切时，键按不剖绘制，此时通常采用局部剖视图来表示轴上的键槽和键的长度。当剖切平面横向剖切键时，则被剖切的键应画剖面线。

② 半圆键连接装配图的画法　半圆键连接与普通平键连接相似，其两侧面为工作面，只画一条线；键的顶面为非工作面，要画两条线，如图 4-22（b）所示。

(a) 普通平键　　　　　　　　　　　　　　(b) 半圆键

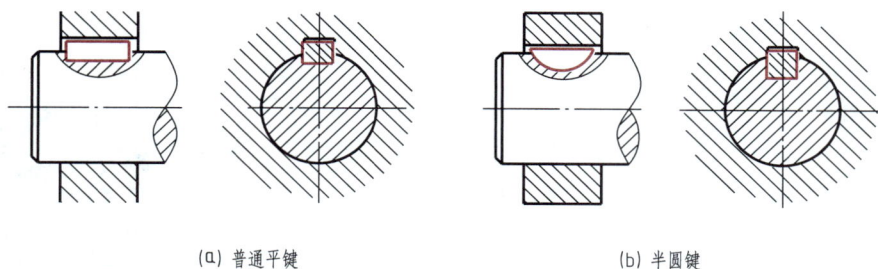

图 4-22　键连接装配图的画法

4.2.3　销

1. 销及其标记

销在机器设备中主要用于定位、连接和锁定。销的作用，一是用来可靠地确定零件间的相对位置，称为销定位；二是用来传递动力，称为销连接。常用销有圆柱销、圆锥销和开口销等，其形式见附录。圆柱销和圆锥销通常用于零件间的定位或连接；开口销用来防止螺母松开，或者用来防止其他零件从轴上脱出，如图 4-23 所示。

销为标准件，其规格、尺寸可以从有关标准中查得。

图 4-23　销连接示例

微课扫一扫
开口销连接
示例

2. 销连接装配图的画法

圆柱销和圆锥销连接装配图的画法如图 4-24 所示。

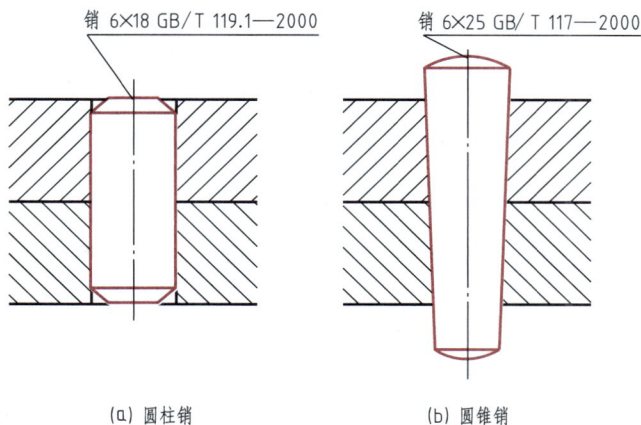

销 6×18 GB/T 119.1—2000　　　　销 6×25 GB/T 117—2000

(a) 圆柱销　　　　　　　　　　　　　　(b) 圆锥销

图 4-24　圆柱销和圆锥销连接装配图的画法

135

4.2.4　滚动轴承

1. 滚动轴承的作用与构造

机器设备中用来支承轴的零件称为轴承，轴承分为滑动轴承和滚动轴承两类。滚动轴承具有摩擦阻力小、结构紧凑、使用寿命长等优点，已被广泛使用在机器中，滚动轴承是标准件。

滚动轴承的构造一般由内圈（与轴配合）、外圈（与机座孔配合）、滚动体（装在内圈和外圈之间的滚道中）和保持架（用来把滚动体互相隔离开）4 部分构成，如图 4-25 所示。

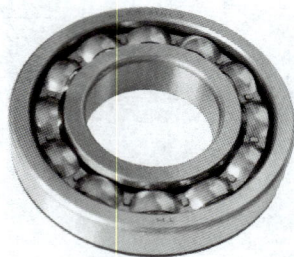

图 4-25　滚动轴承

2. 滚动轴承的种类

滚动轴承的分类方法很多，常见的有以下几种。

（1）按受力方向分

① 向心轴承　主要承受径向载荷，如深沟球轴承。

② 推力轴承　只承受轴向载荷，如圆锥滚子轴承。

③ 向心推力轴承　同时承受径向载荷和轴向载荷，如平底推力球轴承。

（2）按滚动体的形状分

① 球轴承　滚动体为球体的轴承。

② 滚子轴承　滚动体为圆柱滚子、圆锥滚子和滚针等的轴承。

3. 滚动轴承的代号

滚动轴承代号由前置代号、基本代号和后置代号构成。滚动轴承的基本代号表示滚动轴承的基本类型、结构和尺寸，是滚动轴承代号的基础。关于滚动轴承的代号内容，请查阅 GB/T 272—2017。

4. 滚动轴承的画法

滚动轴承是标准件，由专门工厂生产，使用单位一般不必画出其部件图。在装配图中，可根据国标 GB/T 4459.7—2017 采用通用画法、特征画法或规定画法表达，但同一图样中应采用同一种画法。

（1）通用画法

在剖视图中，当不需要确切地表示滚动轴承外形轮廓、载荷特性和结构特征时，可采用通用画法绘制，其画法是用矩形线框及位于线框中央正立的十字形符号表示，十字形符号不应与矩形线框接触。通用画法一般应绘制在轴的两侧，并且其矩形线框的大小应与滚动轴承的外形尺寸一致并与所属图样采用同一比例绘制，通用画法见表 4-3。

（2）特征画法

在剖视图中如需较形象地表示滚动轴承的结构特征或在装配时考虑轴承正装和反装时，可采用在矩形线框内画出其结构要素符号的方法表示。常用滚动轴承的特征画法见表 4-3。特征画法应绘制在轴的两侧，不可单侧绘制。

（3）规定画法

在装配图中需要较详细地表达滚动轴承的主要结构时，可采用规定画法。用规定画法绘制滚动轴承时应注意以下 3 点：一是内圈和外圈的剖面线方向应相同；二是保持架和倒角可省略不画；三是一般绘制在轴的一侧，另一侧按通用画法绘制。常用滚动轴承的规定画法见表 4-3。

表 4-3　滚动轴承类型及各画法的尺寸比例示例

轴承类型	通用画法	特征画法	规定画法
深沟球轴承 GB/T 276—2013	通用画法		
圆柱滚子轴承 GB/T 283—2021			
角接触球轴承 GB/T 292—2007			
圆锥滚子轴承 GB/T 297—2015	外圈无挡边画法		
推力球轴承 GB/T 301—2015	内圈有单挡边画法		

4.2.5　弹簧

1. 弹簧的作用与分类

弹簧属于常用件，在机器、车辆、仪表、电气中的应用非常广泛，可以起减振、夹紧、储能、复位、调节和测力等作用。弹簧的特点是去除外力后，可立即恢复原状。弹簧种类繁多，常见的有螺旋弹簧、板弹簧和蜗卷弹簧等，如图 4-26 所示。

本节只介绍圆柱螺旋压缩弹簧的有关知识及画法规定，其他类型弹簧的画法可查阅 GB/T 4459.4—2003。

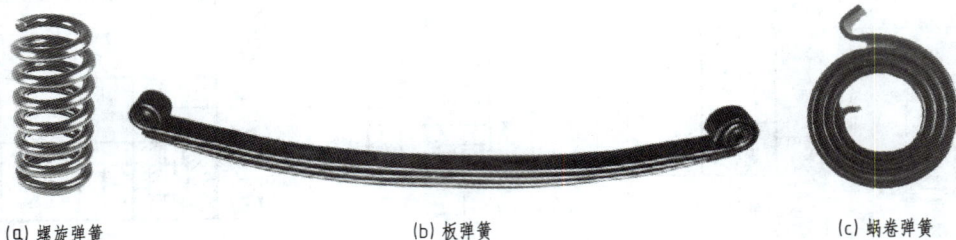

(a) 螺旋弹簧　　　　　　　(b) 板弹簧　　　　　　　(c) 蜗卷弹簧

图 4-26　常见的弹簧种类

2. 圆柱螺旋压缩弹簧各部分名称及尺寸计算

① 线径（d）　弹簧簧丝直径。

② 弹簧外径（D_2）　弹簧的最大直径。

③ 弹簧内径（D_1）　弹簧的最小直径，$D_1=D_2-2d$。

④ 弹簧中径（D）　弹簧的平均直径，$D=（D_2+D_1）/2=D_1+d=D_2-d$。

⑤ 节距（t）　除支承圈外，相邻两有效圈上对应点之间的轴向距离。

⑥ 有效圈数（n）、支承圈数（n_z）和总圈数（n_1）　为了使螺旋压缩弹簧工作时受力均匀，增加弹簧的平稳性，通常将弹簧两端并紧、磨平。并紧、磨平的圈数主要起支承作用，称为支承圈数。如图 4-27（a）所示的弹簧，两端各有 $1\frac{1}{4}$ 支承圈，即 $n_z=2.5$。保持相等节距的圈数称为有效圈数。有效圈数与支承圈数之和称为总圈数，即 $n_1=n+n_z$。

⑦ 自由高度（H_0）　弹簧在不受外力作用时的高度（或长度），$H_0=nt+（n_z-0.5）d$。

3. 圆柱螺旋压缩弹簧的规定画法

① 在平行于弹簧轴线的投影面的视图中，其各圈的轮廓应画成直线。

② 有效圈数在 4 圈以上的弹簧，可以只画出其两端的 1～2 圈（支承圈除外），中间部分可省略不画，用通过弹簧簧丝中心的两条点画线表示，并允许适当缩短图形的长度。

③ 弹簧均可画成右旋，其旋向要求应在技术要求中注明。

④ 弹簧如要求两端并紧且磨平时，不论支承圈为多少，均按支承圈为 2.5 圈绘制，必要时，也可按支承圈的实际结构绘制。

4. 圆柱螺旋压缩弹簧的绘图步骤

弹簧的表示方法有视图、剖视图和示意画法 3 种，本节只介绍剖视图的画法。当已知弹簧的线径 d、外径 D_2、节距 t、有效圈 n、支承圈数 n_z，即可根据上述公式计算出自由高度 H_0 和中径 D，并绘制出弹簧剖视图，其绘图步骤如图 4-27（b）所示，具体如下：

(a)

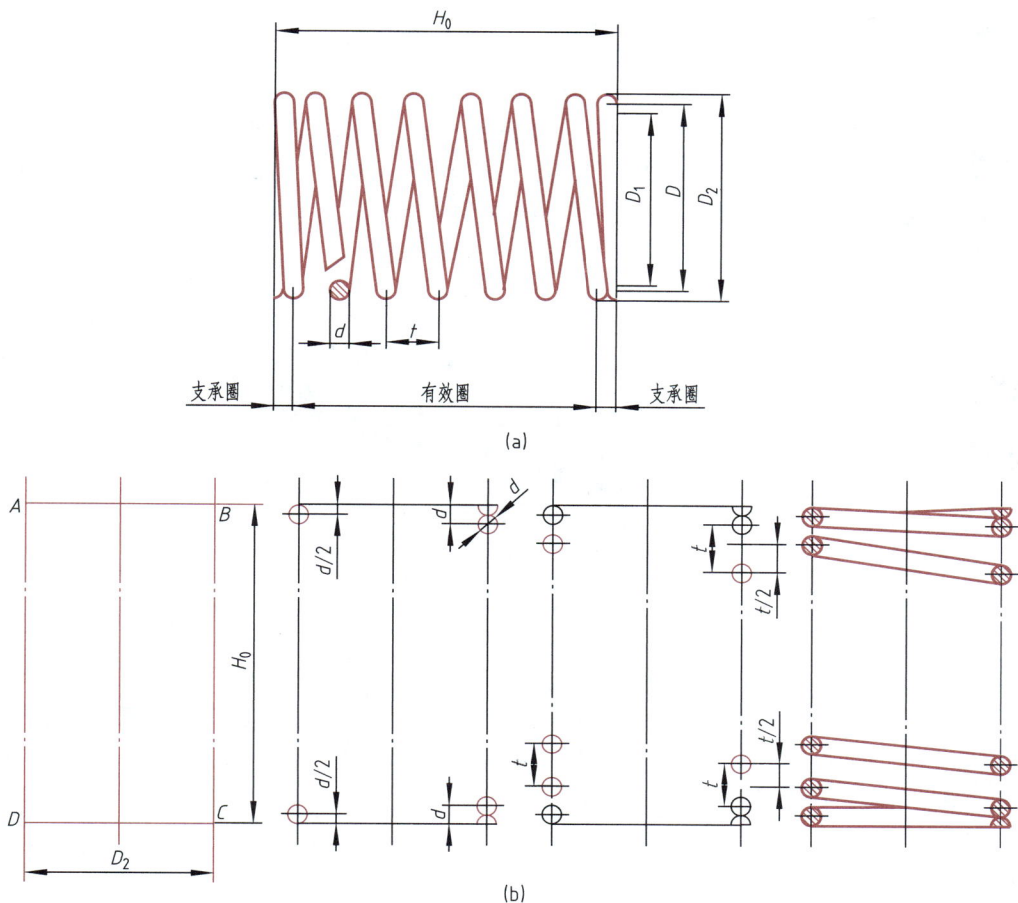

(b)

图 4-27　圆柱螺旋压缩弹簧及其剖视图的绘图步骤

① 布置图面（根据 D 和 H_0）。

② 画两端支承圈的小圆（每端各按 $1\frac{1}{4}$ 圈画）。

③ 画有效圈的小圆（根据节距 t，两边各画 1~2 圈）。

④ 按右旋画相应小圆的外公切线。

⑤ 完成剖视图（画剖面线）。

任务 4.3　减速器从动轴零件图的识读与绘制

任务描述

微课扫一扫
减速器从动轴
零件图的绘制

　　减速器中的从动轴是典型的轴套类零件，从动轴由回转体组成，轴上有中心孔、倒角、退刀槽、键槽等结构。本任务通过从动轴的结构分析、视图表达、尺寸标注和技术要求的注写等相关知识的学习和训练，使学生掌握轴套类零件的读图和绘图相关技能。

4.3.1　轴套类零件的结构分析与视图表达

1. 轴套类零件结构分析

　　轴套类零件的结构特点一般为：主体为回转体结构，且通常由若干个同轴回转体组合而成，径向尺寸小，轴向尺寸大，即为细长类回转体结构。视图要详细表达轴上的一些局部细小结构，如轴肩、键槽、螺纹、退刀槽、砂轮越程槽、圆角、倒角、中心孔等，如图 4-28 所示。

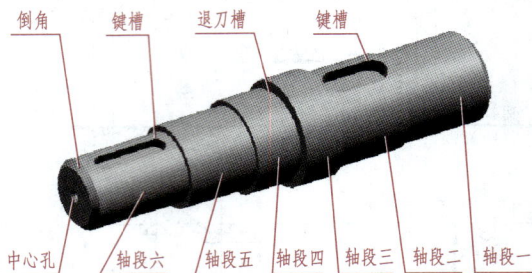

图 4-28　从动轴结构

2. 轴套类零件的视图表达

　　轴套类零件加工的主要工序一般都在车床、磨床上进行，所以主视图常按加工位置将轴线水平横向放置，一般用一个基本视图（主视图）表达各组成部分的轴向位置。对轴上的孔、键槽等局部结构可用局部视图、局部剖视图或断面图表达。对退刀槽、越程槽和圆角等细小结构可用局部放大图加以表达。对套筒或空心轴可采用全剖、半剖或局部剖视图表达。

4.3.2　减速器从动轴的结构分析与视图表达

　　减速器从动轴的主要作用是支承和传递运动和动力，它是由同轴回转体构成的阶梯状结构，属于典型的轴套类零件。

1. 从动轴零件结构分析

　　对于任务 4.1 中的从动轴，从右端向左其结构依次为：轴段一是安装轴承的支承轴颈；轴段二是安装齿轮的主轴颈，上面有键槽；接着是轴段三的轴肩；然后是轴段三和轴段四之间的砂轮越程槽；再往左的轴段五是安装轴承的支承轴颈；轴段六是安装带轮的轴颈，上面有键槽；最左侧轴的端面有倒角和 C 型的中心孔，如图 4-28 所示。

2. 从动轴零件的视图表达

　　从动轴是在车床、磨床和铣床上加工出来的。按加工位置将轴线水平横向放置，用一个主视图表达；从动轴上的键槽属于局部结构，用断面图表达；砂轮越程槽属于细小结构，用局部放大图表达；中心孔直接在视图中标注即可。其视图表达步骤如下：

　　① 选择绘图比例，确定图幅，绘制中心线、图框和标题栏。从动轴总长为 142 mm，最大直径为 32 mm，加上断面图和局部放大图的间距，可选择 A3 图幅，绘图比例为 1∶1，如图 4-29 所示。

　　② 主视图按轴线水平横向放置画出从动轴的主要轮廓线，采用移出断面图画出键槽结构，采用局部放大图画出砂轮越程槽，如图 4-30 所示。

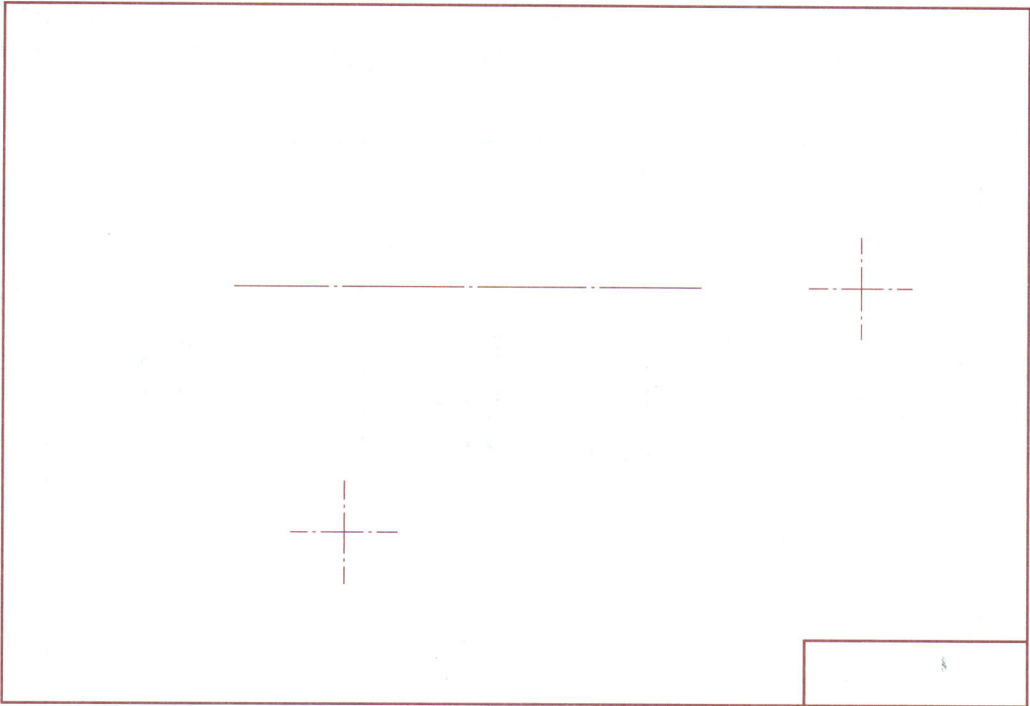

图 4-29　从动轴视图表达步骤（一）

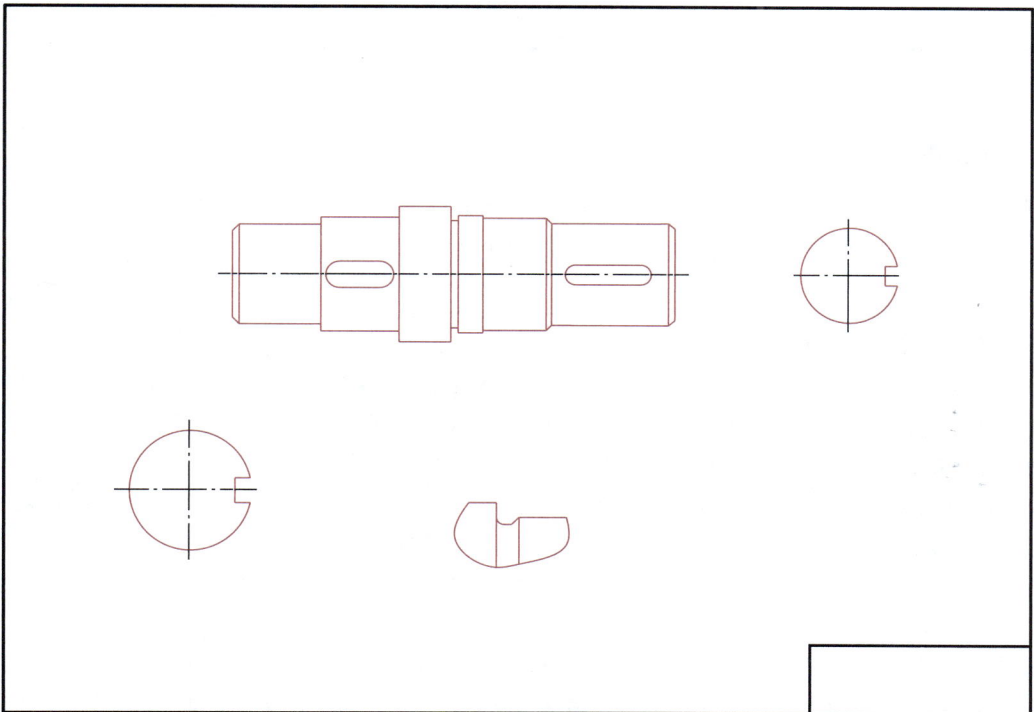

图 4-30　从动轴视图表达步骤（二）

③ 用细实线绘制断面图的剖面线，其中断面图名称分别表示为 *E—E* 和 *K—K*；中心孔用代号 2×B 3.15/6.7 表示，并在视图中进行标记；局部放大图比例为 2∶1，局部放大位置用圆圈示意；最后检查并描深图线，如图 4-31 所示。

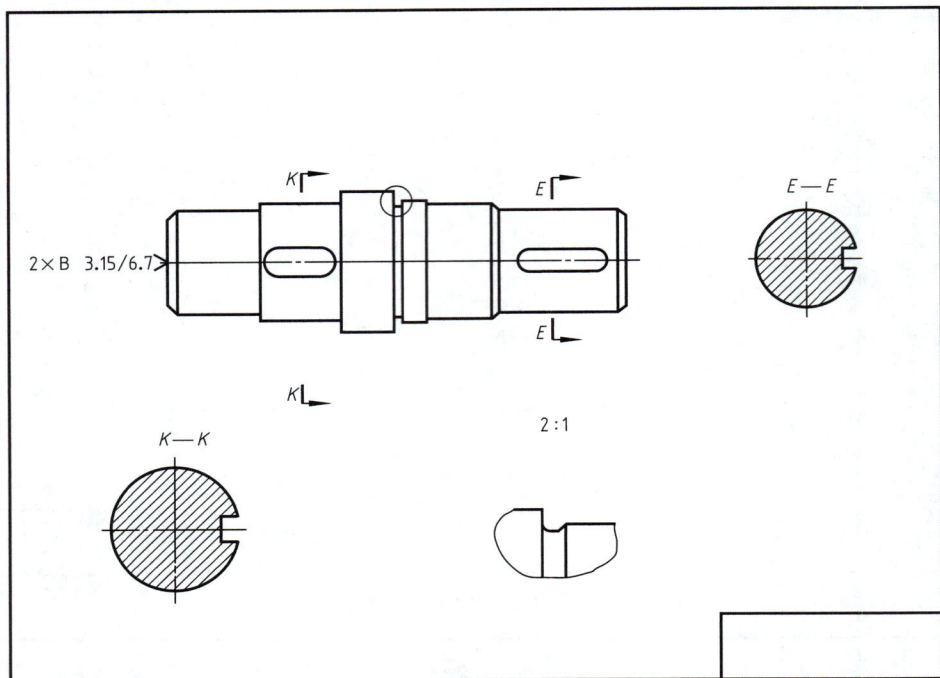

图 4-31　从动轴视图表达步骤（三）

4.3.3　轴套类零件的尺寸标注

零件图上的尺寸是零件加工、检验的重要依据。因此，在零件图中标注尺寸，除了要做到正确、完整、清晰外，还要做到合理，以保证设计要求，符合加工、测量等工艺要求。

1. 轴套类零件的尺寸基准

（1）轴套类零件尺寸基准的选择原则

尺寸基准是指零件在设计、制造和测量时确定尺寸位置的几何元素（点、直线、平面），一般将基准分为设计基准和工艺基准两类。其中设计基准是指根据零件的结构、设计要求，以及用以确定该零件在机器中的位置和几何关系所选定的基准；工艺基准是指在加工或测量时，确定零件相对于机床、工装或量具的位置而选定的基准。

在标注尺寸时，最好能把设计基准和工艺基准统一起来，这样，既能满足设计要求，又能满足工艺要求。当设计基准和工艺基准不能统一时，重要尺寸应从设计基准出发直接注出，以保证加工时达到设计要求，避免尺寸之间的换算。一般尺寸考虑到测量方便时，应从工艺基准出发标注。

（2）轴套类零件的尺寸基准确定

轴套类零件按径向、轴向来标注尺寸。基准的选择：径向以整体轴线为基准；轴向以该方向上最重要的端面为基准。对于多段组合轴，基于其工艺要求一般需要若干个基准，其中最重要的一个是设计基准，如图 4-32 所示。

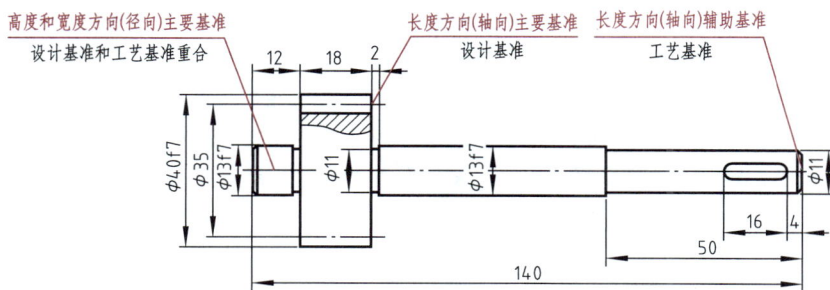

图 4-32　轴套类零件的尺寸基准确定

2. 尺寸链

在零件图上标注尺寸时，除了选择合理的尺寸基准外，还要考虑尽量适合工艺流程的尺寸链方案，使所设计的零件既满足装配体运行需要，又具有良好的工艺性能。

① 尺寸链　互相联系且按照一定顺序排列的尺寸组合。

② 工艺尺寸链　加工过程中，各有关工艺尺寸所组成的尺寸链。

③ 装配尺寸链　各有关装配尺寸所组成的尺寸链。

图 4-33 所示为从动轴的轴向尺寸链，这里有 4 个轴向尺寸链，其中两个键槽的轴向尺寸链表示了键槽的长度和轴向定位尺寸；从设计基准开始的两个尺寸链，确定主体结构的轴向尺寸，每个尺寸链中有一个开口环，标注时应该取该尺寸链中最次要的尺寸作为开口环尺寸，且该尺寸应空缺不予标注。

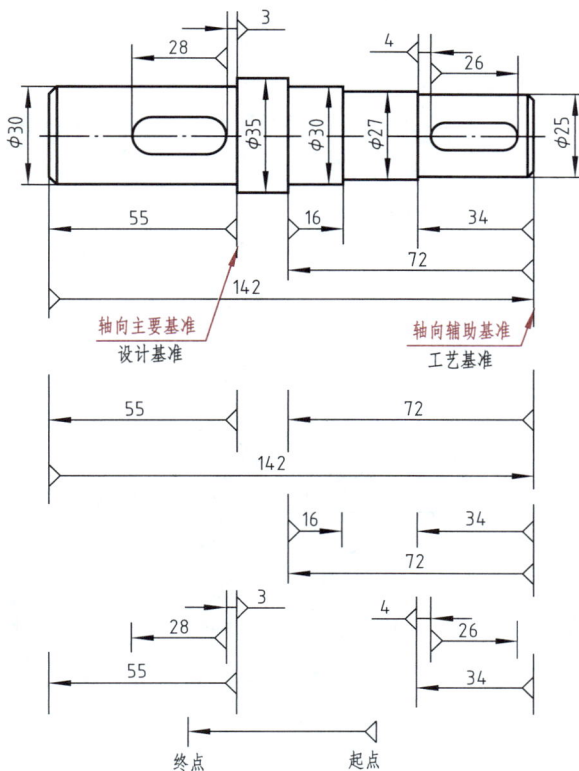

图 4-33　轴向尺寸链

3. 零件图尺寸注法注意事项

（1）标注尺寸应考虑设计要求

① 零件的主要尺寸应直接注出。主要尺寸是指影响零件在机器中的使用性能和安装精度的尺寸，一般为零件的规格尺寸、相互位置尺寸、有配合要求的尺寸、连接尺寸和安装尺寸等。如图 4-34 所示，尺寸 A 是影响中间滑轮与支架装配的尺寸，是主要尺寸，应当直接标注，以保证加工时达到尺寸要求，不受累积误差的影响。

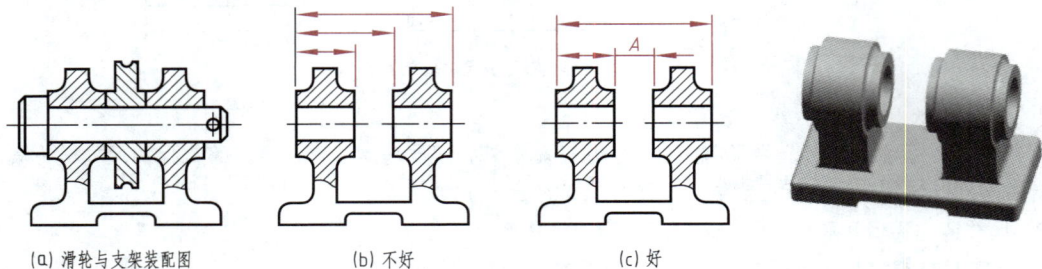

(a) 滑轮与支架装配图　　　(b) 不好　　　(c) 好

图 4-34　主要尺寸应直接注出

② 避免注成封闭尺寸链。一组首尾相连的链状尺寸称为封闭尺寸链。尺寸注成封闭尺寸链时，各段长度尺寸的误差总和须小于或等于总长度的误差，这会给加工带来困难。因此，应在封闭尺寸链中选择最不重要的尺寸空出不注（开口环），如图 4-35（a）所示。错误示例如图 4-35（b）所示。

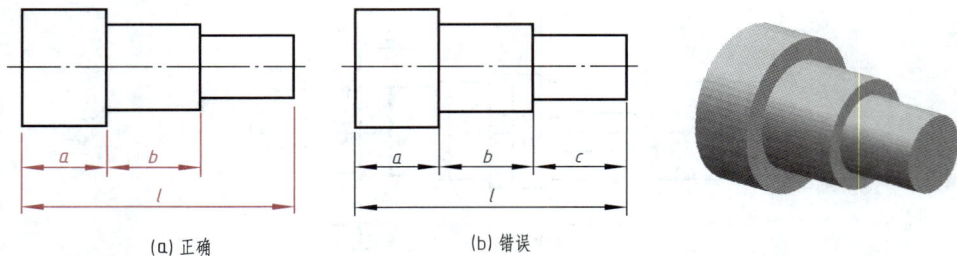

(a) 正确　　　(b) 错误

图 4-35　避免注成封闭尺寸链

（2）标注尺寸应考虑工艺要求

① 按加工顺序标注尺寸，这样便于读图和加工，如图 4-36 所示。

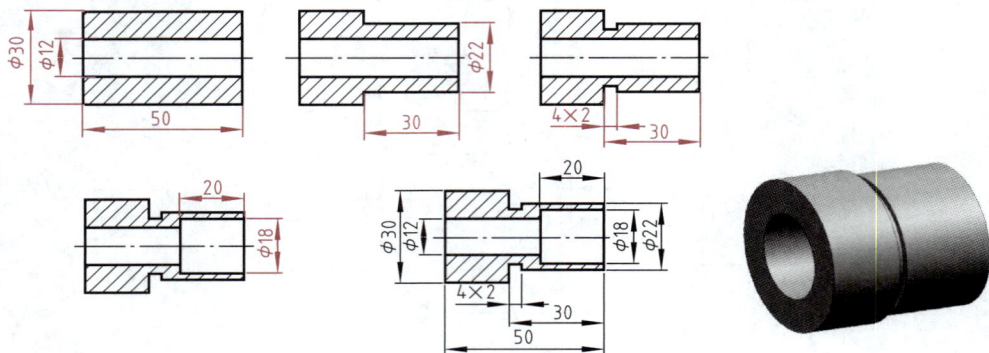

图 4-36　按加工顺序标注尺寸

② 按加工方法的要求标注尺寸，如图 4-37 所示的轴衬是与上轴衬配合起来加工的。因此，半圆尺寸应注直径 ϕ，而不注半径 R。

③ 按加工工序不同分别注出尺寸，使尺寸布置清晰，如图 4-38 所示。键槽是在铣床上加工的，阶梯轴的外圆柱面是在车床上加工的。因此键槽尺寸集中标注在视图上方，而外圆柱面的尺寸集中标注在视图的下方。

图 4-37　按加工方法的要求标注尺寸

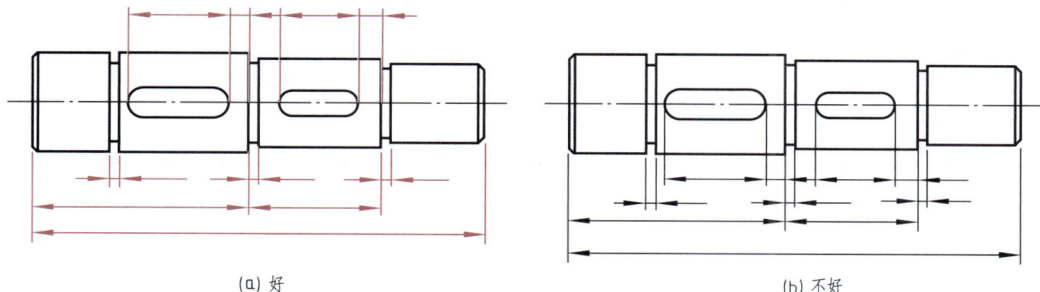

(a) 好　　　　　　　　　　　　　　(b) 不好

图 4-38　按加工工序不同标注尺寸

④ 考虑测量的方便与可能分别注出尺寸，如图 4-39 所示。

⑤ 将零件内、外部结构尺寸分别标注在视图两侧，如图 4-40 所示。

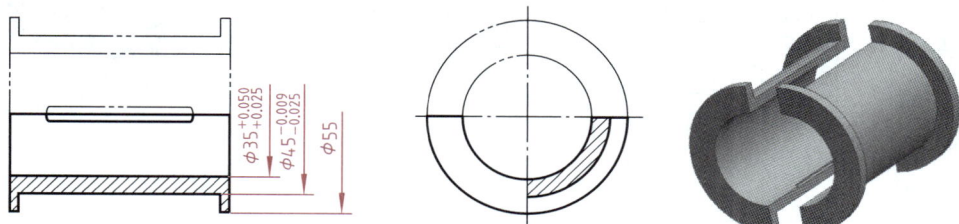

好　　　　　不好　　　　　　　好　　　　　不好

(a)

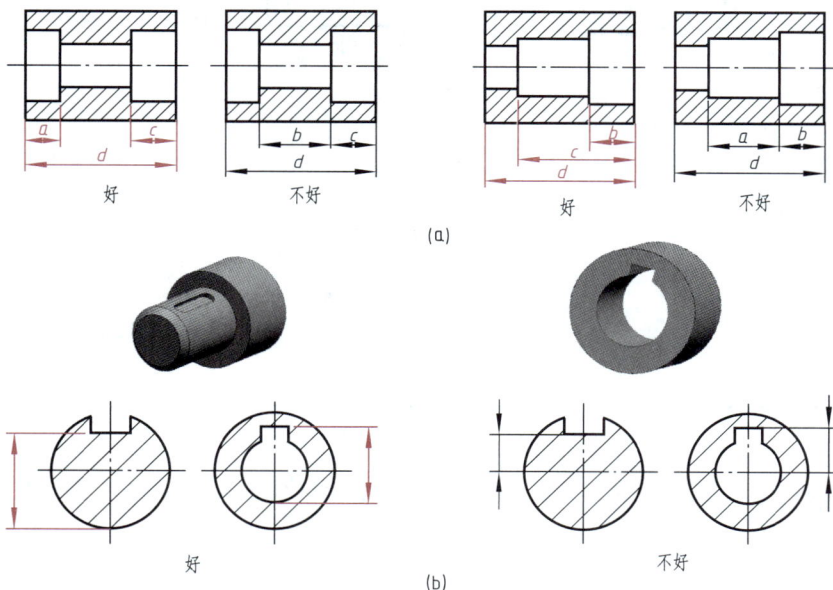

好　　　　　　　　　　不好

(b)

图 4-39　按方便测量标注尺寸

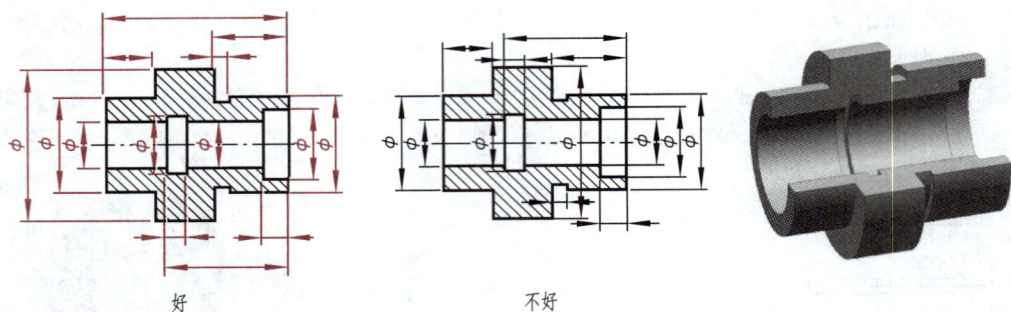

好　　　　　　　　　　　　不好

图 4-40　按内、外部结构标注尺寸

4.3.4　减速器从动轴的尺寸标注

从动轴有径向尺寸和轴向尺寸，一般以回转轴线为径向尺寸主要基准，标注各回转体的直径尺寸；以重要端面为轴向尺寸主要基准。从动轴尺寸标注步骤如下：

① 从动轴由 6 个轴段组成，因此要标注 6 个径向尺寸，其中重要的径向尺寸还需标注公差要求，径向尺寸标注如图 4-41 所示。

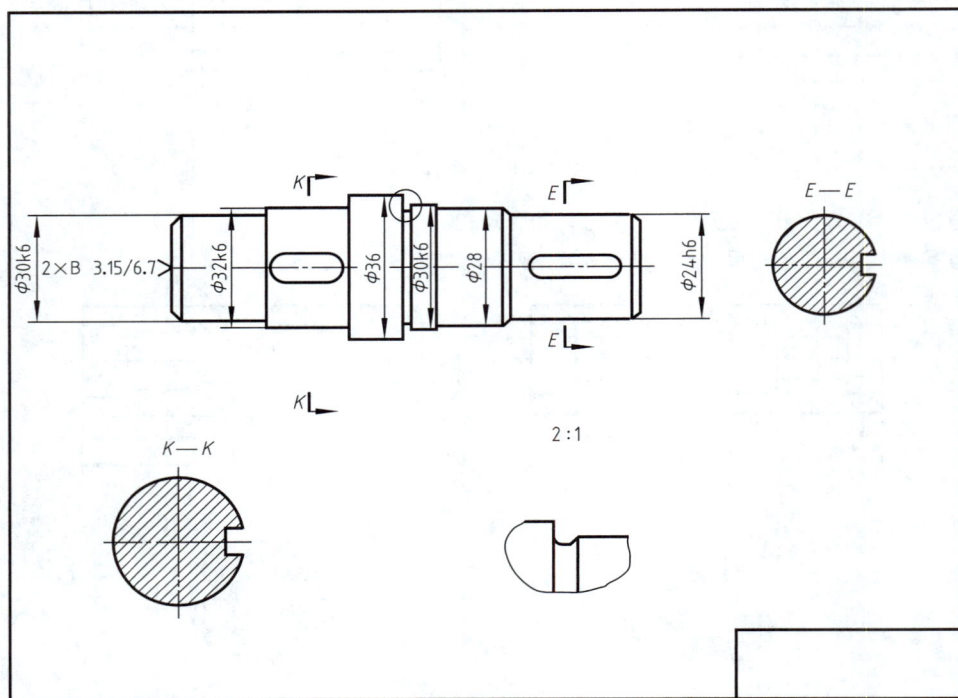

图 4-41　从动轴尺寸标注步骤（一）

② 从动轴的轴向尺寸标注以 $\phi36$ 左端面和 $\phi24$ 右端面为基准进行标注。在注写尺寸的过程中，不能有封闭尺寸链，如图 4-42 所示。

③ 键槽断面图的标注包括键槽宽和键槽深；砂轮越程槽局部放大图的标注包括槽深和槽宽、倒角和圆角等，如图 4-43 所示。

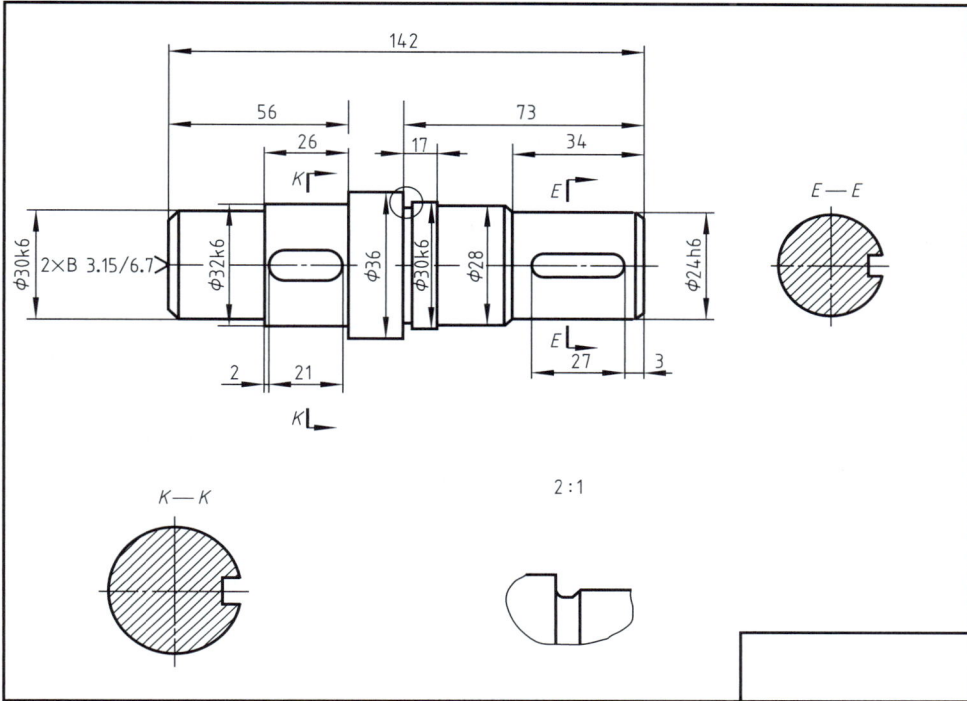

图 4-42　从动轴尺寸标注步骤（二）

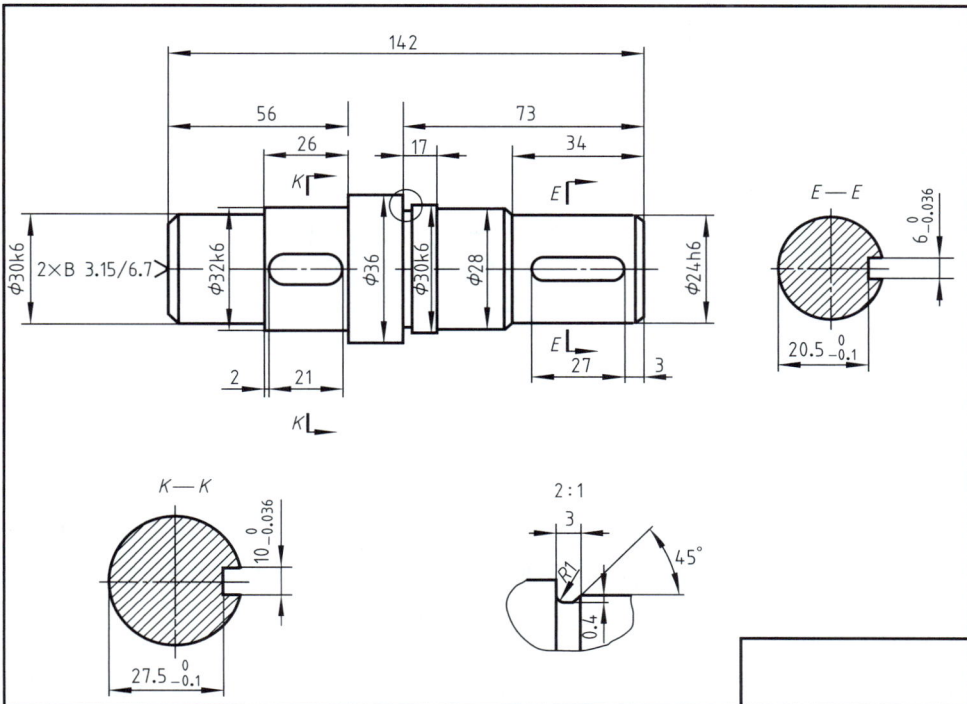

图 4-43　从动轴尺寸标注步骤（三）

4.3.5　轴套类零件的技术要求

　　技术要求是机械制图中对零件加工提出的技术性加工内容与要求。对轴套类零件来说，技术要求主要有：表面结构要求、尺寸公差、几何公差等，材料和热处理要求与化学处理要求（硬度要求）；其他可能的技术要求有：锻造要求、切削后的纹理要求等。

4.3.6　零件表面结构

1. 零件表面结构的概念

微课扫一扫
零件表面结构的概念

　　零件表面结构是指零件表面的微观几何特征，如图 4-44 所示为零件表面结构的几何意义。

　　图 4-44 中波纹最小的是粗糙度轮廓——R 轮廓；包络 R 轮廓的峰形成的轮廓是波度轮廓——W 轮廓；通过短波滤波器 λ_s，滤波后生成的总轮廓是原始轮廓——P 轮廓。包络 W 轮廓的峰形成的轮廓即零件的形状轮廓，该轮廓不属于表面结构指标，这里绘出来是用于轮廓的比较。

拓展阅读
小失误，大损失

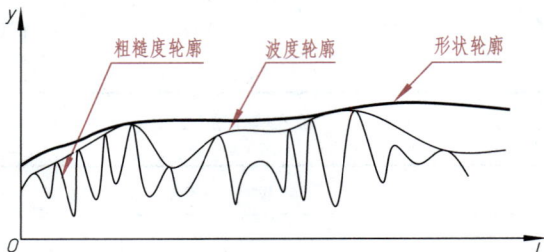

图 4-44　零件表面结构的几何意义

　　国家标准对这些表面结构都给出了相应的指标评定标准。这些轮廓都能在特定的仪器中观察到，在评定表面质量时，一般用目视法检验或与粗糙度比较样块进行触觉和视觉比较的方法检验。

　　表面结构的几何参数众多，这些参数在图样上的标注方法均应符合 GB/T 131—2006 的规定。

2. 表面粗糙度参数

　　（1）表面粗糙度的概念

　　零件表面具有较小间距的峰谷所组成的微观几何形状特征称为表面粗糙度，如图 4-45（a）所示。不同的加工方法会形成不同的表面粗糙度。

　　零件在加工过程中，刀具从零件表面上分离材料时的塑性变形、机械振动及刀具与被加工表面的摩擦会产生零件表面微观几何不平整。其危害是影响零件的耐磨性、抗腐蚀性、疲劳强度、密封性和配合质量。不平整程度越大，零件表面性能越差；反之，表面性能越好，但加工成本也必将随之增加。因此，零件表面粗糙度的选择原则是：在满足零件表面功能的前提下，R 轮廓参数值尽可能大一些。

　　（2）表面粗糙度的评定参数

　　评定零件表面结构 R 轮廓常用的高度参数有两种：轮廓的算术平均偏差 Ra 和轮廓的最大高度 Rz，目前在生产中应用最多的是轮廓的算术平均偏差 Ra。它是在给定的测量长度（取样长度和评定长度）内，按给定的波长范围（传输带）经滤波后的 R 轮廓，计算其轮廓偏距 y 绝对值的算术平均值获得的，用 Ra 表示，如图 4-45（b）所示。

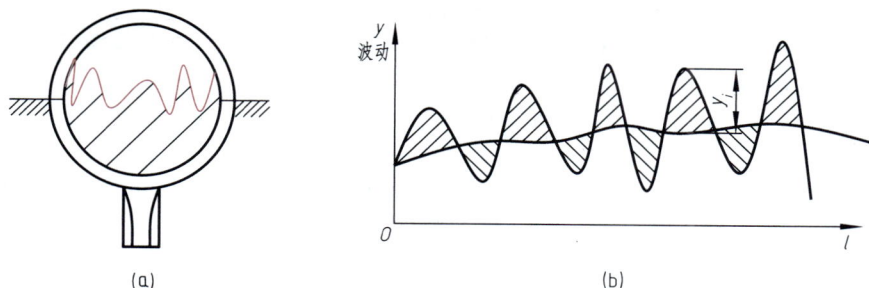

图 4-45　表面粗糙度

Ra 用电动轮廓仪测量，运算过程由仪器自动完成。Ra 的数值系列见表 4-4，设计时应按表中数值选取并注写在图样中。

表 4-4　Ra 的数值系列（GB/T 1031—2009）　μm

第一系列	0.012	0.025	0.050	0.100	0.20	0.40	0.80
	1.6	3.2	6.3	12.5	25.0	50.0	100
补充系列	0.008	0.010	0.016	0.020	0.032	0.040	0.063
	0.080	0.012 5	0.160	0.25	0.32	0.50	0.63
	1.00	1.25	2.00	2.50	4.00	5.00	8.00
	10.00	16.00	20.00	32.00	40.00	63.00	80.00

3. 表面结构要求的标注符号与代号

表面结构的图形符号及其意义见表 4-5。

表 4-5　表面结构的图形符号及其意义

符号	意义
d'=0.35mm（d'—线宽符号）H_1=3.5mm H_2=7.5mm	基本图形符号，表示未指定工艺方法的表面，当通过一个注释解释时可单独使用
	扩展图形符号，表示用去除材料的方法获得的表面；仅当其含义是"被加工表面"时可单独使用
	扩展图形符号，表示不去除材料的表面；也可用于表示保持上道工序形成的表面，不管这种是通过去除材料或不去除材料形成的
	完整图形符号，当要求标注表面结构特征的补充信息时，应在上述图形符号的长边上加一段横线
	在上述三个符号上均可加一个小圆，表示对投影视图上封闭的轮廓线所表示的各表面有相同的表面粗糙度要求

注：表中 d'、H_1 和 H_2 的大小是当图样中尺寸数字高度选取 λ=3.5 mm 时给定的，表中 H_2 是最小值，必要时可加大。

149

表 4-6 所示为表面结构代号及其含义。

表 4-6　表面结构代号及其含义

代　号	含　义
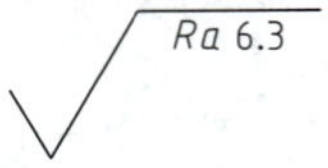 $\sqrt{\ }$ *Ra 6.3*	表示任意加工方法，默认传输带，R 轮廓，算术平均偏差为 6.3 μm，评定长度为 5 个取样长度（默认），"16% 规则"（默认）
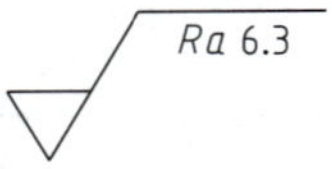 $\sqrt{\ }$ *Ra 6.3*	表示去除材料，单向上限值，默认传输带，R 轮廓，算术平均偏差为 6.3 μm，评定长度为 5 个取样长度（默认），"16% 规则"（默认）
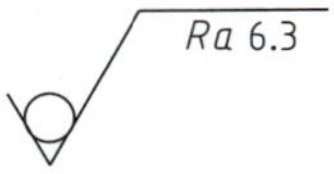 $\sqrt{\ }$ *Ra 6.3*	表示不允许去除材料，单向上限值，默认传输带，R 轮廓，算术平均偏差为 6.3 μm，评定长度为 5 个取样长度（默认），"16% 规则"（默认）
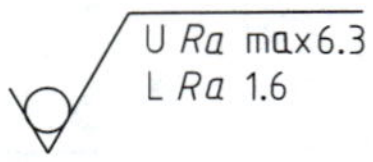 $\sqrt{\ }$ U *Ra* max6.3 L *Ra* 1.6	表示不允许去除材料，双向极限值，两个极限值使用默认传输带，R 轮廓，上限值：算术平均偏差为 6.3 μm，评定长度为 5 个取样长度（默认），"最大规则"；下限值：算术平均偏差为 1.6 μm，评定长度为 5 个取样长度（默认），"16% 规则"（默认）

注：1. 表中的传输带是指滤波器的截止波长范围。

2. 16% 规则：对于按一个参数的上限值（下限值）规定要求时，如果在所选参数都用同一评定长度上的全部实测值中，大于（小于）图样或技术文件中规定值的个数不超过总数的 16%，则该表面是合格的。

3. 最大规则：检验时，若规定了参数的最大值要求，则在被检的整个表面上测得的参数值一个也不应超过图样或技术文件中的规定值。

4. 表面结构要求在零件图上的注法

图样上标注的表面结构代号中，常注写表面粗糙度参数，因此在本教材中提到的表面结构要求均特指表面粗糙度参数。

（1）标注总则

表面结构要求对每一个表面一般只标注一次，并尽可能标注在相应的尺寸及其公差的同一视图上。除非另有说明，所标注的表面结构要求是对完工零件表面的要求。表面结构的注写和读取方向与尺寸的注写和读取方向一致，如图 4-46 所示。

（2）标注位置

表面结构要求可标注在轮廓线上，其符号应从材料外指向并接触表面。必要时，表面结构符号也可以用带箭头或黑点的指引线引出标注，或直接标注在延长线上，如图 4-47 所示。

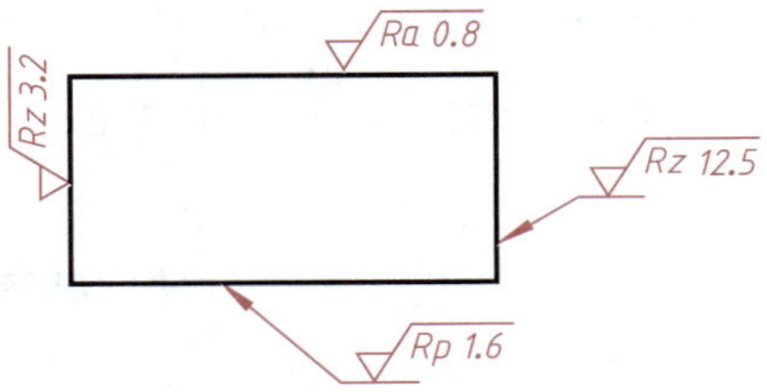

图 4-46　表面结构要求的注写方向 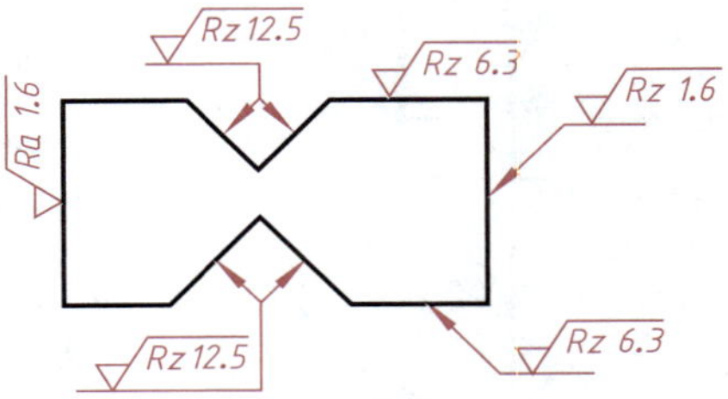　　　　图 4-47　表面结构要求的标注位置

在不致引起误解时，表面结构要求可以标注在给定的尺寸线上，如图 4-48 所示。

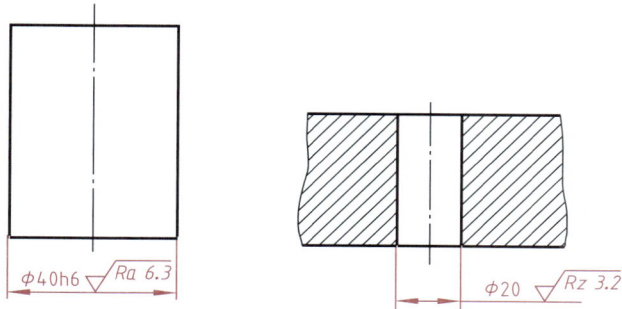

图 4-48 表面结构要求标注在尺寸线上

表面结构要求可标注在几何公差框格的上方，如图 4-49 所示。

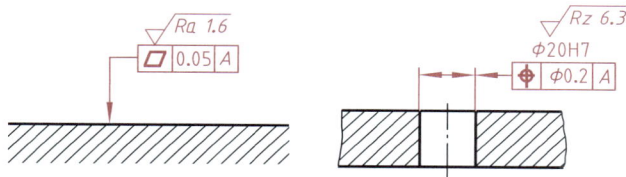

图 4-49 表面结构要求标注在几何公差框格上

（3）圆柱和棱柱表面结构要求的注法

圆柱和棱柱的表面结构要求只标注一次，如每个棱柱表面有不同的表面结构要求，则应分别单独标注，如图 4-50 所示。

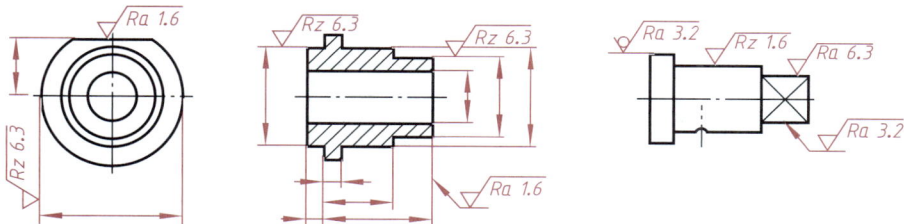

图 4-50 圆柱和棱柱表面结构要求的注法

（4）其他常见结构的表面结构要求的注法

如圆角、倒角、螺纹、退刀槽、键槽的表面结构要求的标注，如图 4-51 所示。

（5）简化注法

① 如果工件的多数（包括全部）表面有相同的表面结构要求，则其表面结构代号可统一标注在图样的标题栏附近，如图 4-52 中的代号 $\sqrt{Ra\ 3.2}$。代号后的圆括号内有两种情况：一是用基本符号"$\sqrt{}$"代表图中已注出代号的不同要求，如图 4-52（a）所示；二是抄注一遍图中已注出的不同要求的代号，如图 4-52（b）所示。即除已在图形中注出的有不同要求的表面外，其余表面均按圆括号前的代号要求。全部表面有相同要求时，仅注写圆括号前的代号即可。

151

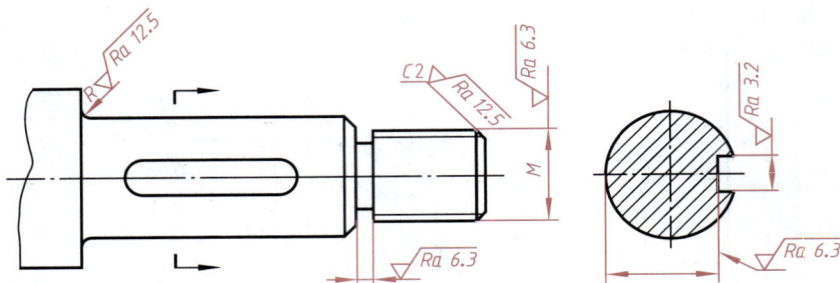

图 4-51　其他常见结构的表面结构要求的注法

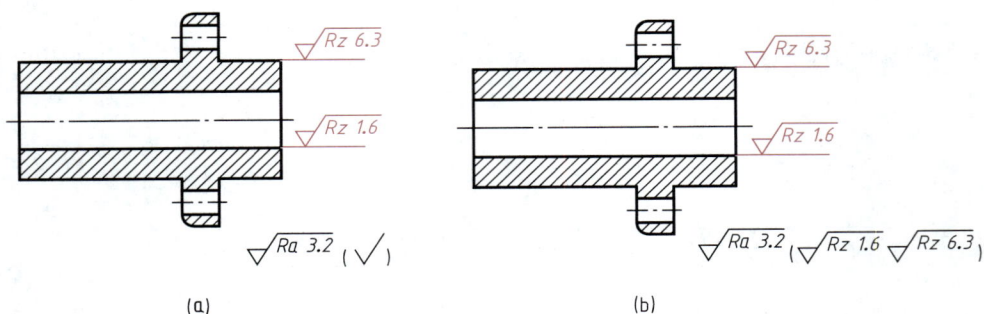

(a)　　　　　　　　　　　　　　　　(b)

图 4-52　表面结构的简化注法

② 当多个表面具有相同的表面结构要求或图纸空间有限时，可采用另一种简化注法，如图 4-53 所示，在图形或标题栏附近以等式的形式表示。等式左边用以区分不同表面，等式右边为具体的表面结构要求。

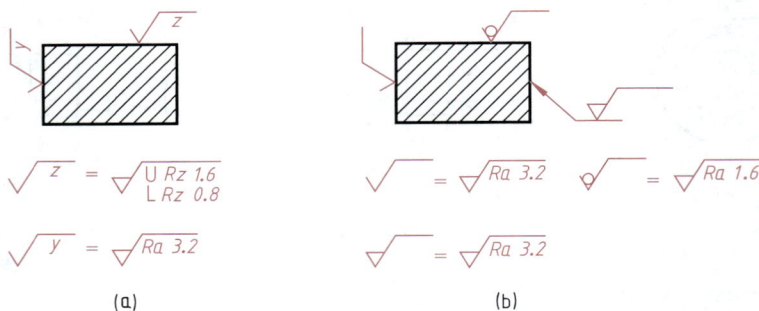

(a)　　　　　　　　　　　　　　　　(b)

图 4-53　表面结构的另一种简化注法

5. 表面粗糙度参数值的选择

零件表面粗糙度参数值的选用，应该既要满足零件表面的功能要求，又要考虑其经济合理性，选用时要注意以下问题：

① 在满足功能的前提下，尽量选用较大的表面粗糙度参数值，以降低生产成本。

② 一般情况下，零件的接触表面比非接触表面的粗糙度参数值要小。

③ 受循环载荷的表面、极易引起应力集中的表面，表面粗糙度参数值要小。

④ 配合性质相同，零件尺寸小的比尺寸大的表面粗糙度参数值要小；同一公差等级，小尺寸比大尺寸、轴比孔的表面粗糙度参数值要小。

⑤ 运动速度高、单位压力大的摩擦表面比运动速度低、单位压力小的摩擦表面的粗糙度参数值要小。

⑥ 要求密封性、耐腐蚀性高的表面，其表面粗糙度参数值要小。

表 4-7 为常用加工方式的表面粗糙度参数值。

表 4-7　常用加工方式的表面粗糙度参数值

加工方式	表面粗糙度参数 Ra/μm
铸造加工	100、50、25、12.5、6.3
钻削加工	12.5、6.3
铣削加工	12.5、6.3、3.2
车削加工	12.5、6.3、3.2、1.6
磨削加工	0.8、0.4、0.2
超精磨削加工	0.1、0.05、0.025、0.012

4.3.7　尺寸公差

在零件的加工过程中，由于受到机床精度、刀具磨损、测量误差和操作技能等的影响，不可能把零件的尺寸做得绝对准确。为了保证零件的功能要求，必须将零件的尺寸控制在一个允许变动的范围内。把设计时根据零件的使用要求所给定的允许尺寸的变动量称为公差。把允许尺寸变动的两个极限值分别称为上极限尺寸和下极限尺寸。为确保零件装配时的互换性要求，国家标准规定了《极限与配合》的一系列标准（详见模块 8）。表 4-8 给出国家标准中有关极限与配合的常用术语和定义。

表 4-8　极限与配合的常用术语和定义（GB/T 1800.1—2020）

名称	解释	示例	
		孔 $\phi 50^{+0.039}_{0}$ mm	轴 $\phi 50^{-0.025}_{-0.050}$ mm
公称尺寸 A	由图样规范定义的理想形状要素的尺寸	$A=50$ mm	$A=50$ mm
实际尺寸	通过测量所得的尺寸	—	—
极限尺寸	尺寸要素的尺寸所允许的极限值	（见上极限尺寸和下极限尺寸）	
上极限尺寸 A_{max}	尺寸要素允许的最大尺寸	$A_{max}=50.039$ mm	$A_{max}=49.975$ mm
下极限尺寸 A_{min}	尺寸要素允许的最小尺寸	$A_{min}=50$ mm	$A_{min}=49.950$ mm
偏差	某一尺寸减其公称尺寸所得的代数差	（见上极限偏差和下极限偏差）	

续表

名称	解释	示例	
		孔 $\phi 50^{+0.039}_{0}$ mm	轴 $\phi 50^{-0.025}_{-0.050}$ mm
上极限偏差 *ES，es*	上极限尺寸与其公称尺寸的代数差	$ES=(50.039-50)\ \text{mm}$ $=+0.039\ \text{mm}$	$es=(49.975-50)\text{mm}$ $=-0.025\ \text{mm}$
下极限偏差 *EI，ei*	下极限尺寸与其公称尺寸的代数差	$EI=(50-50)\ \text{mm}$ $=0$	$ei=(49.950-50)\ \text{mm}$ $=-0.050\ \text{mm}$
公差 IT	上极限尺寸与下极限尺寸代数差的绝对值，也等于上极限偏差与下极限偏差代数差的绝对值	$IT=(50.039-50)\ \text{mm}$ $=(+0.039-0)\ \text{mm}$ $=0.039\ \text{mm}$	$IT=(49.975-49.950)\ \text{mm}$ $=[(-0.025)-(-0.050)]\text{mm}$ $=0.025\ \text{mm}$
公差带图	为了图示有关公差与配合之间的关系，不画出孔和轴的全形，只将有关部分画出来的图示方法		
公差极限	确定允许值上界限或下界限的特定值		
公差带	公差极限之间（包括公差极限）的尺寸变动值		

图 4-54 所示为轴和孔尺寸公差的极限偏差的标注方法，标注极限偏差时应注意以下几方面：

① 上极限偏差注在公称尺寸的右上方，下极限偏差与公称尺寸注在同一底线上。

② 偏差数字比公称尺寸数字小一号。

③ 上、下极限偏差小数点须对齐，小数点后的位数须相同。若位数不同，则以数字"0"补齐。

④ 若偏差为零，用数字"0"标出，不可省略。

⑤ 若上、下极限偏差数值相同，则在公称尺寸的后面注上"±"符号，再注写一个与公称尺寸数字等高的偏差值即可。

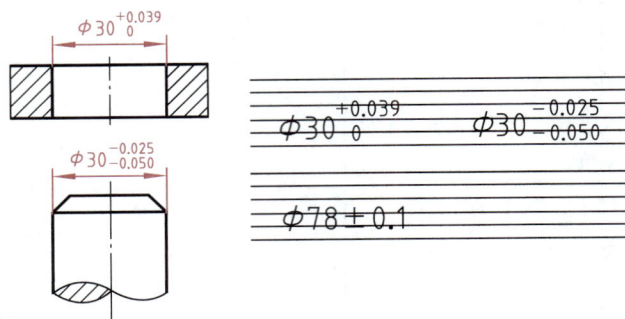

图 4-54　极限偏差的标注方法

4.3.8 几何公差

几何公差是被测零件的实际几何要素相对于理想几何要素的允许变动量。几何公差包括：形状、方向、位置和跳动公差。

零件加工后，不仅存在尺寸误差，而且还会产生几何要素的误差。在机器中某些要求较高的零件，不仅需要保证其尺寸公差，而且还必须控制其几何公差，这样才能满足零件的使用要求和装配互换性。因此，几何公差同表面粗糙度、尺寸公差一样，也是评定零件质量的一项重要技术指标。

1. 几何公差的基本概念

图 4-55 所示为一加工后轴线弯曲的轴，其产生了形状误差。又如图 4-56 所示的阶梯轴，其两段轴的轴线不在同一直线上，产生了位置误差。

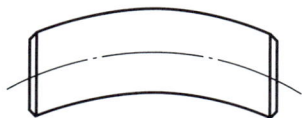

图 4-55 形状误差

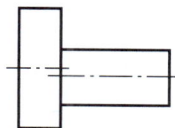

图 4-56 位置误差

零件存在的严重的几何误差，会造成机器装配困难，甚至无法装配，因此，对于零件的重要表面除给出尺寸公差外，还应根据设计要求，合理地给出几何公差的最大允许值。为此，国家标准规定了几何公差，以保证零件的加工质量。

2. 几何公差的表示方法

（1）几何公差特征及符号

国家标准规定几何公差分为 4 类共 19 项，各特征的名称及对应的符号见表 4-9。

表 4-9 几何公差特征及符号（GB/T 1182—2018）

公差类型	特征	符号	有无基准	公差类型	特征	符号	有无基准
形状公差	直线度		无	位置公差	位置度	⊕	有或无
	平面度	▱	无		同心度（用于中心点）	◎	有
	圆度	○	无		同轴度（用于轴线）	◎	有
	圆柱度		无		对称度	=	有
	线轮廓度	⌒	无		线轮廓度	⌒	有
	面轮廓度		无		面轮廓度		有
方向公差	平行度	//	有	跳动公差	圆跳动	↗	有
	垂直度	⊥	有				
	倾斜度	∠	有				
	线轮廓度	⌒	有		全跳动	↗↗	有
	面轮廓度		有				

（2）几何公差代号

几何公差代号由框格和带箭头的指引线组成，如图 4-57（a）所示。线框用细实线绘制，框格高度为 $2h$，h 为字体的高度，只能在图样上水平或垂直放置。指引线的箭头应指向被测要素，并垂直于被测要素的轮廓线或其延长线。

对有方向公差、位置公差等要求的零件，在图样上应注明基准代号。基准代号由涂黑的或者空白的三角形、方框、连线和大写字母组成；字母标注在方框内，与一个涂黑的或者空白的三角形相连以表示基准，如图 4-57（b）所示，基准代号的尺寸如图 4-57（c）所示。

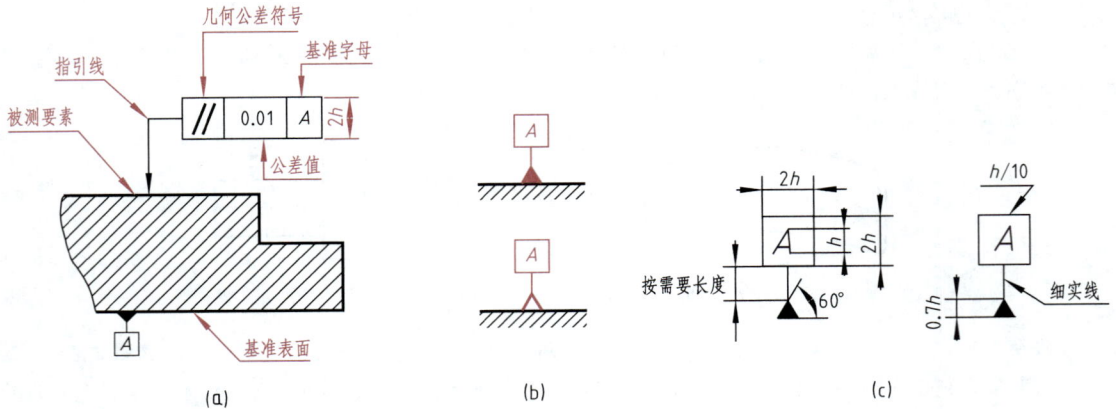

图 4-57　几何公差代号和基准代号

3. 几何公差的注法

① 当基准要素或被测要素为轮廓线或表面时，基准代号贴合该要素的轮廓线或其延长线上，如图 4-58（a）所示。基准三角形也可放置在该轮廓面的指引线的水平线上，如图 4-58（b）所示。

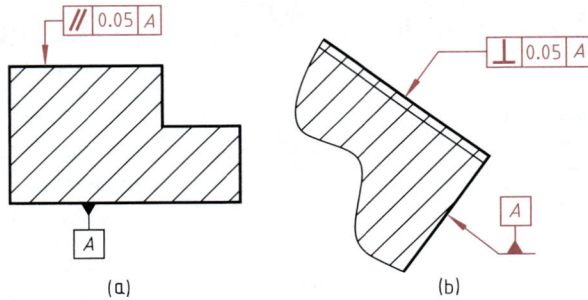

图 4-58　基准、被测要素为轮廓线或表面

② 当基准要素或被测要素为点、轴线、中心平面时，基准三角形应与相应要素的尺寸线对齐，如图 4-59（a）所示基准为轴线；如图 4-59（b）所示基准为中心平面；如图 4-59(c)所示基准为 $\phi20$ 部分的轴线。

③ 如图 4-60（a）所示为两个或三个基准组成基准体系时的注写形式；如图 4-60（b）所示为公共轴线为基准时的标注实例。

④ 同一要素有多项几何公差要求时，可采用框格并列标注的形式，如图 4-61（a）所示；多处要素有相同的几何公差要求时，可在框格一端的指引线上绘制多个箭头指引，如图 4-61（b）所示。

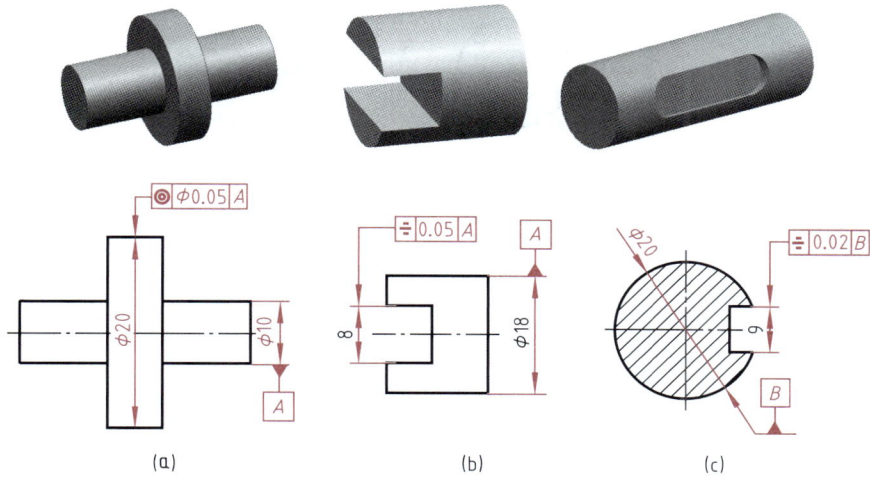

图 4-59　基准、被测要素为轴线或中心平面

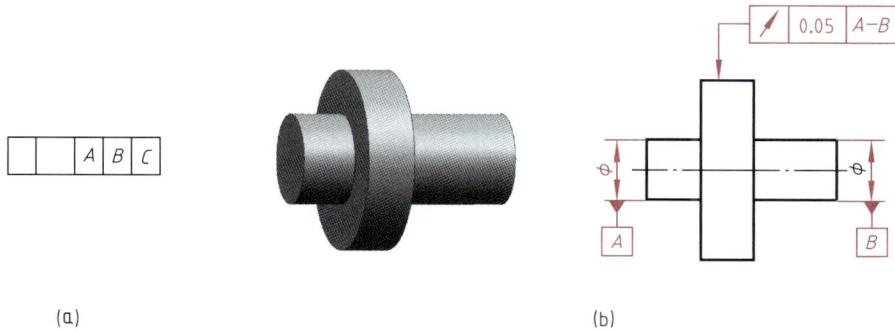

图 4-60　基准体系和公共轴线基准

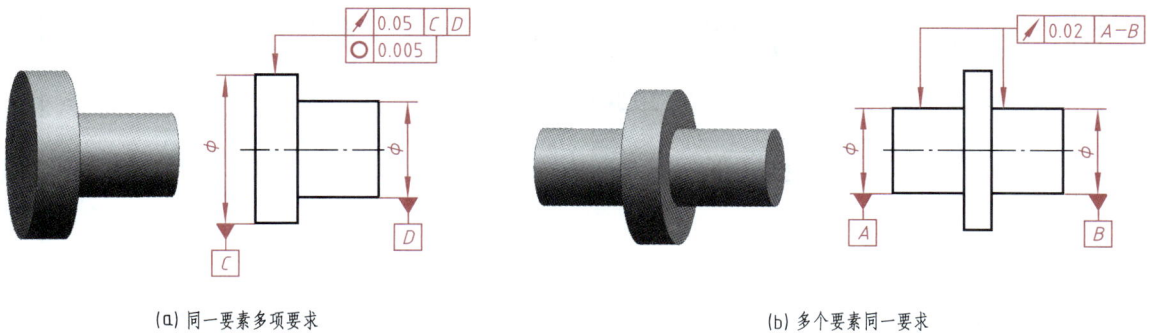

(a) 同一要素多项要求　　　　　　　　(b) 多个要素同一要求

图 4-61　不同要素不同要求的标注

⑤ 当给定的公差带形状为圆、圆柱或圆球时，应在公差数值前加注"ϕ"或"$S\phi$"，如图 4-62 所示。

4.3.9　减速器从动轴的技术要求注写

有配合要求的表面，表面结构要求较高，应标注尺寸公差。有配合要求的轴颈和重要的端面应有几何公差要求，如同轴度、径向圆跳动、轴向圆跳动及键槽的对称度等。从动轴技术要求注写步骤如下：

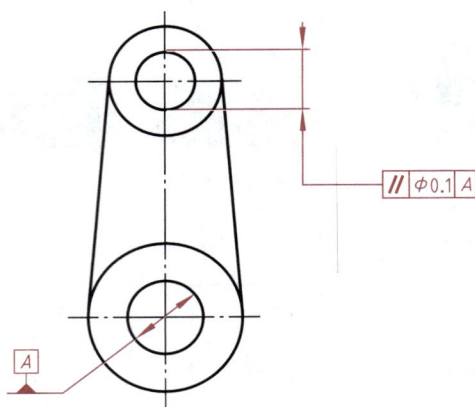

图 4-62　公差带为圆、圆柱或圆球的标注

① 表面结构要求的注写。表面结构要求的注写应注意两方面，一是在图形上直接标注，按照一般原则注写；二是如果工件的多数表面有相同的表面结构要求，则其表面结构代号可统一标注在图样的标题栏附近，如图 4-63 所示。

② 注写几何公差和形状公差，并注意基准代号的位置，最后注写其他技术要求，如过渡圆角、倒角和热处理等，如图 4-64 所示。

③ 最后一步填写标题栏，检查描深全图，完成绘图，如图 4-65 所示。

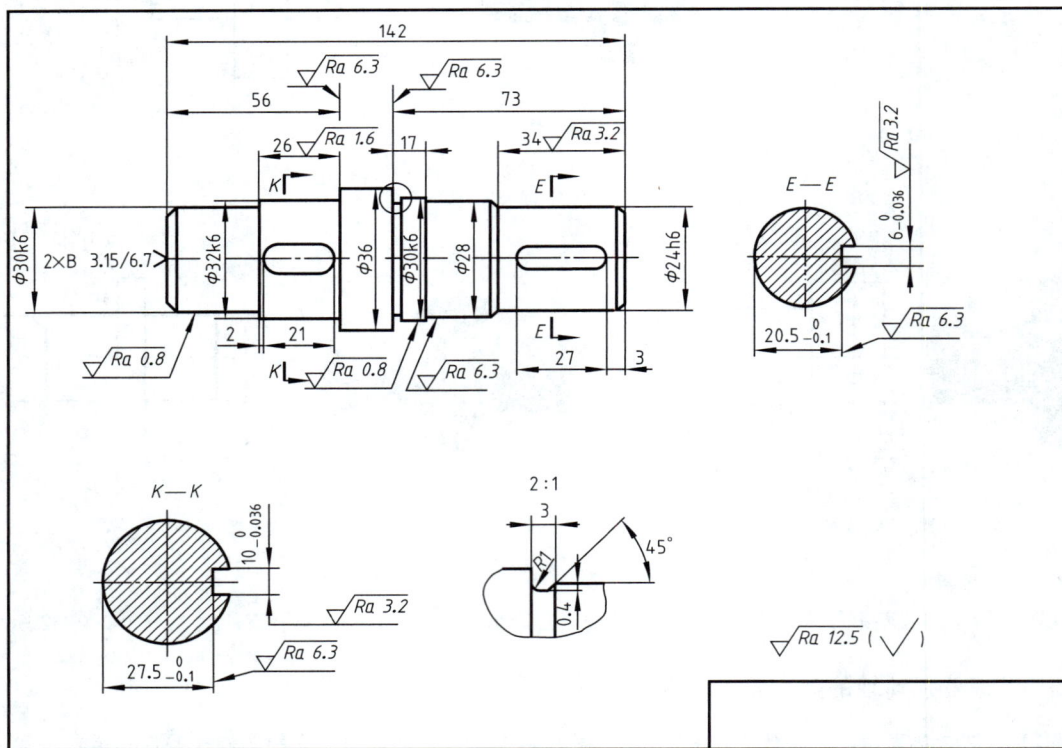

图 4-63　从动轴技术要求注写步骤（一）

158

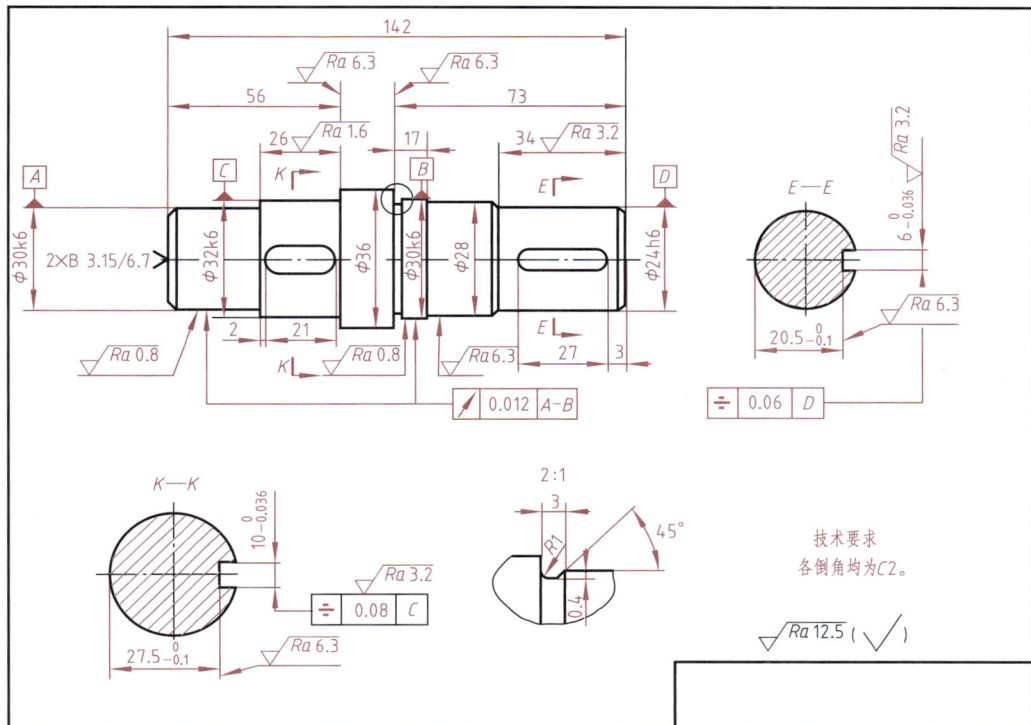

图 4-64　从动轴技术要求注写步骤（二）

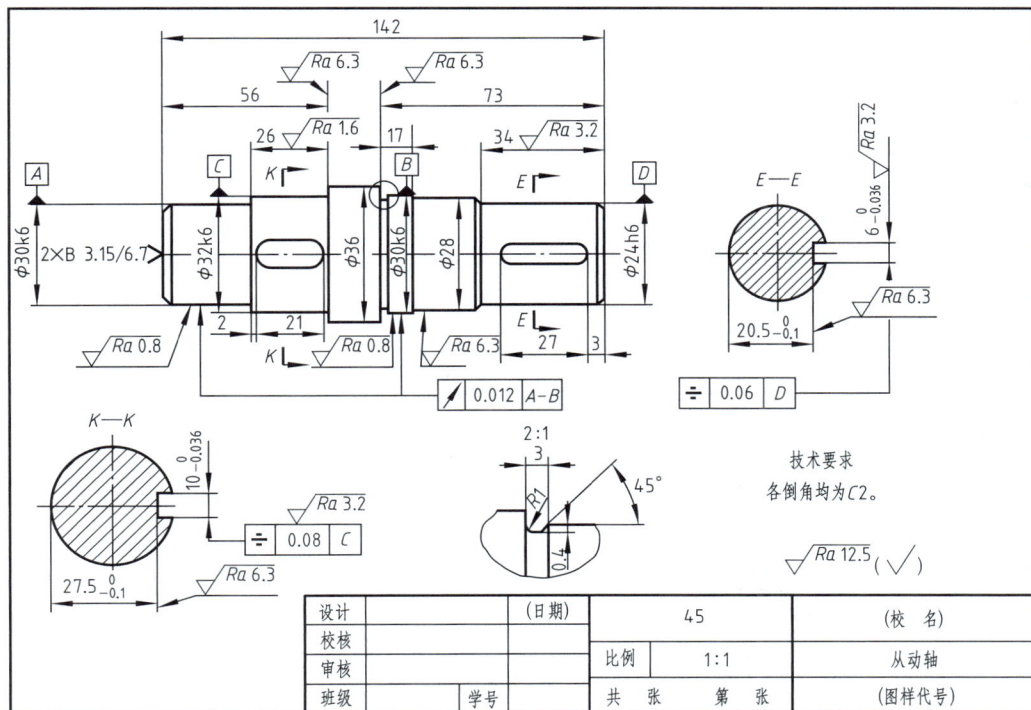

设计		（日期）		45		（校　名）
校核						
审核		比例		1:1		从动轴
班级		学号	共　张　　第　张			（图样代号）

图 4-65　从动轴技术要求注写步骤（三）

复习思考题

1. 常见零件有哪几类？
2. 轴套类零件常见的工艺结构有哪些？
3. 轴套类零件需要哪些表示法？
4. 什么是尺寸公差？它和误差有什么区别？
5. 什么是表面结构？表面结构要求的注写应注意哪些问题？
6. 什么是几何公差？几何公差有哪几类？

任务 4.4　AutoCAD 公差标注

任务描述

　　在绘制机械图样时，对于机械零件中重要的安装与配合表面，需根据结构的设计要求选用其相应的公差。也就是说，图样上需要在这些重要表面上进行相应的公差标注。本任务就是要应用 AutoCAD 标注尺寸公差和几何公差。

4.4.1　标注尺寸公差

　　尺寸公差的标注主要包括公差带代号标注和极限偏差标注。

1. 公差带代号标注

　　公差带代号的标注有以下几种方法。

　　（1）使用输入尺寸文本标注

　　单击"线性"图标 ⊢⊣，选择如图 4-66 所示标注对象的两个边界点，出现测量值"30"，此时系统提示：指定尺寸线位置或

　　DIMLINEAR［多行文字（M）文字（T）角度（A）水平（H）垂直（V）旋转（R）］

　　在命令行中输入"T"后按 Enter 键，输入"%%C30G7"（其中"%%C"表示直径符号"φ"），再按 Enter 键确认后，标注结果如图 4-66 所示。

　　（2）使用"编辑标注"命令编辑尺寸

　　先单击"线性"图标 ⊢⊣，标注线性尺寸"30"，如图 4-67 所示，再单击"编辑标注"图标，从命令行编辑类型中选择"新建（N）"，然后在弹出的文字编辑器中的"<>"符号前输入"%%C"，符号后输入"G7"，输入完成后单击 ✔ 按钮确认设置，再选择已标注的线性尺寸"30"，按 Enter 键后完成标注。

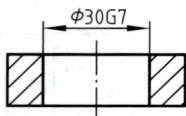

图 4-66　输入尺寸文本标注　　　　图 4-67　标注线性尺寸

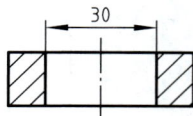

160

（3）使用"修改"菜单的文字编辑命令修改尺寸

先标注线性尺寸"30"，如图 4-67 所示，再在"修改"菜单上选择"对象"｜"文字"｜"编辑"选项，选择尺寸"30"，在弹出的文字编辑器中直接修改为"%%C30G7"，然后单击 ✔ 按钮，完成修改。

（4）直接编辑修改尺寸

先标注线性尺寸"30"，如图 4-67 所示，双击该尺寸，在弹出的文字编辑器中修改为"%%C30G7"，然后单击 ✔ 按钮，完成修改。

（5）使用"替代"样式进行标注

此方法需要修改"标注样式管理器"的设置，仅对当前标注有效，当标注其他不同前缀、后缀的尺寸公差时需要重新修改设置，操作烦琐，实用性不大，这里不再赘述。

综上所述，方法 1 和方法 4 比较实用，操作简单。

2. 极限偏差标注

极限偏差的标注方法与上述操作方法基本一致，下面介绍如何使用方法 4 标注极限偏差。

先标注线性尺寸"30"，如图 4-67 所示，双击该尺寸，在弹出的文字编辑器中修改为"%%C30+0.028^-0.007"，然后选中"+0.028^-0.007"，单击工具栏上的"堆叠"按钮 ↥，系统自动将上、下极限偏差值堆叠，完成后单击 ✔ 按钮，修改完成的极限偏差标注如图 4-68 所示。

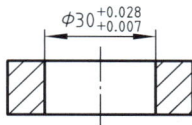

图 4-68　极限偏差标注

4.4.2　标注几何公差

1. "几何公差"特征控制框

单击"公差"图标 ⊞1，弹出"形位公差（即几何公差）"特征控制框，如图 4-69 所示。单击"符号"下的黑色方框，弹出"特征符号"选项框，如图 4-70 所示，在这里可以选择几何公差特征符号。

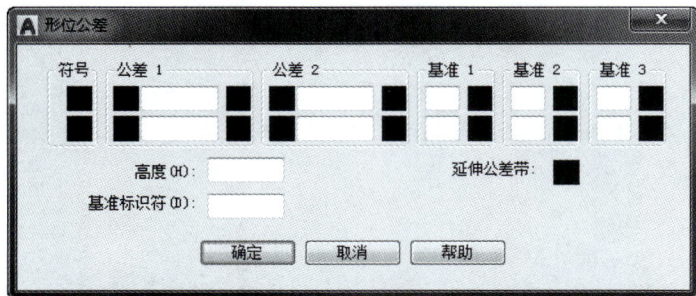

图 4-69　"几何公差"特征控制框

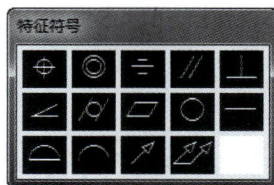

图 4-70　"特征符号"选项框

"几何公差"特征控制框说明如图 4-71 所示。

2. 几何公差标注

（1）绘制公差指引线

在"格式"菜单上选择"多重引线样式"选项，弹出"多重引线样式管理器"对话框，使用"修改"命令，在对话框中将箭头大小改为"3"。

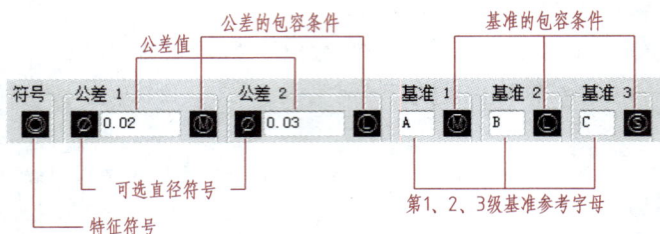

图 4-71　"几何公差"特征控制框说明

单击工具栏上的"引线"按钮 🖋️，绘制如图 4-72 所示的公差指引线，在弹出文字编辑器时，不输入任何文本，直接单击 ✔️ 按钮，完成公差指引线的绘制。

（2）指定几何公差及基准

单击"公差"图标 🔲，在弹出的"几何公差"特征控制框中设置几何公差各项 ◎Φ0.02 A，放置于指引线末端。最后再绘制基准代号放置于合适位置，如图 4-73 所示。

注：特征控制框至少由两个组件组成，即几何公差特征符号和公差值。

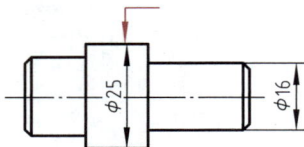

图 4-72　绘制公差指引线

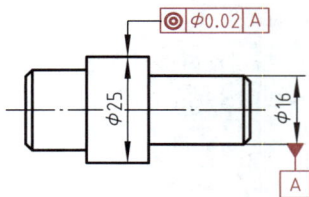

图 4-73　绘制几何公差及基准

任务 4.5　AutoCAD 绘制齿轮轴零件图

任务描述

　　轴套类零件有倒角、退刀槽、键槽、中心孔等常见结构，在视图表达时，常采用局部放大图、局部剖视图、断面图等表达方法。本任务使用 AutoCAD 绘制局部放大图、局部剖视图、断面图及齿轮轴零件图。

4.5.1　绘制局部放大图

　　① 使用"绘图"工具栏的"圆"命令 ⊙，在"细实线"图层绘制局部放大图的区域，如图 4-74（a）所示，然后使用"修改"工具栏的"复制"命令 ⅗，复制放大图区域相关的图线至合适位置，如图 4-74（b）所示。

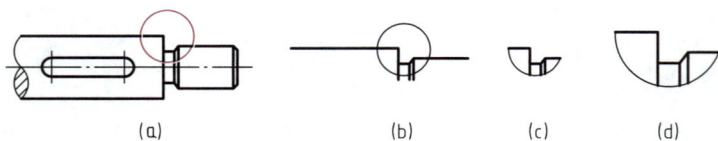

（a）　　　　（b）　　　（c）　　　（d）

图 4-74　绘制局部放大图

② 使用"修改"工具栏的"修剪"命令 ，修剪多余的线段，如图 4-74（c）所示，然后使用"修改"工具栏的"缩放"命令 ，将图形放大 2 倍，如图 4-74（d）所示。

③ 使用"注释"工具栏的"多行文字"命令 **A**，在放大图上方注写"2：1"，如图 4-75 所示。

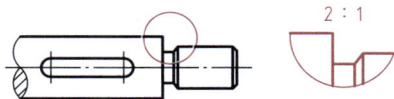

图 4-75　局部放大图

4.5.2　绘制局部剖视图

① 分析视图　如图 4-76（a）所示的零件中，孔特征结构主要集中在左半部分，因此局部剖切区域就选在该部分。

② 使用"修剪"命令将剖切后不需要的线段删除，选中表达孔特征的细虚线，将其放置于"粗实线"图层，最后单击"样条曲线拟合点"命令 ，绘制波浪线，效果如图 4-76（b）所示。

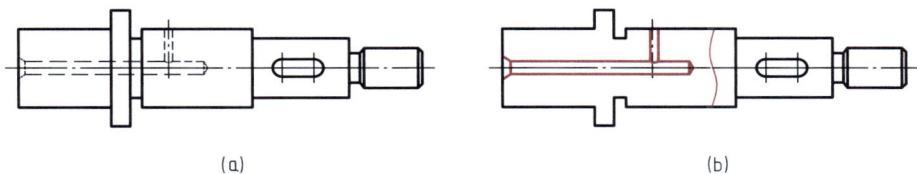

（a）　　　　　　　　　　　　　（b）

图 4-76　绘制局部剖视图

③ 使用"绘图"工具栏的"图案填充"命令 ，填充局部剖切的两个封闭区域，效果如图 4-77 所示。

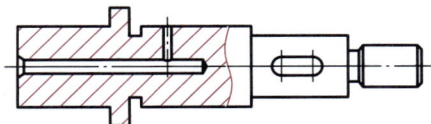

图 4-77　局部剖视图

4.5.3　绘制断面图

① 分析视图　如图 4-78（a）所示，轴零件具有键槽结构特征，且在视图中无法表达键槽深度尺寸，因此键槽结构可采用移出断面图来表达。

② 使用"直线"和"引线"命令，绘制断面图剖切符号，投射方向朝右，如图 4-78（b）所示。

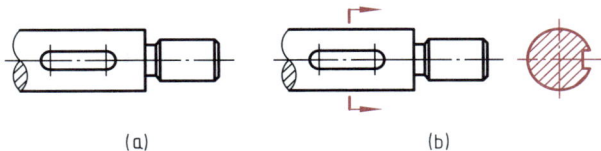

（a）　　　　　　　　　　　　　（b）

图 4-78　绘制断面图

③ 使用"圆"和"直线"命令，在视图右侧绘制断面图轮廓线，注意视图对应关系。使用"填充"命令绘制剖面线，效果如图 4-78（b）所示。

4.5.4　绘制齿轮轴零件图

AutoCAD 绘制零件图的一般步骤是：使用样板图、绘制零件视图、标注尺寸、注写技术要求及标题栏。下面以图 4-32 所示齿轮轴为例讲述绘制零件图的方法。

1. 使用样板图

新建图形文件，在弹出的"选择样板"对话框中选择任务 3.7 中创建的"A4 样板图"。

2. 绘制零件视图

使用绘图工具和编辑工具绘制零件视图，如图 4-79 所示。

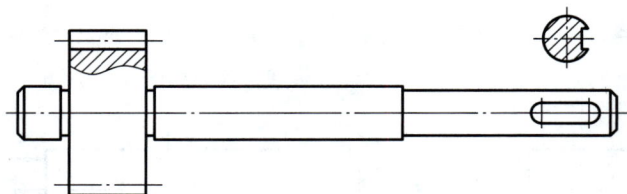

图 4-79　绘制零件视图

3. 标注尺寸

用前面讲述的标注方法分别标注和修改线性尺寸、公差尺寸，表面结构代号和基准代号可以使用"插入块"的方法，由于目前还没有讲述"块"的创建方法，这里可直接使用绘图工具和编辑工具绘制表面结构代号和基准代号，标注效果如图 4-80 所示。

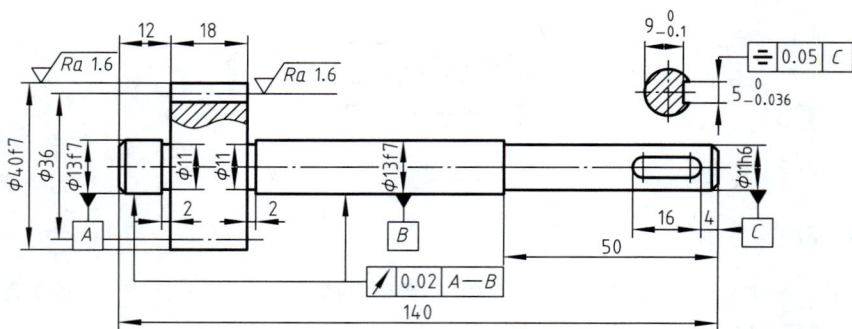

图 4-80　标注尺寸

4. 注写技术要求及标题栏

注写技术要求、标题栏和齿轮参数栏，绘制完成的齿轮轴零件图如图 4-81 所示。

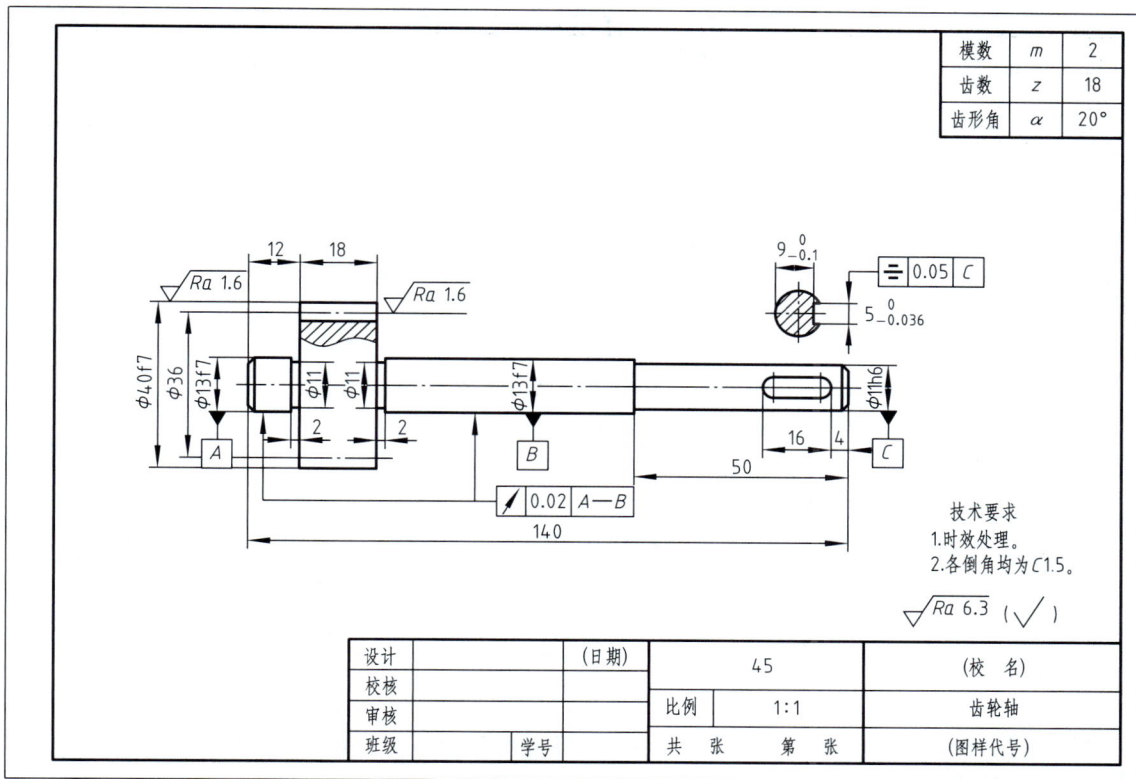

模数	m	2
齿数	z	18
齿形角	α	20°

图 4-81　齿轮轴零件图

复习思考题

1. 如何标注极限偏差?

2. 如何标注几何公差?

3. 如何绘制局部剖视图?

4. 绘制零件图的一般步骤是什么?

模块 5   盘盖类零件图的识读与绘制

学习目标

1. 熟悉盘盖类零件的常见构造。
2. 掌握减速器透盖结构分析、视图表达、尺寸标注与技术要求的注写。
3. 熟悉直齿轮基本知识，掌握直齿轮的规定画法。
4. 掌握减速器从动齿轮零件图的绘制。
5. 熟练运用 AutoCAD 创建图块。
6. 掌握使用 AutoCAD 绘制盘盖类零件的方法和步骤。
7. 通过"齿轮作用"的学习，理解协作的重要性，培养良好的团队协作意识。

学习重点

盘盖类零件结构分析及视图表达；盘盖类零件图的绘制方法及绘制步骤；运用 AutoCAD 创建图块；运用 AutoCAD 绘制盘盖类零件图的方法。

学习难点

盘盖类零件的绘图及识图；尺寸注法、技术要求的规范标注；使用 AutoCAD 绘制盘盖类零件的思路方法和步骤。

任务 5.1   减速器透盖零件图的绘制

任务描述

减速器中的透盖是典型的盘盖类零件，透盖由回转体组成。本任务通过盘盖类零件结构分析、盘盖类零件视图表达、减速器透盖结构分析、视图表达、尺寸注法和技术要求的注写等相关知识的学习和训练，使学生掌握盘盖类零件的读图和绘图相关技能。

5.1.1   盘盖类零件的结构分析与视图表达

1. 盘盖类零件结构分析

盘盖类零件主要由同轴回转体或其他平板形体构成，其轴向尺寸往往小于径向尺寸，基本结构为扁平的盘状，一般在车床上加工成形。根据其作用的不同，常有凸台、凹坑、均布安装孔、轮辐、键槽、螺孔、销孔等结构。常见的盘盖类零件有：透盖、闷盖、泵盖、阀盖、法兰盘、齿轮盘等。透盖是典型的盘盖类零件，其应用广泛，是非常重要的机械零件之一。图 5-1 所示为法兰盘及泵盖的三维模型。

微课扫一扫
盘盖类零件的
结构与表达

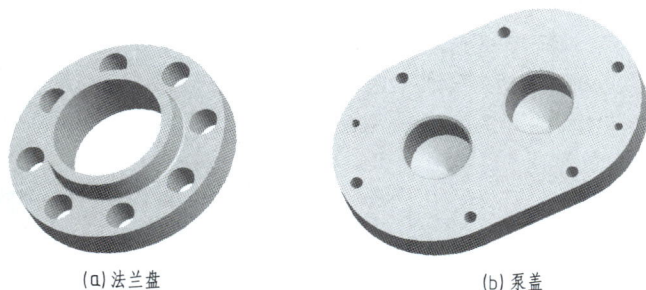

(a) 法兰盘　　　　　(b) 泵盖

图 5-1　典型的盘盖类零件结构

2. 盘盖类零件的视图表达

如图 5-2 所示，盘盖类零件一般采用两个基本视图表达，即主视图和左视图。主视图采用轴线水平横放的加工位置原则，将反映轴向尺寸的方向作为主视图的投射方向，常用全剖视图或半剖视图反映其内部结构和相对位置，另一视图则主要表达零件的外形轮廓和孔、槽、肋板、轮辐等的相对位置及分布情况，对于个别细小结构可采用局部剖视图、断面图、局部放大图等表达。

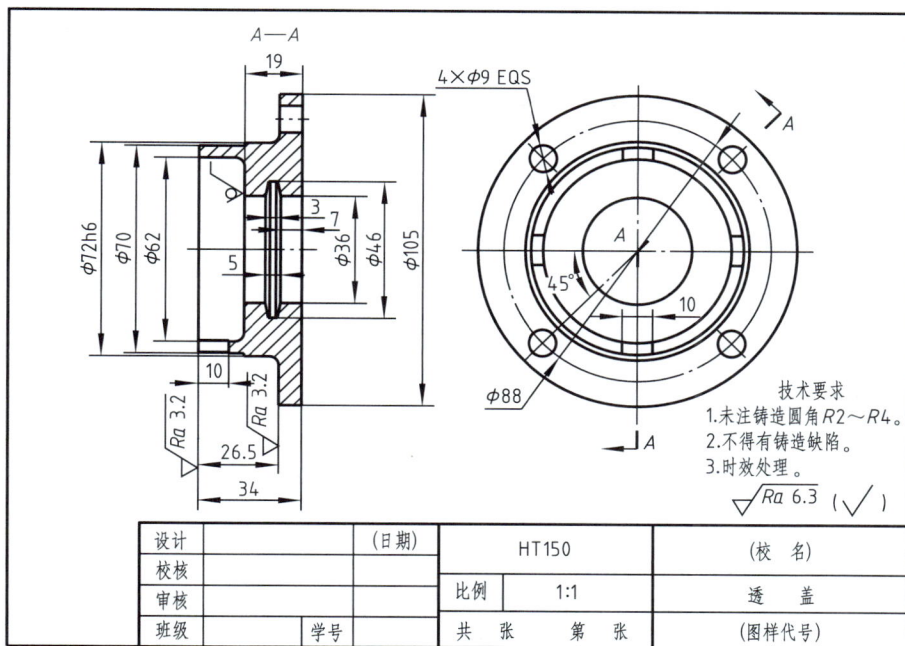

图 5-2　透盖零件图

5.1.2　减速器透盖的结构分析与视图表达

1. 减速器透盖结构分析

减速器透盖的主要作用有：① 轴承外圈的轴向定位；② 防尘和密封。透盖主体为盘状回转体，其上均布有方槽与安装孔，内孔有密封槽结构。图 5-3 所示为单级减速器从动轴端的透盖三维模型图（其在减速器装配体中的装配位置及作用见模块 8 中的任务 8.1 装配图的画法）。

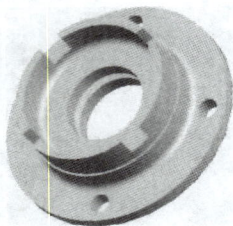

图 5-3　透盖

2. 减速器透盖的视图表达

（1）绘制思路及方法

绘制一张完整的零件图首先应根据零件的形状和结构特点，选择主视图的放置位置、投射方向，考虑主视图的表达方案，再根据主视图选定其他视图的数量，表达方案，最后根据视图的数量，尺寸标注、技术要求的标注及填写来确定合理比例及图幅的大小。

减速器透盖属于盘盖类零件，由于该零件的加工以车削加工为主，因而其主视图按加工位置原则采用轴线水平位置放置，将反映轴向的方向作为主视图的投射方向，在表达方案上采用全剖视图（这里采用两个相交的剖切平面来进行剖切），为表达透盖的径向形状和断面孔、槽的相对位置及分布情况，决定增加左视图，左视图不采用剖视，根据尺寸的大小及视图数量，决定采用 1:1 的绘图比例及 A4 的图幅。

（2）绘图步骤

① 根据透盖的形状、结构、尺寸、视图的数量选定合适的比例、定出图幅，确定图形的中心位置及绘制图框和标题栏，如图 5-4 所示。

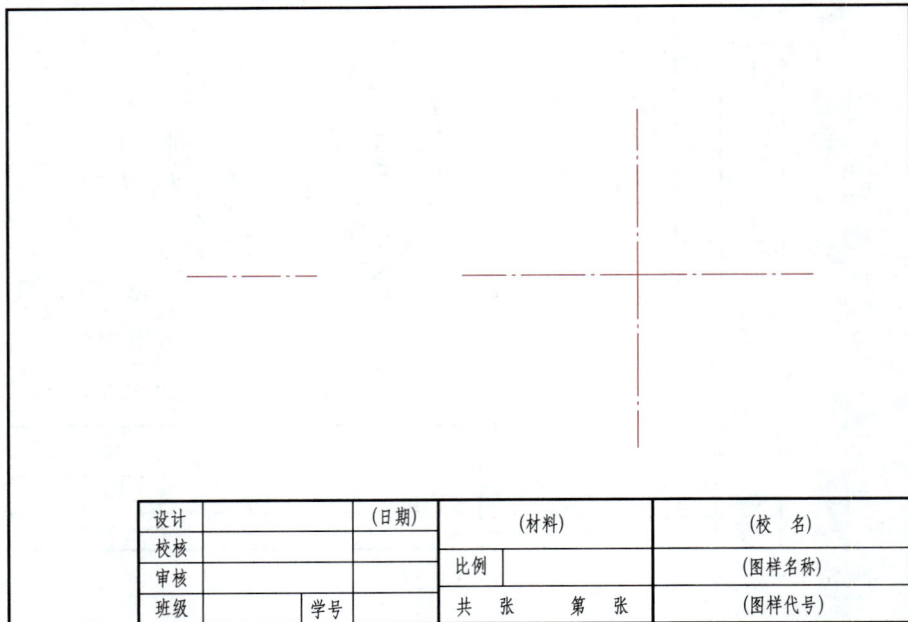

设计		（日期）	（材料）		（校　名）
校核			比例		（图样名称）
审核					
班级	学号		共　张　第　张		（图样代号）

图 5-4　透盖的绘制步骤（一）

168

② 用细实线画出透盖的主视图和左视图（使用 H 型铅笔），包括外形轮廓、孔、槽等结构轮廓线，如图 5-5 所示。

③ 检查无误后，描深中心线（可以使用 H 型铅笔），描深、描粗轮廓线（可以使用 B 型铅笔），并绘制剖面线，如图 5-6 所示。

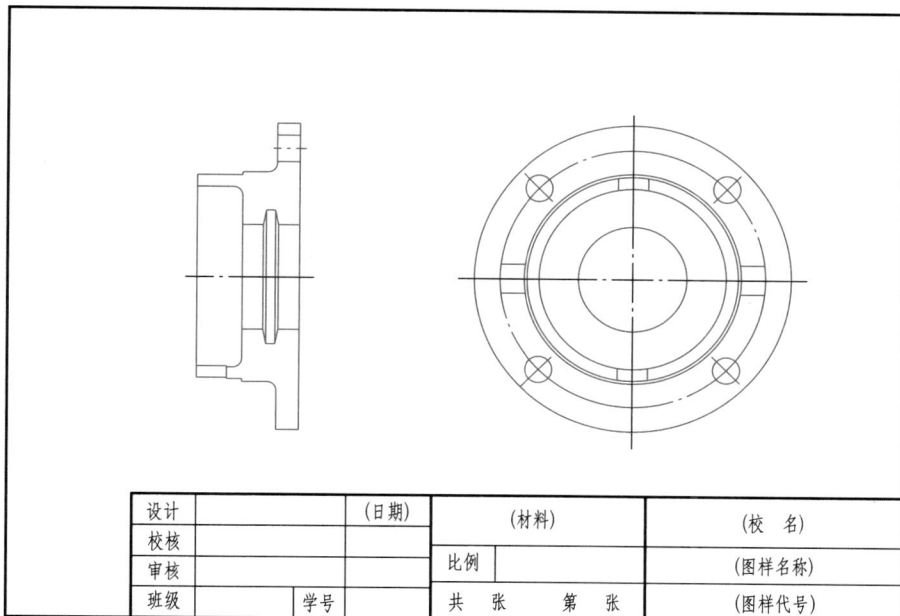

设计			（日期）	（材料）		（校　名）
校核						
审核				比例		（图样名称）
班级		学号		共　张　　第　张		（图样代号）

图 5-5　透盖的绘制步骤（二）

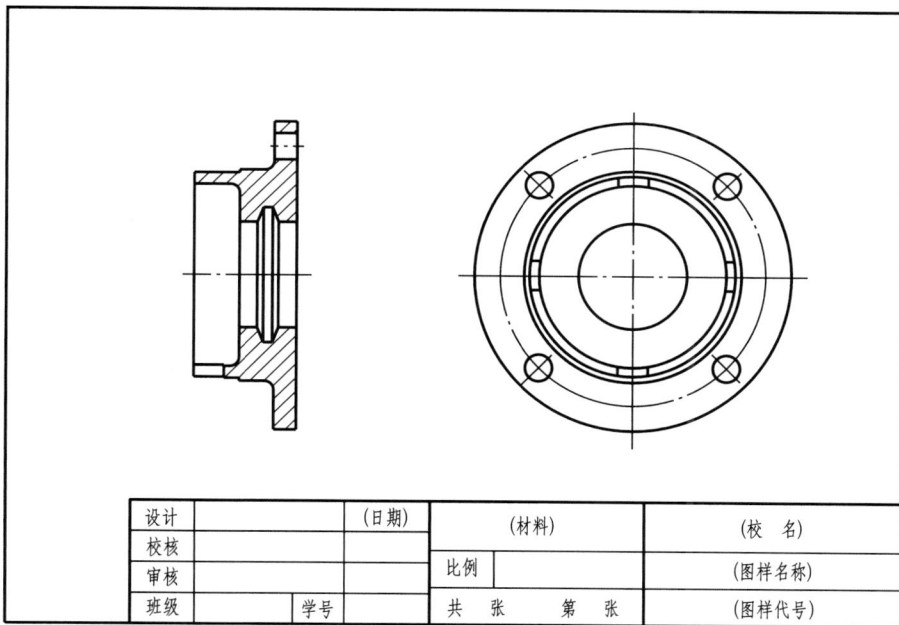

设计			（日期）	（材料）		（校　名）
校核						
审核				比例		（图样名称）
班级		学号		共　张　　第　张		（图样代号）

图 5-6　透盖的绘制步骤（三）

5.1.3 减速器透盖的尺寸标注

盘盖类零件径向尺寸的主要基准是回转轴线，轴向尺寸的主要基准是有一定精度要求的加工结合面。依据这两个方向的基准可标注出所有结构的定形尺寸和定位尺寸。减速器透盖尺寸标注步骤如下：

减速器透盖的回转轴线为径向尺寸的主要基准，减速器透盖的左端面为轴向尺寸的主要基准，径向、轴向及其他尺寸标注如图 5-7 所示。

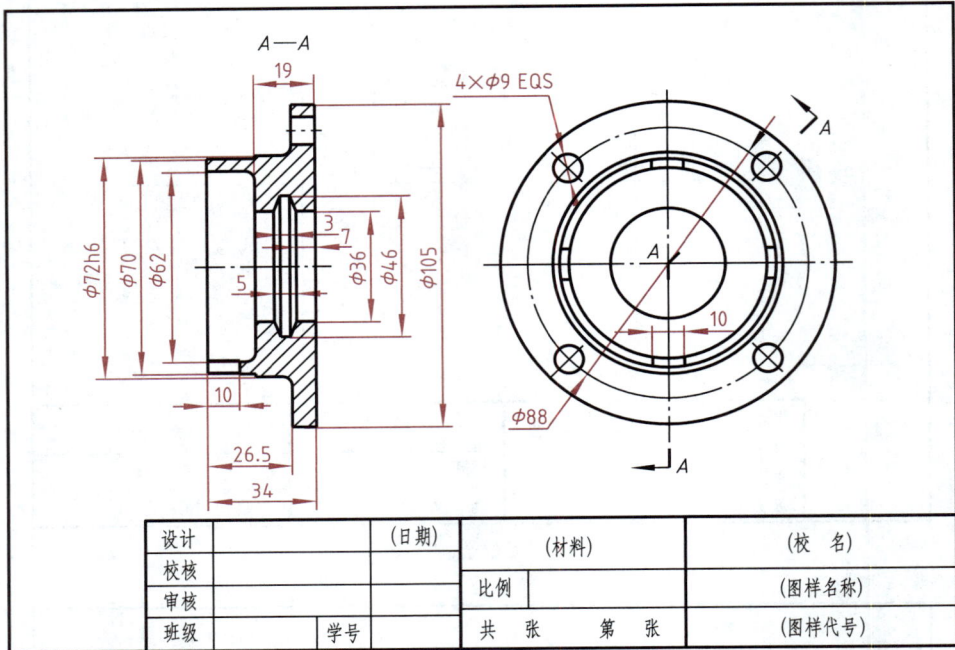

图 5-7 减速器透盖的尺寸标注

5.1.4 减速器透盖的技术要求注写

有配合要求的表面、轴向定位的端面，其表面粗糙度和尺寸精度要求较高。注明技术要求，填写标题栏，检查完成全图，如图 5-8 所示。

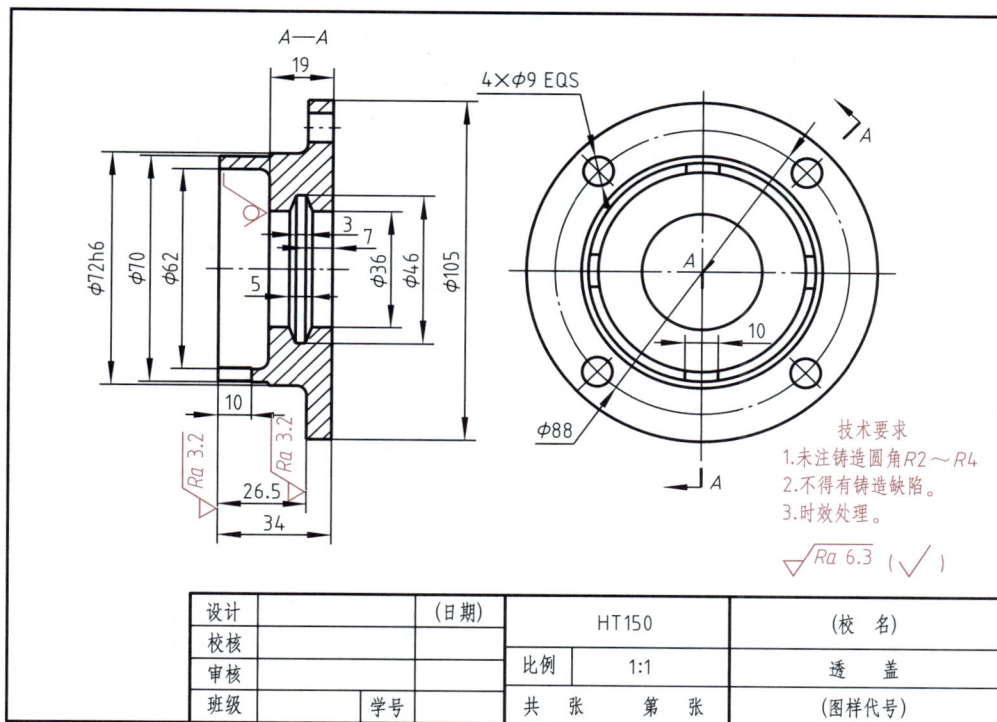

图 5-8　减速器透盖的技术要求注写

复习思考题

1. 常见的盘盖类零件有哪些?
2. 盘盖类零件有哪几种常见的结构?
3. 通常如何表达盘盖类零件的零件图?
4. 绘制盘盖类零件的零件图具体步骤有哪些?

任务 5.2　减速器从动齿轮零件图的绘制

任务描述

根据齿轮直径由小到大,常把齿轮做成盘式齿轮、腹板式齿轮和轮辐式齿轮(图 5-9)。本任务通过介绍齿轮的分类、齿轮的基本要素、直齿轮及其啮合的画法、减速器从动齿轮零件图的绘制,使学生掌握常用件之一的直齿轮的绘图相关技能。

(a) 盘式齿轮　　　　(b) 腹板式齿轮　　　　(c) 轮辐式齿轮

图 5-9　齿轮的结构

5.2.1　齿轮的作用及分类

齿轮是广泛应用于机器设备中的传动零件，它的主要作用是传递动力，也可用来传递运动，改变运动的方向和转速。常见齿轮传动有：圆柱齿轮传动（用于两平行轴之间传动）、锥齿轮传动（用于两相交轴之间传动）、蜗杆传动（用于两交叉轴之间的传动）等，如图 5-10 所示。

图 5-10　常见齿轮传动

此外，根据齿轮齿廓形状，有渐开线齿轮、摆线齿轮、圆弧齿轮等，本教材主要介绍具有渐开线齿形的标准齿轮的有关知识和规定画法。

5.2.2　渐开线直齿轮的基本知识

当圆柱齿轮的轮齿方向与圆柱的轴线一致时，称为直齿轮。图 5-11 所示为互相啮合的两个直齿轮的一部分。表 5-1 列出了标准直齿轮各部分的名称、符号和计算公式。

5.2.3　直齿轮的规定画法

1. 单个齿轮的规定画法

单个齿轮一般用两个视图来表达，齿顶圆和齿顶线用粗实线绘制；分度圆和分度线用细点画线绘制；齿根圆和齿根线用细实线绘制，也可省略不画；在剖视图中，齿根线用粗实线绘制，图 5-12 所示为单个齿轮的规定画法。

2. 直齿轮啮合的规定画法

画图时，分为两部分，啮合区外按单个齿轮画法绘制；啮合区内则按如下规定绘制：

① 在垂直于圆柱齿轮轴线的投影面的视图中，啮合区内的齿顶圆均用粗实线绘制，如图 5-13（a）所示，其省略画法如图 5-13（b）所示。

172

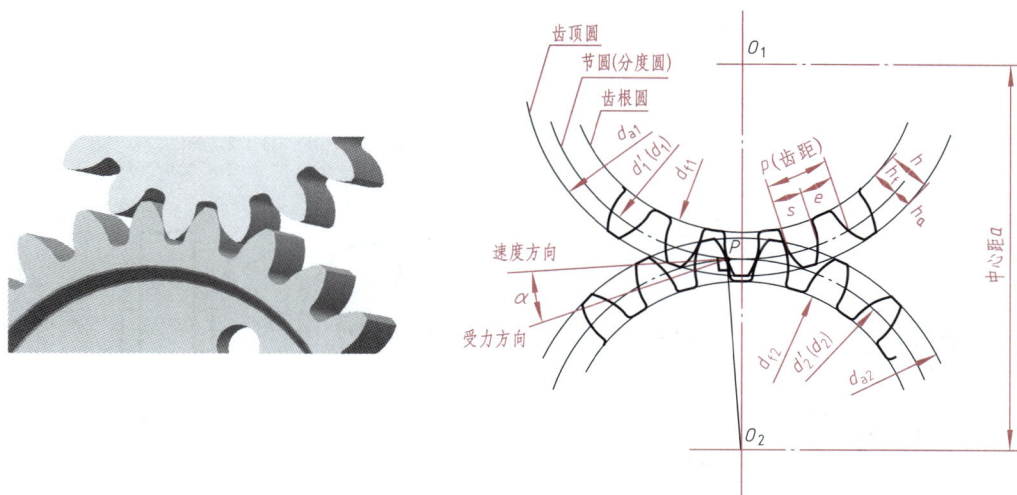

图 5-11　直齿轮啮合

表 5-1　标准直齿轮各部分的名称、符号和计算公式

序号	名称	符号	计算公式	计算举例 /mm
基本参数：模数 $m = p/\pi$；齿数 z。已知：$m = 2\ \text{mm}$；$z = 20$				
1	齿顶圆直径	d_a	$d_a = d + 2h_a = m(z + 2)$	$d_a = 44$
2	齿根圆直径	d_f	$d_f = d - 2h_f = m(z - 2.5)$	$d_f = 35$
3	分度圆直径	d	$d = mz$	$d = 40$
4	齿顶高	h_a	$h_a = m$	$h_a = 2$
5	齿根高	h_f	$h_f = 1.25\,m$	$h_f = 2.5$
6	全齿高	h	$H = h_a + h_f = 2.25\,m$	$h = 4.5$
7	齿距	p	$p = \pi m$	$p = 2\pi$
8	中心距	a	$a = (d_1 + d_2)/2 = m(z_1 + z_2)/2$	

注：1. 分度圆：在齿顶圆和齿根圆之间，规定一个直径为 d 的圆，作为计算齿轮各部分尺寸的基准，并把这个圆称为分度圆。

2. 模数：为便于计算、制造和检验，将比值 p/π 人为地规定为一些简单的数值，并把这个比值称为模数。

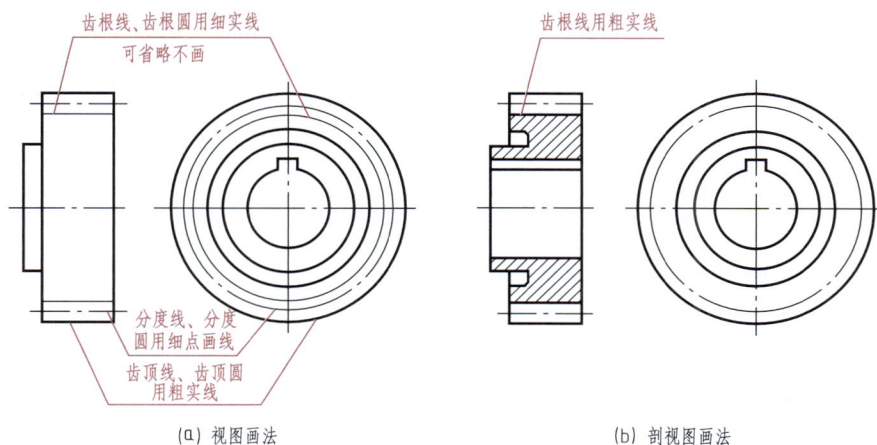

(a) 视图画法

(b) 剖视图画法

图 5-12　单个齿轮的规定画法

173

② 在平行于圆柱齿轮轴线的投影面的视图中，啮合区的齿顶线不需画出，分度线用粗实线绘制，其他处的分度线用细点画线绘制，如图 5-13（c）所示。

③ 在圆柱齿轮啮合的剖视图中，当剖切平面通过两啮合齿轮的轴线时，在啮合区内，将一个齿轮的轮齿用粗实线绘制，另一个齿轮的轮齿被遮挡的部分用细虚线绘制，如图 5-13（a）所示。

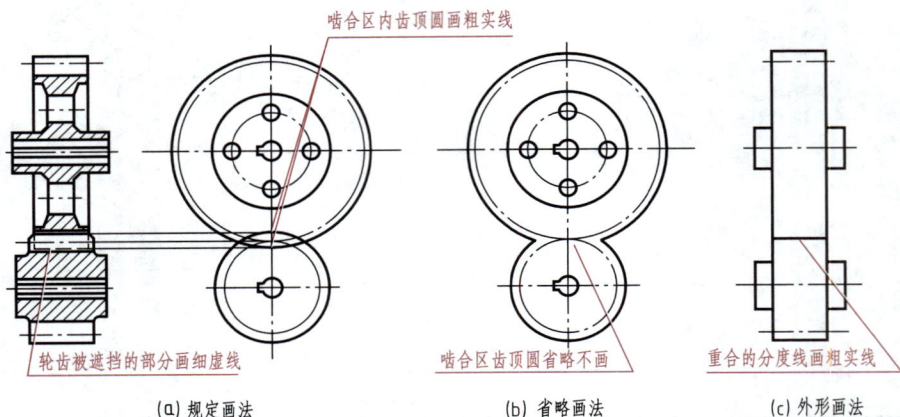

(a) 规定画法　　　　　　(b) 省略画法　　　　　　(c) 外形画法

图 5-13　齿轮啮合的规定画法

5.2.4　减速器从动齿轮结构分析与视图表达

1. 减速器从动齿轮结构分析

如图 5-14 所示，减速器从动轴齿轮为直齿轮，其轮缘部分为带有渐开线形状的齿廓，轮辐为带有圆柱孔的腹板式结构，轮毂部分为带有键槽的圆柱孔，从总体结构来说，属盘盖类零件。

2. 减速器从动齿轮的视图表达

由于减速器从动轴齿轮属于盘盖类零件，因而可采用盘盖类零件的表达方式来绘制该齿轮的零件图，即主视图采用轴线水平位置放置，将反映轴向的方向作为主视图的投射方向，在表达方案上采用全剖视图，来表达轮毂部分键槽的形状和大小，增加左视图（这里由于齿轮的轮缘及轮辐部分在主视图已得到表达，因而在左视图中将不再绘制），此外，由于齿轮的相关参数在图形中没有得到表达，因而对于齿轮零件图来说，还必

图 5-14　减速器从动轴齿轮三维模型图

须通过文字（表格）来说明这些参数。根据尺寸的大小及视图数量，决定采用 1:2 的比例及 A4 的图幅绘图。

主要视图表达步骤如下：

① 根据齿轮的视图数量、尺寸大小及技术要求的标注和书写，定出图幅，确定图形的中心位置及绘制图框和标题栏，如图 5-15 所示。

② 用细实线绘制主视图和左视图的底稿，主视图采用全剖视图，左视图采用简化画法，即只绘制齿轮轮毂和键槽形状而不需要画齿轮的外形，注意倒角的绘制，如图 5-16 所示。

③ 检查图形的正确性，擦去多余的线条，描深细实线及细点画线，描深、加粗可见轮廓线，绘制剖面线，如图 5-17 所示。

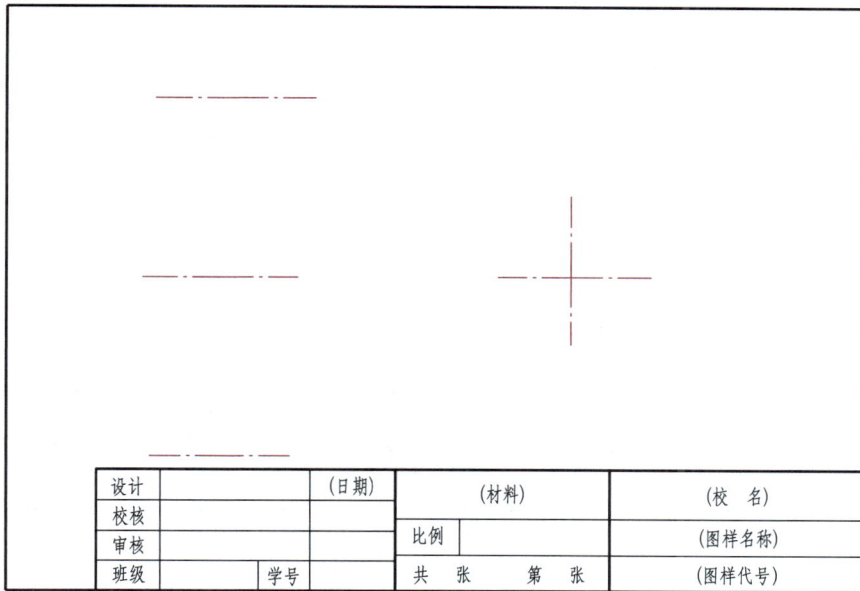

图 5-15　齿轮绘制步骤（一）

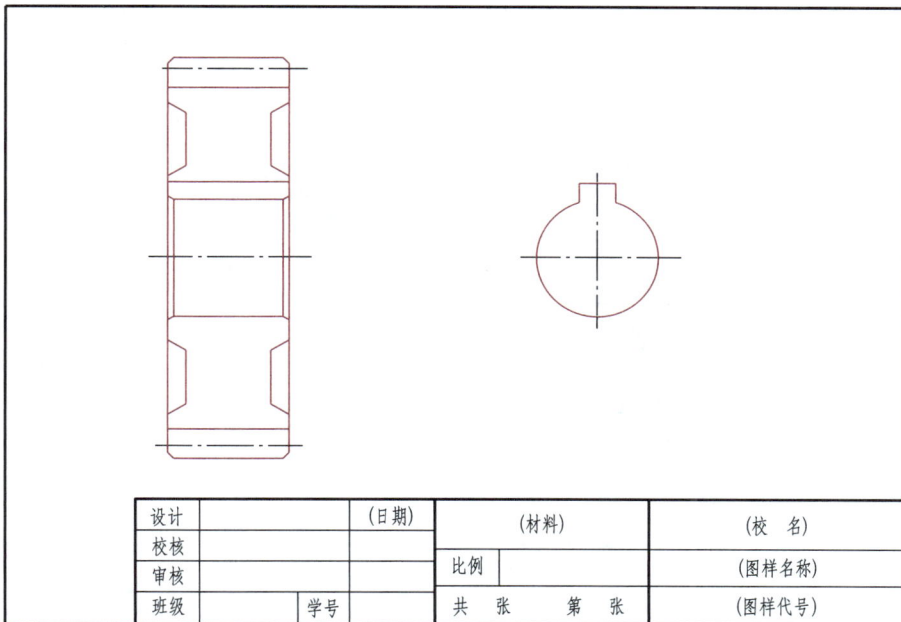

图 5-16　齿轮绘制步骤（二）

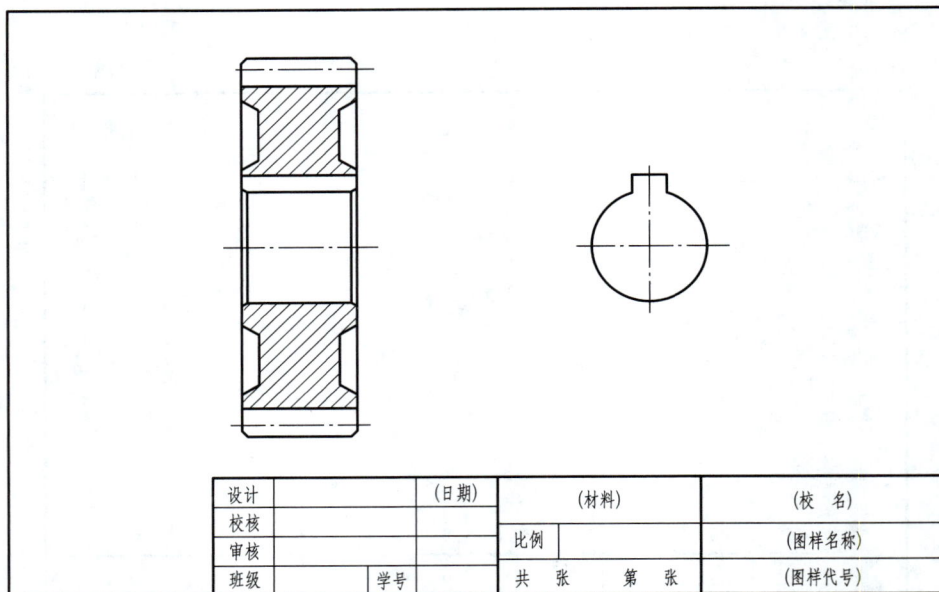

设计		（日期）		（材料）		（校　名）	
校核							
审核				比例		（图样名称）	
班级		学号		共　张　第　张		（图样代号）	

图 5-17　齿轮绘制步骤（三）

5.2.5　减速器从动齿轮的尺寸标注

　　减速器从动齿轮的尺寸标注方式与减速器透盖的方式类似。齿轮的基本参数需填写在右上角表格（其中每格高度为字高的 2 倍，长度适当即可）中，如图 5-18 所示。

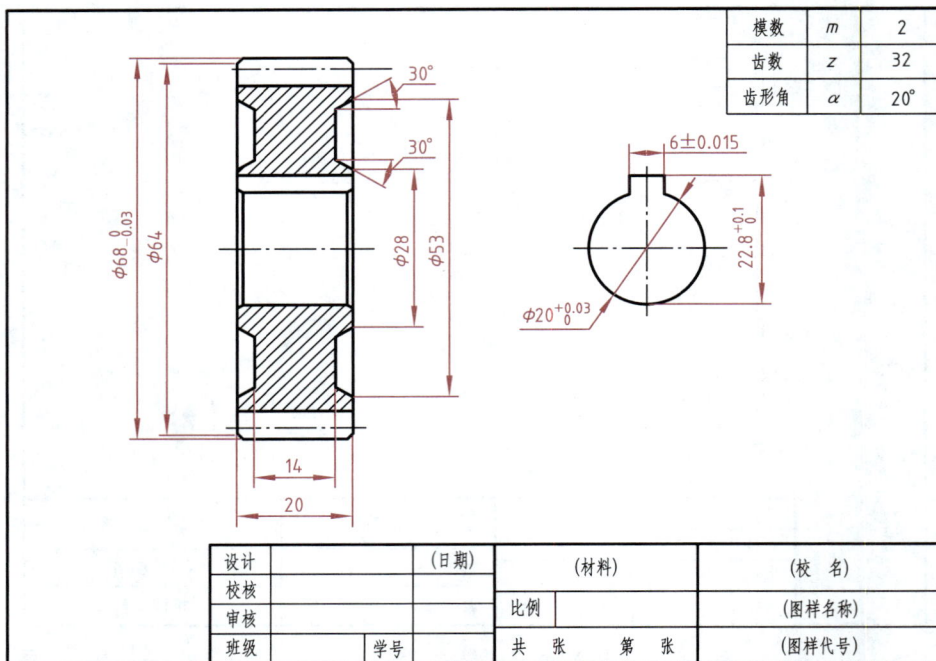

模数	m	2
齿数	z	32
齿形角	α	20°

尺寸标注：30°，30°，$\phi 68_{-0.03}^{0}$，$\phi 64$，$\phi 28$，$\phi 53$，6 ± 0.015，$22.8_{0}^{+0.1}$，$\phi 20_{0}^{+0.03}$，14，20

设计		（日期）		（材料）		（校　名）	
校核							
审核				比例		（图样名称）	
班级		学号		共　张　第　张		（图样代号）	

图 5-18　减速器从动齿轮的尺寸标注

176

5.2.6 减速器从动齿轮的技术要求注写

注写技术要求，填写标题栏，检查并完成全图，结果如图 5-19 所示。

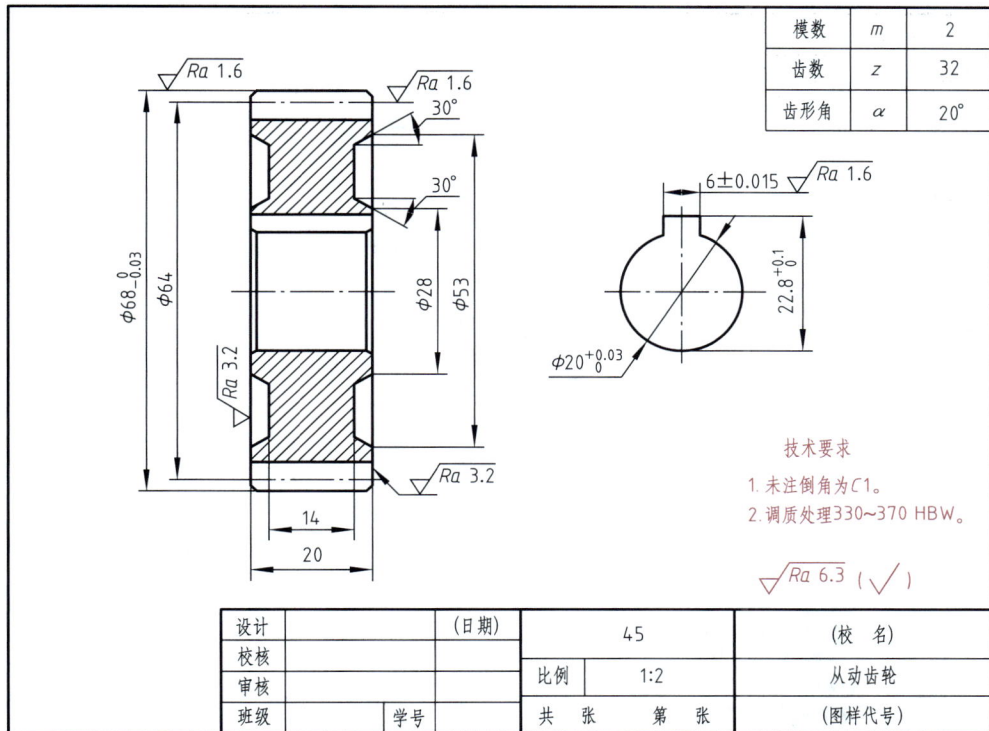

模数	m	2
齿数	z	32
齿形角	α	20°

技术要求

1. 未注倒角为 $C1$。
2. 调质处理 330~370 HBW。

$\sqrt{Ra\ 6.3}$ ($\sqrt{}$)

设计			(日期)		45		(校 名)
校核							
审核				比例	1:2		从动齿轮
班级		学号		共 张	第 张		(图样代号)

图 5-19　减速器从动齿轮的技术要求注写

复习思考题

1. 盘式齿轮、腹板式齿轮和轮辐式齿轮的结构特点各有什么不同？
2. 在齿轮零件图中，为什么要用表格的方式表达齿轮的参数？

任务 5.3　AutoCAD 创建图块

任务描述

在实际绘图中，经常需要绘制大量重复的图形，如前面学过的表面结构代号和后面将要学到的螺栓、螺母等标准件图形等。本任务通过介绍 AutoCAD 中"块"的相关命令，帮助学生将重复图形创建为块，使用时可按指定的比例和角度多次插入图中从而提高绘图效率。

5.3.1 块的概念

图块（块）是用一个块名命名的一组图形对象的集合。在绘图过程中，用户可根据作图需要用这个块名将该组图形插入到图中任意指定的位置，并且在插入时还可指定不同的比例系数和旋转角度。

组成块的对象要有自己的图层、线型和颜色等特征。AutoCAD 把块当作单一的对象来处理，即通过点取块内的任何一个对象就可对整个块进行编辑，可用"分解"命令来分解块，使其还原成各个单独的对象。

通过图块可创建图块库，可节省储存空间，还可通过对图块属性的设置，灵活地标注各种变化的文本，如表面粗糙度等。

在建立图块时，建议在 0 图层建立。因为这样以后插入图块时，图块的属性会自动与插入图层的属性相匹配，如当前为红色、细虚线，则图块插入后就自动变为红色、细虚线。

5.3.2　块的创建

要定义一个图块，首先要绘制组成图块的对象，然后将其定义成块。在 AutoCAD 中用"块"命令可创建附属图块，用"写块"命令可创建独立图块，两者的区别在于保存形式的不同。前者保存在当前文件中，只能被当前图形所访问；后者则是以一个独立的图形文件的形式保存在磁盘上。

1. 用块命令创建内部块

启动命令有以下 3 种方法：

① 命令：输入"Block"或"Bmake"；

② 功能区：在功能区"默认"选项卡上单击"块"面板的"创建块"按钮 ；

③ 菜单栏：在"绘图"菜单上选择"块"子菜单中的"创建"选项，如图 5-20 所示。

启动命令后，系统会弹出"块定义"对话框，如图 5-21 所示。

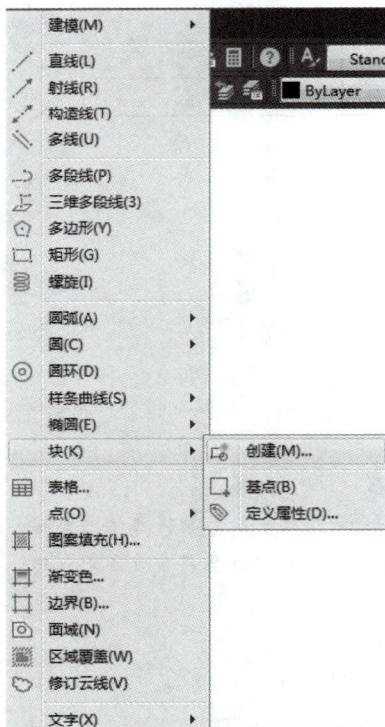

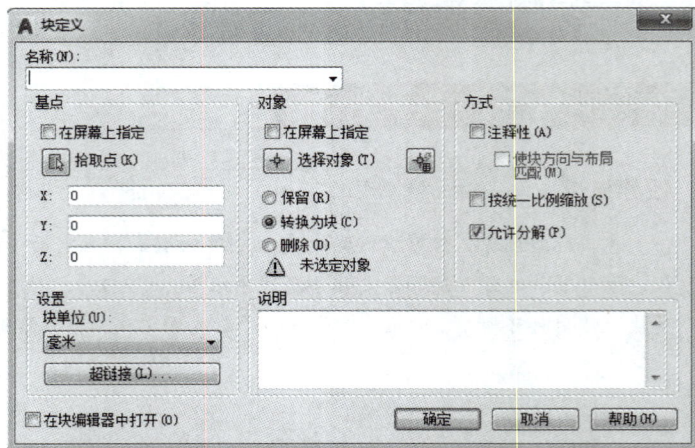

图 5-20　"块"子菜单　　　　图 5-21　"块定义"对话框

对话框中各选项的含义如下：

名称——定义创建块的名称。

基点——设置块的插入基点。单击"拾取点"按钮，可返回作图屏幕选取插入基点；也可在 X、Y、Z 的输入框中直接输入基点的坐标值。

对象——单击"选择对象"按钮，选取要定义为块的对象。其中，"保留"的作用为创建块后，选定的对象仍保留在图形中，不转换为块；"转换为块"的作用为选定对象转换为块；"删除"的作用为选定对象被删除。

方式——用于指定块的行为。其中，"按统一比例缩放"复选框用于指定块按统一比例缩放；"允许分解"复选框用于指定块是否可以被分解。

设置——主要指定块的设置。其中，"块单位"下拉列表框可以提供用户选择块参照插入的单位；"超链接"按钮用于打开"插入超链接"对话框，可使用该对话框将某个超链接与块定义相关联。

说明——可在输入框中用文字详细描述所定义图块的资料。

2. 用写块命令创建外部块

该命令只能从命令行中调用（从键盘上输入）。

在命令提示下输入"Wblock"或"W"，按 Enter 键，系统会弹出如图 5-22 所示的"写块"对话框。该对话框中各选项的含义如下：

块——选择已有的块。

整个图形——将当前正在绘制的整张图形作为一个块。

对象——新建一个块。

基点——插入的基点，操作与"块"命令相同。

对象——选取对象，操作与"块"命令相同。

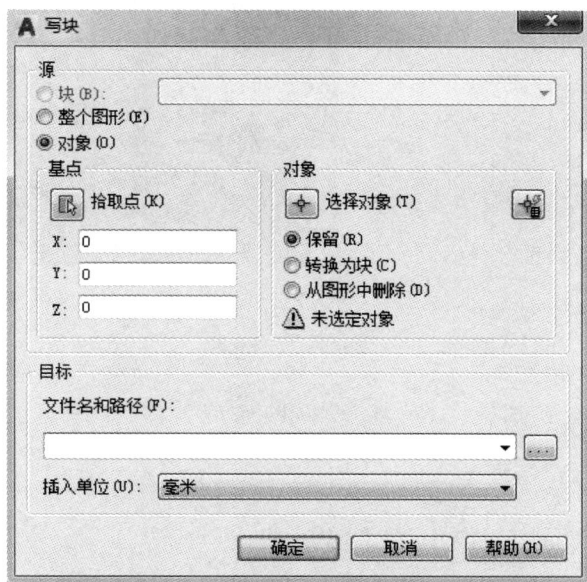

图 5-22　"写块"对话框

文件名和路径——输入该外部块的文件名和文件的存放位置。

插入单位——插入块的单位。

5.3.3　插入块

图块的重复使用是通过插入图块的方式实现的。所谓插入图块，就是将已定义的图块插入到当前的图形文件中。插入时可根据需要调整其比例和转角。

1. 用插入块命令插入块

启动命令有以下3种方法：

① 命令：输入"Ddinsert"或"Insert"；

② 功能区：在功能区"默认"选项卡上单击"块"面板的"插入块"按钮 ；

③ 菜单栏：在"插入"菜单上选择"块选项板"选项，如图5-23所示。

启动命令后，系统会弹出"块"操作面板，如图5-24所示。利用该操作面板就可以插入块。

图5-23　"插入"菜单

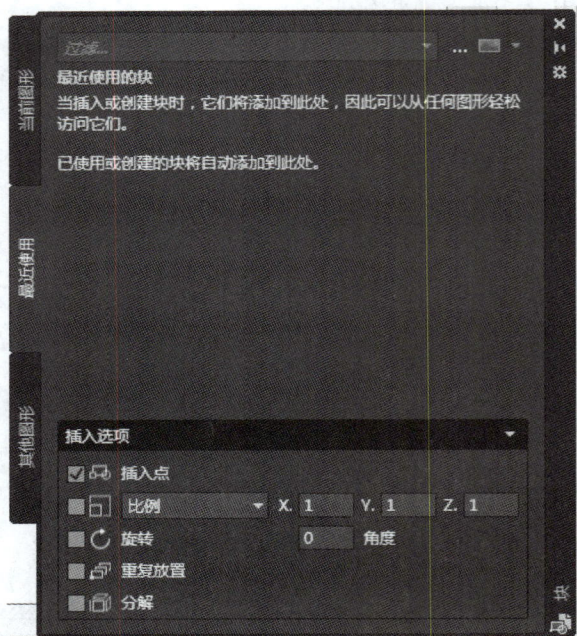

图5-24　"块"操作面板

2. "块"操作面板的选项卡

"块"操作面板有三个选项卡，为"当前图形""最近使用""其他图形"。这三个选项卡均为了方便选择块图形。

（1）当前图形

选中该选项卡，列表中出现当前绘图区新建的图形块，如果再新建图块，列表中会自动添加该图形块，使用时可根据需要进行选择，如图5-25所示。

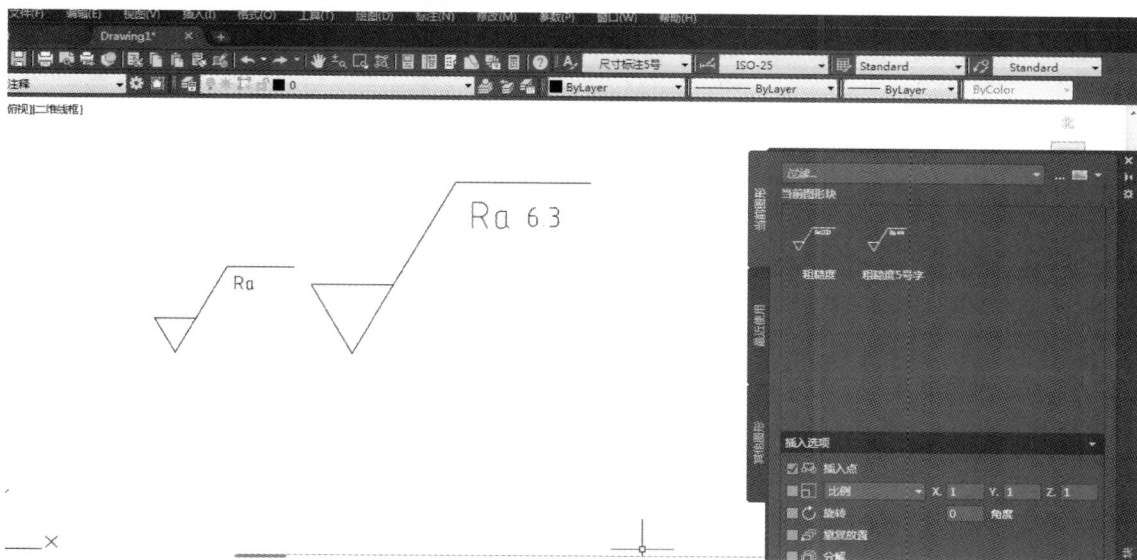

图 5-25　"块"操作面板"当前图形"选项卡

（2）最近使用

该选项卡显示当前和上一个任务中最近插入或创建的块定义的预览或列表。这些块可能来自各种图形，如图 5-26 所示。

（3）其他图形

其他图形，为图块库中定义的块。该选项卡（图 5-27）显示单个指定图形中块定义的预览或列表。若将图形文件作为块插入，其上所有块定义将会输入到当前图形中。选用时，单击选项板顶部的"…"按钮，以浏览其他图形文件。

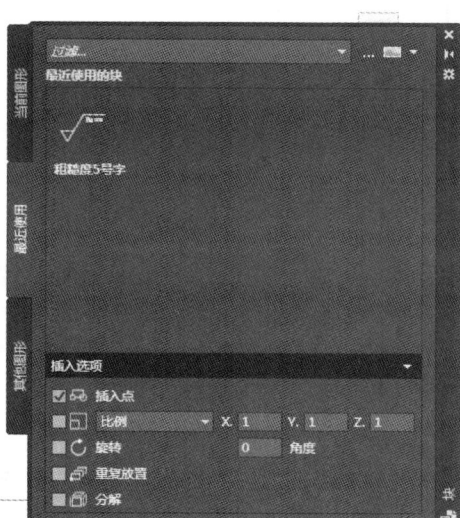

图 5-26　"块"操作面板"最近使用"选项卡

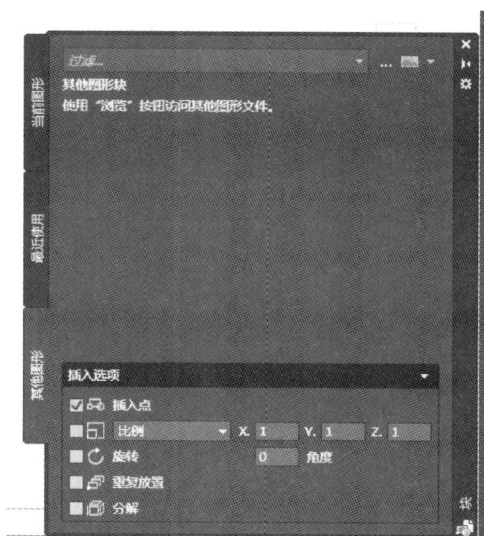

图 5-27　"块"操作面板"其他图形"选项卡

在"插入选项"中的"插入点""比例""旋转"三个选项组中，选择"在屏幕上指定"复选框可以在图形屏幕插入块时分别设置插入点、比例、旋转角度参数，也可以在该对话框内直接设置以上参数。

"重复放置"复选框决定是否需要重复插入当前块。

"分解"复选框决定是否将插入的块自动分解成单独的对象。

完成以上各项设置后，单击"确定"按钮，则该块将插入到当前文件中。

无论选择哪种选项卡，均可单击"…"按钮在图块库中选取块。

3. 利用多重块命令插入图块

"多重块"命令实际上是综合了"插入块"命令和"阵列"命令的操作特点，可进行多个图块的阵列插入工作，利用该命令不仅可大大节省时间，提高绘图效率，而且还可减少图形文件所占用的磁盘空间。

在命令行中输入"Minsert"后，根据提示输入各选项即可。

5.3.4　AutoCAD 创建图块实例

如图 5-28 所示的连杆零件图，用"块"命令在图中指定位置插入多个表面结构代号。具体操作步骤如下。

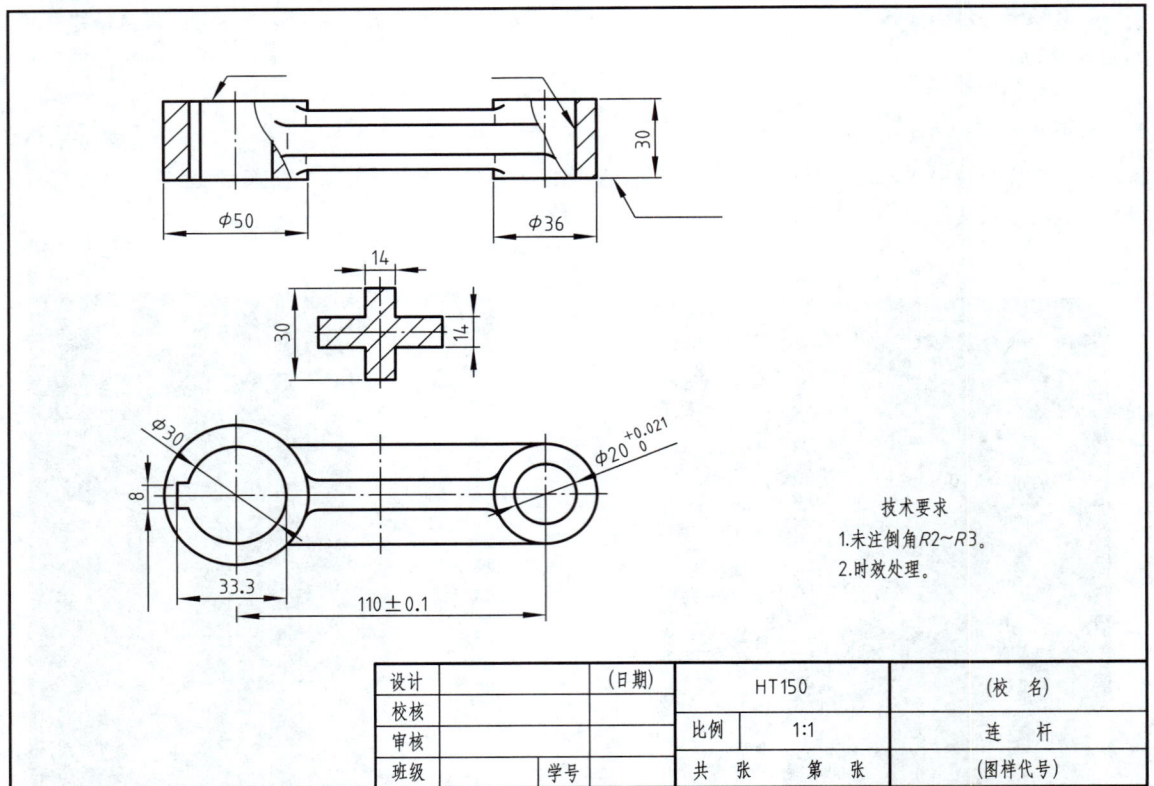

技术要求
1. 未注倒角 R2~R3。
2. 时效处理。

设计		（日期）	HT150		（校　名）
校核					
审核			比例	1:1	连　杆
班级		学号	共　张　第　张		（图样代号）

图 5-28　未注写表面结构的连杆零件图

1. 绘制组成图块的对象

在 AutoCAD 中按照标准绘制表面结构代号 $\sqrt{Ra}$；

2. 定义属性

根据图 5-29 所示，在"绘图"菜单上选择"块"子菜单中的"定义属性"选项，系统会弹出"属性定义"对话框，在属性标记处输入属性标记"CCD"，提示栏输入"请输入属性值"，默认为"6.3"；文字设置中对正默认为"左对齐"，文字样式选择样板图中设置的文字样式"尺寸标注"，如图 5-30 所示。

单击"确定"按钮，根据提示，插入"CCD"，形成 $\sqrt{Ra\ CCD}$。

3. 创建块

① 在"绘图"菜单上选择"块"子菜单中的"创建"选项，出现"块定义"对话框；

② 在名称下方输入块名称"表面结构粗糙度"；

③ 单击"拾取点"按钮，进入作图屏幕，拾取 $\sqrt{Ra\ CCD}$ 下端点，按鼠标右键以确定定义块的基点；

④ 单击"选择对象"按钮，全部框选 $\sqrt{Ra\ CCD}$，按鼠标右键确定，其他设置默认。

⑤ 单击"确定"按钮，系统会弹出"编辑属性"对话框，单击"确定"按钮，完成块创建，$\sqrt{Ra\ CCD}$ 自动变为 $\sqrt{Ra\ 6.3}$。

4. 插入块

① 在"插入"菜单上选择"块选项板"选项，系统弹出"块"操作面板。

② 在"其他图形"选项卡中勾选"插入点""比例""旋转"复选框，表示插入点和旋转角度在图中根据情况指定，其他设置默认。

③ 根据前面对"块"操作面板的介绍，在"当前图形"或"最近使用"选项卡中直接选择块，或单击"…"按钮选择前面定义的块名"表面结构粗糙度"，显示块对象如图 5-31 所示。

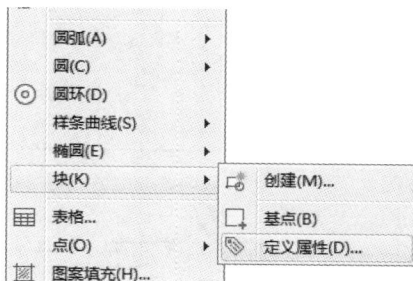

图 5-29　选择定义属性

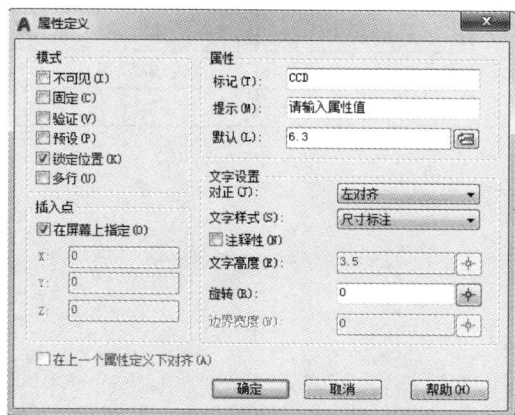

图 5-30　属性定义对话框

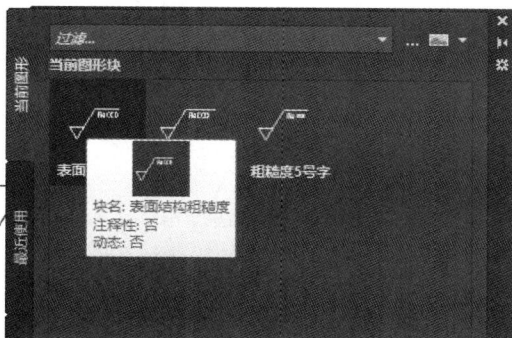

图 5-31　选择已创建的块

183

④ 完成以上各项设置后，单击"确定"按钮，即可根据需要在零件图中插入多个块，插入时根据不同要求，在"编辑属性"对话框中输入粗糙度数值即可，如图 5-32 所示。

最终插入块的效果如图 5-33 所示。

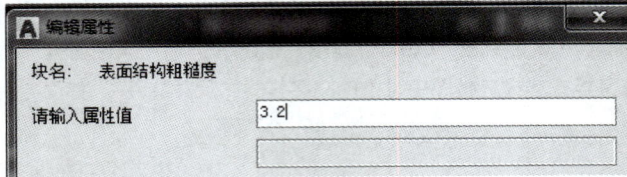

图 5-32　"编辑属性"对话框

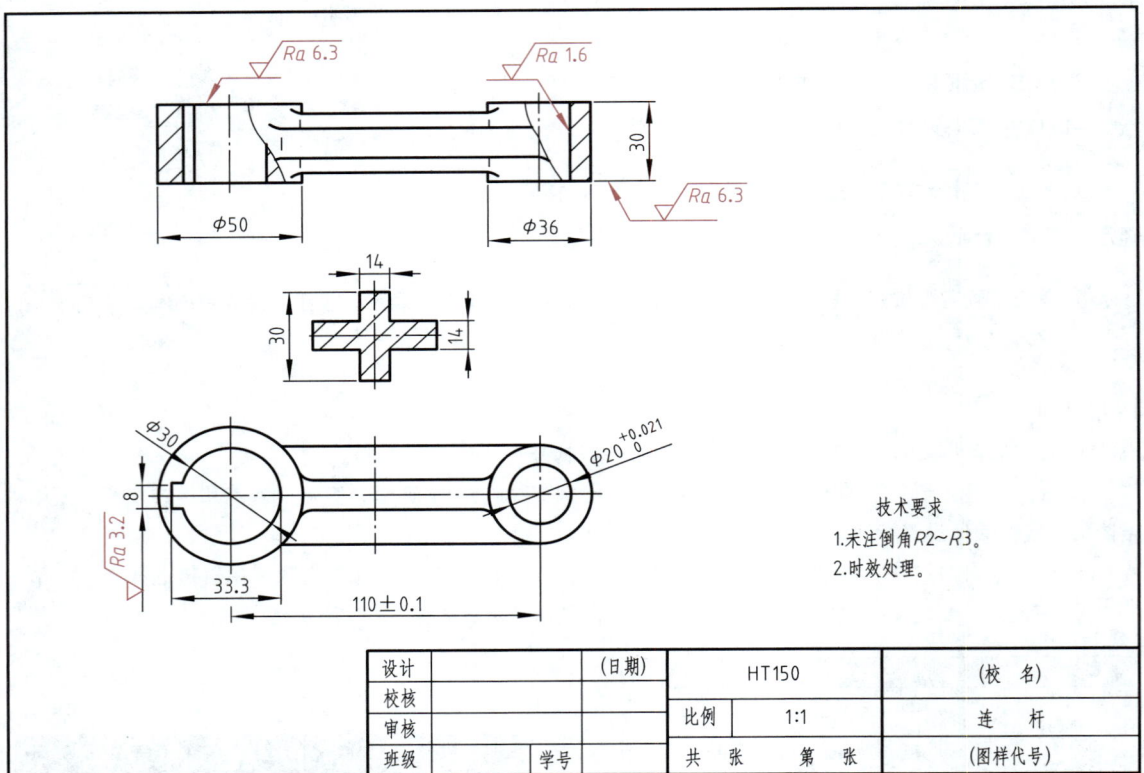

图 5-33　已注写表面结构代号的连杆零件图

复习思考题

1. 在 AutoCAD 中图块的概念是什么？

2. 在 AutoCAD 中"块"与"写块"命令的区别是什么？

3. 简要概括创建块的步骤。

任务描述

　　使用 AutoCAD 绘制零件图时，经常会碰到几何公差标注和在剖切区域填充剖面线的情况。本任务介绍了剖面线的创建和几何公差的标注，并通过使用 AutoCAD 绘制透盖零件图，使学生熟练掌握其操作过程和设置方法。

　　本例将介绍使用 AutoCAD 绘制如图 5-2 所示的透盖零件图。本例的设计思路是：先设置绘图环境，然后绘制主视图，根据主视图绘制左视图，最后标注尺寸并填写技术要求和标题栏。

　　具体绘制步骤如下。

1. 创建新图形

　　首先创建新图形，并参照本教材前面所讲的内容进行图层设置和图框绘制等操作，或者直接采用以前建立的"A4 样板图"建立新图形。

2. 绘制主视图

　　① 将"中心线"图层设为当前图层。启动"直线"命令，打开正交模式，在 A4 图框内绘制中心线，确定好大致布局，如图 5-4 所示。

　　② 将"粗实线"图层设为当前图层，单击功能区"默认"选项卡"修改"面板上的"偏移"按钮 ⊏，或者在命令行输入"Offset"，使用"偏移"命令将主视图中水平中心线向上偏移 6 份，偏移的距离分别为 18、23、31、35、36、52.5。选中刚才偏移的 6 条线段，将图层换至"粗实线"图层。执行效果如图 5-34 所示。

　　③ 如图 5-35 所示，绘制一条垂直线。

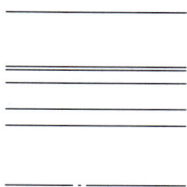

图 5-34　复制中心线

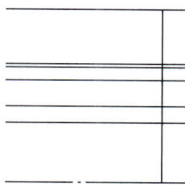

图 5-35　绘制垂直线

　　④ 将第 3 步绘制的垂直线向左复制 7 份，距离分为 7、7.5、8、11、12、19、34，执行效果如图 5-36 所示。

　　⑤ 参照图 5-37 对上述直线进行修剪，以中心线为基准使用"镜像"命令生成主视图的基本轮廓，如图 5-38 所示。

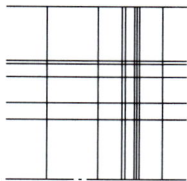

图 5-36　复制垂直线

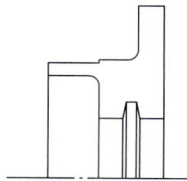

图 5-37　修剪多余线段

⑥ 将中心线向上偏移 39.5、44、48.5，执行效果如图 5-39 所示。

⑦ 参照图 5-40 对上述直线进行修剪，并调整线型和长度，效果如图 5-40 所示。

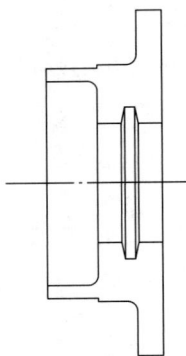

图 5-38　镜像

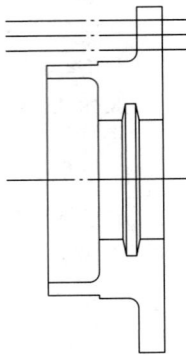

图 5-39　偏移

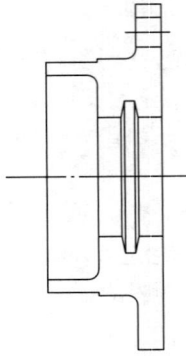

图 5-40　修剪

⑧ 绘制剖面线，完成主视图的绘制，绘制结果如图 5-41 所示。

3. 绘制左视图

① 当前图层设置为"粗实线"图层，使用"圆"命令，以中心线的交点为中心绘制直径为 36、62、70、72、88、105 的同心圆，如图 5-42 所示。

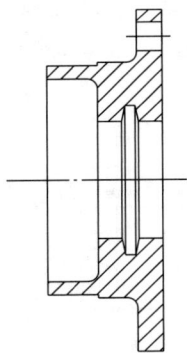

图 5-41　绘制剖面线

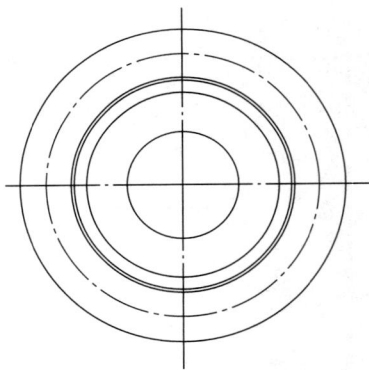

图 5-42　绘制同心圆

② 选择"细实线"图层为当前图层，使用"直线"命令，输入"<45"，并调整线条，绘制效果如图 5-43 所示。

③ 选择"粗实线"图层为当前图层，首先以点 A 为圆心，画一个直径为 9 的圆，调整 45° 线，然后以点 B 为中心，将圆及 45° 线按圆形阵列，在命令行中选择"项目（I）"选项，输入"4"，即可将选中图形再阵列 3 个，效果如图 5-44 所示。

④ 将左视图中垂直的中心线，向两边各复制一条距离为 5 的直线，改变为"粗实线"图层后进行修剪，执行效果如图 5-45 所示。

⑤绘制剖切位置，使用"直线"命令，绘制剖切符号，如图 5-46 所示，然后在主视图中标注"$A—A$"。

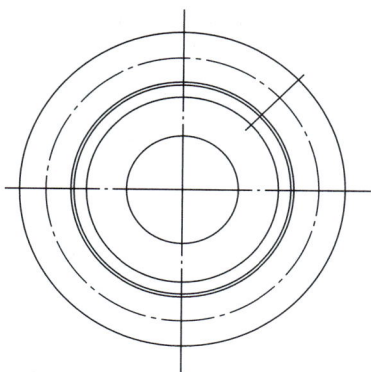

图 5-43　绘制 45° 辅助线

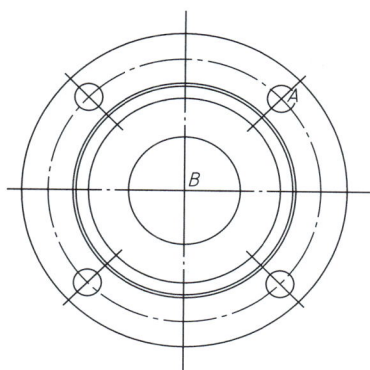

图 5-44　绘制螺栓孔

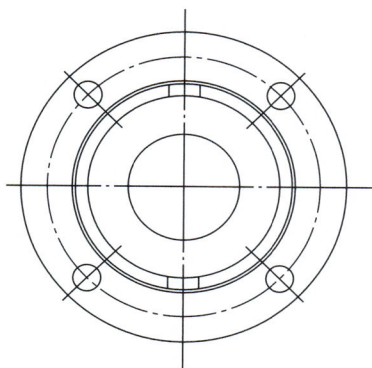

图 5-45　绘制缺口

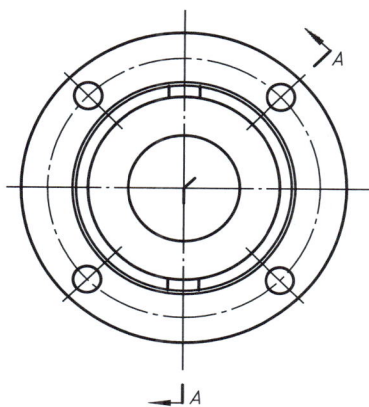

图 5-46　绘制剖切符号

4. 标注尺寸与技术要求

选择"标注"图层，选择合适的尺寸标注样式，参照图 5-2 所示，完成尺寸标注与技术要求。

5. 填写技术要求和标题栏

选择合适的文字样式，用"多行文字"命令填写技术要求文字内容，填写标题栏中的零名称、比例、材料等内容，最后效果如图 5-2 所示。

复习思考题

1. 简述自己使用 AutoCAD 绘制盘盖类零件图时有什么技巧？

2. 绘制零件图时要注意什么问题，请列举。

模块 6　叉架类零件图的识读与绘制

学习目标

1. 掌握零件测绘的方法和步骤。
2. 掌握典型叉架类零件的常用表达方法。
3. 掌握识读叉架类零件图的方法和步骤。
4. 掌握 AutoCAD 绘制叉架类零件图的方法与步骤。
5. 通过"测绘"的学习，注重动手实践的重要性，培养研究创新的意识。

学习重点

零件测绘的方法和步骤；叉架类零件的常用表达方法；运用 AutoCAD 绘制叉架类零件图。

学习难点

叉架类零件的常用表示方法；叉架类零件图的绘制。

任务 6.1　普通车床主轴箱拨叉的测绘

任务描述

　　根据已有的零件，徒手或使用简单的绘图工具，用较快的速度，目测画出零件的视图，测量并标注尺寸及技术要求，得到零件草图。然后参考有关资料整理绘制出供生产使用的零件图，这个过程称为零件测绘。

　　零件测绘对推广先进技术、改造现有设备、技术更新、修配零件等都有着重要作用，因此，零件测绘是实际生产中的重要工作之一，是工程技术人员必须掌握的制图技能。本任务以 CA6140 车床主轴箱拨叉为例，通过介绍测绘工具的使用和零件测绘的方法和步骤，使学生掌握零件测绘相关技能。

6.1.1　常用测绘工具的使用

1. 常用测绘工具

　　① 测量非加工尺寸、无精度要求的尺寸时，常采用简单量具，如直尺、内卡钳、外卡钳等，如图 6-1 所示。

② 测量精度要求较高的尺寸时，常采用游标卡尺、千分尺、高度游标卡尺等量具，如图6-2所示。

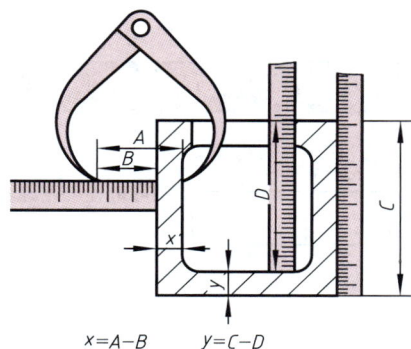

$x=A-B$　　$y=C-D$

图6-1　直尺与卡钳

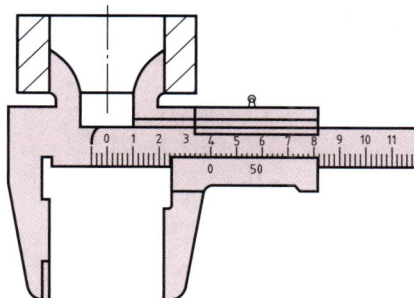

图6-2　游标卡尺

微课扫一扫
游标卡尺的
使用

③ 测量螺纹螺距或圆角时，可采用螺纹规或圆角规，如图6-3所示。

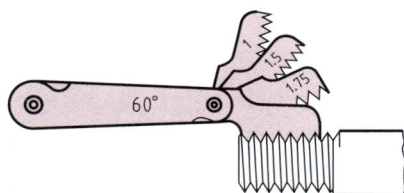

(a) 螺纹规

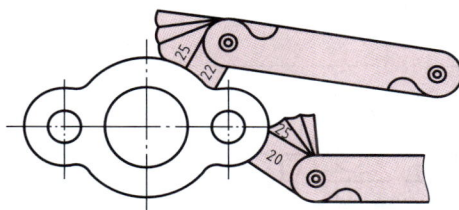

(b) 圆角规

图6-3　螺纹规和圆角规

微课扫一扫
圆角规和螺纹
规的使用

④ 测量曲线、曲面时，可采用曲线尺或铅丝、印泥、白纸等用具拓印，如图6-4所示。

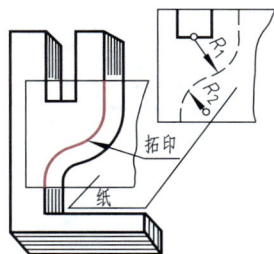

(a) 用拓印方法测量曲面

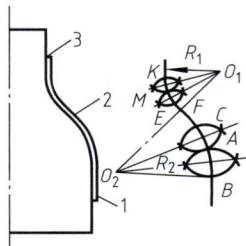

(b) 用铅丝测量曲线

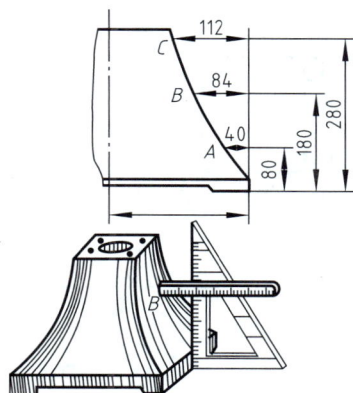

(c) 用坐标测量曲面

图6-4　测量曲线及曲面

2. 常用的测量方法

常用的测量方法见表 6-1。

表 6-1　常用的测量方法

内容	图　例	说明
线性尺寸		可用直尺或游标卡尺直接测量
回转面的直径	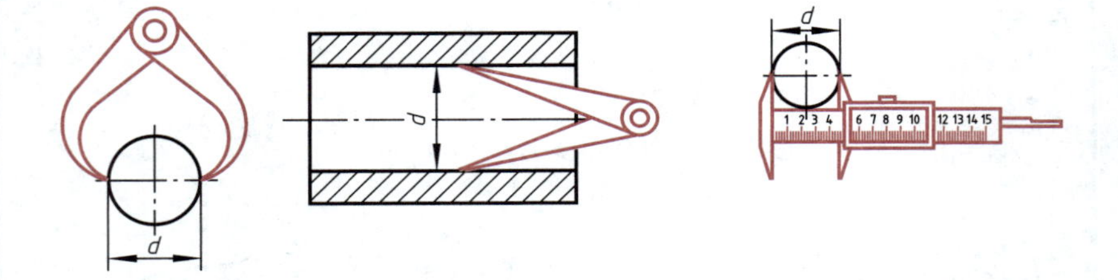	可用外卡钳测外圆直径，用内卡钳测内圆直径，也可用游标卡尺测内、外径
阶梯孔直径	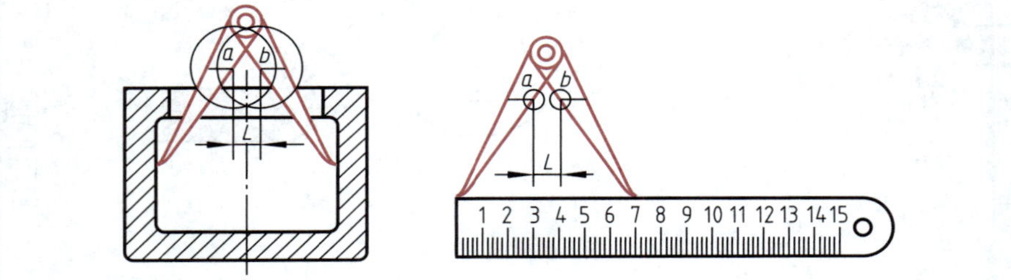	可用内卡钳与直尺配合测阶梯孔内径
壁厚	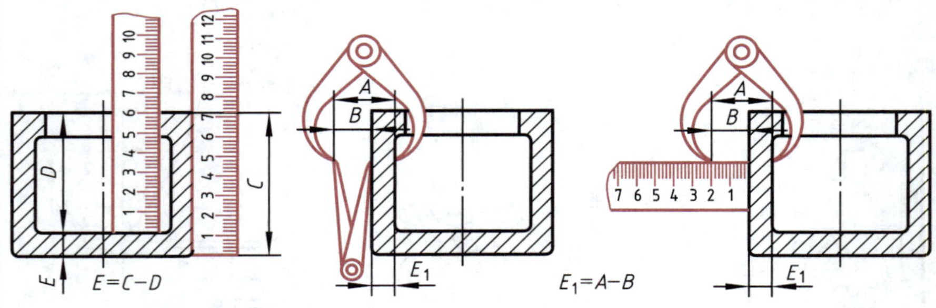 $E=C-D$　$E_1=A-B$	可用直尺或游标卡尺的尾部直接测量，有时也可用内、外卡钳测壁厚，还可用直尺与外卡钳配合测量
孔心距	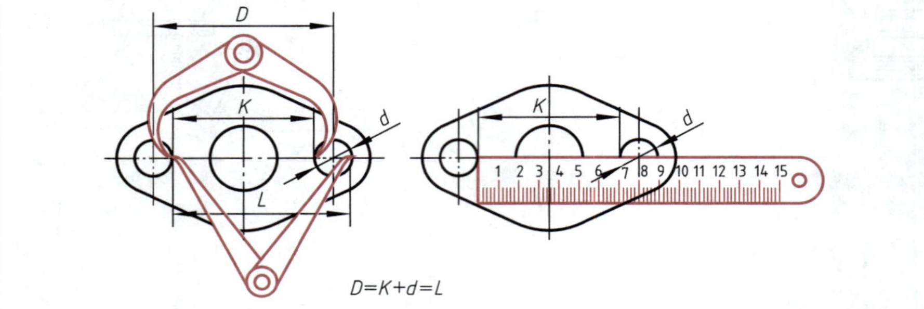 $D=K+d=L$	可用内、外卡钳测孔心距，也可用直尺直接测量

190

续表

内容	图　例	说明
中心高	$$H=A+\frac{D}{2}=B+\frac{d}{2}$$	可用外卡钳与直尺配合测量孔中心高
测量圆角		用圆角规测量圆角，测量时，只要在圆角规中找出与被测部分完全吻合的一片，读取其数值即可知圆角半径的大小

3. 测量尺寸时的注意事项

① 零件上的重要尺寸应精确测量，并进行必要的计算、核对，不能随意圆整。

② 有配合关系的尺寸一般只测出其公称尺寸，再依其配合性质，从极限偏差表中查出其极限偏差。

③ 零件上损坏或磨损部分的尺寸，应参照相关零件和有关资料进行确定。

④ 对于零件上的标准结构要素，如螺纹、倒角、键槽、退刀槽、螺栓孔、锥度、中心孔等，应将测量尺寸按有关标准圆整。

6.1.2 零件测绘方法和步骤

1. 了解与分析零件

了解零件的名称、类型、材料及其在机器中的位置和作用，分析零件的结构形状及大致的加工方法，确定零件的表达方案。

以图 6-5 所示的 CA6140 车床主轴箱拨叉三维模型为例。该零件材料为 HT200，是 CA6140 车床主轴箱中一个重要零件，属于叉架类零件，其作用为改变车床滑移齿轮的位置，实现车床变速。

图 6-5 CA6140 车床主轴箱拨叉三维模型

2. 确定零件的表达方案

按照零件表达方案选择原则，选择最佳表达方案。该拨叉结构可采用主视图和全剖的俯视图表达。主视图侧重反映了拨叉各部分的上下对称关系；全剖的俯视图不仅表达了连接板、圆筒、圆柱拨叉与肋板的形体特征和上下、左右位置关系，还表达了圆柱拨叉和圆筒的内部结构。

3. 绘制零件草图

根据确定的零件的表达方案绘制其草图。拨叉零件草图的绘制步骤如下：

① 徒手画出各主要视图的基准线，确定各视图的位置。注意留出标注尺寸、注写技术要求的空间。

② 以目测比例详细地徒手画出零件的内外结构形状。对零件上的缺陷，如破旧、磨损、铸件砂眼、气孔等不应画出。零件上的截交线和相贯线，不能机械地按实物照搬，个别结构可能会因为制造上的缺陷而产生歪曲等；画图时要分析弄清它们是怎样形成的，然后用学过的相应方法画出。

微课扫一扫
拨叉

③ 测量和标注尺寸。根据零件尺寸标注的要求，徒手画出全部尺寸界线、尺寸线和箭头，并画出剖面线。然后集中测量各个尺寸，逐个填上相应的尺寸数字。

④ 拟定技术要求。根据零件在机器中的作用、功能或实践经验，确定表面结构、尺寸公差、几何公差及热处理要求等。

⑤ 填写标题栏、检查校对，完成草图，如图 6-6 所示。

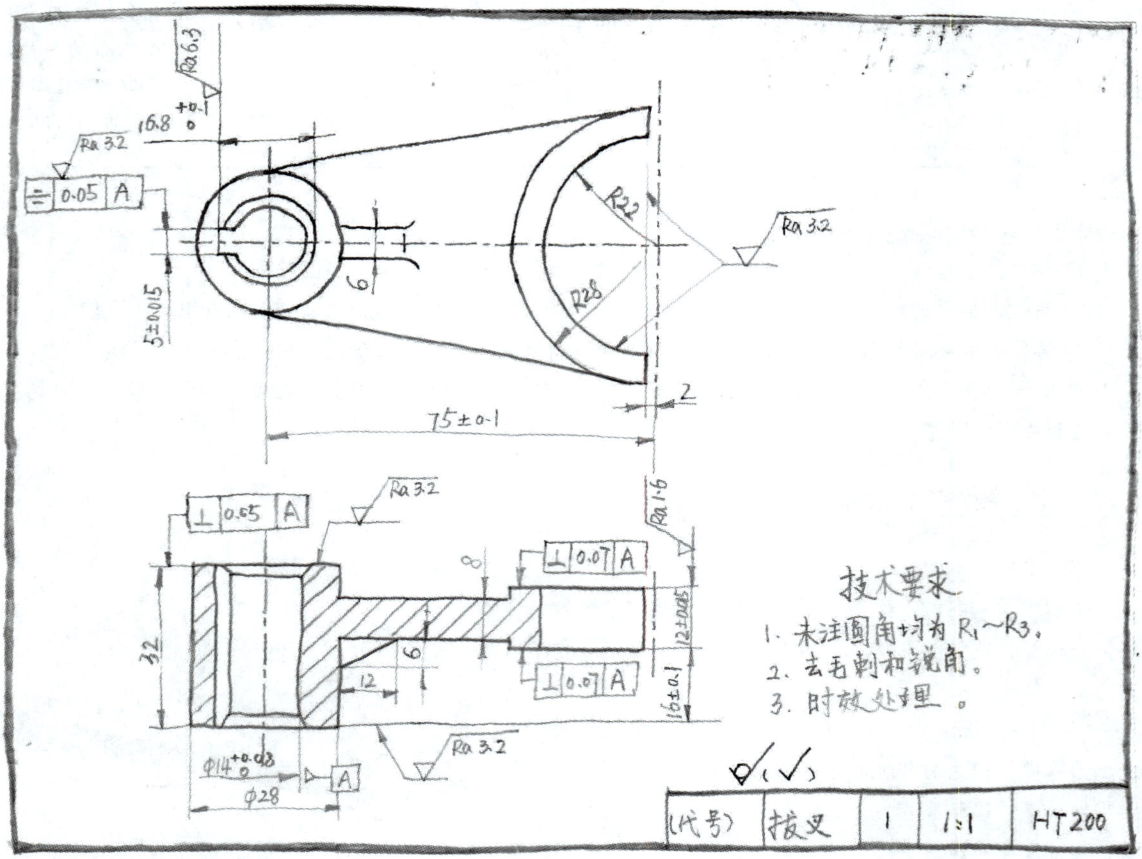

图 6-6　拨叉零件草图

复习思考题

1. 零件测绘有什么作用？
2. 绘制零件草图时需要注意什么？

任务 6.2　普通车床主轴箱拨叉零件图

任务描述

叉架类零件在工程机械中应用广泛，因其结构较复杂，在零件图绘制及识读中常需用到局部视图、斜视图及局部剖视图等。本任务以 CA6140 车床主轴箱拨叉为例讲述叉架类零件的视图表达方案和零件图的绘制步骤，使学生掌握叉架类零件图识读与绘制技能。

6.2.1　叉架类零件的结构特点与表达方案

1. 叉架类零件结构特点

叉架类零件包括拨叉、连杆、支架、摇臂、杠杆等零件。拨叉主要用在机床、内燃机等各种机器的操纵机构上，用以操纵机器、调节速度；支架、摇臂、杠杆主要起支承和连接作用，其结构特点是由一些实心杆件、肋板将圆筒和底板连接而成，这类零件一般在机器中起支承、操纵调节、连接等作用，如图 6-7 所示。

微课扫一扫
叉架类零件的
表达方案

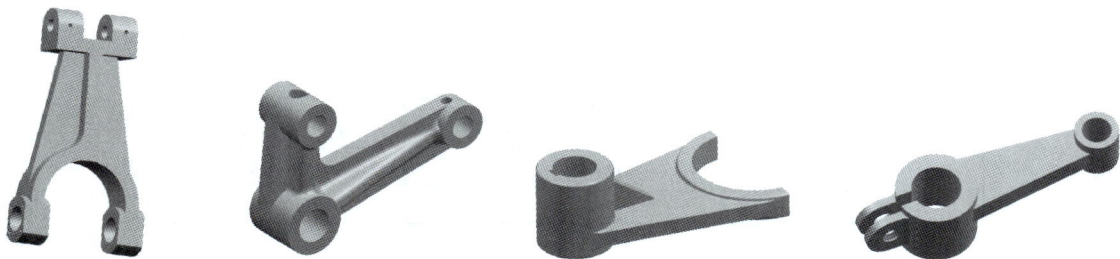

图 6-7　叉架类零件

叉架类零件多数形状不规则，外形结构比内腔复杂，且整体结构复杂多样，形状差异较大，多为铸造或锻造毛坯，再经过必要的机械加工而成。这类零件通常由支承部分、工作部分和连接部分组成，常带有倾斜结构、凸台、凹坑、圆孔、螺孔等结构。

2. 表达方案分析

叉架类零件常用 1~2 个基本视图表达其主要结构。由于这类零件加工工序较多，加工位置经常变化。因此，主视图应按零件的工作位置或自然安放位置选择，并选取最能反映其形状特征的方向作为主视图的投射方向。内部结构通常采用全剖视图或局部剖视图表达，倾斜结构用斜视图或用单一斜切平面剖切形成的剖视图表达，连接部分（一般为支承板、肋板、轮辐等）用断面图表达，如图 6-8 所示。

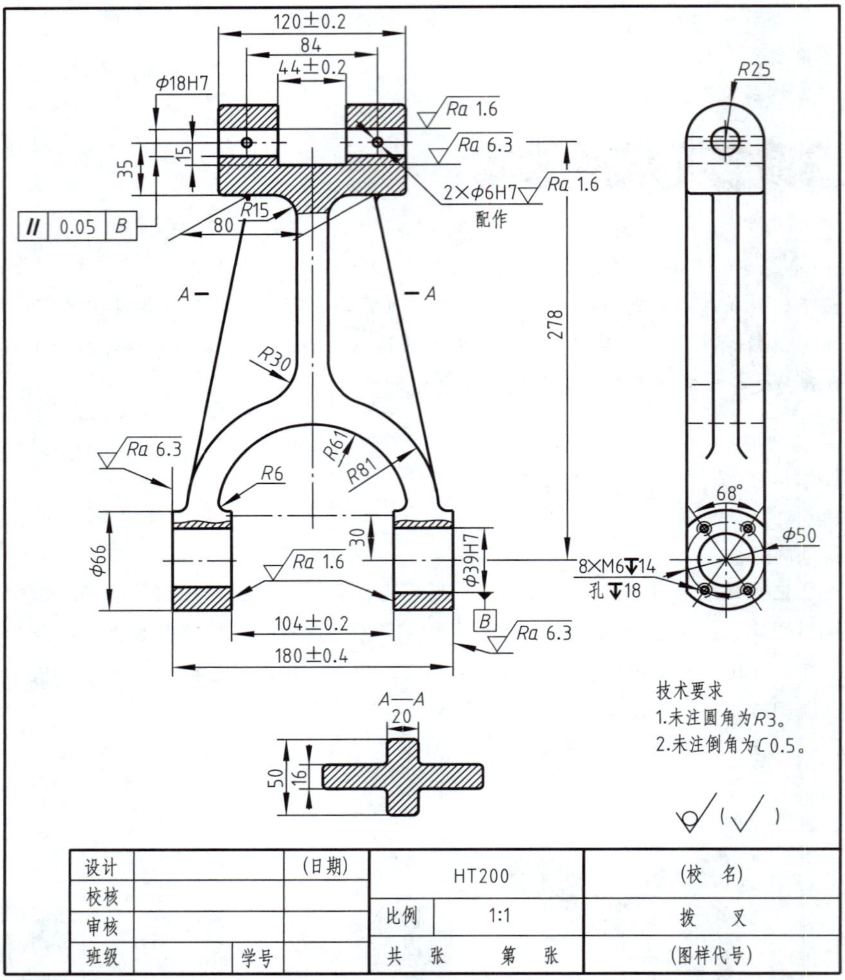

图 6-8　拨叉零件图

6.2.2　斜视图

微课扫一扫
斜视图

当机件上某一部分的结构形状是倾斜的，且不平行于任何基本投影面时，该部分的实形和真实尺寸无法在基本投影面上表达。这时，可将该倾斜结构向与其平行且垂直于一个基本投影面的辅助投影面进行投射，即得到反映倾斜部分实形的斜视图，如图 6-9 所示。这种机件向不平行于基本投影面的平面（辅助投影面）投射所得的视图，称为斜视图，如图 6-10（a）所示的 *A* 向视图。

画斜视图时应注意以下几点：

① 必须在视图的上方标出视图的名称“×”，在相应的视图附近用箭头指明投射方向，并注上同样的大写拉丁字母“×”，如图 6-10（a）所示的“*A*”。

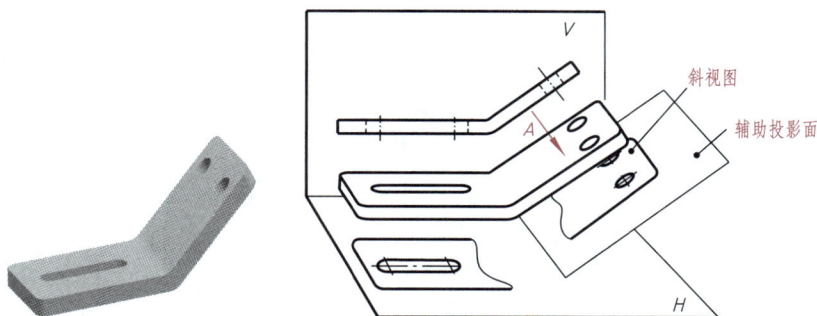

图 6-9　斜视图的形成

② 斜视图最好按投影关系配置，必要时也可平移至其他适当的位置配置并标注，在不致引起误解时，允许将斜视图旋转配置，标注形式为"⌒ ×"，表示该斜视图名称的大写拉丁字母应靠近旋转符号的箭头端，旋转符号的箭头指向应符合实际旋转方向。必要时允许将旋转角度标注在字母后，如图 6-10（a）所示，旋转符号"⌒"的画法如图 6-10（b）所示。

③ 斜视图一般只表达倾斜部分的实际形状，其余部分不必画出，可用波浪线或双折线断开。

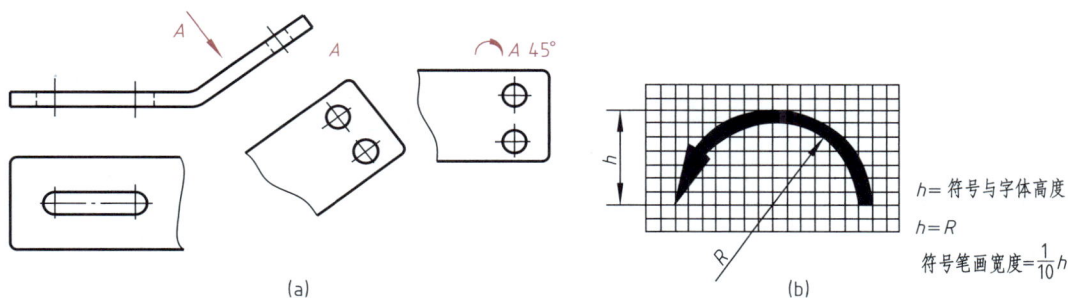

(a)　　　　　　　　　　(b)

图 6-10　斜视图

$h=$ 符号与字体高度
$h=R$
符号笔画宽度 $=\frac{1}{10}h$

6.2.3　单一斜剖切平面剖得的剖视图

由于机件结构千差万别，叉架类零件上的倾斜结构除了采用斜视图表达外，还会采用剖视图表达，以便使倾斜部位内部结构得到充分表达。如图 6-11 所示的弯管，其采用单一斜剖切平面剖切，所得的 A—A 全剖视图表达了弯管内部结构及其顶部凸台和通孔。

采用这种单一斜剖切平面剖切时，其剖视图的配置及标注与模块 3 中所述剖视图的配置及标注相同，且在不致引起误解时，还允许将图形旋转，旋转后的标注形式与斜视图标注形式相同，为"×-× ⌒"，如图 6-11 中的"A-A ⌒"。

6.2.4　局部视图

当已采用一定数量的基本视图，机件上仍有部分结构尚未表达清楚，而又没有必要再画出其他完整的基本视图时，可仅将这部分的结构向基本投影面投射，所得的视图称为局部视图，如图 6-10（a）所示的俯视图。

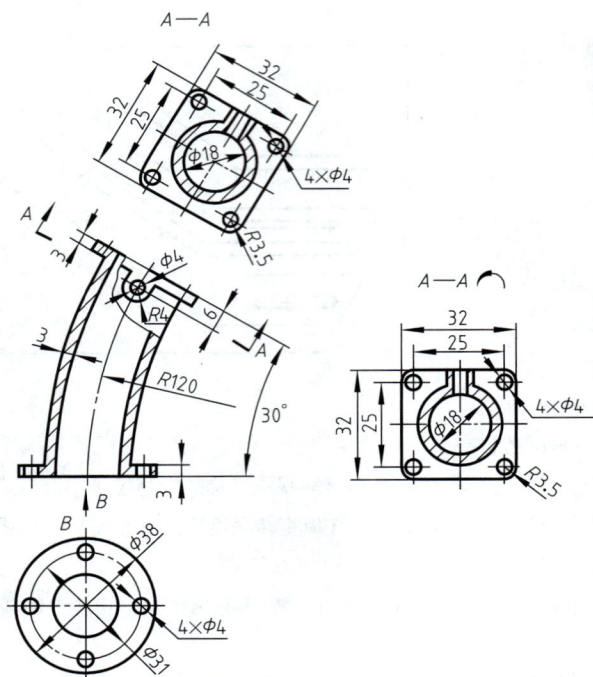

图 6-11　弯管的剖视图

　　局部视图通常应标注表示投射方向的箭头和名称字母。在实际绘图时，用局部视图表达机件可使图形重点突出，清晰、明确。

　　画局部视图时应注意以下几点：

　　① 局部视图按基本视图的形式来配置，中间又没有其他视图时，不必标注，如图 6-12（a）所示；也可按图 6-12（b）所示的形式配置在其他合适位置并进行标注。

　　② 局部视图断裂边界用波浪线或双折线表示，当局部结构完整，且外轮廓线封闭时，波浪线或双折线不必画出，如图 6-12 所示的 B 向视图的断裂边界未画出，但如图 6-10（a）所示的俯视图断裂处的波浪线不可省略。

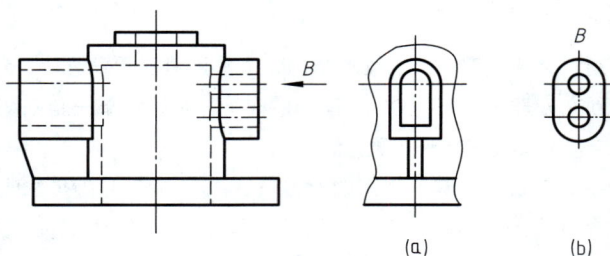

(a)　　　　(b)

图 6-12　局剖视图配置及标注

6.2.5　绘制拨叉零件图

1. CA6140 车床主轴箱拨叉结构特点

　　拨叉位于车床变速结构中，主要起换挡作用，使主轴回转运动按照工作者的要求进行工作。其毛坯为

196

铸造件，结构简单，它由圆筒、连接板、圆柱拨叉、肋板组成，无倾斜结构。

2. 拨叉的视图表达

　　根据拨叉结构特点可以确定，绘制拨叉零件图时只需两个视图，即主视图和俯视图。主视图按零件的工作位置选择，并选取最能反映形状特征的方向作为主视图的投射方向，俯视图采用全剖视图表达内部结构，该零件图绘制步骤如图 6-13 所示。

　　① 选择绘图比例，确定图幅，绘制图框和标题栏外框。在本例中拨叉总长为 89 mm，总宽为 56 mm，总高为 32 mm，加上主、俯视图间距，可选择 A4 图幅，绘图比例为 1：1。

　　② 用细点画线绘制定位基准线。根据圆筒和圆柱拨叉中心距绘制两定位基准线，距离为 75 mm，如图6-13（a）所示。

　　③ 用细实线绘制零件所有轮廓线（包括肋板、键槽），如图 6-13（b）、（c）所示。绘制轮廓线时可先根据正投影法绘制基本视图（本例中为主、俯视图），后根据剖视图绘制方法绘制剖视图，这样可避免漏线。

　　④ 绘制剖视图。绘制剖视图时要细心严谨，避免漏线、多线，注意剖面线的画法、剖切符号和剖视图名称的注写，本例中拨叉因外部结构简单、上下对称，故俯视图采用全剖，且按视图投影关系配置，省略标注，如图 6-13（d）所示。检查无误后描深图线，便可进行尺寸标注与技术要求的注写。

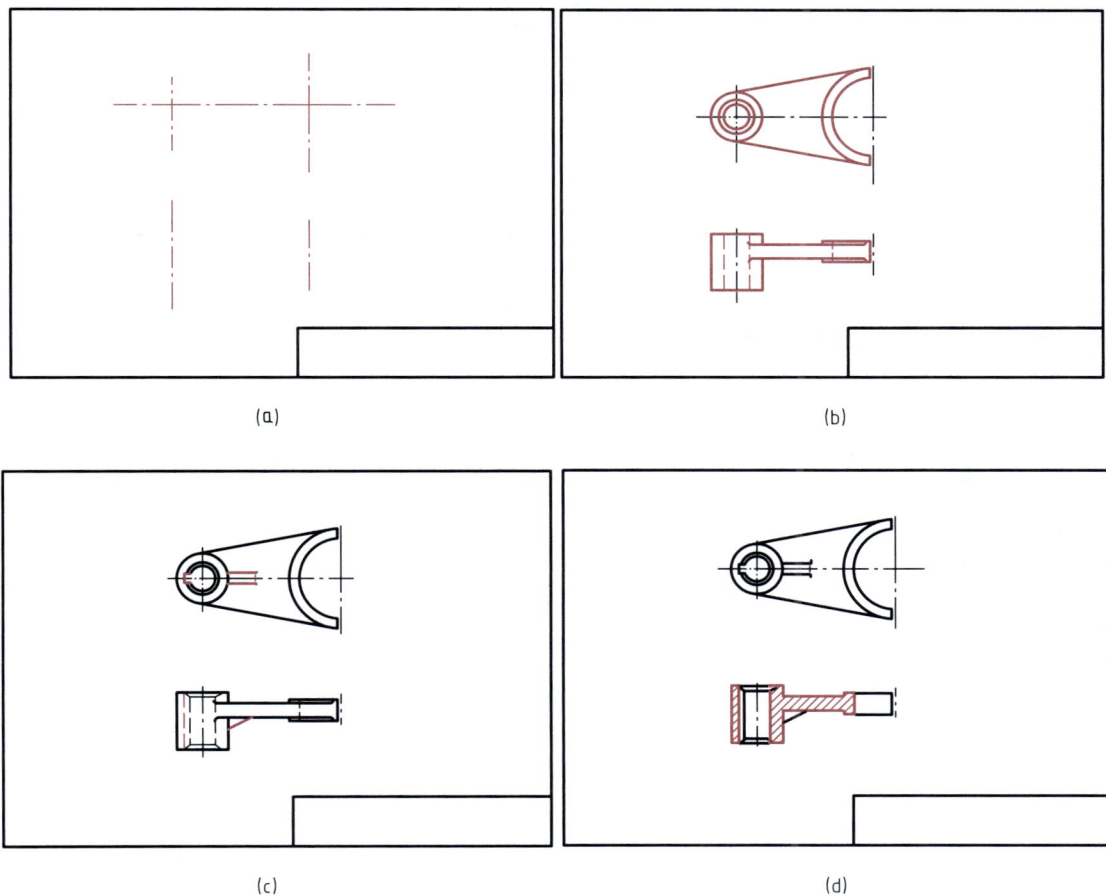

(a)

(b)

(c)

(d)

图 6-13　拨叉零件图绘制步骤

3. 拨叉的尺寸标注

拨叉尺寸标注同组合体尺寸标注类似，都是先进行尺寸基准选择，然后对各形体定形尺寸及它们相互位置的定位尺寸进行标注，并给出合理的尺寸公差，具体的尺寸标注如图 6-14 所示。

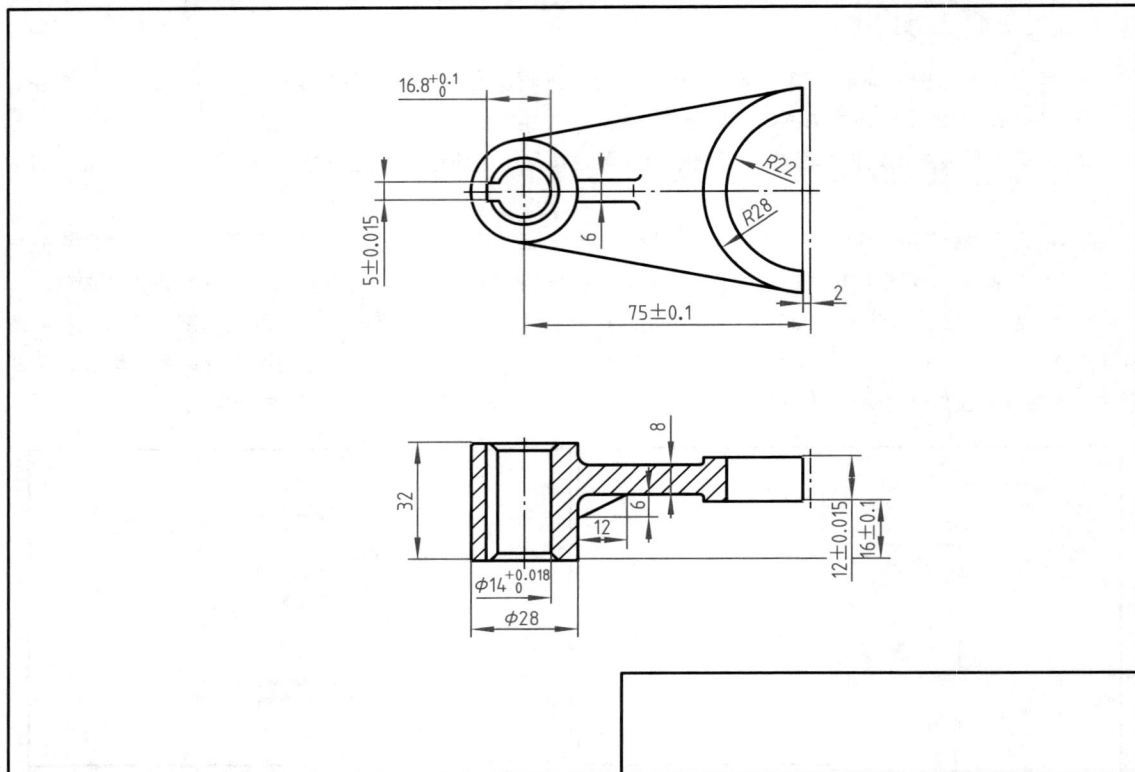

图 6-14　拨叉的尺寸标注

4. 拨叉的技术要求注写

拨叉的技术要求可根据拨叉安装要求与工作性能要求来确定，有配合、接触要求的表面粗糙度值较小，并且圆筒、圆柱拨叉的端面与圆筒轴线有垂直度要求，其他有关铸造圆角、热处理等要求均可用文字说明。具体的技术要求注写如图 6-15 所示。

技术要求注写后，填写标题栏，完成零件图的绘制。

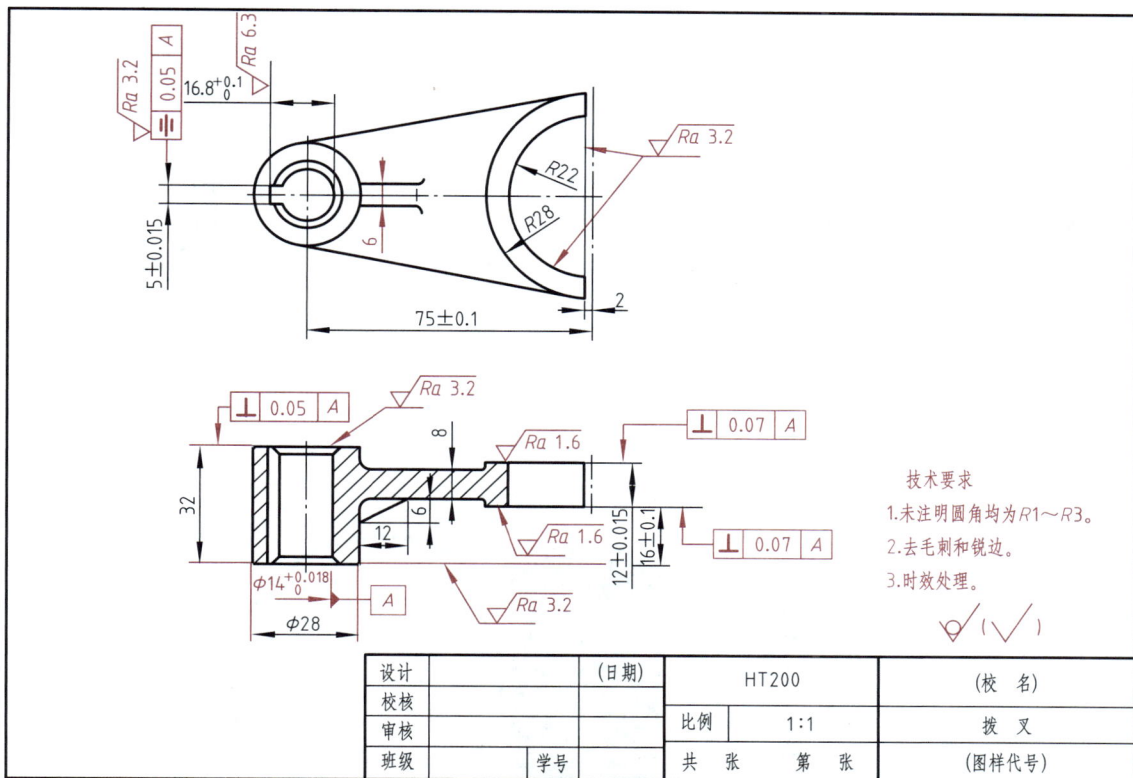

图 6-15 拨叉的技术要求注写

复习思考题

1. 什么情况下需采用斜视图表达机件？

2. 画局部视图时需要注意哪些事项？

任务 6.3 AutoCAD 绘制拨叉零件图

任务描述

本任务将结合实例介绍拨叉零件图的绘制方法与步骤，并巩固 AutoCAD 绘制零件图的方法与步骤，进一步掌握表达叉架类零件与绘制零件图的相关技能。

本例以如图 6-15 所示的拨叉零件图为例，设计思路是：打开样板图，先绘制中心线，然后绘制主视图，根据主视图同步绘制俯视图，最后标注尺寸并注填写技术要求和标题栏。

1. 创建新图形

首先创建新图形，并参照本教材前面所讲的内容进行图层设置和图框绘制等操作，或者直接采用以前建立的"A4 样板图"建立新图形。

2. 绘制主视图

① 绘制中心线。将"中心线"图层设为当前图层。

运用"直线"命令，打开正交模式（F8），在 A4 图框内绘制中心线，确定好大致布局，如图 6-13（a）所示。

② 将"粗实线"图层设为当前图层，使用"圆"命令绘制主视图中 ϕ14 圆、C2 倒角形成的 ϕ18 圆、ϕ28 圆及半径 R22、R28 的圆，如图 6-16 所示。

③ "对象捕捉设置"中勾选"切点"，单击"绘图"面板上"直线"按钮，捕捉圆切点，绘制左右两个圆的切线，如图 6-17、图 6-18 所示。

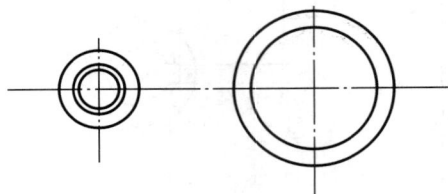

图 6-16　绘制主视图中各圆

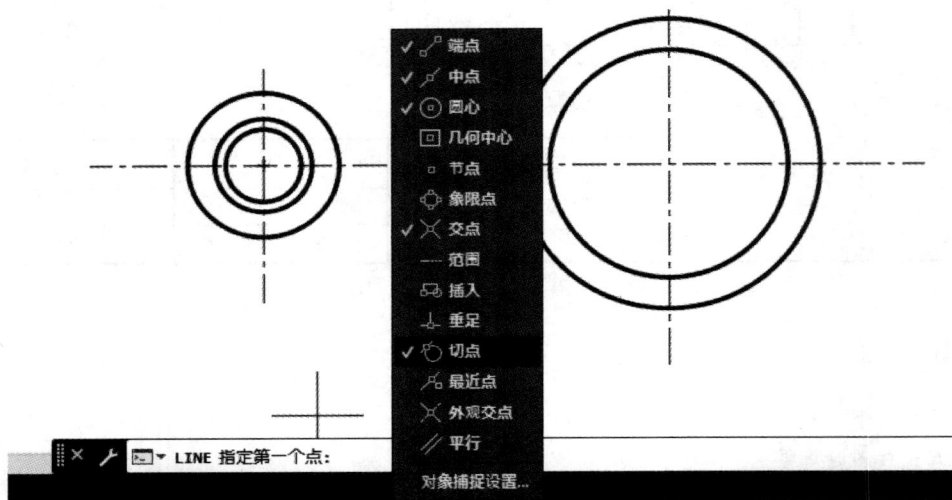

图 6-17　勾选"切点"

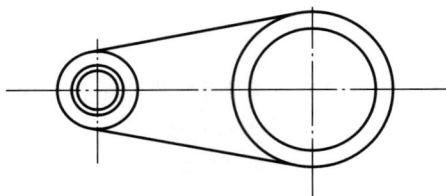

图 6-18　绘制切线

④ 使用"偏移"命令将右边竖直中心线偏移 2 mm，然后将水平中心线与左边竖直中心线分别偏移 2.5 mm、3 mm 与 9.8 mm、26 mm，选择所偏移的中心线，将所在图层修改为"粗实线"图层，然后参照图 6-15 进行修剪绘制，删除多余线条，形成键槽与加强肋，如图 6-19 所示。

(a) 偏移　　　　　　　　　　　　　　　(b) 改图层

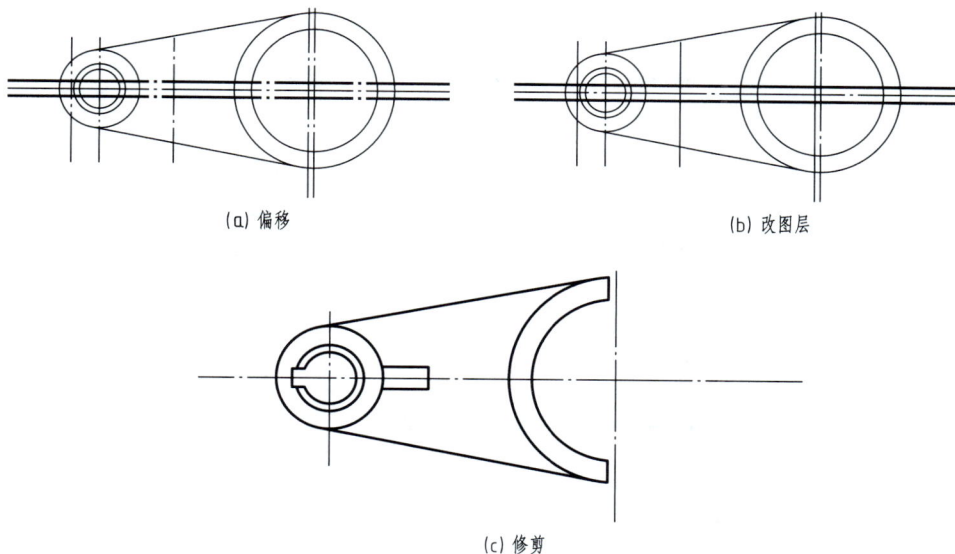

(c) 修剪

图 6-19　绘制键槽、加强肋等结构

⑤ 根据零件图技术要求绘制铸造圆角与交线，调整图层完成主视图。如图 6-20 所示。

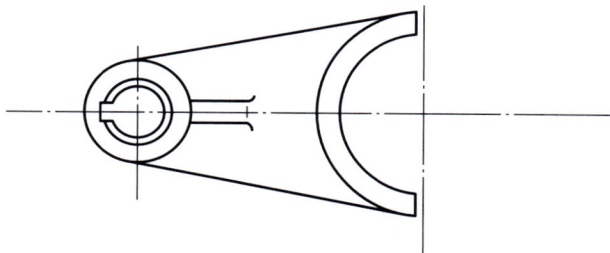

图 6-20　拨叉主视图

3. 绘制俯视图

① 用正交追踪模式、"直线"命令、"修剪"命令绘制圆筒、圆柱拨叉、连接板、加强肋 4 部分俯视图外部结构，其中，可作辅助线确定圆柱拨叉和加强肋的高度位置及长度再绘制图形，绘制过程如图 6-21（a）～（c）所示。用"删除"命令、"修剪"命令修剪和删除多余图线，最终形成的图形如图 6-21（d）所示。

② 根据主视图中的内部结构，利用正交追踪模式，绘制拨叉俯视图中的内部结构图线，如图 6-22 所示。

③ 用"倒角"命令进行 C2 倒角，"修剪"命令修剪多余图线，如图 6-23 所示。

④ 用"图案填充"命令绘制剖面线，根据前面介绍的方法选择正确图案，进行角度、比例参数设置，确保剖面线疏密适中。完成俯视图绘制，如图 6-24 所示。

4. 调整中心线

选中主视图与俯视图中心线，使用夹点调整中心线长度，确保中心线超出图形轮廓线长度符合制图规范，如图 6-25 所示。

201

(a)

(b)

(c)

(d)

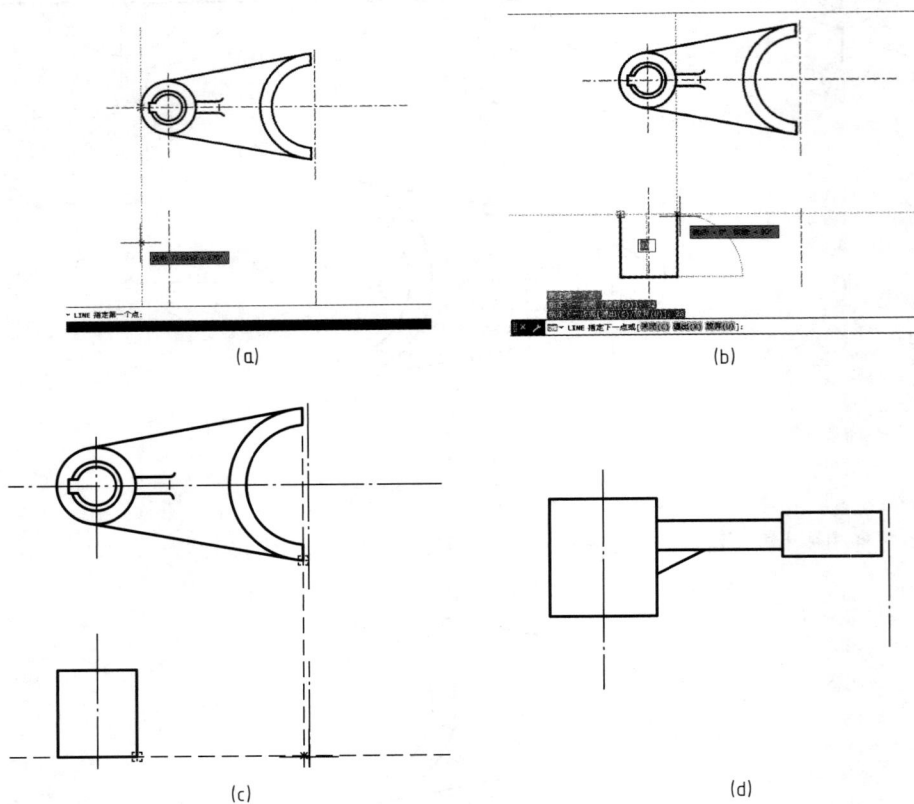

图 6-21　拨叉俯视图外部图形

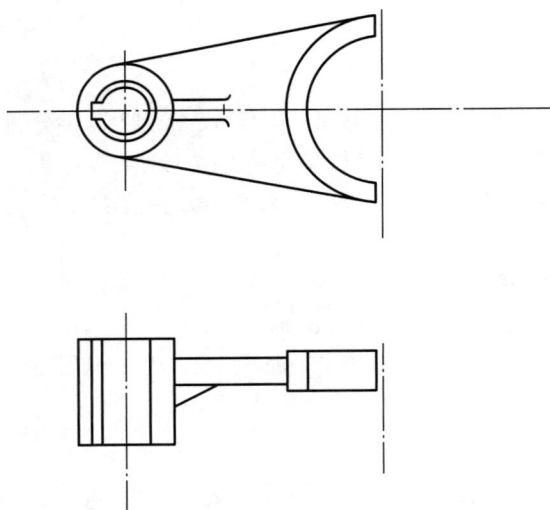

图 6-22　绘制内部结构

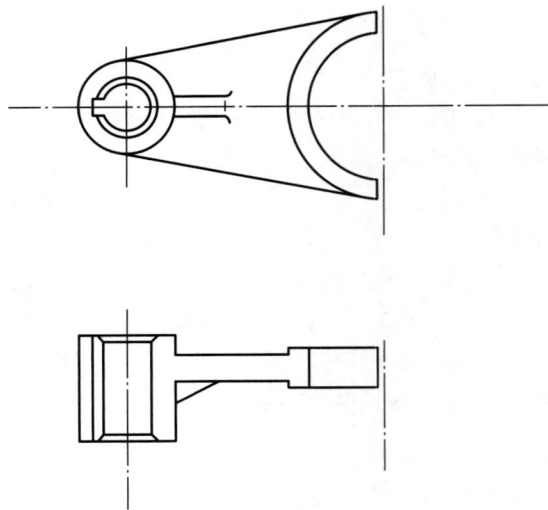

图 6-23　倒角与修剪线条

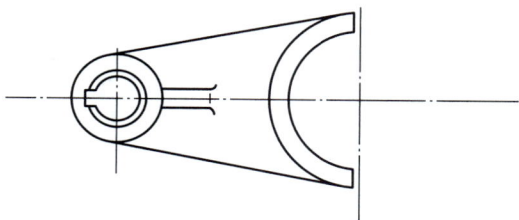

图 6-24　绘制剖面线

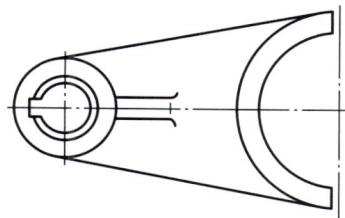

图 6-25　调整中心线

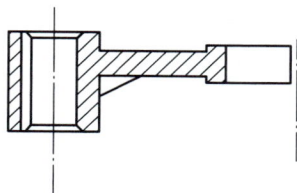

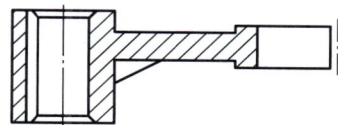

5. 尺寸标注与技术要求注写

参照图 6-15，选择合适的标注样式，进行尺寸标注与技术要求注写，注意，应符合机械制图国家标准的要求，其中俯视图中 $\phi 14$ 的标注，需先用"线性"标注，再用"分解"命令调整尺寸线与尺寸界线，如图 6-26 所示。

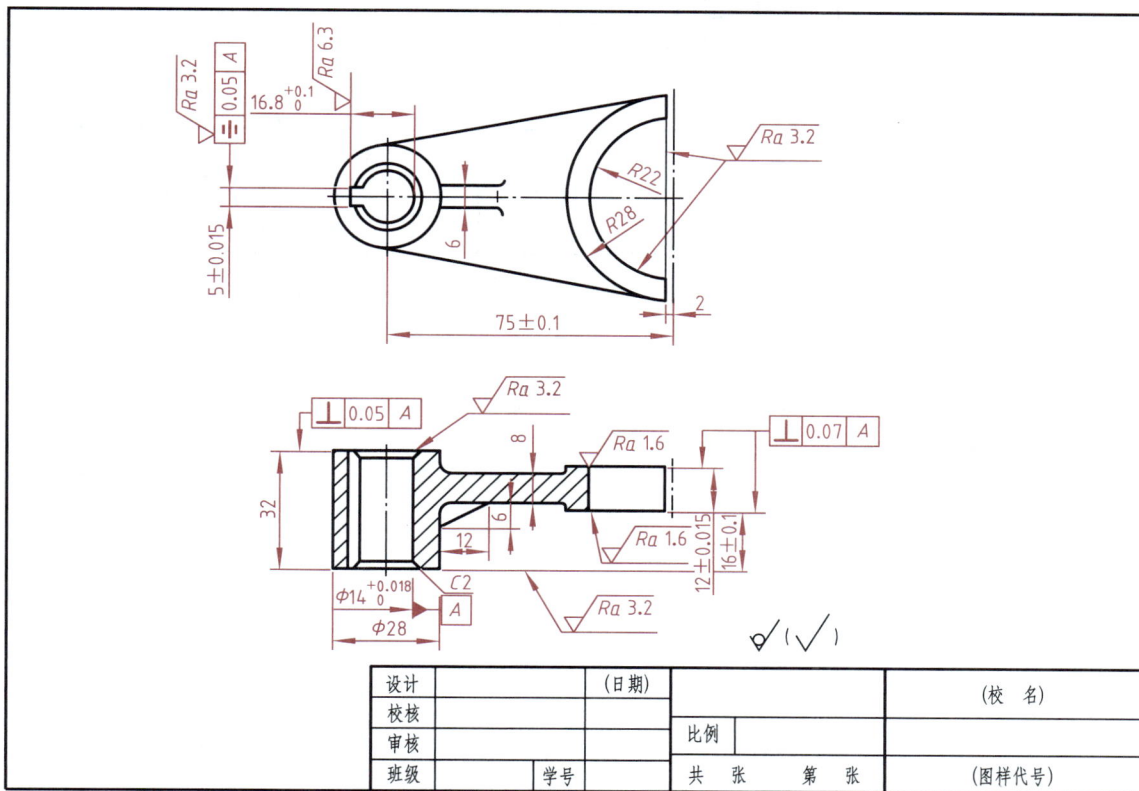

设计		（日期）		（校　名）
校核				
审核		比例		
班级	学号	共　张　第　张		（图样代号）

图 6-26　尺寸标注与技术要求注写

6. 填写技术要求与标题栏

在文字样式工具栏中选择合适的文字样式，用"多行文字"命令填写技术要求与标题栏，如图 6-27 所示。

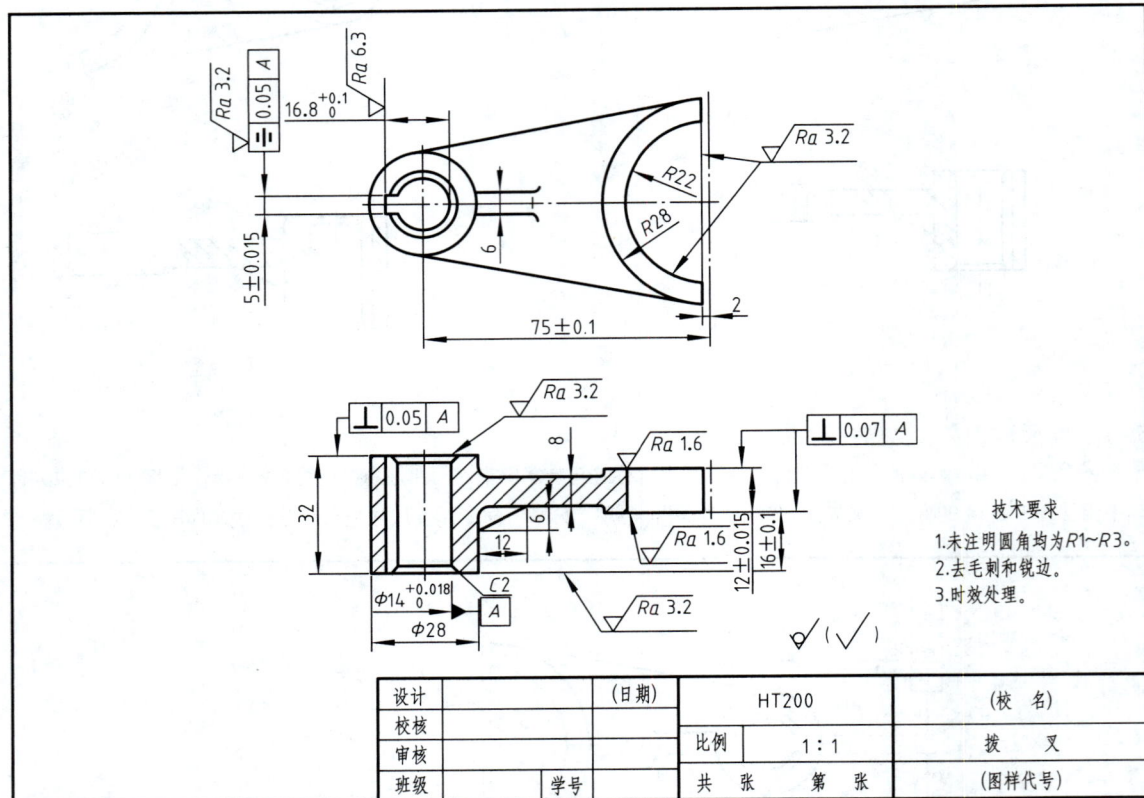

技术要求
1.未注明圆角均为R1~R3。
2.去毛刺和锐边。
3.时效处理。

设计		(日期)	HT200		(校名)
校核					
审核			比例	1：1	拨　　叉
班级	学号		共　张　第　张		(图样代号)

图 6-27　填写技术要求与标题栏

复习思考题

1. 简述在使用 AutoCAD 绘制拨叉零件图时采用的技巧。
2. 简述俯视图 $\phi 14$ 的尺寸标注还可以如何处理。

模块 7　箱体类零件图的识读与绘制

学习目标

1. 掌握零件的基本视图、向视图等表示方法。
2. 掌握箱体类零件的铸造工艺结构及视图的选择等知识。
3. 掌握齿轮泵泵体的视图表达及尺寸标注等知识。
4. 掌握减速器箱体零件图的读图方法和步骤。
5. 掌握 AutoCAD 绘制箱体类零件图的方法与步骤。
6. 通过"箱体类零件结构特点与作用"的学习，感悟"海纳百川，有容乃大"的包容性。

学习重点

基本视图、向视图、视图的选择；尺寸基准；铸造工艺结构。

学习难点

齿轮泵泵体零件图的绘制；减速器箱体零件图的识读与分析。

任务 7.1　齿轮泵泵体零件图的绘制

任务描述

　　齿轮泵泵体是齿轮泵中的一个基础零件，属于箱体类零件，如图 7-1 所示。泵体的作用是安装一对啮合齿轮，在齿轮运转时，将油从上部进油口吸入，从下部出油口压出。

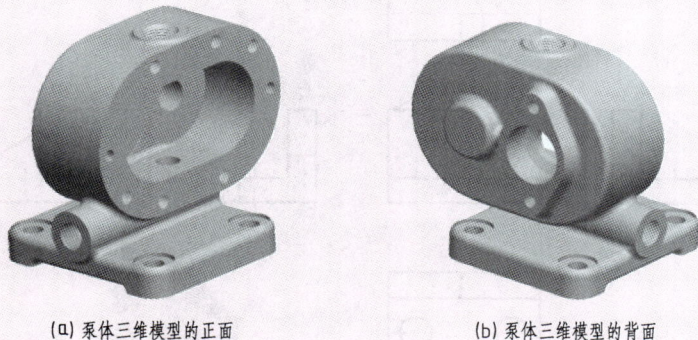

(a) 泵体三维模型的正面　　　　　　　　(b) 泵体三维模型的背面

图 7-1　齿轮泵泵体

本任务通过视图的选择、铸造工艺结构等相关知识的学习和训练，使学生掌握箱体类零件在视图选择、读图及绘图方面的相关技能。

7.1.1　基本视图

机件向基本投影面投射所获得的视图称为基本视图。基本投影面除了前面介绍的正立投影面、水平投影面以及侧立投影面外，根据国家标准规定，还可在原有三个投影面的基础上，再增设三个投影面，这三个投影面与上述三个投影面分别平行，从而组成一个正六面体，这 6 个投影面称为基本投影面，如图 7-2 所示。这样，除了主视图、俯视图、左视图三个视图外，还有后视图——从后向前投射，仰视图——从下向上投射，右视图——从右向左投射。6 个基本投影面如图 7-2 所示，即正面（主视图）不动，其余投影面展开与正面共面。展开后 6 个基本视图的配置关系如图 7-3 所示。

微课扫一扫
基本投影面及
其展开

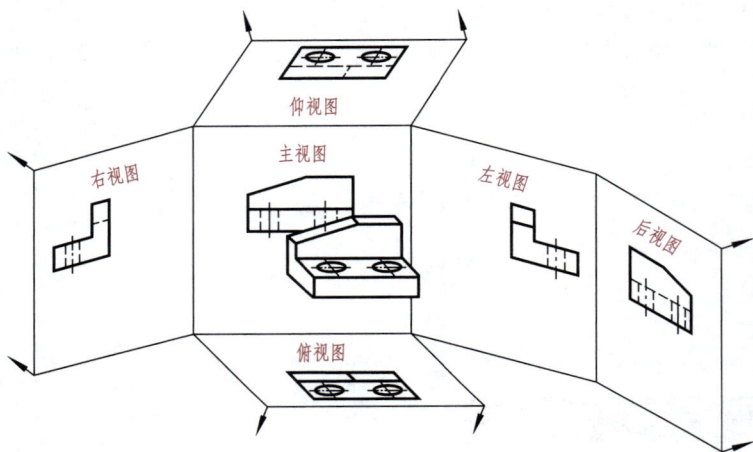

图 7-2　基本投影面及其展开

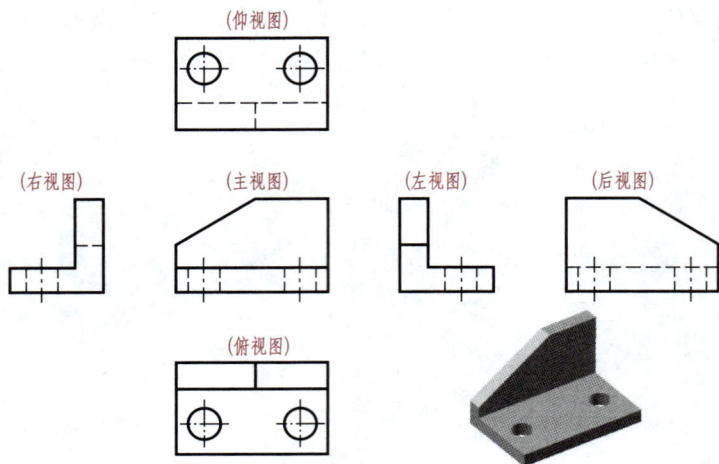

图 7-3　基本视图的配置关系

与三视图相同，6 个基本视图仍应保持对应的投影关系，即符合"长对正、高平齐、宽相等"的投影规律。从 6 个基本图中还可以看出每个视图的轮廓关系，左视图和右视图、主视图和后视图左右对称，俯视图和仰视图上下对称。从视图中还可以看出机件前后、左右、上下的方位关系，其对应的方位关系仍然是：左、右、仰、俯视图靠近主视图的一边表示机件的后边，而远离主视图的一边表示机件的前边。

在机械制图中，机件并不一定需要 6 个基本视图共同表达，视图的数量应根据机件的复杂程度来确定，其基本原则是：用尽可能少量的视图来准确、清晰、完整地表达机体的形状和结构。在 6 个基本视图中，如无特殊情况，优先采用主视图、俯视图、左视图。

绘图时应根据零件的形状和结构特点，选用必要的几个基本视图。如图 7-4 所示的阀体，其按自然位置安放，选定能够全面反映阀体各部分主要形状特征和相对位置关系的视图作为主视图。如果用主、俯、左三个视图表达这个阀体，由于阀体左右两侧的形状不同，在左视图中将出现很多细虚线，影响图形的清晰程度，增加尺寸标注的困难。如在表达时再增加一个右视图，就能完整、清晰地表达这个阀体了。

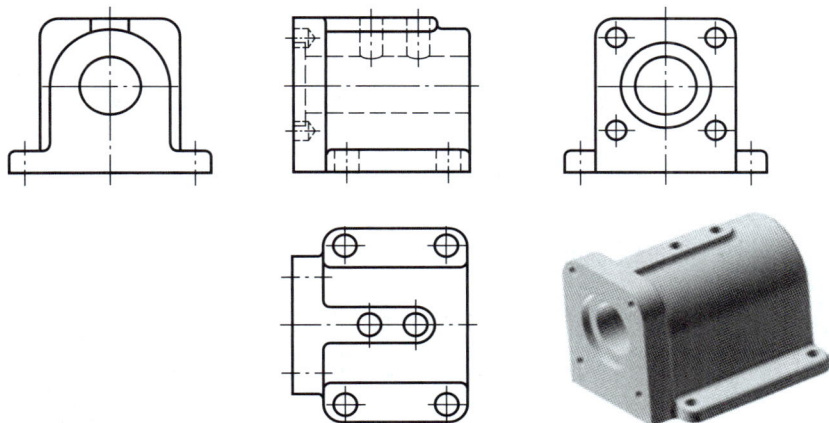

图 7-4　阀体的视图和三维模型

国家标准规定：在绘制技术图样时，应首先考虑读图方便，还应根据机件的结构特点，选用适当的表示方法。在完整、清晰地表达机件形状的前提下，力求制图简便。视图一般只画机件的可见部分，必要时才画出其不可见部分。因此，在图 7-4 中采用了 4 个视图，并在主视图中用细虚线画出了阀体的内腔结构及各个孔的不可见投影。由于将这 4 个视图对照起来阅读，已能清晰、完整地表达出阀体的结构和形状，所以在其他三个视图中的不可见部分的投影应省略，不再画出细虚线。

7.1.2　向视图

在实际绘图时考虑到各视图在图纸中的合理布局问题，当视图按图 7-3 所示投影关系配置时，可不标注视图的名称，如不能按图 7-3 所示投影关系配置视图或各视图不画在同一张图纸上时，应在视图的上方标出视图的名称"×"（"×"为大写拉丁字母代号），并在相应的视图附近用箭头指明投射方向，并注上同样的字母，这种位置可自由配置的视图称为向视图。如图 7-5 所示，其视图配置即采用了向视图，由该图可见，这些向视图均是基本视图自由配置后形成的。

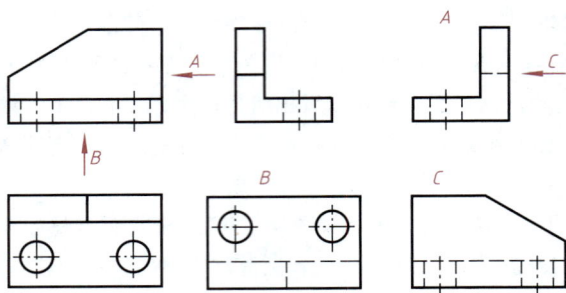

图 7-5 　向视图

7.1.3 　视图选择

零件图的视图选择，应在分析零件结构形状特点的基础上，选用适当的表示法，正确、完整、清晰地表达出零件各部分的结构形状。视图选择包括零件主视图的选择和视图数量、表示法的选择。

1. 主视图的选择

主视图是零件图中最重要的视图。其选择是否合理，不但直接关系到零件的形状结构是否能被清晰表达，而且关系到其他视图数量和位置的确定，影响到读图和绘图的方便。一般来说，选择主视图应考虑以下两方面问题。

（1）主视图的投射方向

一般应选最能反映零件结构形状特征和相对位置关系的方向作为主视图的投射方向。如图 7-6 所示的传动器箱体零件，A 向最能显示零件的结构特征。

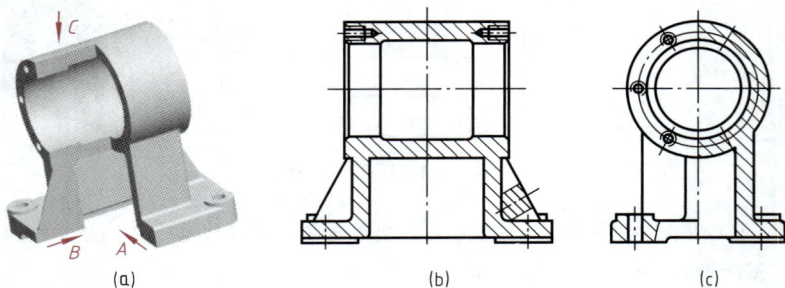

（a）　　　　　　　　　　　　（b）　　　　　　　　　　　（c）

图 7-6 　传动器箱体零件

（2）零件主视图的安放位置

确定零件主视图的安放位置时应考虑以下三个原则：

① 加工位置原则 　应尽量与零件的主要加工位置一致。如对在车床或磨床上加工的轴套类、盘盖类零件，为读图方便，应将这些零件按轴线水平横向放置，如图 7-7 和图 7-8 所示。

② 工作位置原则 　应尽量与零件在机器或部件中的工作位置一致。这样便于根据装配关系来考虑零件的形状及有关尺寸，便于校对。如图 7-9（a）所示为吊钩的主视图。对于工作位置歪斜放置的零件，因为不便于绘图，应将零件放正绘制。

③ 自然安放位置原则 　当零件有多种加工位置，且工作位置又不固定时，可按零件自然安放平稳的位置作为其主视图的位置。

208

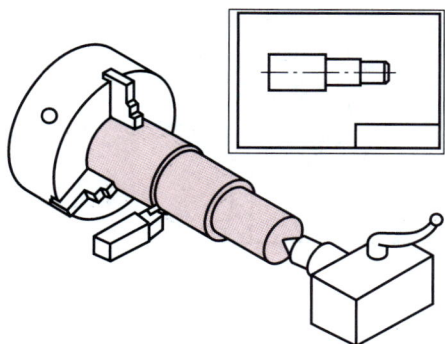

图 7-7　轴套类零件的加工位置

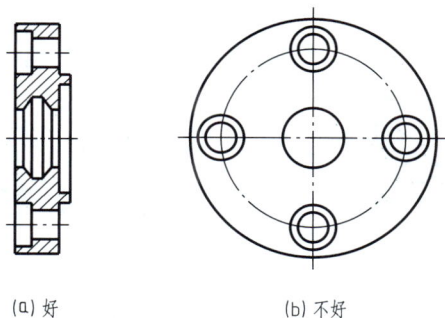

(a) 好　　　　　　　　　　(b) 不好

图 7-8　盘盖类零件应符合加工位置

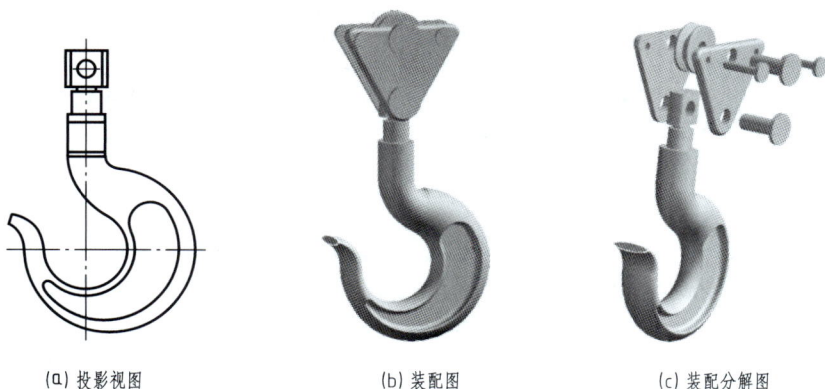

(a) 投影视图　　　　　　(b) 装配图　　　　　　(c) 装配分解图

图 7-9　吊钩的工作位置

此外，还应兼顾其他视图的选择，考虑视图的合理布局，充分利用图幅。

2. 其他视图的选择

一般来讲，仅用一个主视图是不能完全反映零件的结构形状的，需配合其他视图，包括剖视图、断面图、局部放大图和简化画法等各种表示方法来表达。主视图确定后，其他视图的选择可考虑以下两个方面：

① 以主视图为基础，在正确、完整、清晰地表达零件结构形状的前提下，选用尽量少的视图数量。

② 分析零件在主视图中尚未表达清楚的局部结构和倾斜部分结构，可增加必要的局部（剖）视图、局部放大图和斜视图，从而确定还应选取哪些视图及其表示方法，使每个视图有其表达的重点，且具有独立存在的依据。

图 7-10 所示为阀体的表达方案。主视图采用全剖视图，反映内部阶梯孔的结构形状，且便于技术要求的标注；俯视图采用 *A—A* 剖视图，长方形内腔形状一目了然，底板形状清晰易看，画图也比较简单；左视图采用半剖视图，既表达了左端面的实际形状及螺孔的分布情况，又表达了内部空腔结构。

7.1.4　铸造工艺结构

1. 铸造圆角

为了防止砂型在转角处脱落，避免浇注熔液时冲坏砂型，同时也为了避免铸件冷却收缩时产生裂纹和缩孔，形成铸造缺陷，铸件表面转角处应做成圆角，称为铸造圆角，如图 7-11 所示。

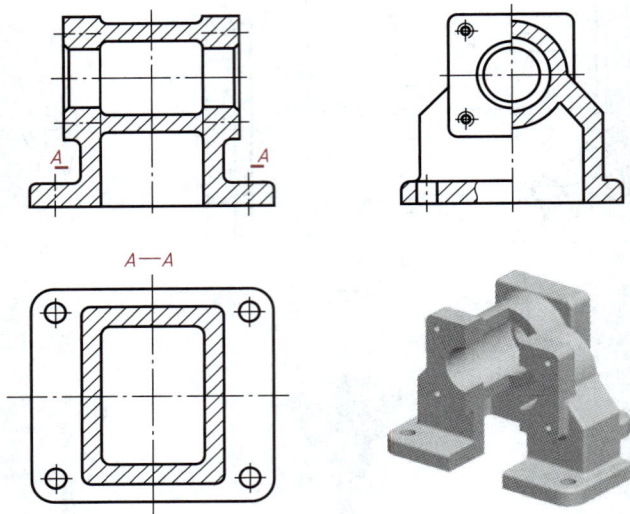

图 7-10　阀体的表达方案

在零件图中，应该画出铸造圆角，其半径一般取 3 ~ 5 mm，或取壁厚的 20% ~ 40%。通常标注在技术要求中，如"未注铸造圆角为 R3 ~ R5"。

铸件经机械加工后，铸造圆角会被切去，产生锐角，如图 7-11 所示。因此，画零件图时，在两个非加工表面的相交处一般要画出铸造圆角；如其中一个面或两个面是加工面时，则它们的相交处应画成直角。

2. 起模斜度

为了便于从型砂中取出模型，一般会沿起模方向设计一定的斜度，称为起模斜度。起模斜度一般为 1∶20，在图上可以不标注，也可不画出，必要时在技术要求中用文字说明即可，如图 7-12 所示。

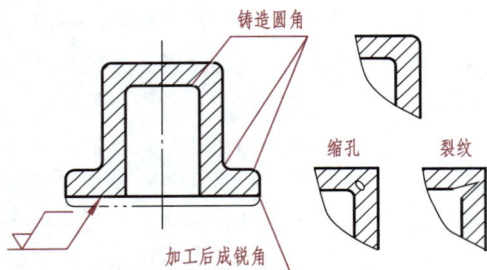

图 7-11　铸造圆角

图 7-12　起模斜度

210

7.1.5　箱体类零件的结构分析与视图表达

　　箱体类零件是机器或部件的基础零件,它将机器或部件中的轴、套、齿轮等有关零件组装成一个整体,使它们之间保持正确的相互位置,并按照一定的传动关系协调地传递运动或动力。因此,箱体的加工质量将直接影响机器或部件的精度、性能和寿命。

　　箱体的结构形式虽然多种多样,但仍有共同的主要特点:形状复杂、壁薄且不均匀,内部呈腔形,加工部位多,加工难度大,既有精度要求较高的孔系和平面,也有精度要求较低的紧固孔。

1. 凸台和凹坑

　　为了减少机械加工面积,提高工效,并保证两零件装配时接触良好,常在零件上制作出凸台或凹坑,并尽量使多个凸台在同一水平面上,以便加工,如图 7-13 所示。

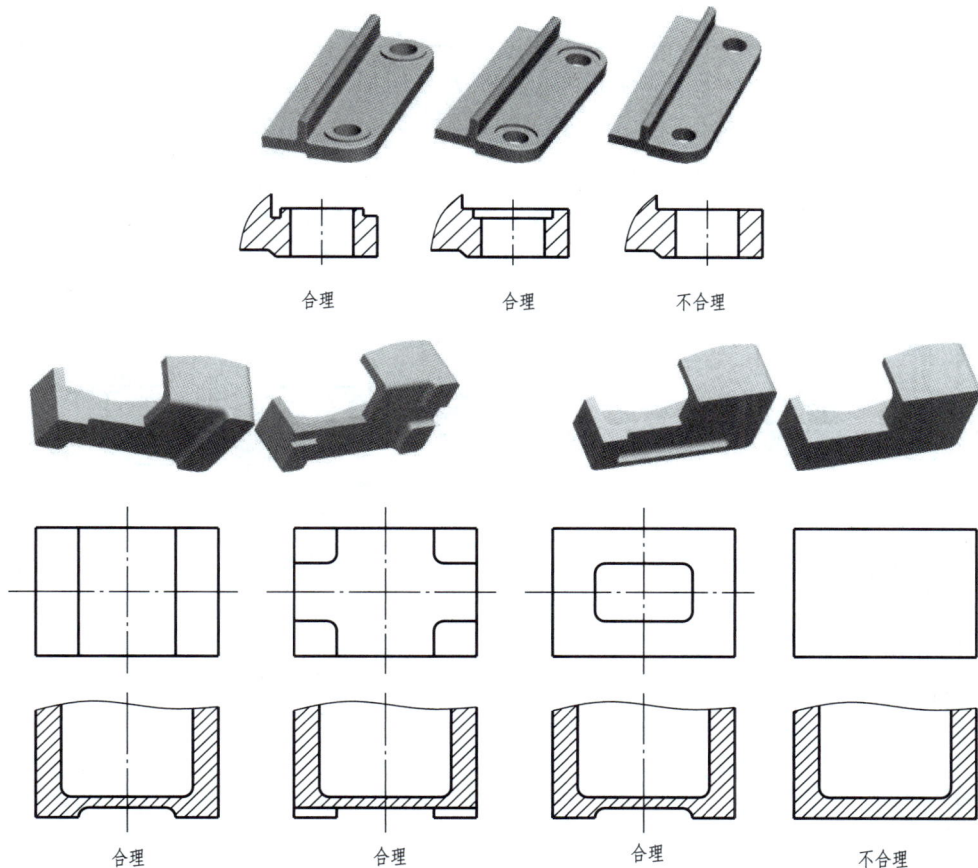

图 7-13　凸台和凹坑

2. 常用视图

　　箱体类零件的视图一般采用三个以上基本视图表达,同时还广泛应用各种表达方法,如断面图、剖视图及局部视图等。

211

（1）主视图

箱体类零件所属的装配图通常采用工作位置绘制，一般又具有多个加工位置，因此，箱体类零件一般以工作位置作为主视图。由于箱体类零件内腔较外形复杂，在主视图上通常采用剖视，以表达内部结构。

（2）左视图（俯视图或右视图）

设计中往往需要利用左视图（俯视图或右视图）来配合主视图表达箱体的内外形状，采用多少视图要根据箱体零件结构的复杂程度而定。如为了表达零件俯视方向的形状和结构需要绘出俯视图，为了表示零件左右方向的形状可选择左视图或右视图。

（3）剖视图

为了箱体类零件内部形状的清晰表达，需要采用足够数量的剖视图。根据其结构的具体情况可采用全剖、半剖或局部剖。在许多情况下为了减少视图数量，可采用局部剖，这样在同一视图上，一方面表达了箱体零件的外部形状，同时也表达了内部结构，如图 7-14 所示，主视图和左视图采用了局部剖视图，俯视图采用了全剖视图。

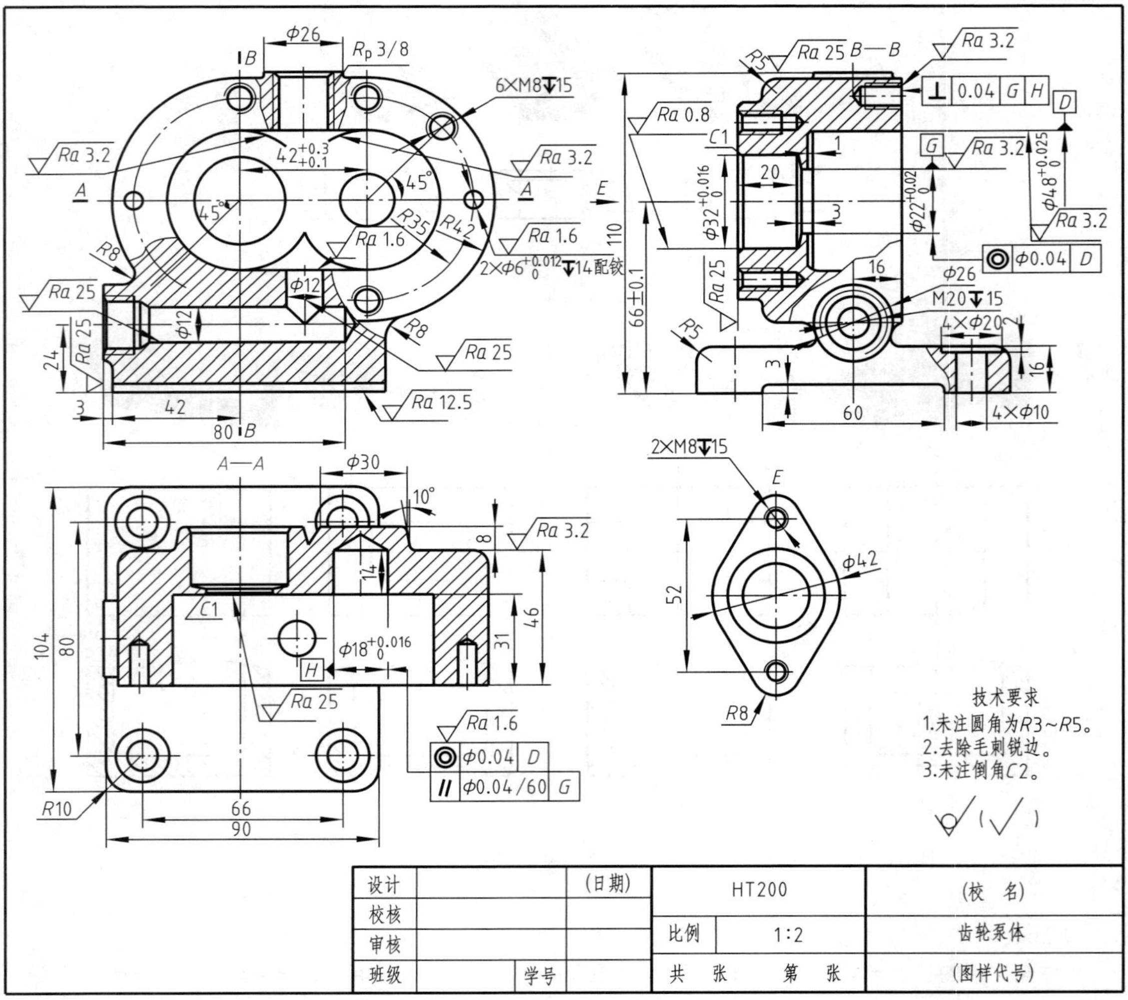

图 7-14　泵体零件图

（4）断面图

为了表达箱体类零件内部结构中某一截面的形状，有时也采用断面图来表达。

（5）局部视图和局部剖视图

为了表达箱体类零件某部分的结构形状，有时也采用局部视图和局部剖视图来表达。如图 7-14 所示，为了表示腰圆形凸台的形状采用局部剖视图表达。

7.1.6 齿轮泵泵体的结构分析与视图表达

如图 7-14 所示，该齿轮泵泵体零件主体可分为底板、支承板和腰形空腔结构。底板的结构为四棱柱（长方体），为了减少接触面积，底部挖了一个凹槽；底板上有 4 个安装用的螺栓孔。安装齿轮的空腔及其外部结构是腰形壳体，空腔前面的边缘上有 6 个螺孔和两个销孔，用于泵盖的固定和定位，空腔后面有轴孔，用于支承齿轮轴；轴孔后部制成带有蝶形凸台（见 E 向视图），用于安装透盖；空腔上、下部加工了进、出油口。在上方腰形壳体和下方底板之间采用 $\phi 26$ 的圆柱体连接，并在圆柱体内开设出油口。

微课扫一扫
箱体类零件
的结构分析

其视图表达方案如下：

① 泵体零件图由主、俯、左三个基本视图和一个局部视图组成。

微课扫一扫
箱体类零件
的视图表达

② 主视图反映了泵体的主要形状特征，且与它的工作位置一致。在主视图上对进、出油口作了局部剖视，表达了壳体的结构形状及齿轮腔与进、出油口在长、高方向的相对位置。

③ 俯视图画成全剖视图（A—A），将安装一对齿轮的内腔及安装两齿轮轴的孔剖出，同时反映了底板的形状、4 个螺栓孔的分布情况，以及底板与壳体的相对位置。

④ 左视图画成局部剖视图，剖切位置通过主动轴的轴孔，主要是为了表达蝶形凸台上两螺孔及进、出油口与壳体、安装底板之间的相对位置。

⑤ 局部视图补充表达了蝶形凸台的结构形状。

7.1.7 齿轮泵泵体的尺寸标注

在标注箱体类零件尺寸时，各部位的定位尺寸很重要，因为它关系到装配质量的好坏，为此首先要选择好尺寸基准，一般以安装表面、主要孔的轴线和主要断面作为基准。在箱体类零件长、宽、高三个方面各选择一个主要基准。当各部位的定位尺寸确定后，其定形尺寸才能确定。

齿轮泵泵体的底面是它的安装表面，以它作为高度方向的尺寸基准，注出泵体总高 110、底板的厚度、齿轮腔及出油口的定形尺寸。

在长度方向选取主动轴轴孔中心线作为尺寸基准，注出两齿轮孔的中心距 42，出油口的位置也以此作为基准，底板采用对称中心面为基准标注出安装孔的位置。

在宽度方向选取壳体的前端配合面作为尺寸基准，注出内腔的深度 32、壳体的厚度 46 及出油口的位置。

7.1.8 齿轮泵泵体的技术要求注写

（1）主要表面的形状精度和表面粗糙度

箱体类零件的主要平面是装配基准，一般也是加工时的定位基准，应有较高的形状精度和较小的表面粗糙度值；否则会直接影响箱体类零件加工时的定位精度，影响箱体类各部件装配时的相互位置精度。如

图 7-18 所示，壳体的前端面是主要装配基准，表面粗糙度值为 $Ra3.2\,\mu m$，与主轴孔的垂直度公差为 0.04 mm。

（2）孔的尺寸精度、形状精度和表面粗糙度

泵体上轴承支承孔的尺寸精度、形状精度和表面粗糙度均具有较高要求，以保证轴承与泵体孔的配合精度，否则，将使轴的回转精度下降，也易使传动件（如齿轮）产生振动和噪声。如图 7-14 所示，主轴支承孔的尺寸精度为 IT6，表面粗糙度值为 $Ra0.8\,\mu m$，其余支承孔尺寸精度为 IT7~IT6，表面粗糙度值为 $Ra3.2$~$1.6\,\mu m$。

（3）主要孔和表面的位置精度

同一轴线的孔应有一定的同轴度要求，各支承孔之间也应有一定的孔距尺寸精度及平行度要求。如图 7-14 所示，泵体主动轴与从动轴支承孔的孔距公差为 0.2 mm，平行度公差为 ϕ 0.04 mm，主动轴支承孔与主动轴轴孔的同轴度公差为 ϕ 0.04 mm。

复习思考题

1. 试说明零件图主视图的选择依据。
2. 试说明箱体类零件中常见的铸造工艺结构有哪些？
3. 试说明箱体类零件常用的视图有哪些？

任务 7.2　减速器下箱体零件图的识读

任务描述

减速器下箱体是典型的箱体类零件，如图 7-15 所示。本任务以减速器下箱体为载体，介绍识读箱体类零件图的方法和步骤，使学生掌握箱体类零件图读图的相关技能。

微课扫一扫
减速器下箱体

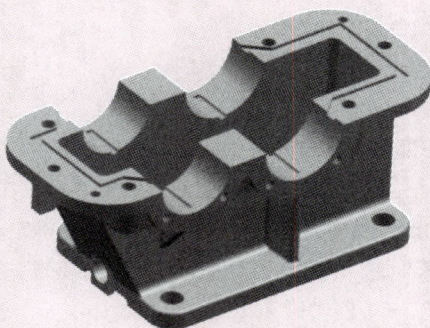

图 7-15　减速器下箱体

7.2.1　减速器下箱体的作用及结构特点

减速器下箱体起着支承和固定轴系零件，保证轴系运转精度、良好润滑及可靠密封等重要作用。主要具有以下结构特点。

（1）支承部分

该部分结构形状复杂，下部通常制成带有肋板的空腔，壁上设有支承轴承用的轴承孔。

（2）润滑部分

为了使运动件得到良好的润滑，减速器下箱体常设有储油池、放油孔、油位孔及各种油槽。如图 7-15 所示，箱体空腔下部作为储油池之用，箱体下部左侧为油位孔，右侧为放油孔。

（3）安装部分

为使减速器下箱体设计成封闭结构，使润滑油不致泄漏，常在箱体零件上装有上盖、侧盖及轴承盖。因此在连接处要加工出连接配合孔、螺钉孔及安装平面。

（4）加强部分

减速器下箱体受力较薄弱的部分常用肋板以增加其强度，如减速器下箱体的轴承孔除安装轴承外还要安装轴承盖，因此对于较长的轴承孔，可在轴承孔外部设置肋板，以增加其强度，如图 7-15 所示，设计有 4 块肋板。

7.2.2　减速器下箱体零件图标题栏的识读

① 如图 7-16 所示，由零件名称减速器下箱体可知，此零件是齿轮减速器中的一个主要零件，属于箱体类零件。减速器下箱体的作用是安装一对共轭齿轮，运转时，通过共轭齿轮的减速比改变输出轴的转速。

② 由材料是 HT250 可知，此零件是铸造毛坯经必要的机械加工而成的，因此具有铸造圆角、起模斜度等结构。

③ 由画图比例 1∶1 可估计零件实际大小与图形相同。

7.2.3　减速器下箱体零件图图形的识读

1. 分析视图，搞清视图间的关系

① 减速器下箱体零件图由主、俯、左三个基本视图和两个局部视图组成。

② 主视图反映了箱体的形状与位置特征，且与它的工作位置一致。采用了两处局部剖视图，一处表达壁厚及下边的放油孔；另一处则表达箱体上下连接凸台及连接通孔。

③ 俯视图主要表达了箱体的凸缘、内腔及安装底板的外形，同时也表达了连接孔、安装孔、销孔的相互位置，以及油槽的形状及位置。

④ 左视图采用半剖视图，主要表达箱体前后凸台上的轴承孔与内腔相通的内部形状和箱体凸缘、吊钩、油位孔、肋板等外形，在左下角采用局部剖视图表达安装孔的位置和大小。

⑤ 其中 B—B 局部视图采用剖视图形式，表达了油槽的具体的形状与位置，另外一个 C 向视图表达了螺栓安装平台底面的圆角尺寸。

2. 分析形体，想象零件形状

① 减速器下箱体外形的主体可分为底板和内腔结构。

② 由三个基本视图可看出，底板的基础结构为四棱柱（长方体），底板上有 4 个用于安装的螺栓孔。

③ 由三个基本视图可知，减速器下箱体的内腔主要用于放置两个啮合的齿轮，并且在内腔里装有润滑油，内腔的上表面有 6 个螺栓孔和两个锥销孔，用于箱体盖的固定和定位，侧部用于安装输入、输出轴的轴承和端盖。

④ 在底板和上板之间，是箱体的整个支承结构。该结构左右两端有用于搬运用的钩耳，右侧的下部是出油口，用于更换润滑油。

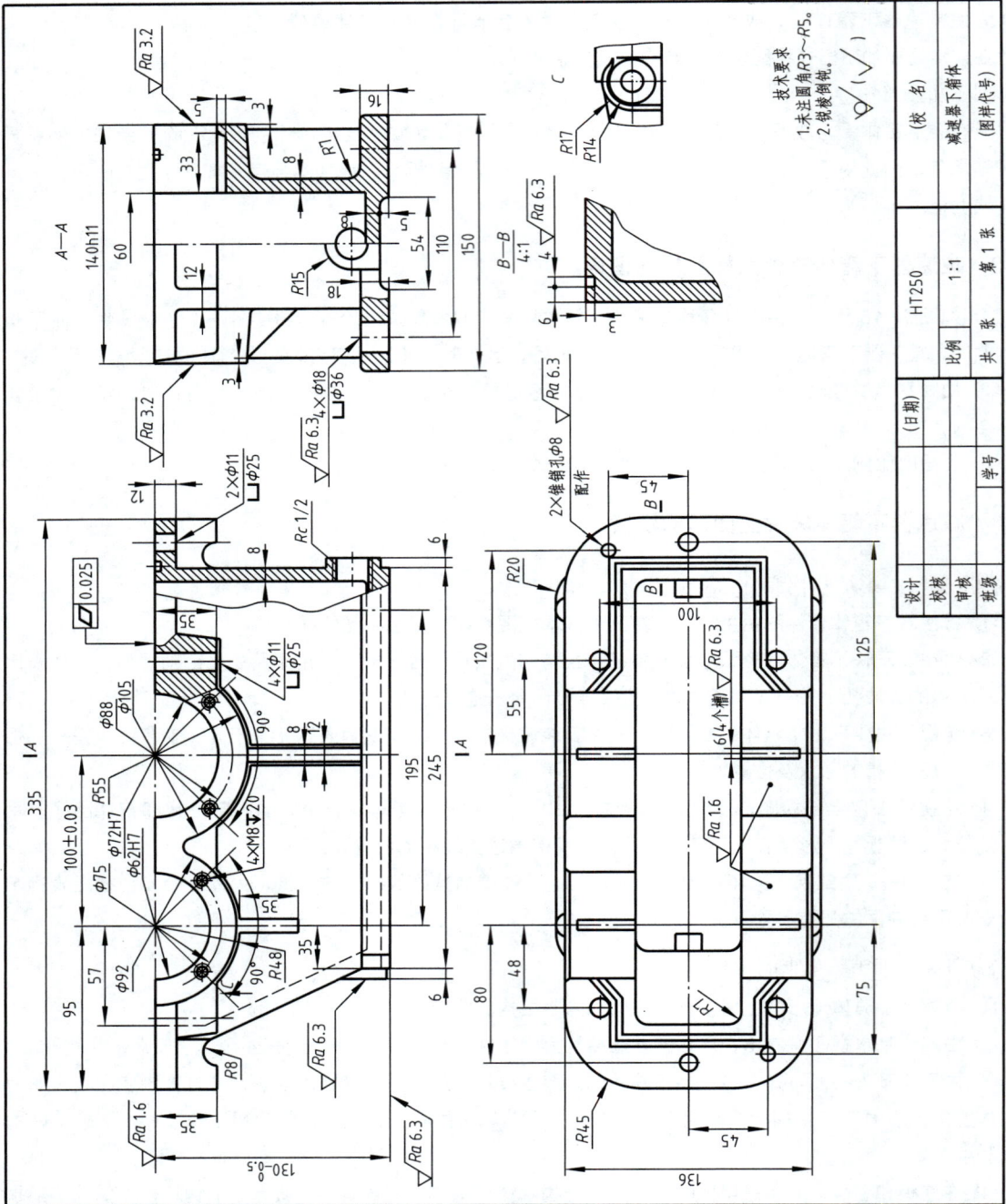

图 7-16　减速器下箱体零件图

⑤ 根据减速器下箱体上各个部分的结构和相对位置，综合想象整体形状，其空间形态如图 7-15 所示。

7.2.4　减速器下箱体零件图尺寸识读和分析

① 箱体类零件的尺寸基准。这类零件常以主要孔的轴线、对称面、较大的加工平面或结合面作为长、宽、高方向的主要基准。

② 直接标注出箱体类结构的重要尺寸。箱体中的重要尺寸是指直接影响机器的工作性能和质量好坏的那些尺寸。如：

a. 中心距尺寸　减速器下箱体中两轴承孔间的距离 100 ± 0.03，它直接影响两齿轮的正确啮合。

b. 配合尺寸　减速器下箱体中两轴承孔 $\phi 62H7$ 和 $\phi 72H7$，它影响着轴承的配合性能。

c. 与安装有关的尺寸　减速器下箱体中结合面到安装面的距离 $130_{-0.5}^{0}$。

7.2.5　减速器下箱体零件图技术要求的识读与分析

箱体类零件中轴承孔、结合面、销孔等位置的表面结构要求较高，其余加工面要求较低；轴承孔的中心距、孔径及一些有配合要求的表面、定位端面应有尺寸精度的要求；大的结合面常有平面度要求，同一轴的轴孔间常有同轴度要求，不同轴的轴孔间或轴孔和底面间常有平行度要求。

通过以上读图分析过程，将所获得的各方面的认识资料进行归纳。经过分析，进行综合想象。以上读图步骤不宜孤立地进行，应对图形、尺寸、技术要求等灵活交叉进行识读、分析。

复习思考题

1. 试说明减速器下箱体零件图中有哪些视图？
2. 试说明减速器下箱体零件图中每处剖视所表达的含义。

任务 7.3　AutoCAD 绘制泵体零件图

任务描述

通过前面几个模块的学习，基本掌握了使用 AutoCAD 绘图的各项基本操作技能，本任务通过使用 AutoCAD 绘制齿轮泵泵体零件图（图 7-14），介绍使用 AutoCAD 绘制箱体类零件图的方法和步骤，并掌握使用 AutoCAD 绘制箱体类零件图的相关技能。

7.3.1　设置绘图环境

用 AutoCAD 创建一张 A2 样板图，图纸采用 X 型布置，带装订边，根据零件尺寸大小选择绘图比例为 1:1，按图 1-9 所示绘制标题栏，如图 7-17 所示。

7.3.2　绘图步骤

1. 绘制基准线

根据泵体的形状和结构首先确定泵体主视图的投射方向和位置、视图的数量，再确定各个视图的表达形式，在恰当的位置绘制三个基本视图的基准线，如图 7-18 所示。

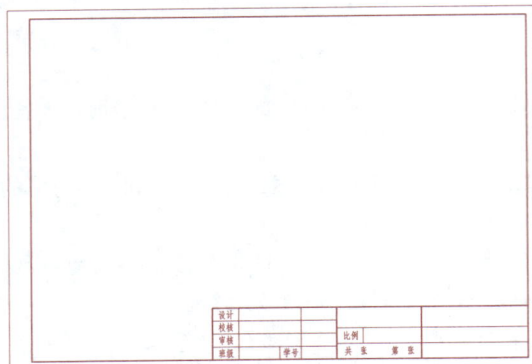

图 7-17　设置绘图环境

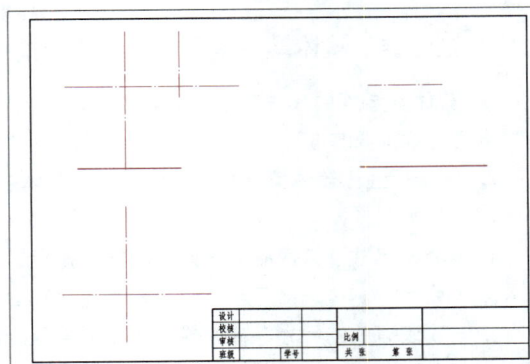

图 7-18　绘制基准线

2. 绘制轮廓线

绘制三个基本视图的主要轮廓线。

3. 绘制剖视图

对零件的内部结构进行剖视，并完成局部视图的绘制，如图 7-19 所示。

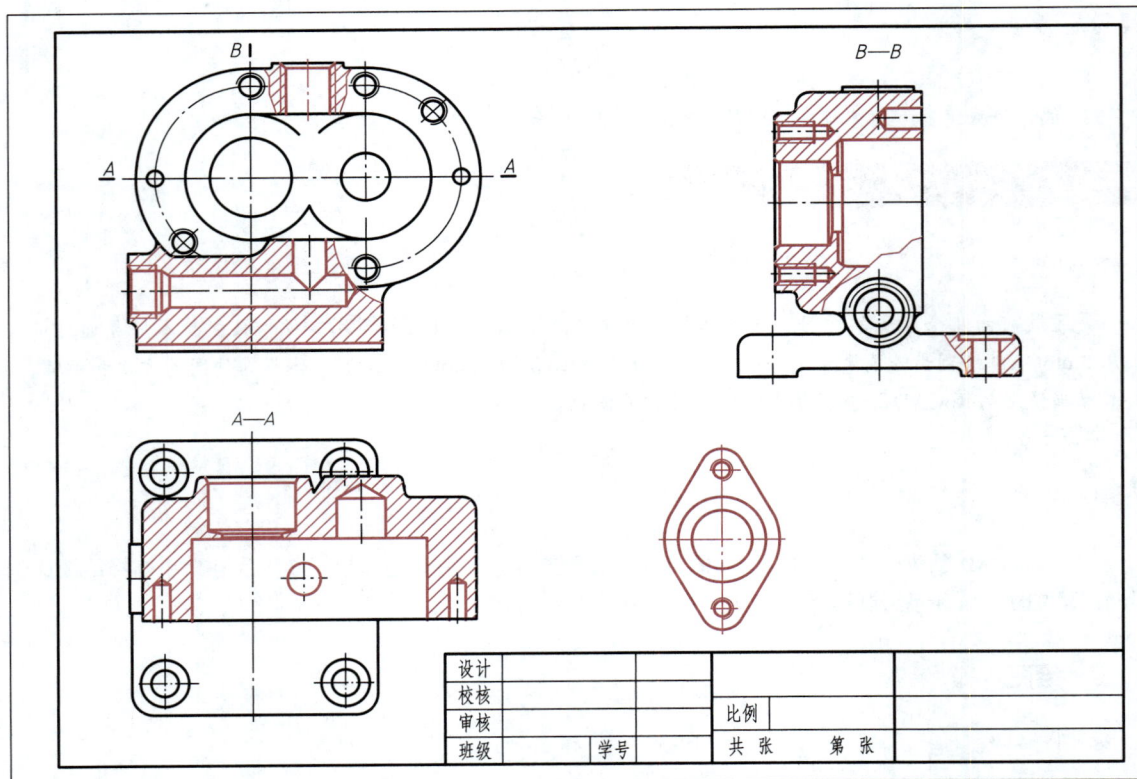

图 7-19　绘制剖视图

4. 完成零件图的绘制

检查视图是否有漏线，标注尺寸，注写技术要求，最后填写标题栏，完成全图，如图 7-14 所示。

复习思考题

试说明使用 AutoCAD 绘制零件图的主要步骤有哪些？

模块 8　装配图的绘制

学习目标

1. 掌握装配图的绘制思路、方法及绘制步骤。
2. 掌握装配体的测绘方法。
3. 掌握运用 AutoCAD 绘制装配图的方法与步骤。
4. 通过零件装配关系的学习，强化"立足本职、服从大局"的意识，养成"顾全大局、团结协助"的精神。

学习重点

1. 装配图图形的绘制方法、尺寸标注、技术要求的填写，序号及明细栏的绘制。
2. 装配体的测绘方法。

学习难点

1. 标准公差与基本偏差的含义。
2. 装配图视图的合理选择，视图表达方案的确定。

任务 8.1　装配图的画法

任务描述

　　装配图是表示产品及其组成部分的连接、装配关系及技术要求的图样。因而，在绘制装配图时，应清晰地画出零件的基本形状、零件之间的相对位置关系。本任务将介绍装配图所包含的基本内容、图形的表达方法、尺寸标注、装配图的制图要求及常见的装配工艺结构等内容。

8.1.1　认识装配图

1. 装配图的作用

　　一台机器或一个部件，都是由若干零件按一定的装配关系和技术要求装配起来的。表示机器或部件的图样称为装配图。其中，表示部件的图样称为部件装配图；表示一台完整机器的图样称为总装配图或总图。图 8-1 及图 8-2 所示为减速器三维装配图和三维爆炸图，图 8-3 所示为减速器总装配图。

　　装配图通常用来表达机器或部件的结构形状、工作原理、技术要求，以及零件、部件间的装配、连接关系等，是机械设计和生产中的重要技术文件之一。在产品设计中，一般先根据产品的工作原理图画出装配草图，由装配草图整理成装配图，然后再根据装配图进行零件设计，拆画出零件图。在产品制造中，装配图是制订装配工艺规程、进行装配和检验的技术依据。在机器使用和维修时，也需要通过装配图来了解机器的工作原理和构造。

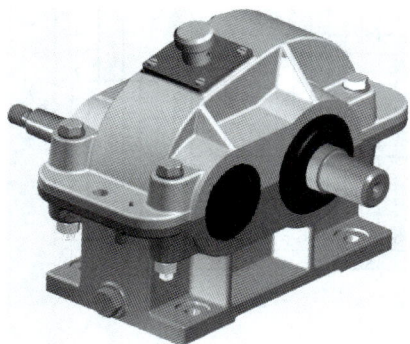

图 8-1　减速器三维装配图

图 8-2　减速器三维爆炸图

图 8-4 所示是一球阀装配图，同时还给出了这个球阀的三维装配图及三维爆炸图（图 8-5、图 8-6），以便互相对照，帮助读图。

在阅读或绘制部件装配图时，应了解部件的装配关系和工作原理，部件中主要零件的形状、结构与作用，以及各个零件间的相互关系等。下面简要介绍如图 8-4 所示的球阀。

在管道系统中，阀是用于启闭和调节流体流量的部件。球阀是阀的一种，它的阀芯是球形的。其装配关系是：阀体 2 和阀盖 6 均带有方形的凸缘，它们用 4 组双头螺柱 4 和螺母 5 连接，并用合适的调整圈 7 调节阀芯 1 与密封圈 3 之间的松紧程度。在阀体上部有阀杆 10，阀杆下部有凸块，榫接阀芯 1 上的凹槽。为了密封，在阀体与阀杆之间加进填料垫 8，并且旋入填料压紧套 9。

球阀的工作原理是：扳手 12 的方孔套进阀杆 10 上部的四棱柱，当扳手处于如图 8-4 所示的位置时，则阀门全部开启，管道畅通（对照装配图与三维爆炸图）；当扳手按顺时针方向旋转 90° 时（扳手处于如装配图的俯视图中双点画线所示的位置），则阀门全部关闭，管道断流。从俯视图的 *B—B* 局部剖视中可以看到，阀体顶部定位凸块的形状（90° 的扇形），该凸块用以限制扳手 12 的旋转位置。该球阀中各零件的主要形状大多也可以从图 8-4～图 8-6 中看出。球阀的部分零件图如图 8-7 所示。

通过以上分析可以得出如下结论：

① 运动关系　扳手→阀杆→阀芯。

② 密封关系　两个密封圈为第一道防线，调整圈既保证阀体与阀盖之间的密封，又保证阀芯转动灵活；第二道防线为填料，以防止从阀杆转动处的间隙泄漏流体。

③ 包容关系　阀体和阀盖是球阀的主体零件，它们之间用 4 组双头螺柱连接。阀芯通过两个密封圈定位于阀中，通过填料压紧套与阀体的螺纹，将材料为聚四氟乙烯的填料固定于阀体中。

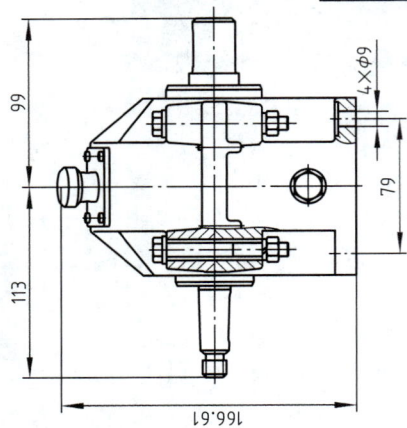

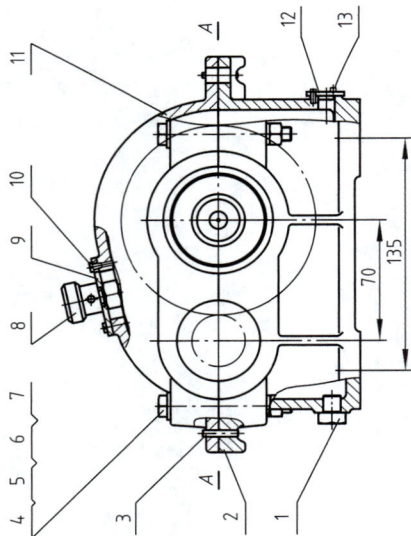

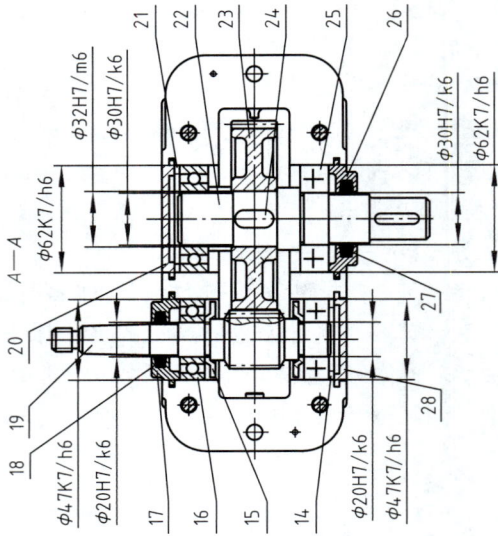

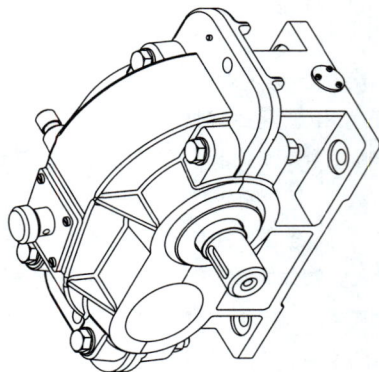

序号	代号	名称	数量	材料	备注
28		小闷盖	1	HT200	
27	GB/T10708.1-2000	大密封圈	1	丁腈橡胶	
26		大闷盖	1	HT200	
25	GB/7276-2013	滚动轴承6206	2		
24	GB/T1095-2003	键A10×23	1		
23		大齿轮轴	1	40Cr	
22		大齿轮	1	45	
21		大闷盖	1	H62	
20		大闷盖	1	HT200	
19	GB/T10708.2-2000	小密封圈	1	45	
18		小齿轮	1	HT200	
17	GB/7276-2013	小闷盖	2	丁腈橡胶	
16		滚动轴承6204	2	Q235	
15		甩油环	1	H62	
14		小调整环	1	Q235	
13	GB/T67-2016	螺钉M2×6	1	HT200	
12		窥视盖	1	Q235	
11	GB/T67-2016	螺钉M3×5	4	Q235	
10		窥视孔盖	1	Q235	
9		通气塞	1		
8		垫圈8	4		
7	GB/T97.1-2002	弹簧垫圈8	4		
6	GB/T93-1987	螺栓M8×10	4		
5	GB/T5782-2016	销A2×18	2		
4	GB/T6170-2015	下箱盖	1	Q235	
3	GB/T119.1-2000	螺塞	1	Q235	
2					

减速器总装配图

技术要求

装配完成后应进行检漏，不允许渗水。

A—A

拆去扳手12

12		扳手		1	Q235	
11		填料		1	聚四氟乙烯	
10		阀杆		1	40Cr	
9		填料压套		1	35	
8		填料垫		1	40Cr	
7		调整垫		1	聚四氟乙烯	
6		阀盖		1	ZG230-450	
5	GB/T6170—2015	螺母M12		4		
4	GB/T897—1988	双头螺柱M12×30		4		
3		密封圈		1	聚四氟乙烯	
2		阀体		1	ZG230-450	
1		阀芯		1	40Cr	
序号	代号	名称		数量	材料	备注

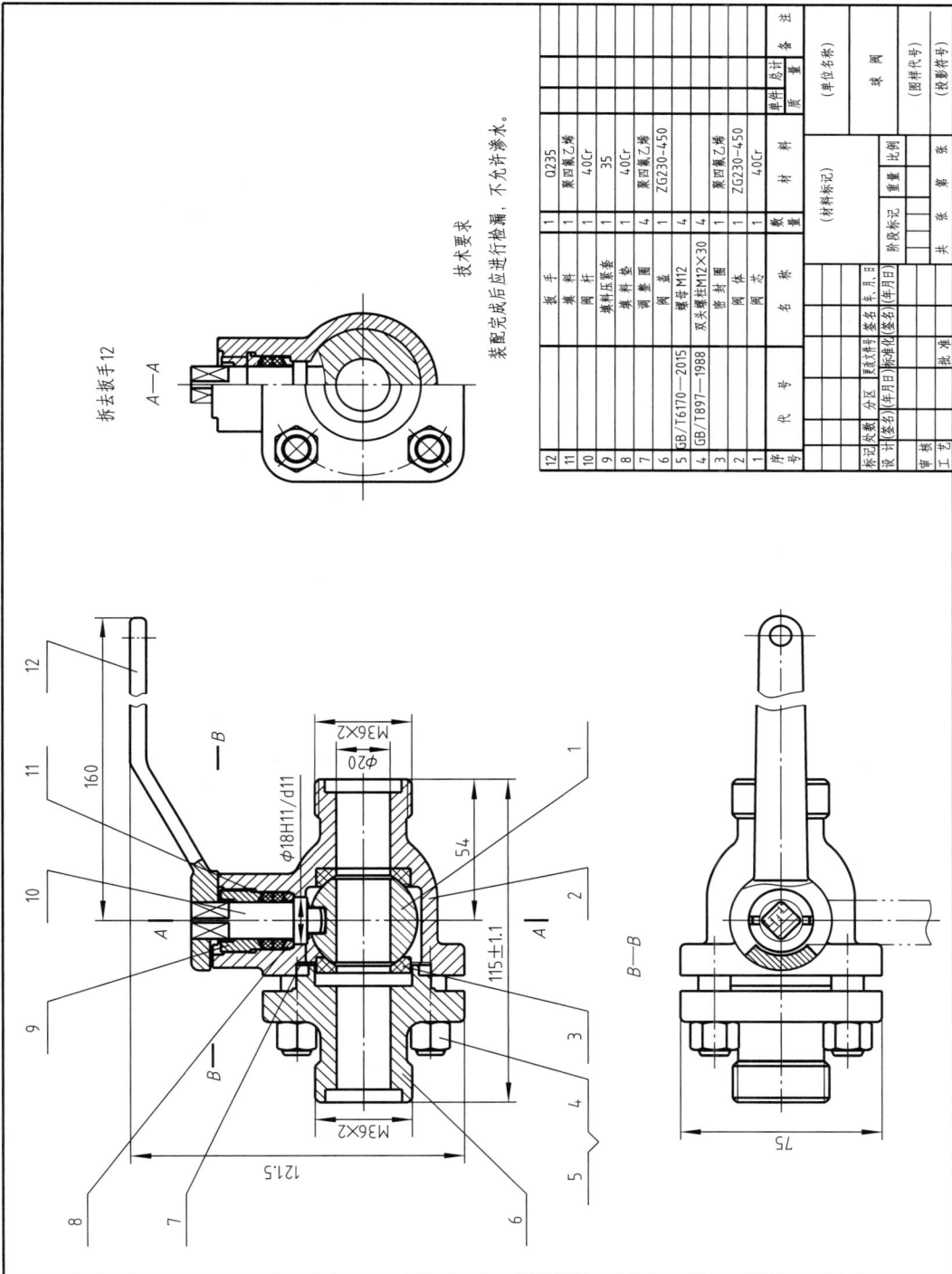

图 8-4　球阀装配图

223

微课扫一扫
球阀装配模型

图 8-5　球阀三维装配图

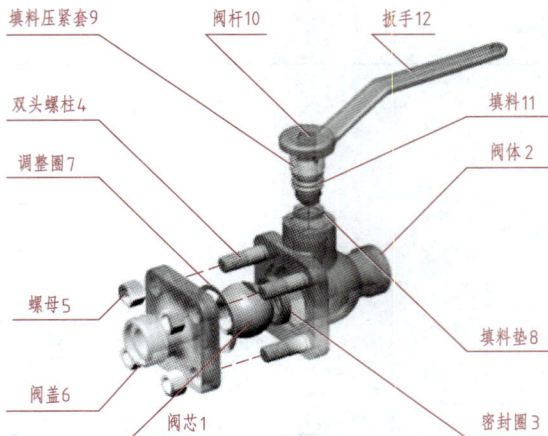

图 8-6　球阀三维爆炸图

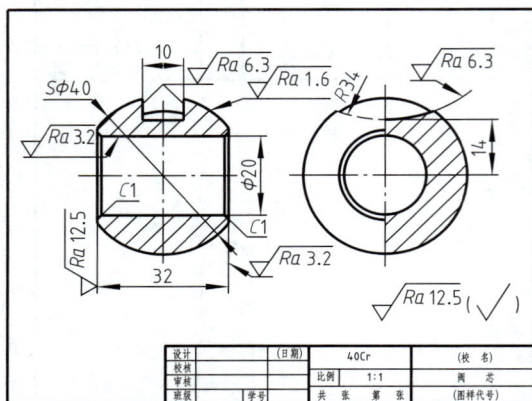

填料压紧套9　　阀杆10　　扳手12
双头螺柱4
调整圈7　　　　　　　　　　填料11
螺母5　　　　　　　　　　　阀体2
阀盖6　　　　　　　　　　　填料垫8
阀芯1　　　　　　　　　　　密封圈3

(a) 阀芯零件图

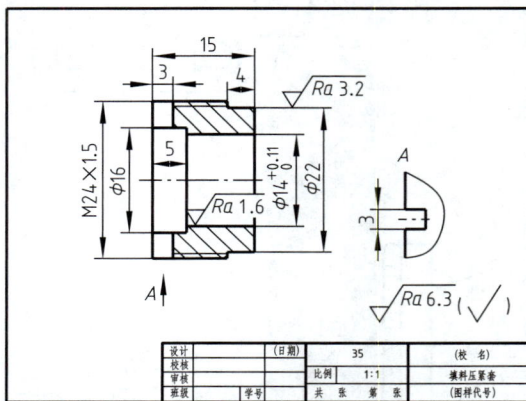

(b) 填料压紧套零件图

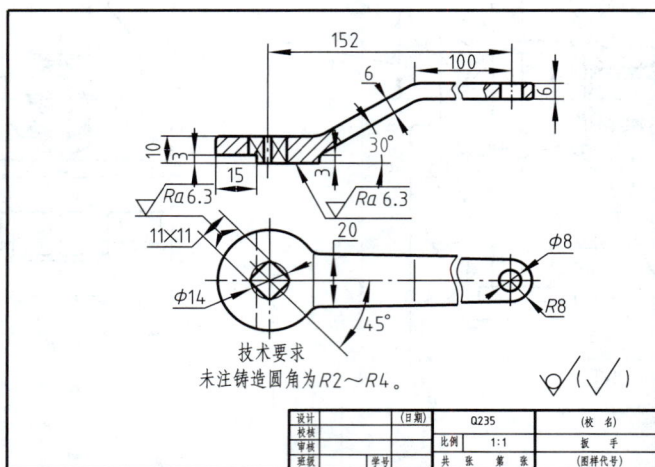

(c) 扳手零件图

图 8-7　球阀部分零件图

224

2. 装配图的内容

一张完整的装配图，必须具有下列 4 个方面内容。

（1）一组视图

用一组视图完整、清晰、准确地表达出机器的工作原理、各零件的相对位置及装配关系、连接方式和重要零件的结构形状。前面模块中所讲述的各种表示方法，如视图、剖视图、断面图、局部放大图等，都可以用来表达装配体。

图 8-5、图 8-6 所示的三维图可直观地表达球阀的结构，但不能清晰地表达各零件间的装配关系。图 8-4 所示的装配图，图中采用了三个基本视图，由于前后结构基本对称，所以主视图采用了全剖，左视图采用了半剖，而又因为上述两视图已将球阀的结构和装配关系基本反映清楚，故俯视图中只需采用局部剖来补充表达。

（2）必要的尺寸

装配图上要有机器或部件的规格（性能）尺寸、装配尺寸、安装尺寸、外形尺寸和其他重要尺寸，如检验和安装时所需要的一些尺寸等。

在图 8-4 所示的球阀装配图中，公称直径 $\phi 20$ 为规格尺寸，根据此尺寸能估算出球阀的最大流量，$\phi 18 \frac{H11}{d11}$ 为装配尺寸，$M36 \times 2$ 为安装尺寸，121.5、75、115 ± 1.1 为外形尺寸。

（3）技术要求

说明机器或部件的性能和装配、调整、试验等所必须满足的技术条件。如图 8-4 所示，其技术要求是装配完成后应进行检漏，不允许渗水。

（4）零件的序号、明细栏和标题栏

在装配图中，应对每个不同的零件编写序号，并在明细栏中依次填写每个零件的名称、代号、数量和材料等内容。标题栏一般包括装配体名称、比例、设计及审核人员的签名等。

对于总装图，其内容项目与部件装配图相同，不同之处在于它表示的是组成整机的各部件和他们的相对位置关系、安装关系及整机的工作原理。以此为目的，装配图的视图、尺寸、技术要求、标题栏、序号和明细栏的具体内容应作相应变化。

8.1.2　装配图的表达方法

装配图的表达方法和零件图基本相同，所以零件图中所应用的各种表达方法都适用于装配图。但由于部件是由若干零件所组成的，而部件装配图主要用来表达部件的工作原理和装配、连接关系，以及主要零件的结构形状，因此，与零件图相比，装配图还有一些规定画法、特殊画法和简化画法等表达方法。

1. 装配图画法的基本规定

（1）零件间接触面和配合面的画法

零件间的接触面和配合面（如轴与轴承孔的配合面等）都只画一条线。非接触或非配合面（如螺钉与通孔），即使间隙很小，也应画成两条线，如图 8-8 所示。

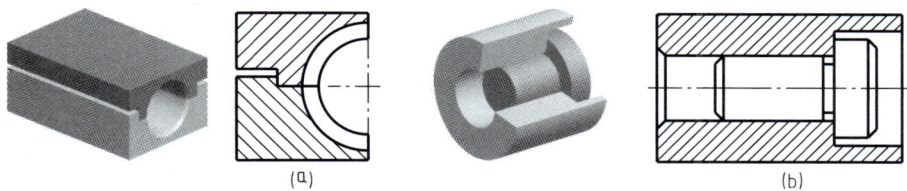

(a)　(b)

图 8-8　接触面和非接触面的画法、剖面线的画法

（2）剖面符号的画法

相邻两个或多个零件的剖面线应有所区别，或方向相反，或方向一致但间隔不等，如图 8-8（a）所示。在同一张装配图中，所有剖视图、断面图中同一零件的剖面线方向、间隔和倾斜角度应一致，这样有利于找出同一零件的各个视图，想象其形状和装配关系。

（3）标准件和实心零件的画法

对于标准件及实心的球、手柄、键等零件，若按纵向剖切，且剖切平面通过其对称平面或基本轴线时，这些零件均按不剖绘制。在表明零件的凹槽、键槽、销孔等构造时，可用局部剖视图表达，如图 8-9所示。

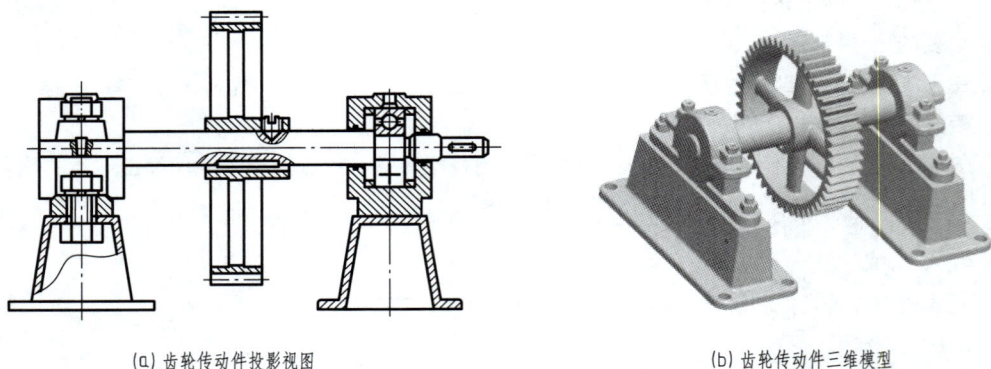

(a) 齿轮传动件投影视图　　　　　(b) 齿轮传动件三维模型

图 8-9　剖视图中不剖零件的画法

2. 装配图的特殊画法

（1）拆卸画法

装配图中，当某个或某几个零件遮住了需要表达的结构或装配关系，而它（们）在其他视图中又已表示清楚时，可假想将其拆去，只画所要表达部分的视图即可，需说明时，应在该视图的上方加注"拆去零件××等"，这种画法称为拆卸画法，如图 8-4 左视图所示。

（2）拆剖画法

在装配图的某个视图上，如果有些零件在其他视图上已经表示清楚，而又遮住了需要表达的零件时，可假想沿结合面（图 8-3 中的 $A—A$ 剖视图）剖切，拆卸剖切部分后进行投影画出剖视图（剖到的仅是轴、齿轮和螺栓），这种画法称为拆剖画法（实质是剖，不是拆）。沿结合面剖切时，结合面不画剖面线，而受横向剖切的轴、齿轮和螺栓等要画剖面线。

（3）单件表示法

如所选择的视图已将大部分零件的形状、结构表达清楚，但仍有少数零件的某些结构还未表达清楚时，可单独画出这些零件的视图或剖视图，但必须在所画视图的上方注出该视图的零件名称，在相应视图的附近用箭头指明投射方向，并注上同样的字母，如图 8-10 所示的转子油泵中的泵盖 B 向视图。

（4）假想画法

为表示部件或机器的作用、安装方法时，可将与其相邻的零部件的部分轮廓用细双点画线画出，如图 8-11 所示。假想轮廓的剖面区域内不画剖面线。

当需要表示运动零件的运动范围或运动的极限位置时，可按其运动的一个极限位置绘制图形，再用细双点画线画出另一极限位置的图形，如图 8-11 所示。

(a) 转子油泵三维模型　　　　　　　　(b) 转子油泵三维分解模型

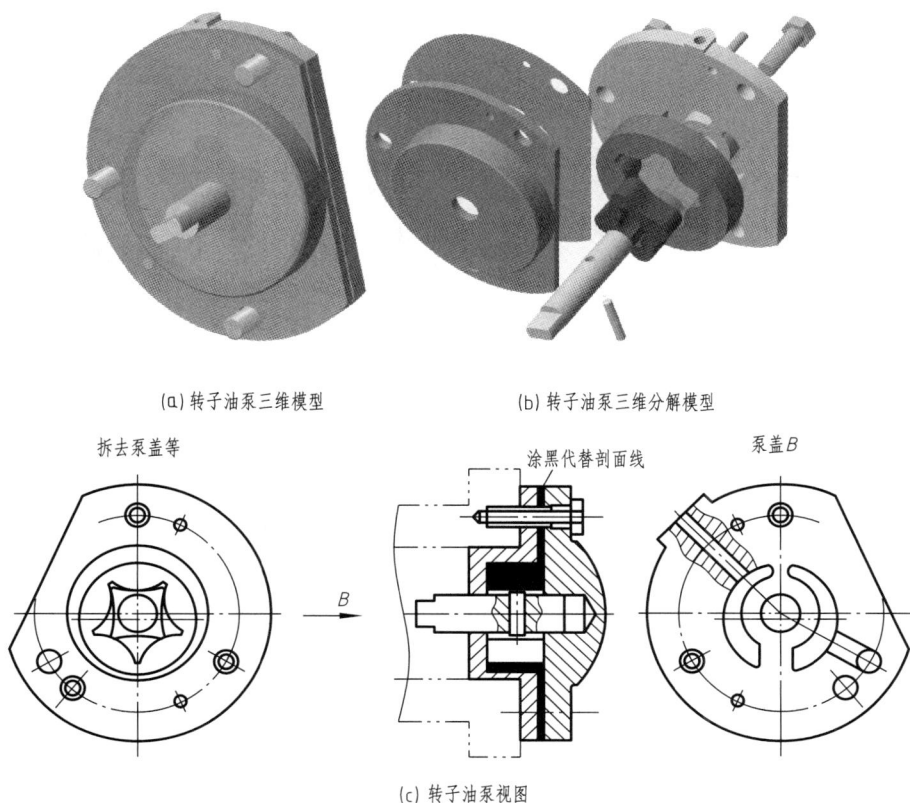

(c) 转子油泵视图

图 8-10　转子油泵

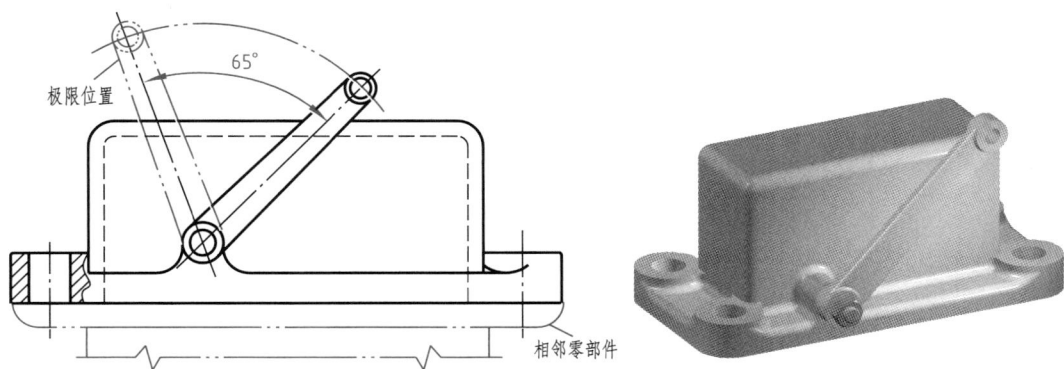

图 8-11　装配图中的假想画法

（5）展开画法

当轮系的各轴线不在同一平面内时，可假想沿传动路线上各轴线顺序剖切，然后展开在同一平面上画出剖视图。用此方法画图时，必须在所得展开图上方标出 "×—× ↻→" 字样，如图 8-12 所示。

（6）简化画法

① 在装配图中，零件的工艺结构，如圆角、倒角、退刀槽等，螺栓、螺母头部的倒角及其产生的曲

227

线，允许省略不画，如图 8-10 所示。

② 在装配图中，滚动轴承应采用通用画法或特征画法绘制，如图 8-13 所示。

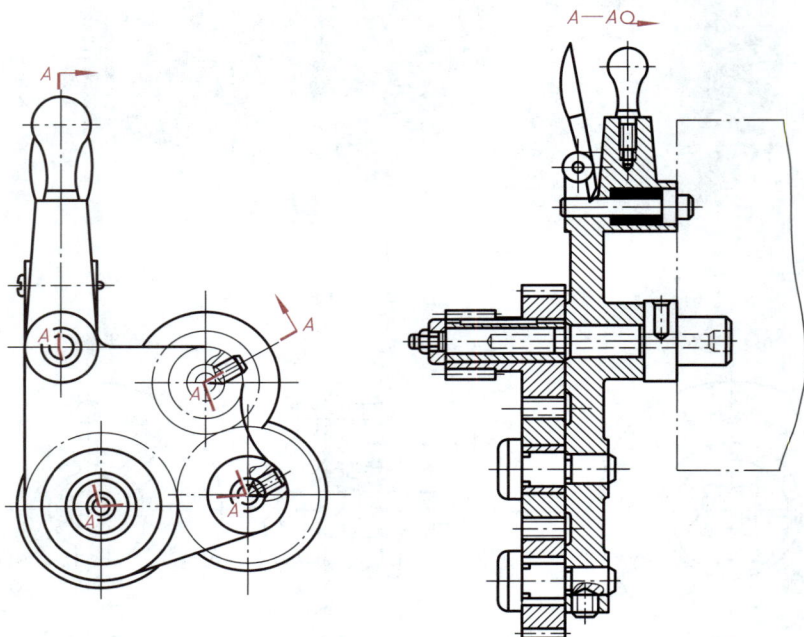

图 8-12　装配图中的展开画法

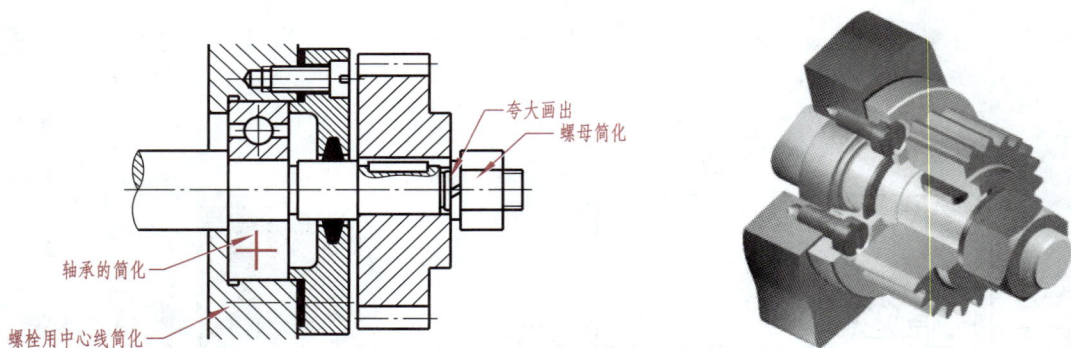

图 8-13　装配图中的简化画法

③ 在装配图中，若干相同零件组（如螺纹紧固件组等）允许仅详细画出一处，其余各处仅以其轴线（细点画线）表示其位置，如图 8-10 和图 8-13 所示。

④ 在剖视图或断面图中，当零件的厚度在 2 mm 以下时，允许用涂黑代替剖面线，如图 8-10 中的垫片，如果是玻璃或其他材料不宜涂黑时，可不画剖面线。

（7）夸大画法

凡装配图中直径、斜度、锥度或厚度小于 2 mm 的结构，如垫片、细小弹簧、金属丝，可以不按图中比例，允许在原本的尺寸上稍加夸大画出，如图 8-13（a）所示。

228

8.1.3　装配图表达方案的确定

通过对实物或装配示意图的分析，可以了解各零件间的装配关系和机器或部件的工作原理，根据已学过的机件各种表达方法（同时适用于装配图），选用适当的表达方案。装配图表达的重点与零件图有所不同，较多采用剖视图表达，应将装配体的结构特点、工作原理及各零件间的装配关系表示清楚，如图 8-4 所示。

1. 装配图主视图的选择

部件的安放位置，应与部件的工作位置相符合，这样对设计和指导装配都会带来方便。当部件的工作位置确定后，接着应选择部件的主视图投射方向。经过比较，应选用能清楚地反映主要装配关系和工作原理的那个视图作为主视图，并采取适当的剖视，比较清晰地表达各个主要零件及零件间的相互关系。在图 8-4 中所选定的球阀的主视图，就符合上述选择主视图的原则。

2. 其他视图的选择

根据确定的主视图，再选取能反映其他装配关系、外形及局部结构的视图。如图 8-4 所示，球阀沿前后对称面剖开的主视图，虽清楚地反映了各零件间的主要装配关系和球阀工作原理，可是球阀的外形结构及其他一些装配关系还没有表达清楚。于是选取左视图，补充反映了它的外形结构；选取俯视图，并作 *B—B* 局部剖视，反映扳手与定位凸块的关系。

8.1.4　装配图中的尺寸标注

装配图的作用是表达零部件的装配关系，不是制造零件的直接依据。因此，装配图无需注出零件的全部尺寸，而只需标注一些必要的尺寸。这些尺寸按其作用不同，大致可分为规格（性能）尺寸、装配尺寸、安装尺寸、外形尺寸和其他重要尺寸 5 大类尺寸。

1. 规格（性能）尺寸

说明机器、部件工作性能或规格的尺寸，它是设计、了解和选用产品时的主要依据。如图 8-4 中球阀的公称直径 $\phi 20$。

2. 装配尺寸

装配尺寸包括保证有关零件间装配性质的配合尺寸，保证零件间相对位置的尺寸，装配时进行加工的有关尺寸等。如图 8-3 中滚动轴承 6206 的外圈与上箱体和下箱体孔的配合尺寸 $\phi 62 \frac{K7}{h6}$、滚动轴承 6206 的内孔与从动轴的配合尺寸 $\phi 30 \frac{H7}{k6}$ 及图 8-4 中阀杆和阀体的配合尺寸 $\phi 18 \frac{H11}{d11}$ 等。

3. 安装尺寸

将机器或部件安装到地基上，或部件与其他零部件相连接时所需要的尺寸。如图 8-3 中与安装有关的尺寸 135、79、$4 \times \phi 9$，以及图 8-4 中尺寸 M36×2 等。

4. 外形尺寸

表示机器或部件的外形轮廓总长、总宽和总高的尺寸。它反映了机器或部件的体积大小，即该机器或部件在包装、运输和安装过程中所占空间的大小。如图 8-4 中的球阀的总长、总宽和总高尺寸分别为 115±1.1、75 和 121.5。

5. 其他重要尺寸

除以上 4 类尺寸外，在设计中确定的、在装配或使用中必须说明的尺寸，如运动零件的位移尺寸等。

需要说明的是，上述 5 类尺寸之间不是孤立无关的，装配图上的某些尺寸有时兼有几种意义，如球阀中的尺寸 115 ± 1.1，它既是外形尺寸，又与安装有关。此外，一张装配图中也不一定都具有上述 5 类尺寸。在标注尺寸时，必须明确每个尺寸的作用，对装配图没有意义的结构尺寸无须注出。

8.1.5　装配图的制图要求

1. 装配图中的技术要求

装配图中的技术要求主要是针对该装配体的工作性能、装配与检验要求、调试要求及使用与维护要求所提出的，不同的装配体具有不同的技术要求。

装配图中的技术要求一般采用文字注写在明细栏的上方或图纸下方的空位处。

2. 装配图零件序号和明细栏

为便于图纸管理、生产准备、机器装配和读懂装配图，装配图上各零件都必须编注序号。同一装配图中相同的零件（即每一种零件）只编写一个序号，并在标题栏上方填写与图中序号一致的明细栏，不能产生差错。

（1）零件序号

装配图中的序号编注一般由指引线（细实线）、圆点（或箭头）、横线（或圆圈）和序号数字组成，如图 8-14 所示。

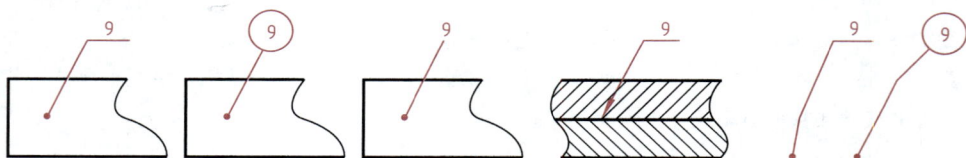

图 8-14　序号的组成

具体要求如下：

① 指引线不要与轮廓线或剖面线等图线平行，指引线之间不允许相交，但指引线允许弯折一次。

② 指引线末端不便画出圆点时，可在指引线末端画出箭头，箭头指向该零件的轮廓线，如图 8-14 所示。

③ 序号数字比装配图中的尺寸数字大一号。

④ 对紧固件组或装配关系清楚的零件组，允许采用公共指引线，如图 8-15 所示。

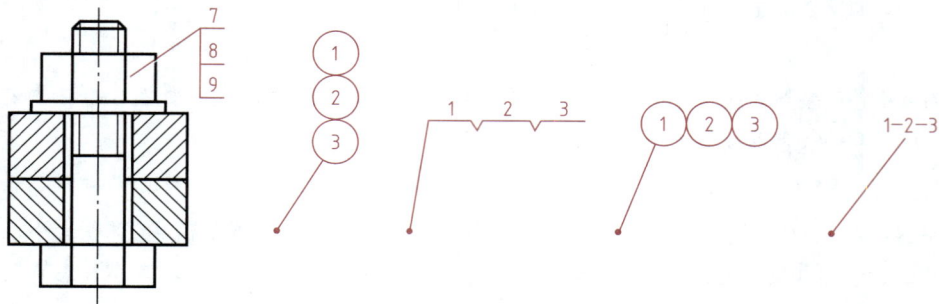

图 8-15　零件组序号

⑤ 零件的序号应按顺时针或逆时针方向在整个一组图形外围顺次整齐排列，并尽量使序号间隔相等，如图 8-4 所示。

（2）明细栏

明细栏按 GB/T 10609.2—2009《技术制图　明细栏》规定绘制。各工厂企业有时也有各自的标题栏、明细栏格式，本课程推荐的装配图明细栏格式如图 8-16 所示。

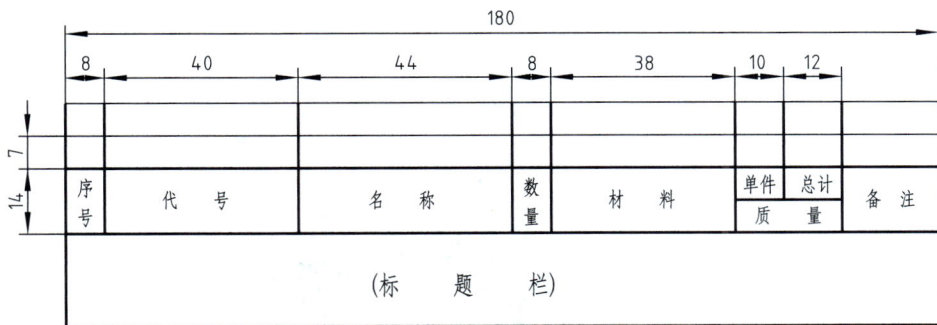

图 8-16　装配图明细栏格式

绘制和填写明细栏时应注意以下问题：

① 明细栏和标题栏的分界线是粗实线，明细栏的竖线是粗实线，明细栏的横线为细实线（包括最上一条横线），表头横线是粗实线。

② 序号应自下而上顺序填写，如向上延伸位置不够，可以在标题栏紧靠左边的位置自下而上延续。

③ 标准件的标准编号可写入"代号"栏目，规格可写入"名称"栏目，如"螺栓 M12×80"。

复习思考题

1. 装配图在生产中起什么作用？它应该包括哪些内容？
2. 装配图有哪些表达方法？
3. 在装配图中，一般应标注哪几类尺寸？
4. 编注装配图的零件序号应遵守哪些规定？

任务 8.2　气动换向阀装配图的绘制

任务描述

螺纹紧固件是机器中常用的零件连接件，螺纹及螺纹紧固件的实际形状较复杂，为提高绘图及读图的效率，国家标准对螺纹紧固件的画法进行了简化，本任务对机械制图国家标准中相关螺纹紧固件的画法进行了详细的介绍。

对于装配体来说，为保证其正常的使用及维修，零件之间常常需要提出配合性质的要求及互换性的要求，本任务还介绍了尺寸公差的概念、相关含意及其标注方法。

气动换向阀是一个比较典型的气动元件，以气动换向阀为载体，本任务介绍了装配示意图的画法及一般装配图绘制的思路与步骤。

8.2.1　气动换向阀的工作原理与结构

1. 气动换向阀的用途

气动换向阀是气动元件的主要产品之一，广泛应用于各行业，在气动控制系统中，可直接操纵气动执行元件（如气缸、气马达等），其装配示意图如图 8-17 所示。

2. 气动换向阀的技术参数

气动换向阀的技术参数见表 8-1。

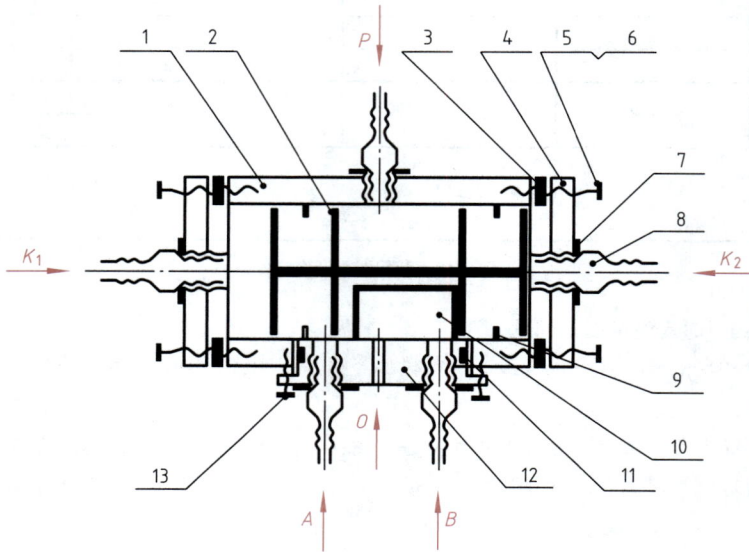

图 8-17　气动换向阀装配示意图

1—阀体；2—滑柱；3—垫片；4—阀盖；5—螺钉；6、7—平垫圈；
8—接头；9、11—O 形密封圈；10—滑块；12—配气块；13—螺钉

表 8-1　气动换向阀的技术参数

型号	Q24K2-5-B1
输入压力 / MPa	0.4～0.6
在负载阻力为零时最大输出流量 / m³/h	4
信号压力 /MPa	0.1～0.6
接管通径 /mm	5
外形尺寸 /mm	97×95×40

3. 气动换向阀的工作原理

气动换向阀是利用滑柱的机械运动来改变气流方向的。

非工作状态：当有高压气源输入，无控制信号输入时，A、B 两输出口任意一端有输出。

工作状态：当 K_1 有信号时，推动滑柱移动，滑块使 B 端接口与排气 O 相通，P 端与 A 端相通，此时 A 端有输出。当 K_1 信号消失，K_2 有信号时，推动滑柱反向移动，滑块使 A 端与排气 O 相通，此时 B 端输出道与 P 端相通，有输出，K_2 信号消失气动换向阀继续稳定在这一状态下工作。此元件具有双稳逻辑功能。

4. 气动换向阀的结构

　　由图 8-18 和图 8-19 可见，气动换向阀的基本结构为方形结构，其主要组成零件为阀体、阀盖、滑柱、滑块、配气块等，其中基础件为阀体，核心零件为滑柱、滑块、配气块，这些零件由于有较高的配合要求，因而其尺寸公差及表面质量均有较高要求，滑块装配在滑柱上，滑柱采用间隙配合装配在方形阀体的 $\phi 22$ 圆孔内，可做轴向滑移，带动滑块接通不同的管路，从而实现气动换向阀的换向功能，为防止气体泄漏，在气动换向阀中多处采用了密封结构，其密封元件为 O 形密封圈。为将阀盖、高压气体管道接头及配气块装配在阀体上，在这些元件上均采用了螺纹结构。

图 8-18　气动换向阀三维装配图

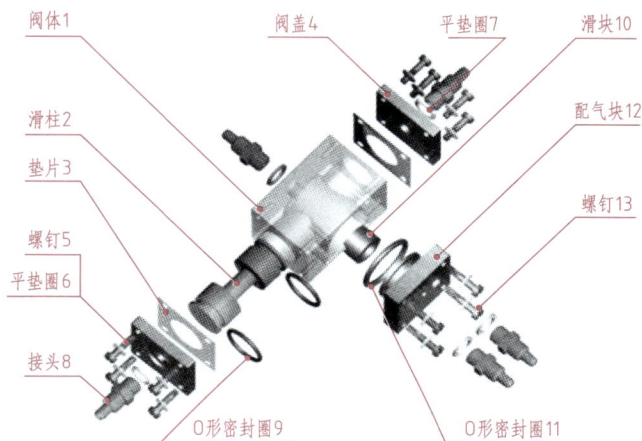

图 8-19　气动换向阀三维爆炸图

5. 气动换向阀的专用件图及标准件清单

　　（1）气动换向阀的专用件图

　　气动换向阀的专用件图如图 8-20 ～图 8-27 所示。

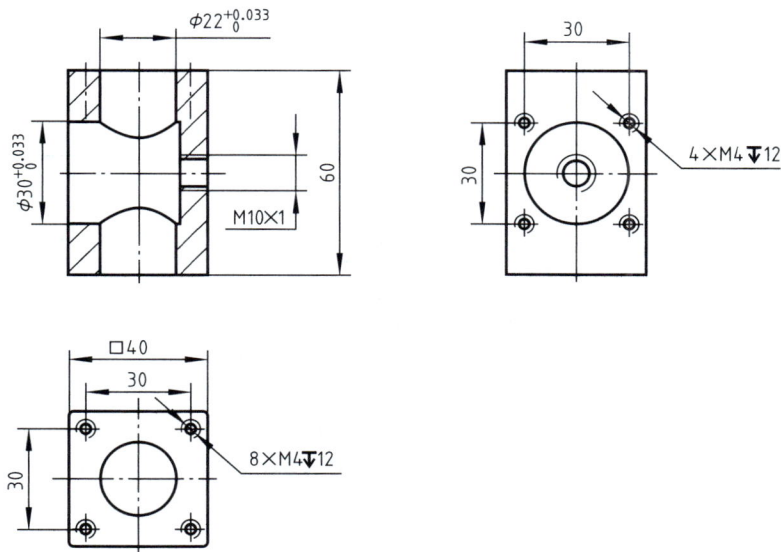

图 8-20　阀体零件图

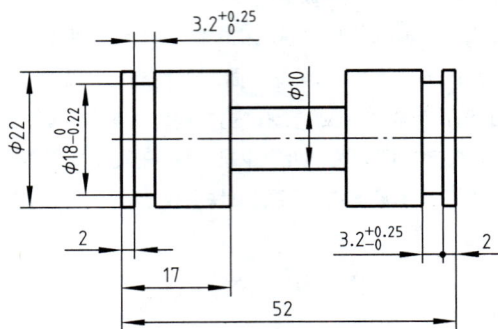

图 8-21　滑柱零件图

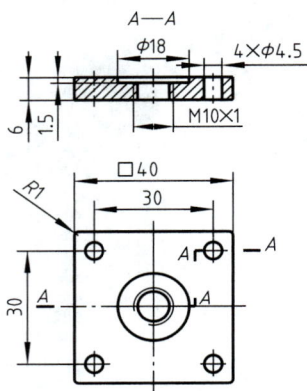

图 8-22　阀盖零件图

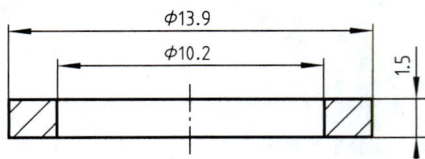

图 8-23　平垫圈零件图

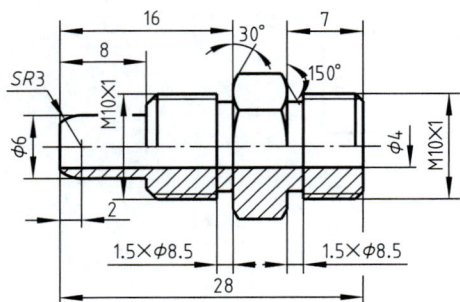

图 8-24　接头零件图

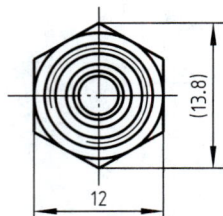

技术要求
未注倒角均为 C0.5。

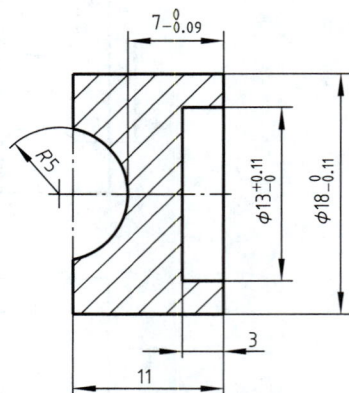

图 8-25　滑块零件图

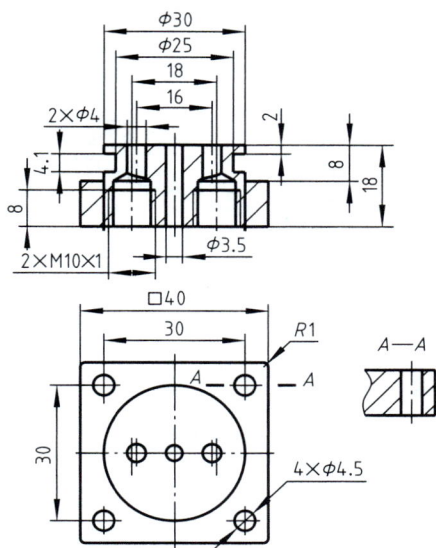

图 8-26　配气块零件图

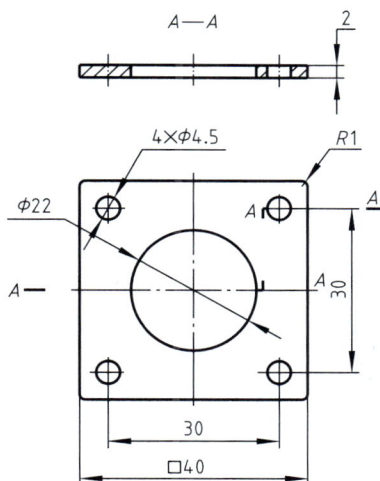

图 8-27　垫片零件图

（2）气动换向阀标准件清单

气动换向阀标准件清单见表 8-2。

表 8-2　气动换向阀标准件清单

件号	名称	数量	材料	备注
11	O 形密封圈 30×3.1	1	橡胶	GB/T 3452.1—2005
9	O 形密封圈 22×2.4	2	橡胶	GB/T 3452.1—2005
6	平垫圈 4	12	Q235	GB/T 97.1—2002
5	螺钉 M4×16	8	Q235	GB/T 65—2016
13	螺钉 M4×20	4	Q235	GB/T 65—2016

8.2.2　螺纹紧固件的画法

螺纹连接运用一对内、外螺纹的连接作用来连接并紧固一些零部件，它是工程上应用最广泛的一种可拆卸连接方式。螺纹紧固件一般属于标准件。螺纹紧固件的结构形式和类型很多，常用的螺纹紧固件有螺栓、双头螺柱、螺钉、螺母和垫圈等，如图 8-28 所示。

1. 单个螺纹紧固件的画法

螺纹紧固件的画法一般采用比例画法绘制。所谓比例画法就是以螺纹的公称直径（d、D）为主参数，其余各部分结构尺寸均按与公称直径成一定比例关系绘制，如图 8-29 所示。

在绘制螺纹紧固件装配图时，应遵守装配图的规定画法及省略画法等相关画法（参见 8.1.2 中"装配图的表达方法"相关内容）。在螺纹紧固件装配图的剖视图中，当其边界不画波浪线时，应将剖面线绘制完整。

2. 螺栓连接的画法

螺栓连接所用的螺纹紧固件有螺栓、螺母和平垫圈，如图 8-30 所示。常用于连接不太厚且能钻成通孔的零件。平垫圈的作用是增加支承面积和防止螺母拧紧时损伤零件的表面，并使得螺母的压力均匀分布在零件表面上。被连接件上的通孔直径应稍大于螺纹大径，具体尺寸可查表。

(a) 弹簧垫圈　(b) 六角螺母　(c) 六角头螺栓
(d) 六角槽型螺母　(e) 圆螺母用止退垫圈　(f) 圆螺母
(g) 平垫圈　(h) 双头螺柱　(i) 内六角螺栓

图 8-28　常见的螺纹紧固件

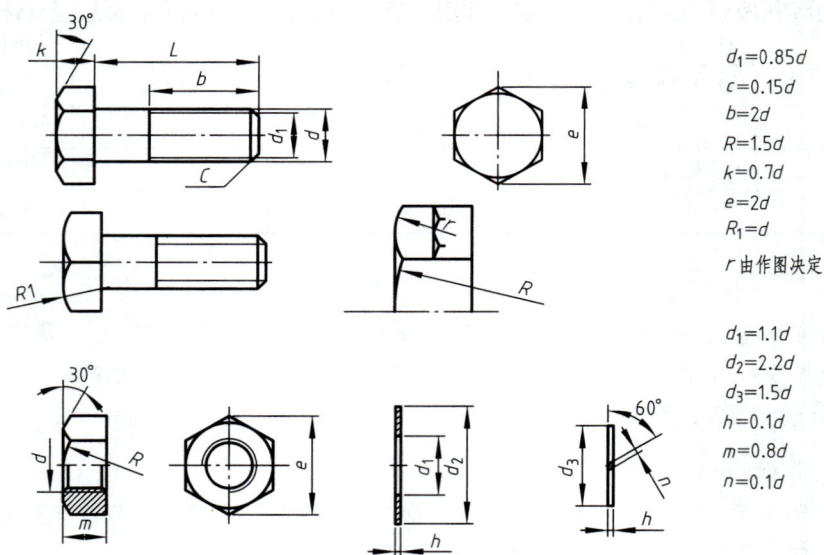

$d_1=0.85d$
$c=0.15d$
$b=2d$
$R=1.5d$
$k=0.7d$
$e=2d$
$R_1=d$
r 由作图决定

$d_1=1.1d$
$d_2=2.2d$
$d_3=1.5d$
$h=0.1d$
$m=0.8d$
$n=0.1d$

图 8-29　螺栓、螺母、垫圈的比例画法

236

图 8-31 所示为螺栓连接比例画法的绘图过程。其中螺栓长度 L 可按式（8-1）估算：

$$L \geqslant t_1 + t_2 + h + m + a \tag{8-1}$$

式中：t_1、t_2 为被连接件的厚度；h 为平垫圈厚度；m 为螺母厚度；a 为螺栓伸出螺母的长度，$a = (0.2 \sim 0.3)\,d$；h、m 可以 d 为参数按比例或者查表画出。

根据式（8-1）计算出的螺栓长度，再从相应的螺栓公称长度系列中选取与之相近的标准值。

装配图中的螺栓连接也可以采用简化画法，螺栓的头部和螺母的六方倒角以及螺栓螺纹端倒角产生的截交线等均可省略不画，如图 8-32 所示。

螺栓紧固件的标记见附录。

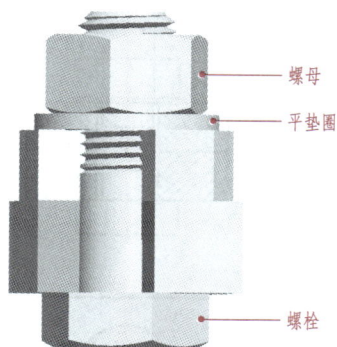

图 8-30 螺栓连接示例

3. 双头螺柱连接的画法

双头螺柱连接所用的螺纹紧固件有双头螺柱、螺母、平垫圈或弹簧垫圈，其中弹簧垫圈可起防松作用。双头螺柱连接常用于被连接件之一较厚或不允许钻成通孔的情况，如图 8-33 所示。被连接件中的一个加工出螺孔，其余零件都加工出通孔。双头螺柱两端均加工有螺纹，一端全部旋入被连接件的螺孔中，称为旋入端；另一端用来拧紧螺母，称为紧固端。旋入端的长度由螺纹大径和带螺孔零件的材料所决定。双头螺柱连接的比例画法和螺栓连接的比例画法基本相同，如图 8-34 所示。按旋入端长度不同，国家标准规定双头螺柱有下列 4 种类型。

① $b_m = 1\,d$，用于钢和青铜零件；

② $b_m = (1.25 \sim 1.5)\,d$，用于铸铁零件；

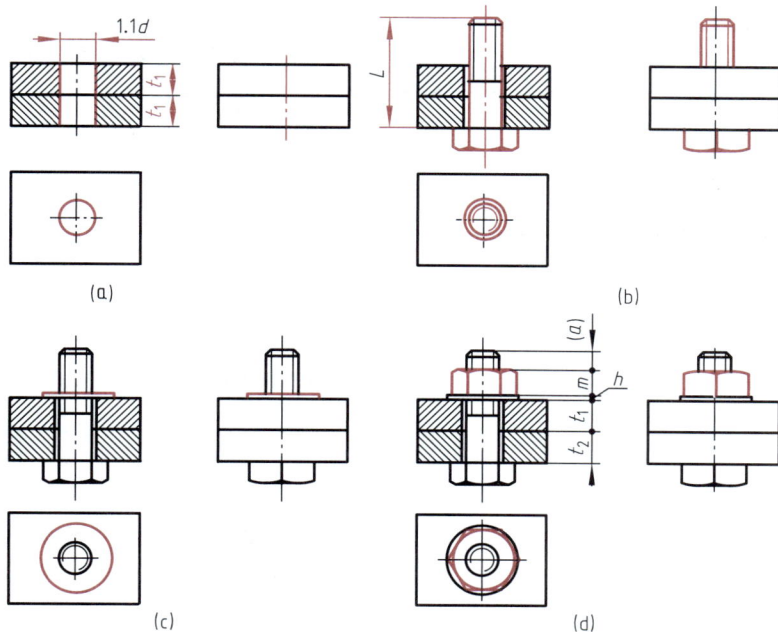

图 8-31 螺栓连接的比例画法

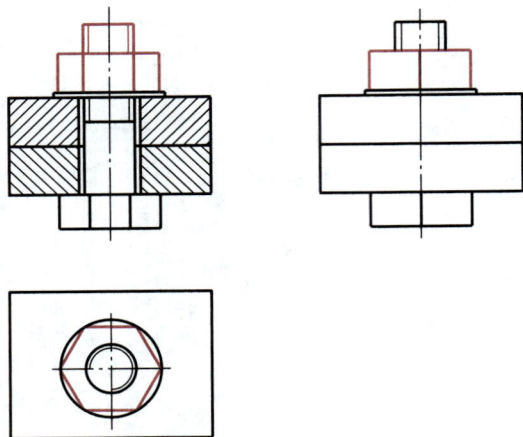

图 8-32　螺栓连接的简化画法

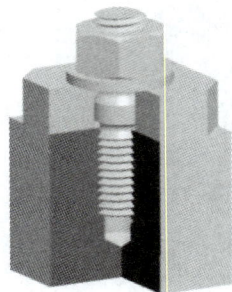

图 8-33　双头螺柱连接示例

③ $b_m = 1.5d$，用于材料强度在铸铁与铝之间的零件；

④ $b_m = 2d$，用于铝合金零件；

螺孔与钻孔深度如图 8-34 所示。

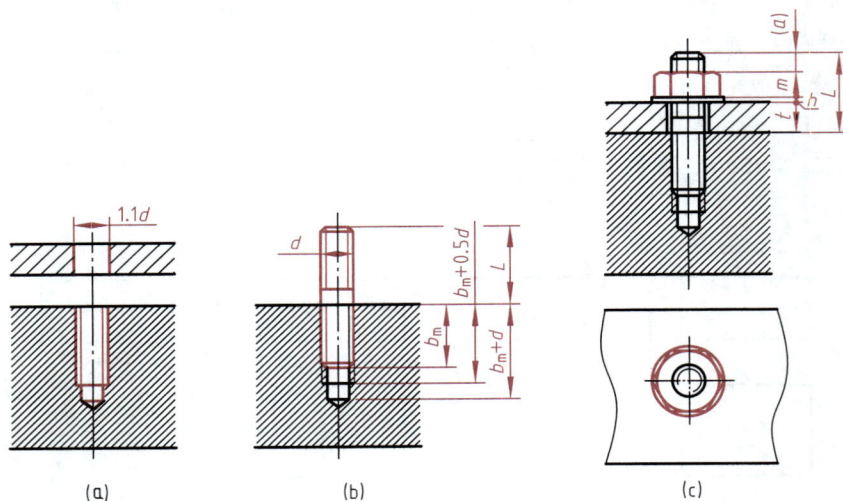

(a)　　　　　　(b)　　　　　　(c)

图 8-34　双头螺柱连接的比例画法

机体上螺孔的深度应大于旋入端螺纹长度 b_m，一般取为 $b_m + 0.5d$，钻孔深度取 $b_m + d$。

螺柱长度 L 可通过式（8-2）计算选定：

$$L \geqslant t + h + m + a \qquad\qquad (8-2)$$

式中：t 为通孔零件厚度；h 为垫圈厚度；m 为螺母厚度；a 为螺柱伸出螺母的长度，$a = (0.2 \sim 0.3)d$。

根据式（8-2）计算出的螺柱长度，再从相应的螺柱公称长度系列中选取与之相近的标准值。

画螺柱连接图时还应注意以下几点：

① 螺柱旋入端应全部旋入螺孔内，所以连接图中螺柱旋入端的螺纹终止线应与螺孔件的孔口平齐，表示旋入端全部拧入，足够拧紧。

② 若采用弹簧垫圈起防松作用，其外径应比平垫圈小，以保证紧压在螺母底面范围之内。弹簧垫圈开槽的方向应是阻止螺母松动方向，在图中应画成与水平成 60° 向上倾斜的两条线（或一条加粗线）。

装配图中的双头螺柱连接也可以采用如图 8-35 所示的简化画法，将螺柱端部及螺母头部因倒角而产生的截交线等均省略不画；不穿通螺孔中的钻孔深度也可省略不画，仅按螺纹部分的深度（不包括螺尾）画出。

4. 螺钉连接的画法

螺钉连接所用的螺纹紧固件只有螺钉，它不用螺母。螺钉连接常用于受力不大又不经常拆卸的场合。被连接件中较厚的零件上加工出螺孔，而在另一零件上加工出通孔，不用螺母，直接将螺钉穿过通孔而旋进螺孔，靠螺钉头部压紧使两个被连接件连接在一起。螺钉按用途不同可分为连接螺钉和紧定螺钉两种。螺钉连接的比例画法，如图 8-36 所示。

画螺钉连接装配图时，通孔零件的厚度和加工出螺孔的被连接件的材料、螺钉的形式及螺纹大径都是已知的，可先计算出螺钉的公称长度 L：

$$L \geqslant t + b_{\mathrm{m}} \tag{8-3}$$

式中：t 为通孔零件的厚度；b_{m} 为螺钉旋入螺孔的深度，b_{m} 与螺纹大径和加工出螺孔的被连接件的材料有关，画图时可按双头螺柱旋入端长度 b_{m} 的计算方法来确定。

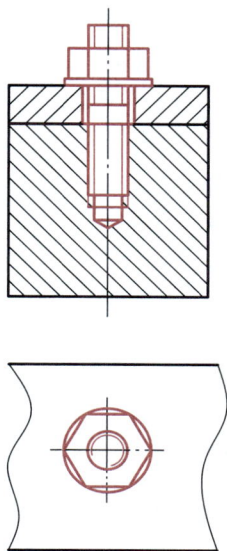

图 8-35　双头螺柱连接的简化画法

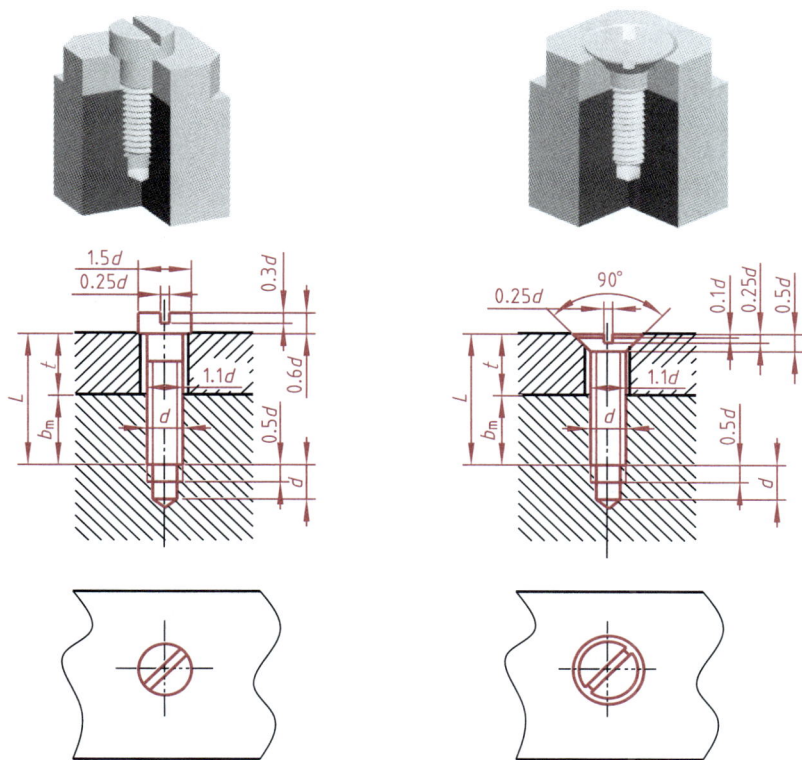

图 8-36　螺钉连接示例及比例画法

239

根据式（8-3）计算出螺钉长度，再从相应的螺钉公称长度系列中选取与之相近的标准值。

画螺钉连接时应注意以下几点：

① 螺钉的螺纹终止线不能与结合面平齐，而应画入通孔零件范围内。

② 采用带一字起子槽的螺钉连接时，起子槽在俯视图（螺钉端视图）中，应画成与圆的对称中心线成 45° 倾斜，它在主、俯两个视图之间是不符合投影关系的。

③ 当一字起子槽槽宽小于或等于 2 mm 时，可涂黑表示，即用比粗实线稍宽的线型来表示。

8.2.4　极限与配合（GB/T 1800.2—2020）

微课扫一扫
极限与配合

为保证零件的使用性能，在零件上还必须注明零件在制造过程中必须达到的技术要求，如表面粗糙度、尺寸公差、几何公差、材料热处理及表面处理等。在本任务中，同样提出了上述技术要求，为完成尺寸公差的标注，下面介绍尺寸公差的基本知识及标注方法。

1. 互换性的概念

在日常生活中，如自行车或汽车的零件坏了，可买个同一规格的新零件换上，就能很好地满足使用要求。之所以能这样方便，就是因为这些零件具有互换性。

现代化的大规模生产，要求零件具有互换性。即在同一规格的一批零件中任取一件，在装配时不经加工与修配，就能顺利地将其装配到机器上，并能够保证机器的使用要求。零件在制造过程中，由于加工和测量等因素引起的误差，使得零件的尺寸不可能绝对准确，为了使零件具有互换性，就必须限制零件尺寸的误差范围，并且在制造上又要考虑经济合理性。零件具有互换性，不但给装配、修理机器带来方便，还可用专用设备生产，提高产品数量和质量，同时降低产品的成本。公差配合制度是实现互换性的重要基础。

2. 极限与配合的基本概念

极限与配合的基本概念在模块 4 "尺寸公差"中已有释义，这里不再赘述。其中公差的术语和定义见表 4-8。

3. 标准公差与基本偏差

公差带是由标准公差和基本偏差两个要素组成的。标准公差确定公差带的大小，基本偏差确定公差带的位置，如图 8-37 所示。

① 标准公差　线性尺寸公差 ISO 代号体系中的任一公差。标准公差的数值由公称尺寸和公差等级来决定。公差等级确定尺寸的精确程度，公称尺寸 ≤ 500 mm 的公差等级共分为 20 级，用 IT 表示标准公差，

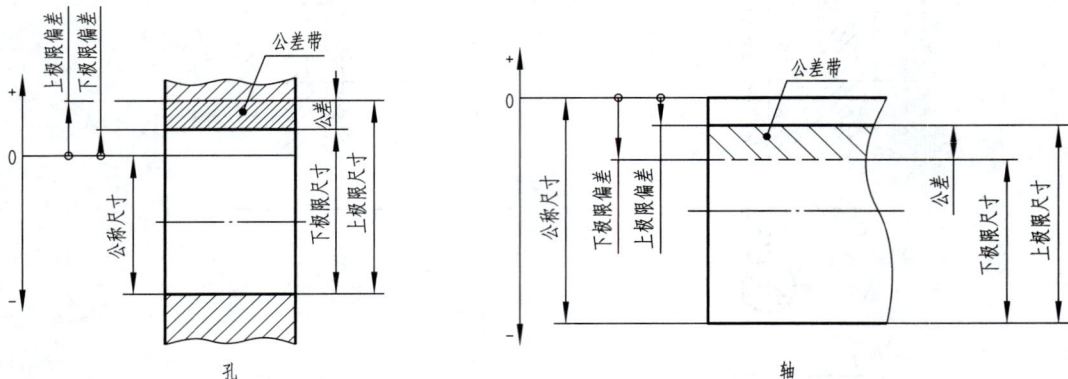

图 8-37　标准公差与基本偏差

公差等级的代号用阿拉伯数字表示。即 IT01，IT0，IT1，…，IT18。其尺寸精确程度从 IT01 到 IT18 依次降低。对于一定的公称尺寸，公差等级越高，标准公差值越小，尺寸的精确程度越高。公称尺寸和公差等级相同的孔与轴，它们的标准公差值相等。

② **基本偏差**　是指在标准的极限与配合中，确定公差带相对于公称尺寸的那个极限偏差，一般指最接近公称尺寸的那个极限偏差。基本偏差共有 28 个，分别用拉丁字母表示，大写字母表示孔，小写字母表示轴，其示意图如图 8-38 所示。

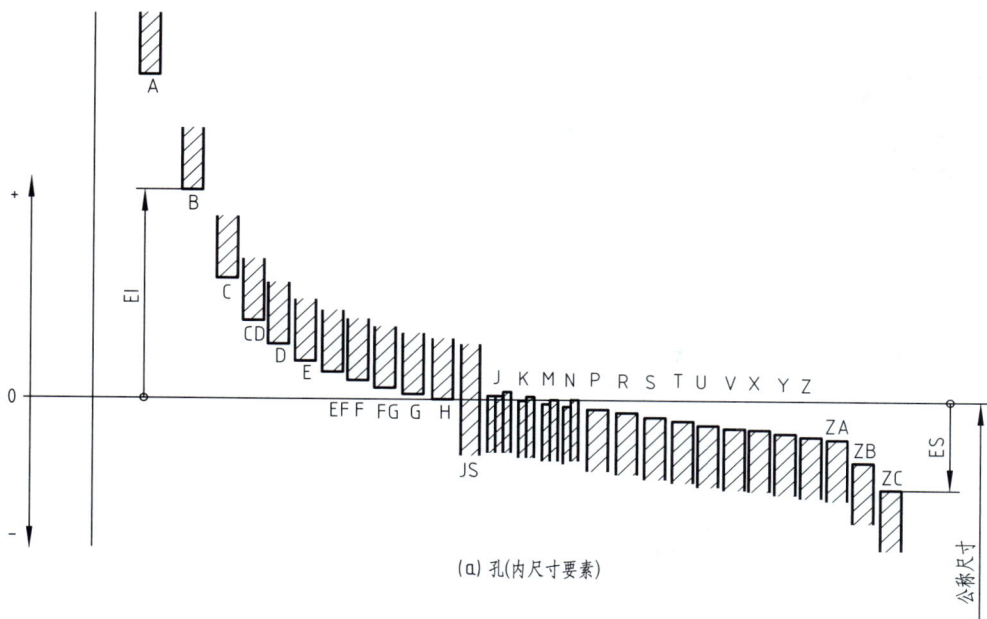

(a) 孔(内尺寸要素)

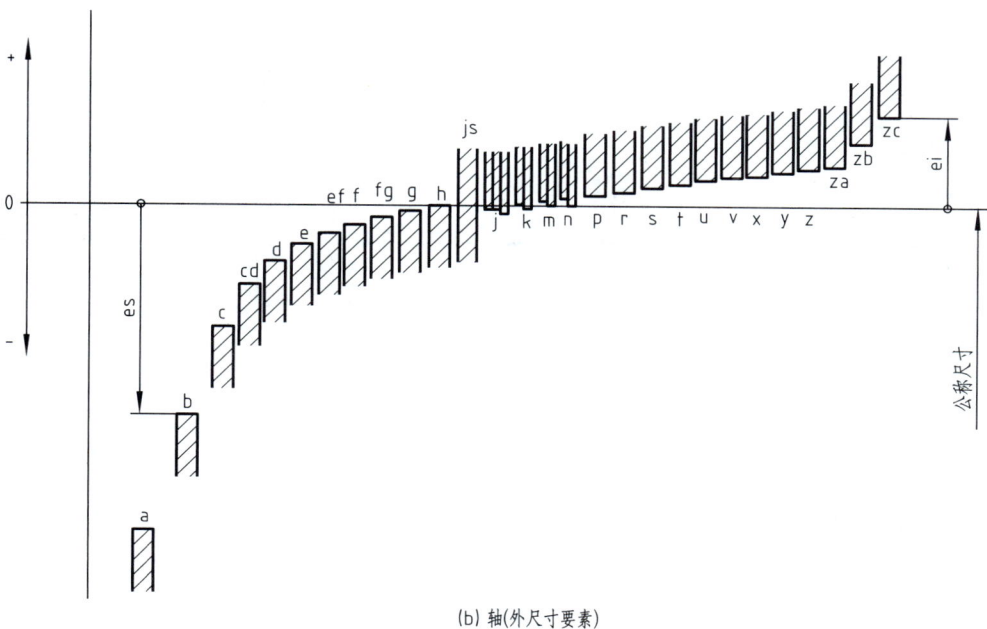

(b) 轴(外尺寸要素)

图 8-38　基本偏差示意图

4. 配合

　　类型相同且待装配的外尺寸要素（轴）和内尺寸要素（孔）之间的关系称为配合。由于孔和轴的实际尺寸不同，它们之间的配合有松有紧，根据配合的松紧程度，可将其分为三种：间隙配合、过盈配合和过渡配合。

　　① 间隙配合　孔与轴装配时总是存在间隙（包括最小间隙等于零）的配合。此时，孔的公差带在轴的公差带之上，如图 8-39 所示。

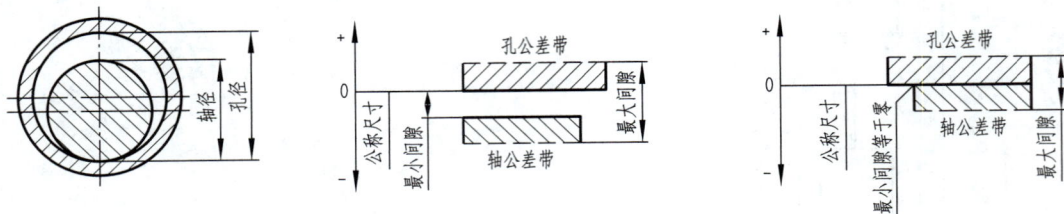

图 8-39　间隙配合

　　② 过盈配合　孔与轴装配时总是存在过盈（包括最小过盈等于零）的配合。此时，孔的公差带在轴的公差带之下，如图 8-40 所示。

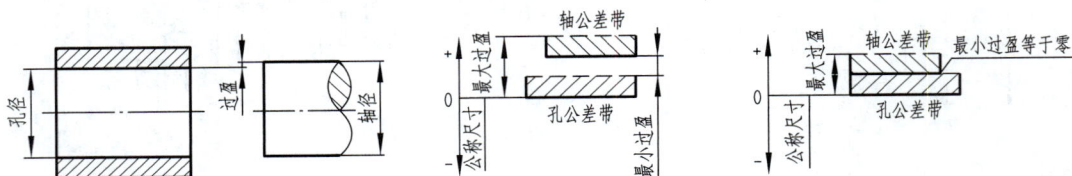

图 8-40　过盈配合

　　③ 过渡配合　孔和轴装配时，可能具有间隙或过盈的配合。此时，孔的公差带与轴的公差带相互交叠，如图 8-41 所示。

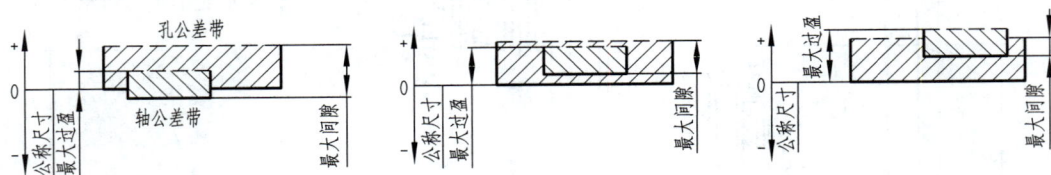

图 8-41　过渡配合

5. 配合制

　　配合制是指由线性尺寸公差 ISO 代号体系确定公差的孔和轴组成的一种配合制度，在制造相互配合的零件时，如果孔和轴的公差带都可以任意变动，则会出现很多种配合情况，不便于零件的设计和制造。为此，国家标准规定了两种配合制度。

　　① 基孔制　孔的基本偏差为零的配合，即其下极限偏差等于零。基孔制的孔称为基准孔，基本偏差代号为 H，下极限偏差为 "0"，如图 8-42（a）所示。

242

② 基轴制　轴的基本偏差为零的配合，即其上极限偏差等于零。基轴制的轴称为基准轴，基本偏差代号为 h，上极限偏差为 "0"，如图 8-42（b）所示。

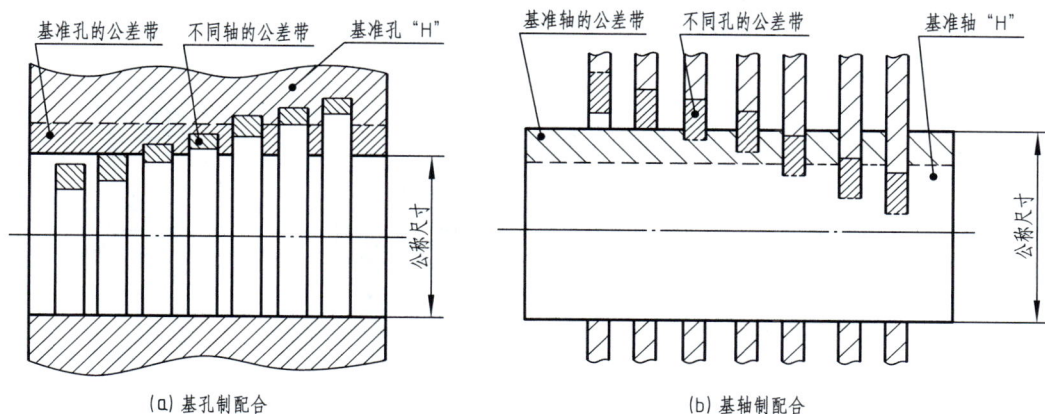

（a）基孔制配合　　　　　　　　　（b）基轴制配合

图 8-42　配合示意图

6. 装配图上极限与配合的标注与识读

GB/T 4458.5—2003《机械制图　尺寸公差与配合注法》规定了机械图样中线性尺寸和角度尺寸公差与配合的标注方法。以下仅介绍在装配图上的标注形式。

① 一般标注形式　在公称尺寸后面注出孔和轴的配合代号，如图 8-43 所示。

② 极限偏差标注形式　允许将孔和轴的极限偏差分别注在公称尺寸后面，如图 8-44 所示。

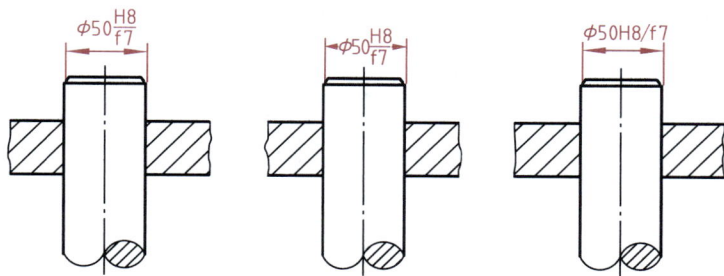

图 8-43　一般标注形式

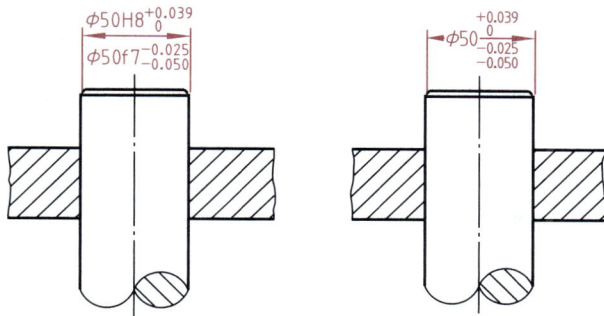

图 8-44　极限偏差标注形式

③ 特殊标注形式　与标准件和外购件相配合的孔和轴，可以只标注该零件的公差带代号，如图 8-45 所示。

④ 偏差数值的查表　根据公称尺寸和配合代号可通过查表得到极限偏差数值。

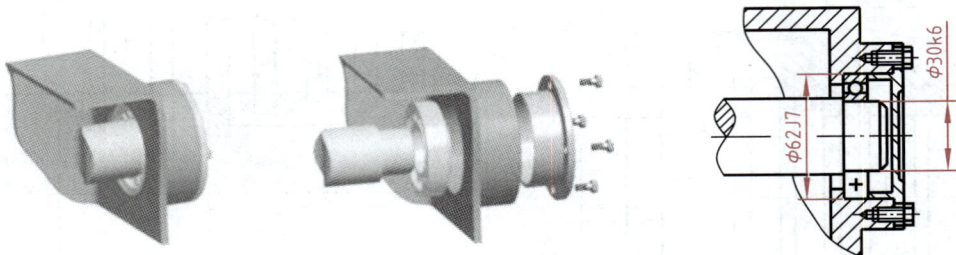

图 8-45　特殊标注形式

【例 8-1】　查表写出 ϕ30H8/f7 的极限偏差数值。

ϕ30H8/f7：公称尺寸为 30 mm，基本偏差为 f 的 7 级轴与 8 级基准孔的间隙配合。ϕ30H8 可由附表查得 $\phi 30^{+0.033}_{0}$ mm，ϕ30f7 由附表查得 $\phi 30^{-0.020}_{-0.041}$ mm。

⑤ 配合代号的识读　识读顺序为先读配合件后读基准件，即"基本偏差为 × 的 × 级轴（孔）与 × 级基准孔（轴）的 ×× 配合"。举例如下：

ϕ50H7/g6 读作：公称尺寸为 50 mm，基本偏差为 g 的 6 级轴与 7 级基准孔的间隙配合。

ϕ20H8/h7 读作：公称尺寸为 20 mm，基本偏差为 h 的 7 级轴与 8 级基准孔的间隙配合；或读作：公称尺寸为 20 mm，基本偏差为 H 的 8 级孔与 7 级基准轴的间隙配合。

7. 极限与配合的选用

（1）优先采用优先公差带和优先配合

① 基孔制优先配合：

间隙配合　H7/g6、H7/h6、H8/f7、H8/h7、H8/e8、H9/e8、H11/b11、H11/c11。

过渡配合　H7/js6、H7/k6、H7/n6。

过盈配合　H7/p6、H7/r6、H7/s6。

② 基轴制优先配合：

间隙配合　G7/h6、H7/h6、F8/h7、H8/h7、F8/h9、H8/h9、E9/h9、H9/h9、B11/h9、D11/h9。

过渡配合　JS7/h6、K7/h6、N7/h6。

过盈配合　P7/h6、R7/h6、S7/h6。

（2）优先采用基孔制配合

优先采用基孔制配合可以避免刀具（如铰刀）和量具不必要的多样性。只有在具有明显经济效益和不适合采用基孔制的场合才采用基轴制。如使用冷拔钢作轴与孔的配合、标准滚动轴承的外圈与孔的配合，往往采用基轴制。

8.2.5　绘制气动换向阀装配图

1. 气动换向阀装配图

如图 8-46 所示为气动换向阀装配图，即本任务应完成的装配图。

2. 绘制步骤的确定

对于一张完整的装配图来说，大致有下述几部分内容：① 图幅、图框、标题栏；② 一组图形；③ 必要的尺寸标注；④ 技术要求；⑤ 序号及明细栏。因而，在绘制气动换向阀装配图时也可按照这 5 部分内容来安排绘制步骤，为了图形布置合理，先应绘制出图幅、图框、标题栏，然后绘制图形，在绘制图形时应留出足够的位置标注尺寸、绘制零件序号、注写技术要求等。总之，在布置图纸时，应注意整个图纸的匀称，做到幅面饱满而不拥挤也不偏置。

由上面分析决定采用的绘图步骤为：

① 根据视图数量、各视图大小、采用的绘图比例等确定图幅的大小；② 绘制图幅、图框、标题栏；③ 绘制图形；④ 标注必要的尺寸；⑤ 编排序号；⑥ 绘制明细栏、填写明细栏及标题栏。

3. 绘制换向阀装配图

（1）确定图幅的大小

根据对气动换向阀结构的分析，可采用两个基本视图即主视图和左视图来表达气动换向阀各零件之间的装配关系及气动换向阀的工作原理，其中，主视图的放置位置及投射方向如图 8-46 所示，这里由于气动换向阀的外形尺寸为 97 mm×95mm×40 mm，同时考虑到优先采用 1:1 的绘图比例，结合其他内容的布置，决定采用 A3 的图幅，采用 X 型布置。

（2）绘制图幅、图框、标题栏

根据国家标准关于图幅、图框、标题栏的相关规定，完成图幅、图框、标题栏的绘制。

（3）绘制图形

① 视图布局　根据装配体的大小及绘图比例，考虑到尺寸标注和零件序号的编排位置，同时预留出明细栏的位置，完成主视图和左视图的合理布置。

② 主视图的绘制　根据气动换向阀的结构特点，确定主视图采用全剖视图的表达方案。

a. 第一个被绘制零件的选择　在绘制装配图时，首先绘制某一个零件的投影视图，再绘制第二个零件的投影视图，判断这两个零件各轮廓线的可见性，将不可见的轮廓线擦除，其中第一个零件通常选择装配体的某一个基础件，其他零件的绘制顺序可基本按照装配体的实际装配顺序来选择（装配体的实际装配顺序原则为：先下后上，先内后外，先难后易，先精密后一般，先重后轻），以此类推，完成所有零件投影视图的绘制，这里气动换向阀共有 13 类零件，其中阀体为基础件，因而这里首先绘制阀体的主视图，主视图采用全剖视图，如图 8-47 所示。

b. 绘制滑柱　将滑柱主视图按照装配关系绘制出来，如图 8-48 所示。

c. 删除不可见轮廓线　由于滑柱的装配，阀体将有部分可见轮廓线被遮挡，将这些被遮挡的轮廓线擦掉，如图 8-49 所示。

d. 绘制滑柱上密封圈、滑块，擦去被遮挡的轮廓线；绘制配气块及 O 形密封圈，擦去被遮挡的轮廓线，如图 8-50 所示。

e. 绘制阀体两端的垫片及阀盖，绘制阀盖上的 8 个垫圈 4 及螺钉 M4×16，并擦去被遮挡的轮廓线，如图 8-51 所示。

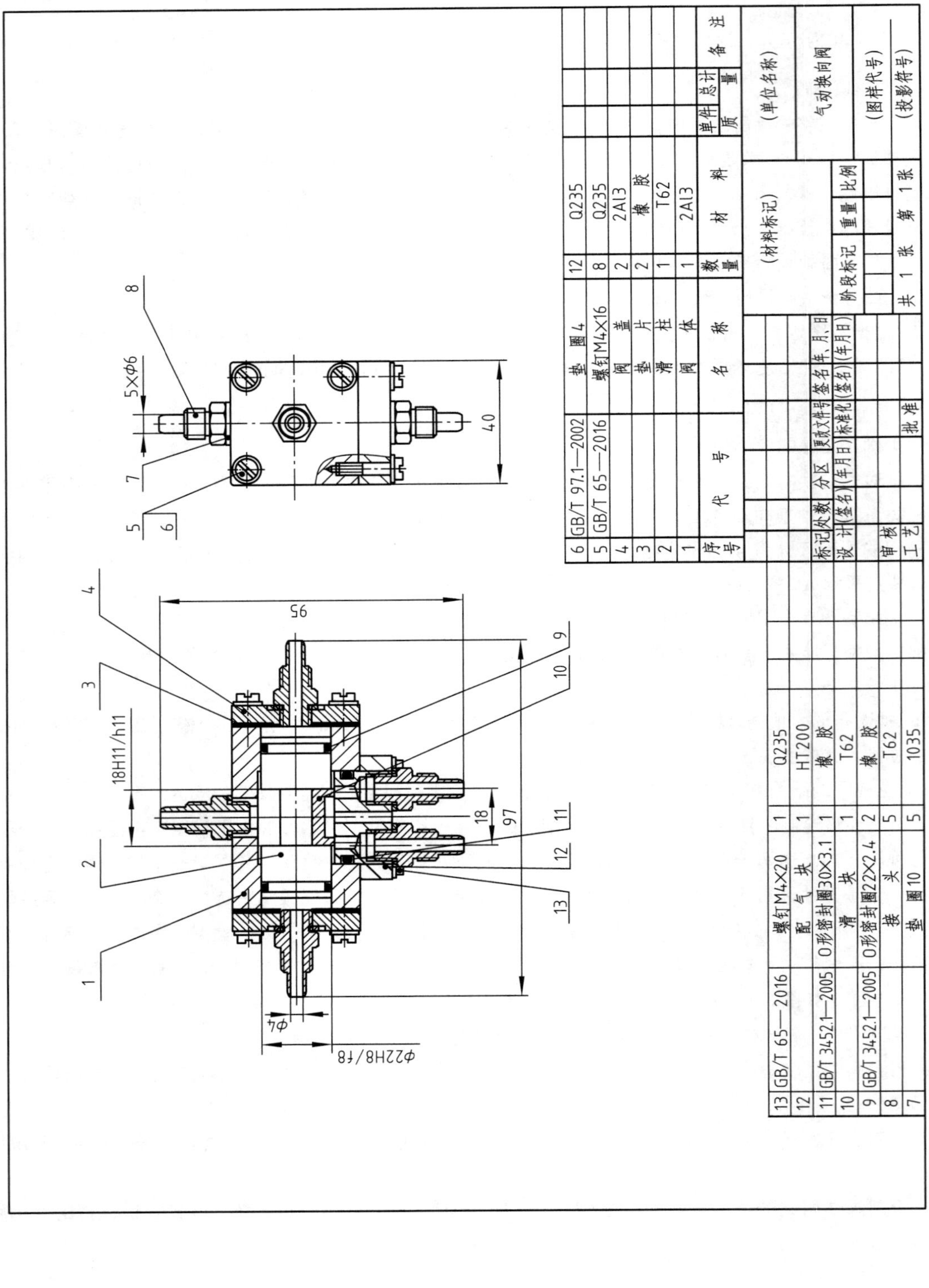
1
2
3
4
5
6
7
8
9
10
11
12
13
95
97
18
18H11/h11
φ4
φ22H8/f8
5×φ6
40
13 GB/T 65—2016 螺钉M4×20 1 Q235
12 配气块 1 HT200
11 GB/T 3452.1—2005 O形密封圈30×3.1 1 橡胶
10 滑块 1 T62
9 GB/T 3452.1—2005 O形密封圈22×2.4 2 橡胶
8 接头 5 T62
7 垫圈10 5 1035
6 GB/T 97.1—2002 垫圈4 12 Q235
5 GB/T 65—2016 螺钉M4×16 8 Q235
4 阀盖 2 2A13
3 垫片 2 橡胶
2 滑柱 1 T62
1 阀体 1 2A13
序号 代号 名称 数量 材料 单件 总计 质量 备注
(材料标记)
(单位名称)
气动换向阀
(图样代号)
(投影符号)
标记 处数 分区 更改文件号 签名 年、月、日
设计 (签名) (年月日) 标准化 (签名) (年月日)
阶段标记 重量 比例
审核
工艺 批准
共 1 张 第 1 张

图 8-46　气动换向阀装配图

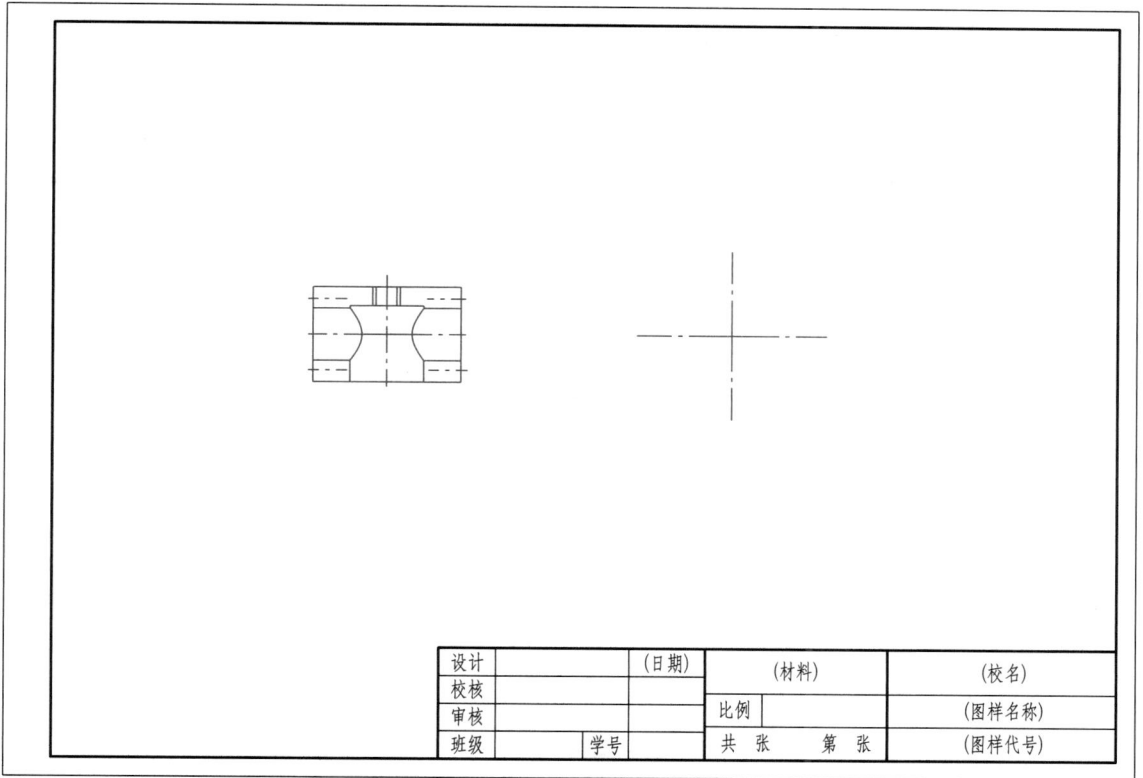

设计		（日期）	（材料）		（校名）
校核					
审核			比例		（图样名称）
班级	学号		共　张　　第　张		（图样代号）

图 8-47　阀体主视图的绘制

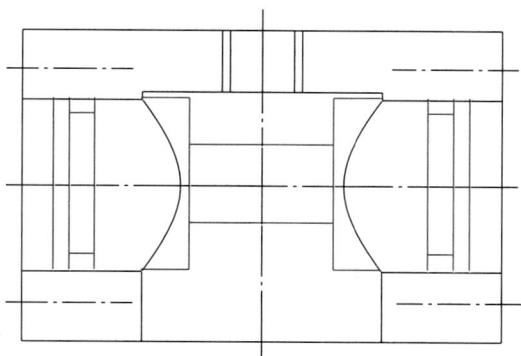

图 8-48　滑柱主视图的绘制

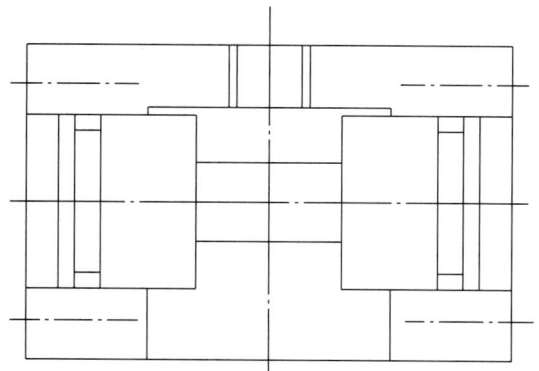

图 8-49　删除不可见轮廓线

247

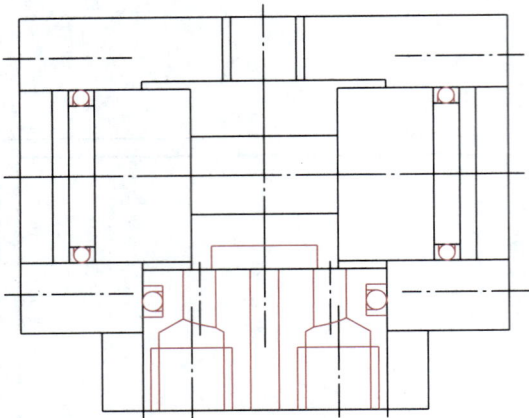

图 8-50　密封圈、滑块、配气块及 O 形密封圈的绘制

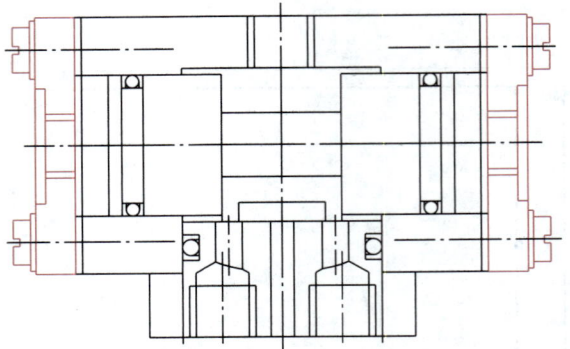

图 8-51　垫片及阀盖、垫圈及螺钉的绘制

f. 绘制垫圈 10 及接头；绘制配气块上的螺钉 M4×20，并擦去被遮挡的轮廓线。

至此，完成了气动换向阀各零件在主视图上的投影，如图 8-52 左侧的主视图。

③ 左视图的绘制　根据步骤②同样的绘制方法，同步完成气动换向阀装配图中左视图的绘制，在左视图中，为表达螺钉与相关零件的装配关系，采用了局部剖视的表达方案，如图 8-52 所示。

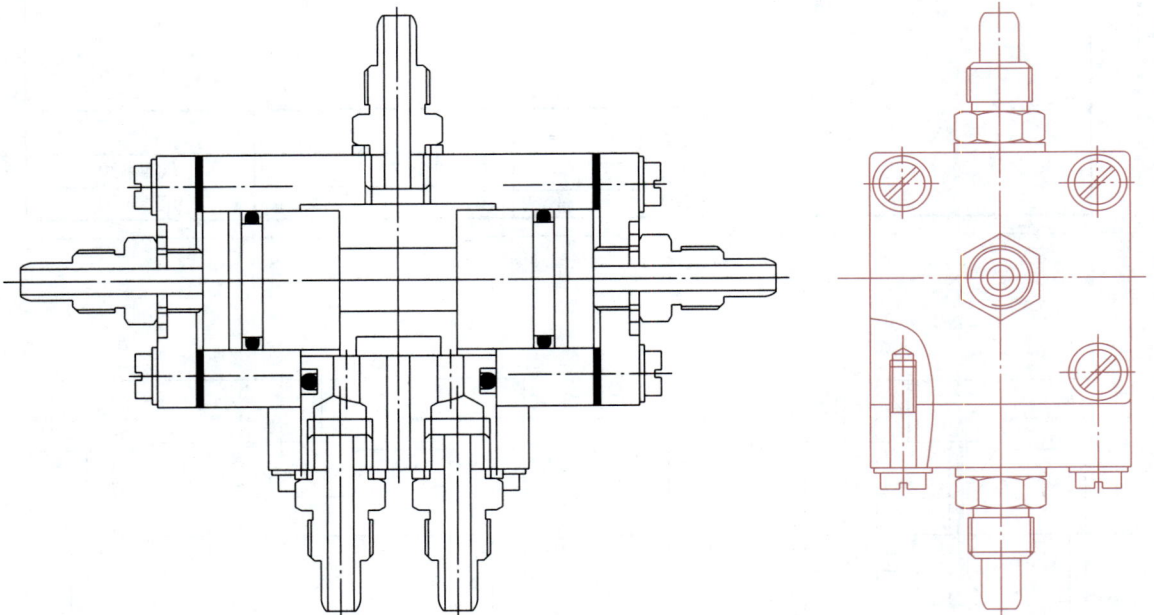

图 8-52　左视图的绘制

④ 描深图线，绘制剖面线，如图 8-53 所示。

（4）标注必要的尺寸

在装配图中，有 4 类尺寸是必需标注的，即规格尺寸、装配尺寸、安装尺寸及外形尺寸，气动换向阀的尺寸标注如图 8-54 所示。

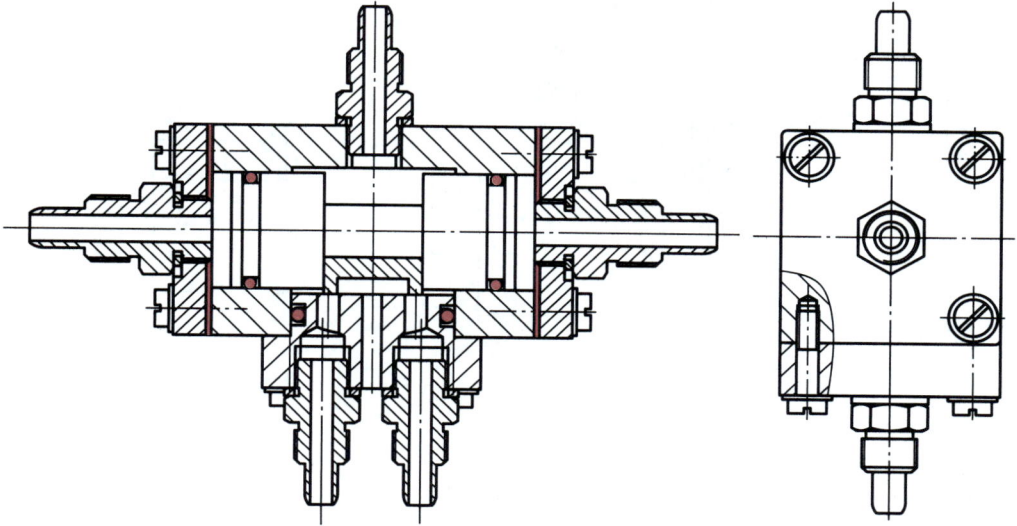

图 8-53　视图的完善

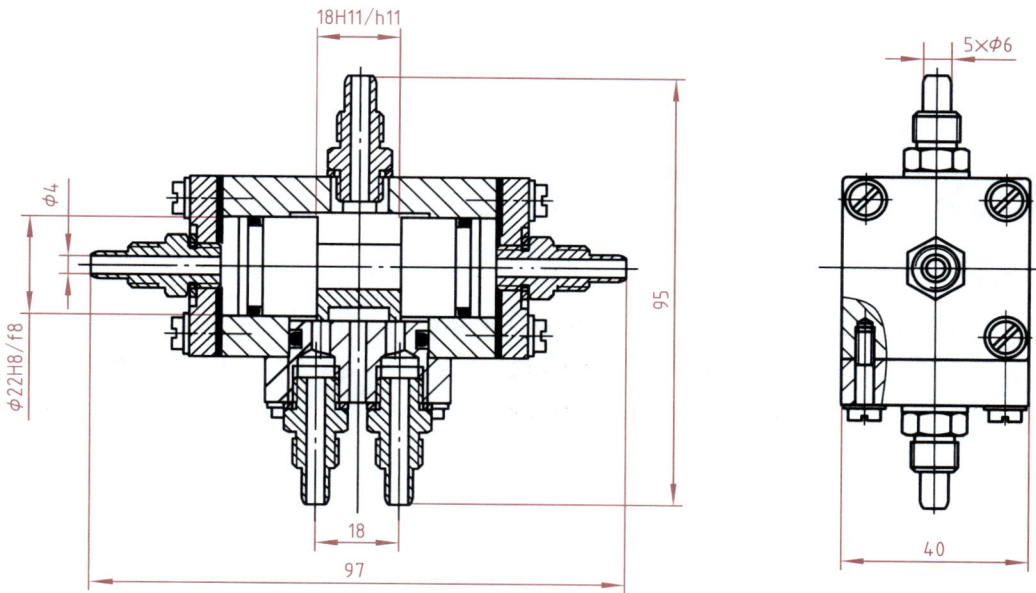

图 8-54　尺寸标注

（5）编排序号

在编排序号时，应注意按照顺序编排序号并摆放整齐，其绘制结果如图 8-55 所示。

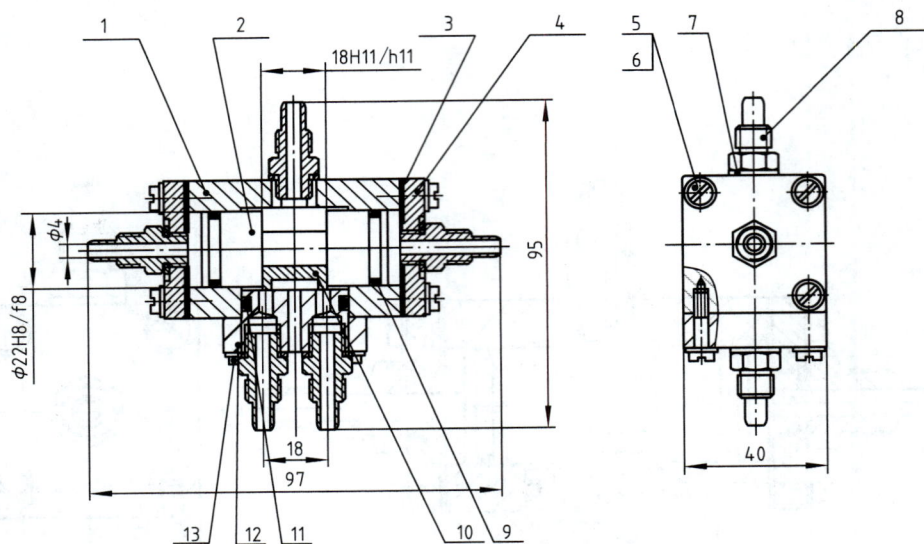

图 8-55　编排序号

（6）绘制明细栏、填写明细栏及标题栏

根据装配图相关国家标准的要求，完成明细栏的绘制，并填写明细栏及标题栏，如图 8-46 所示。

至此，我们完成了气动换向阀装配图的绘制，结果如图 8-46 所示。

复习思考题

1. 简述部件测绘的一般步骤。

2. 简述由已知的零件图拼绘装配图的步骤和方法。

3. 在画装配图时，主视图的选择原则是什么？

任务 8.3　齿轮泵的测绘与装配图的绘制

任务描述

在生产实践中，经常需要对产品进行维修、技术更新等，为达到上述目的，需要对已有产品的工作原理、结构进行分析，并对其中的零部件进行测量、绘制零件图和装配图。本任务以齿轮泵为载体，通过对齿轮泵的测绘，从而掌握一般机械产品的测绘方法和测绘技能。

8.3.1　齿轮泵的工作原理

微课扫一扫
齿轮泵的工作
原理

1. 齿轮泵装配体

如图 8-56 所示是齿轮泵的实物图片，图 8-57 所示是齿轮泵的三维模型，图 8-58 所示是齿轮泵的三维爆炸图，图中反映了齿轮泵的基本结构及其工作原理。

图 8-56　齿轮泵的实物图片

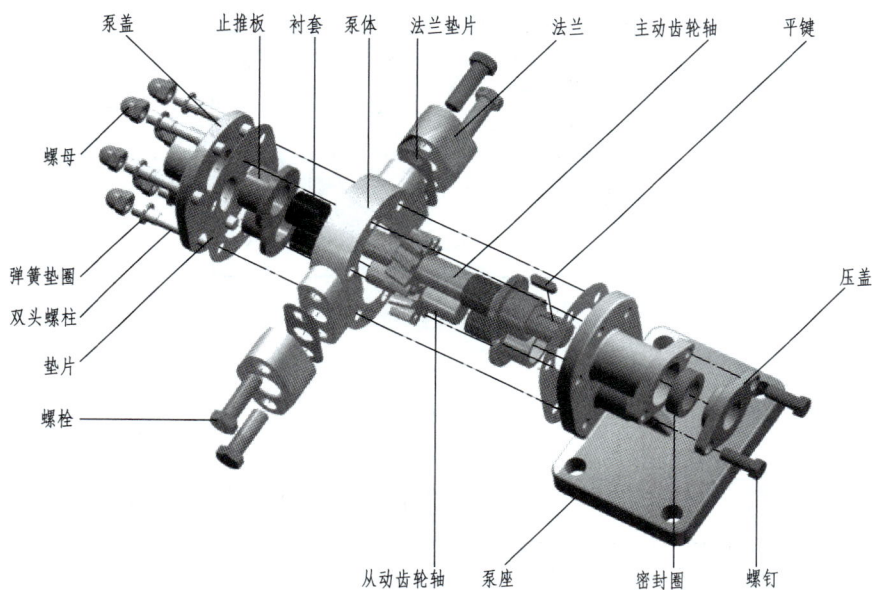

图 8-57　齿轮泵的三维模型

图 8-58　齿轮泵的三维爆炸图

2. 齿轮泵的工作原理

齿轮泵是机器上的供油装置，它起着改变及稳定油压并将油液输送到机器各部位进行润滑和冷却的作用，其工作原理如图 8-59（a）所示。当油液从泵体左侧压入吸油腔时，由齿轮高速旋转形成高压油膜，被带到另一侧压油腔，使油液挤压进入压力管路中。泵盖、泵座和止推板主要起调节油压的作用。

8.3.2　测绘装配体的步骤和方法

1. 测绘步骤

① 了解、分析部件（用途、工作原理、性能特点、装配关系等）。

② 拆卸零件（反复拆装训练）。

③ 画装配示意图（编排零件序号，区分标准件、非标准件）。

④ 画零件草图（选择各零件的表达方案，画零件草图；测量并正确注写尺寸；注写技术要求）。

⑤ 画装配图（由零件草图拼画装配图）。

2. 测绘方法

① 熟悉齿轮泵的拆、装顺序并绘出齿轮泵装配示意图，如图 8-59（b）所示。

② 列出齿轮泵零件明细，见表 8-3。

③ 画零件草图（只画非标准件），图 8-60 所示为齿轮泵非标准件草图，其中标准结构要根据其形状和所测量的尺寸，查阅核对标准规格和国家标准代号确定。

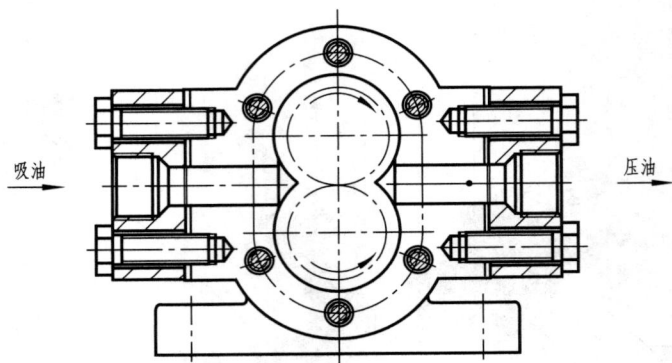

(a) 齿轮泵工作原理

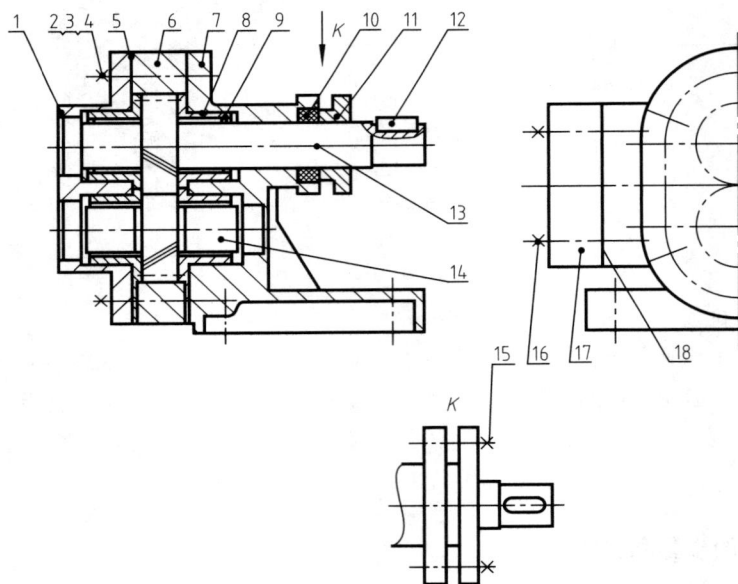

(b) 齿轮泵装配示意图

图 8-59　齿轮泵的工作原理

252

表 8-3　齿轮泵零件明细

序号	代号	名称	数量	材料	备注
1	CLB-01	泵盖	1	HT200	
2	GB/T 6170—2015	螺母 M10	6	Q235	
3	GB/T 899—1988	双头螺柱 M10×60	6	Q235	
4	GB/T 859—1987	弹簧垫圈 10	6	65Mn	
5	CLB-02	垫片	2	柔性石墨	
6	CLB-03	泵体	1	HT200	
7	CLB-04	泵座	1	HT200	
8	CLB-05	止推板	4	Q235	
9	CLB-06	衬套	4	ZCnSnPbZn5	
10	CLB-07	密封圈	1	橡胶	外购
11	CLB-08	压盖	1	HT200	
12	GB/T 1096—2003	键 A6×6×20	1	45	
13	CLB-09	主动齿轮轴	1	40Cr	
14	CLB-10	从动齿轮轴	1	40Cr	
15	GB/T 5782—2016	螺栓 M10×25	2	Q235	
16	GB/T 5782—2016	螺栓 M12×40	4	Q235	
17	CLB-11	法兰	2	HT200	
18	CLB-12	法兰垫片	2	橡胶	

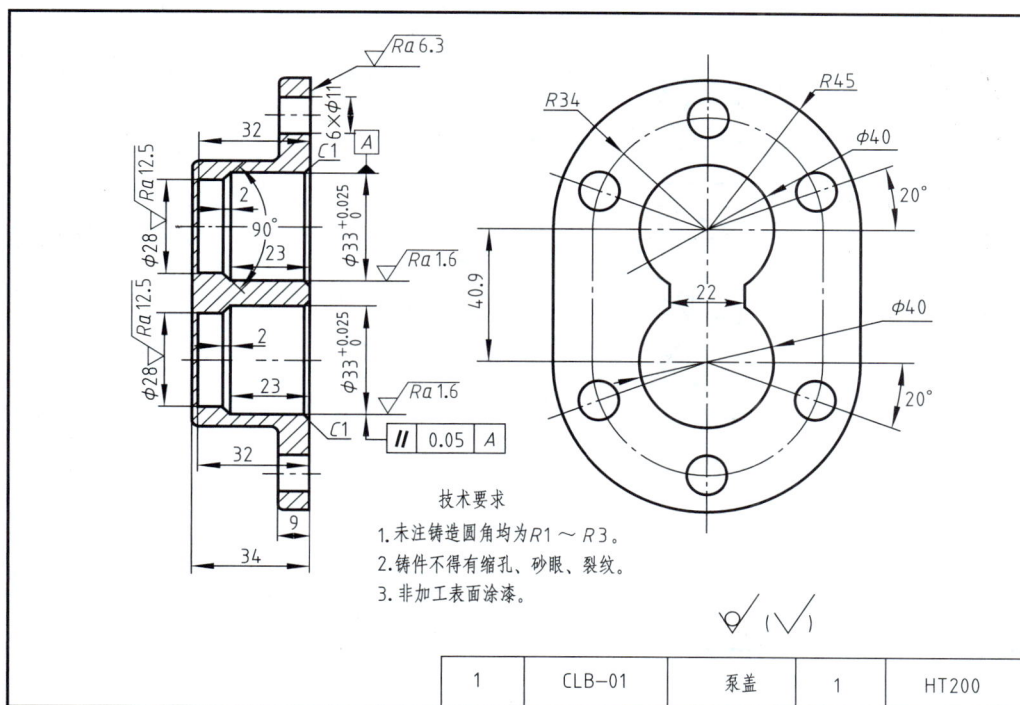

技术要求
1. 未注铸造圆角均为 $R1 \sim R3$。
2. 铸件不得有缩孔、砂眼、裂纹。
3. 非加工表面涂漆。

1	CLB-01	泵盖	1	HT200

(a)

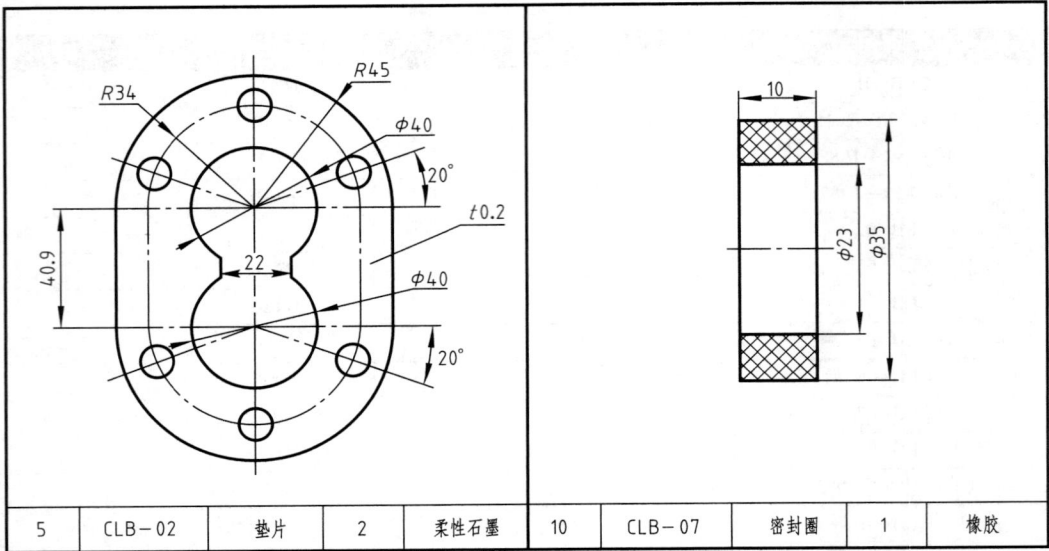

| 5 | CLB-02 | 垫片 | 2 | 柔性石墨 | 10 | CLB-07 | 密封圈 | 1 | 橡胶 |

(b)

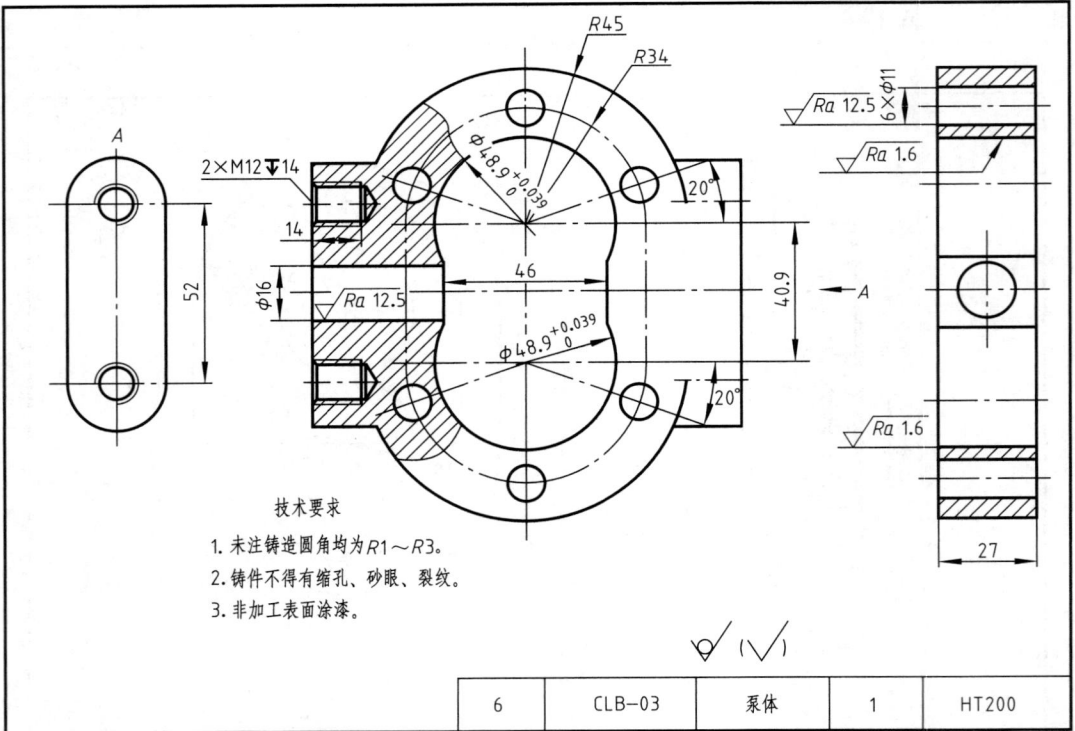

技术要求

1. 未注铸造圆角均为 $R1\sim R3$。
2. 铸件不得有缩孔、砂眼、裂纹。
3. 非加工表面涂漆。

| 6 | CLB-03 | 泵体 | 1 | HT200 |

(c)

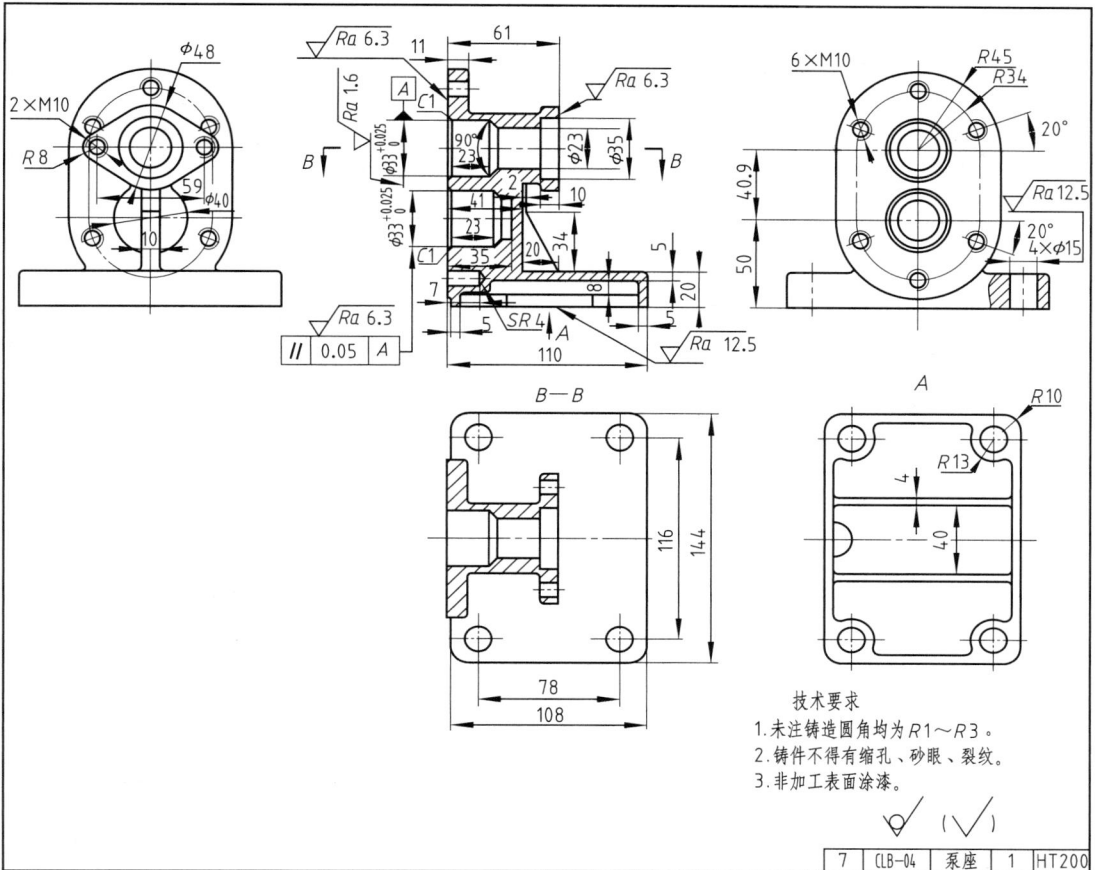

技术要求
1.未注铸造圆角均为 $R1 \sim R3$。
2.铸件不得有缩孔、砂眼、裂纹。
3.非加工表面涂漆。

| 7 | CLB—04 | 泵座 | 1 | HT200 |

(d)

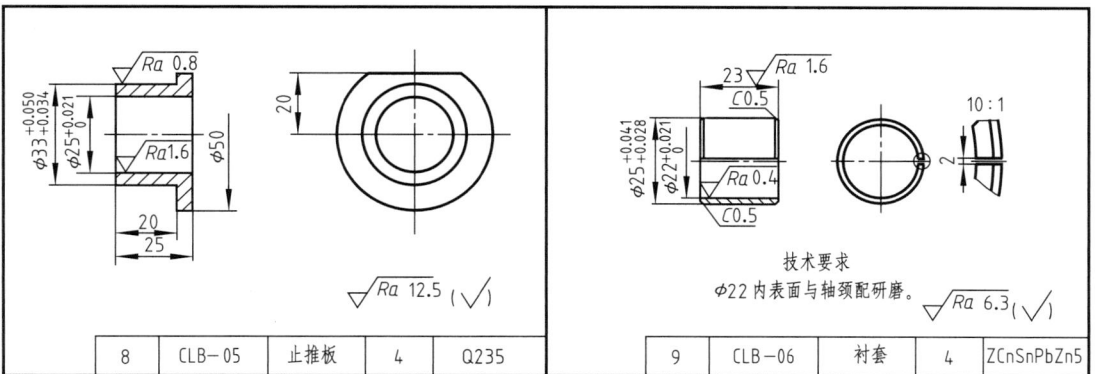

| 8 | CLB—05 | 止推板 | 4 | Q235 |

技术要求
$\phi22$ 内表面与轴颈配研磨。

| 9 | CLB—06 | 衬套 | 4 | ZCnSnPbZn5 |

(e)

255

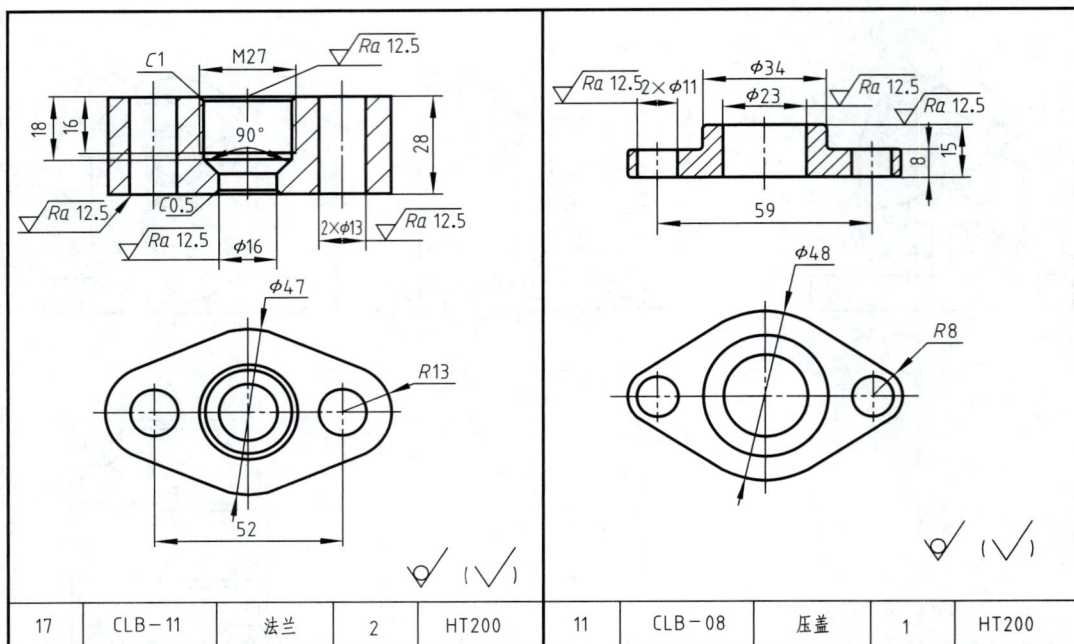

17	CLB—11	法兰	2	HT200

11	CLB—08	压盖	1	HT200

(f)

操作视频
齿轮泵压盖零
件测绘演示

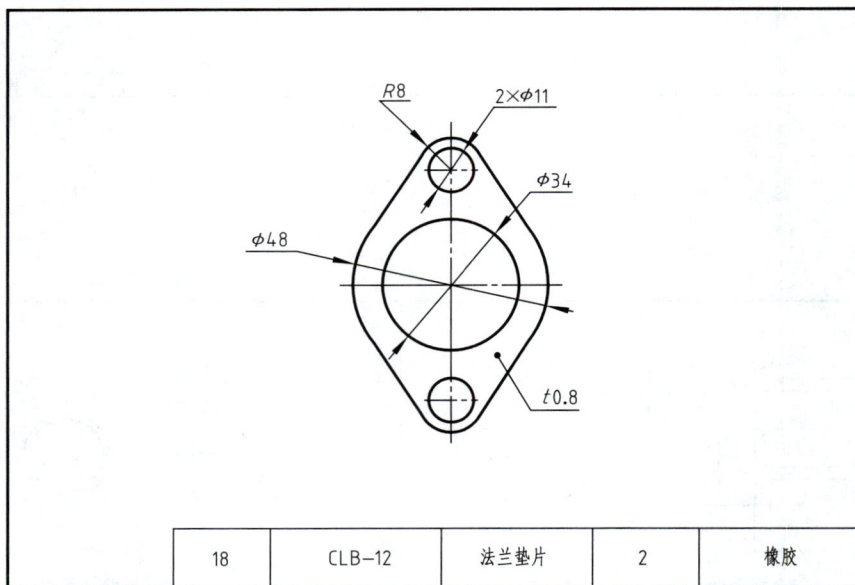

18	CLB—12	法兰垫片	2	橡胶

(g)

256

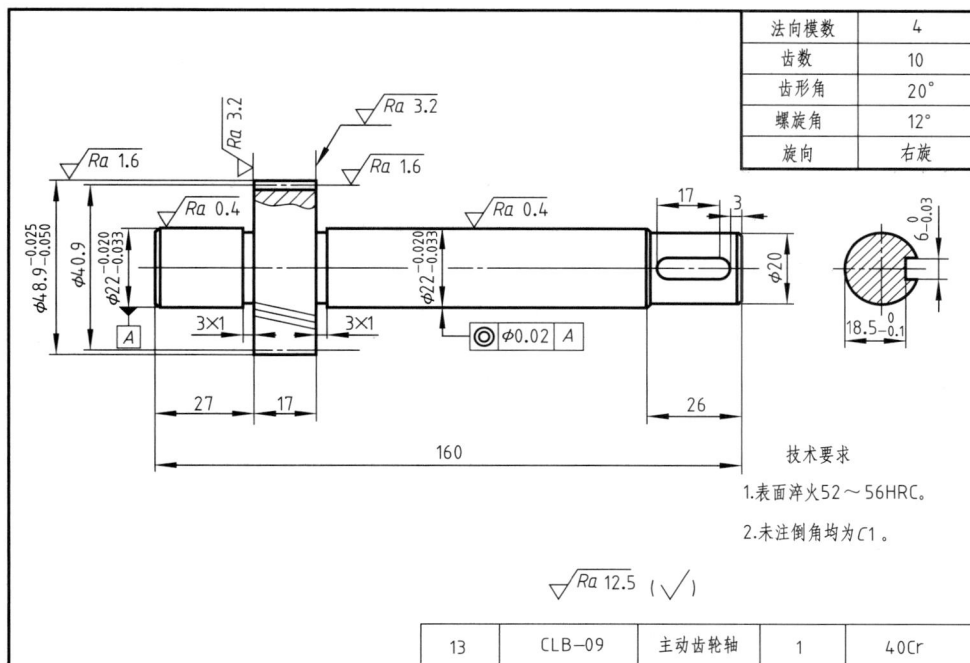

法向模数	4
齿数	10
齿形角	20°
螺旋角	12°
旋向	右旋

技术要求

1.表面淬火52～56HRC。

2.未注倒角均为C1。

$\sqrt{Ra\ 12.5}$ ($\sqrt{}$)

13	CLB-09	主动齿轮轴	1	40Cr

(h)

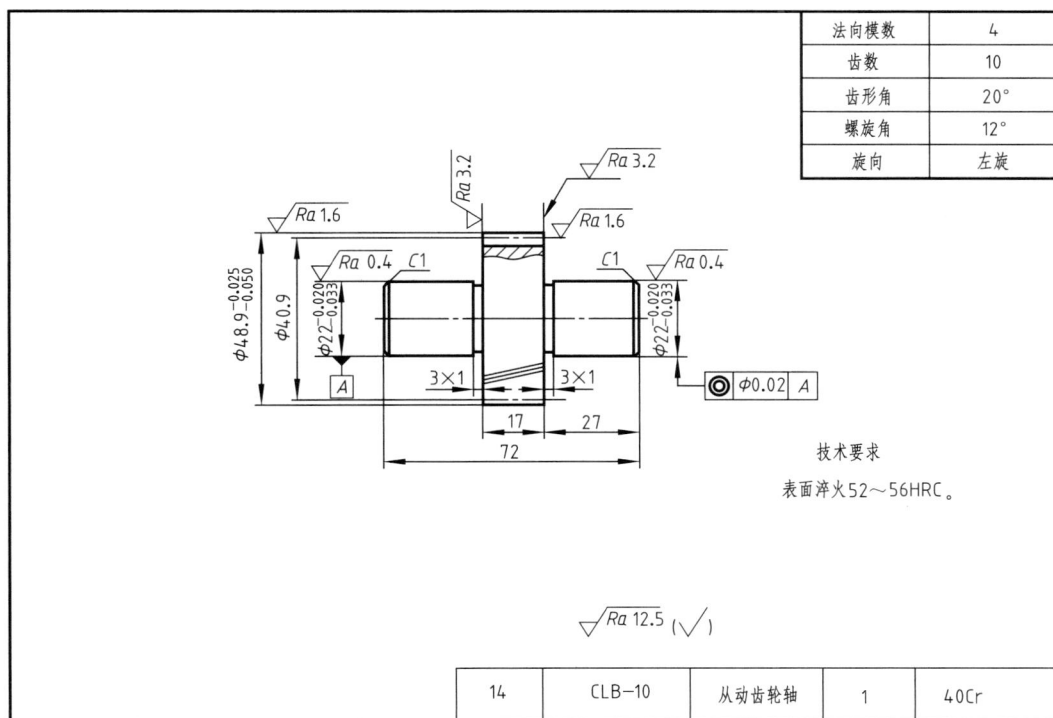

法向模数	4
齿数	10
齿形角	20°
螺旋角	12°
旋向	左旋

技术要求

表面淬火52～56HRC。

$\sqrt{Ra\ 12.5}$ ($\sqrt{}$)

14	CLB-10	从动齿轮轴	1	40Cr

(i)

图 8-60　齿轮泵非标准件草图

④ 装配图的画法　如图 8-61 所示，画装配图的步骤如下：

a. 选定表达方案，以主视图为核心确定一组能反映该部件工作原理及零件之间装配关系的图形。齿轮泵选择三个基本视图，主视图采用全剖视图以反映装配体内部结构特征；俯视图采用局部剖视图，充分反映法兰与泵体吸油口处的装配关系，同时反映泵盖、泵体和泵座等零件的外形。左视图采用半剖视图，一半反映泵体中被包容的一对斜齿圆柱齿轮啮合的内部情况，一半进一步表达泵盖、泵体和泵座等零件的外形结构，此外，对基本视图未表示清楚的法兰端面部分采用局部视图表达。

b. 根据装配体的大小、视图数量确定图幅、比例，绘出标题栏和明细栏轮廓线。

应尽可能采用 1∶1 的比例，这样有利于想象物体的形状和大小。需要采用放大或缩小的比例时，必须采用 GB/T 14690—1993 推荐的比例，这里采用 1∶2 的绘图比例。确定比例后，根据表达方案确定图幅，这里采用 A2 的幅面。确定图幅和布图时要考虑标题栏和明细栏的大小和位置，然后从基础零件入手绘制（这里的基础零件为泵座）。

c. 从主视图开始绘制装配图。先画基准线、对称线和基础零件在主视图上的投影，再完成基础零件在俯视图和左视图上的投影，并依次完成相互配合的其他零件轮廓线。整个装配图应先用细实线绘制底稿。

d. 画完泵座的投影视图后，可继续按照彼此的装配关系绘制其他零件的投影，这里选择的绘图顺序为"泵座→右侧垫片→右侧止推板→右侧衬套→主动齿轮轴→从动齿轮轴→泵体→左侧垫片→左侧止推板→左侧衬套→泵盖→法兰垫片→法兰→密封圈→压盖→所有标准件"。

e. 完成基本视图的绘制后，再绘制其他视图（在本装配图中绘制了序号 17 法兰的局部视图）。

⑤ 检查校核　对装配底稿进行检查校核，如发现零件草图（包括尺寸）有错，尤其是装配尺寸有错，应及时纠正，标注装配图上应注的尺寸及公差配合。

⑥ 绘制剖面线，编排序号。

⑦ 描深图线，绘制与填写明细栏、标题栏，注写文字和技术要求，最后校核全图，完成整个装配图的绘制，如图 8-62 所示。

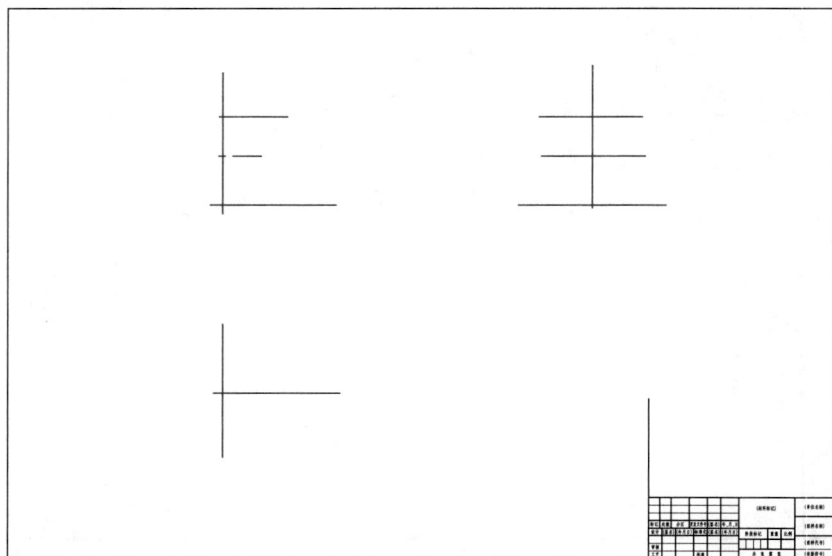

(a)

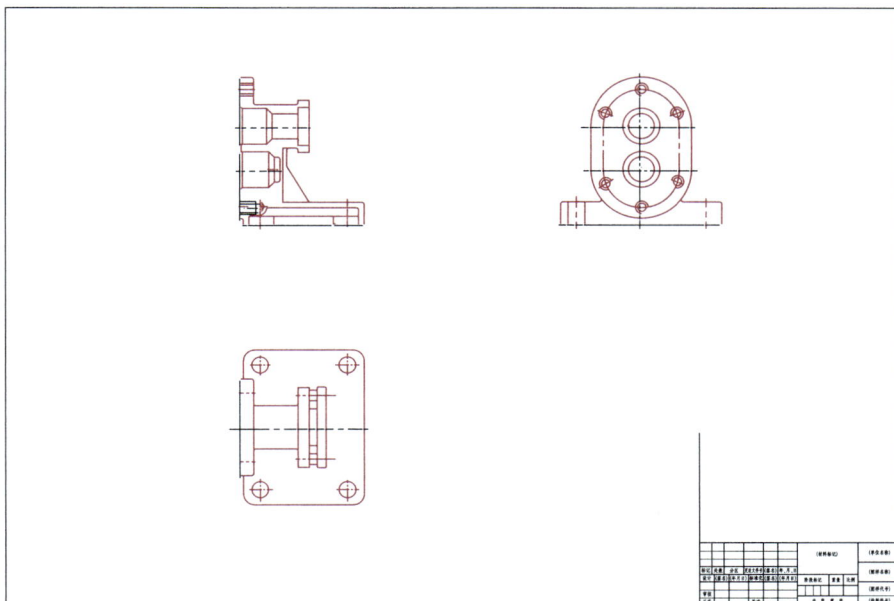

(b)

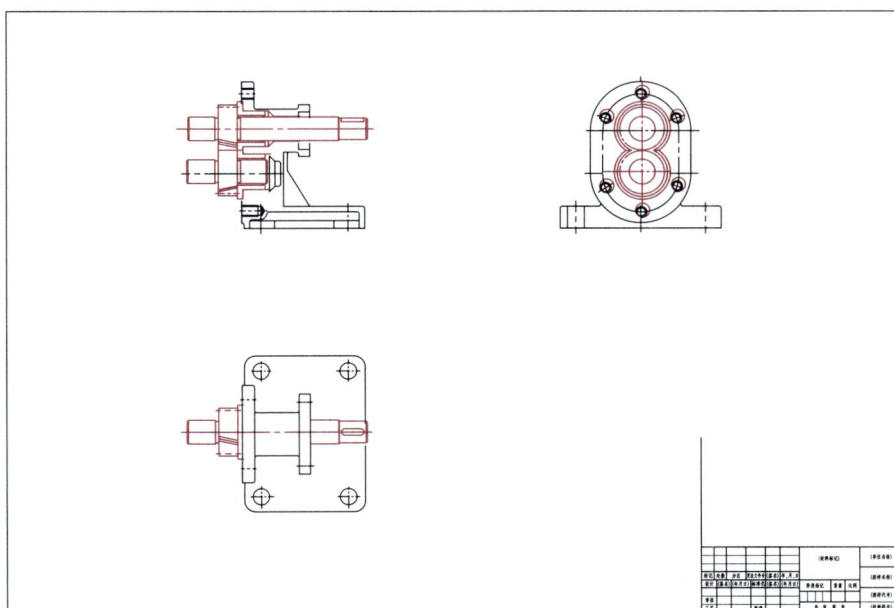

(c)

(d)

(e)

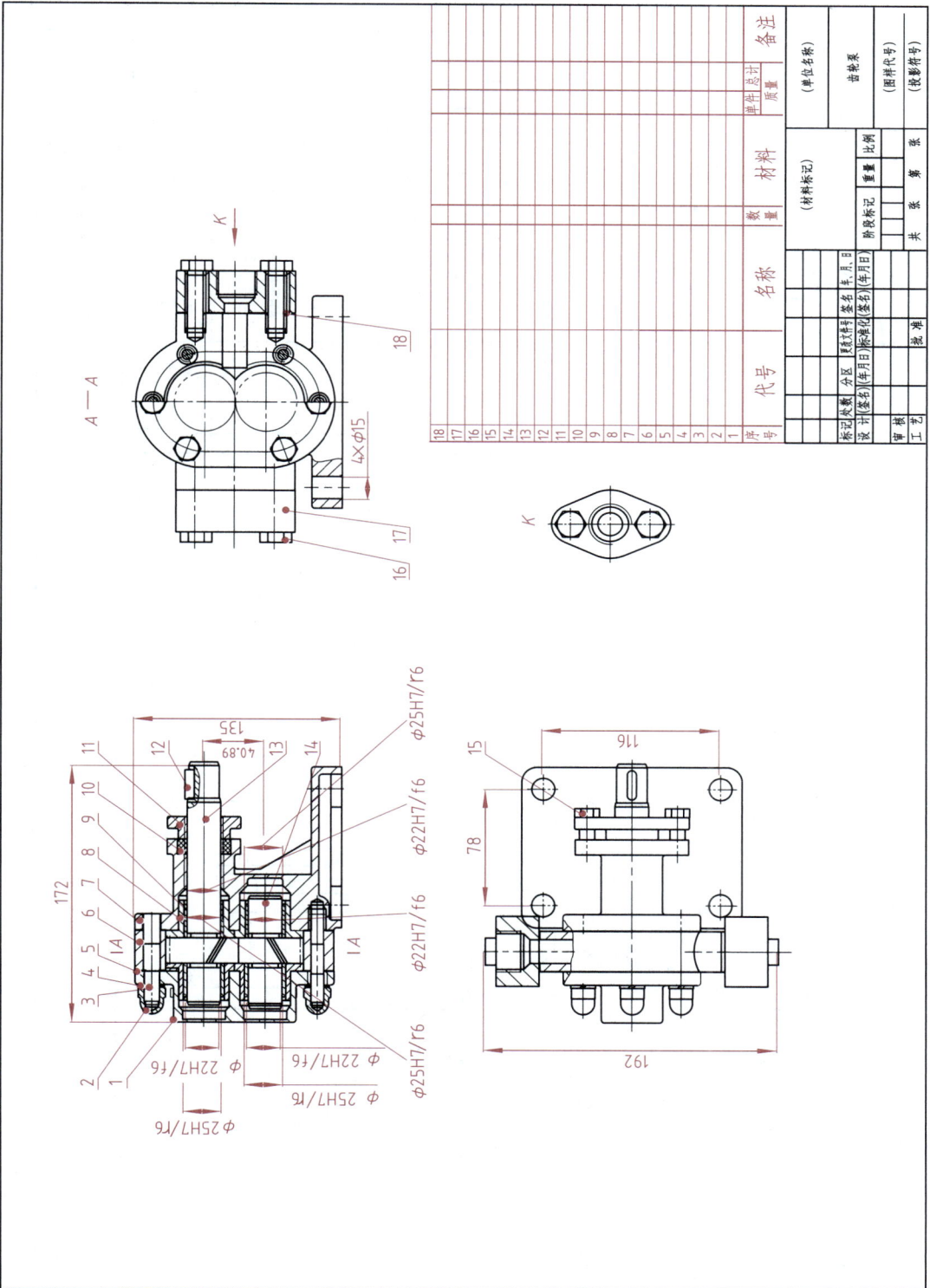

图 8-61　齿轮泵装配图的绘图步骤

(f)

261

18	CLB-12	送出垫片	2	橡胶	
17	CLB-11	法兰	2	HT200	
16	GB/T578-2016	螺栓 M12×40	4	Q235	
15	GB/T578-2016	螺栓 M10×25	2	Q235	外购
14	CLB-10	从动齿轮轴	1	40Cr	
13	CLB-09	主动齿轮轴	1	40Cr	
12	GB/T1096-2003	键 A6×6×20	1	45	
11	CLB-08	压盖	1	HT200	
10	CLB-07	密封圈	1	橡胶	
9	CLB-06	衬套	4	ZCuSnPbZn5	
8	CLB-05	止推板	4	Q235	
7	CLB-04	泵座	1	HT200	
6	CLB-03	泵体	1	HT200	
5	CLB-02	垫片	2	耐油石棉	
4	GB/T859-1987	弹簧垫圈10	6	65Mn	
3	GB/T899-1988	双头螺柱 M10×60	6	Q235	
2	GB/T6170-2015	螺母 M10	6	Q235	
1	CLB-01	泵盖	1	HT200	
序号	代号	名称	数量	材料	备注

标记	处数	分区	更改文件号	签名	年,月,日			单件	总计		(单位名称)
设计	(签名)(年月日)		标准化	(签名)(年月日)		阶段标记	重量	比例		齿轮泵
							1:1			CLB
审核						共　张　第　张				(投影符号)
工艺										

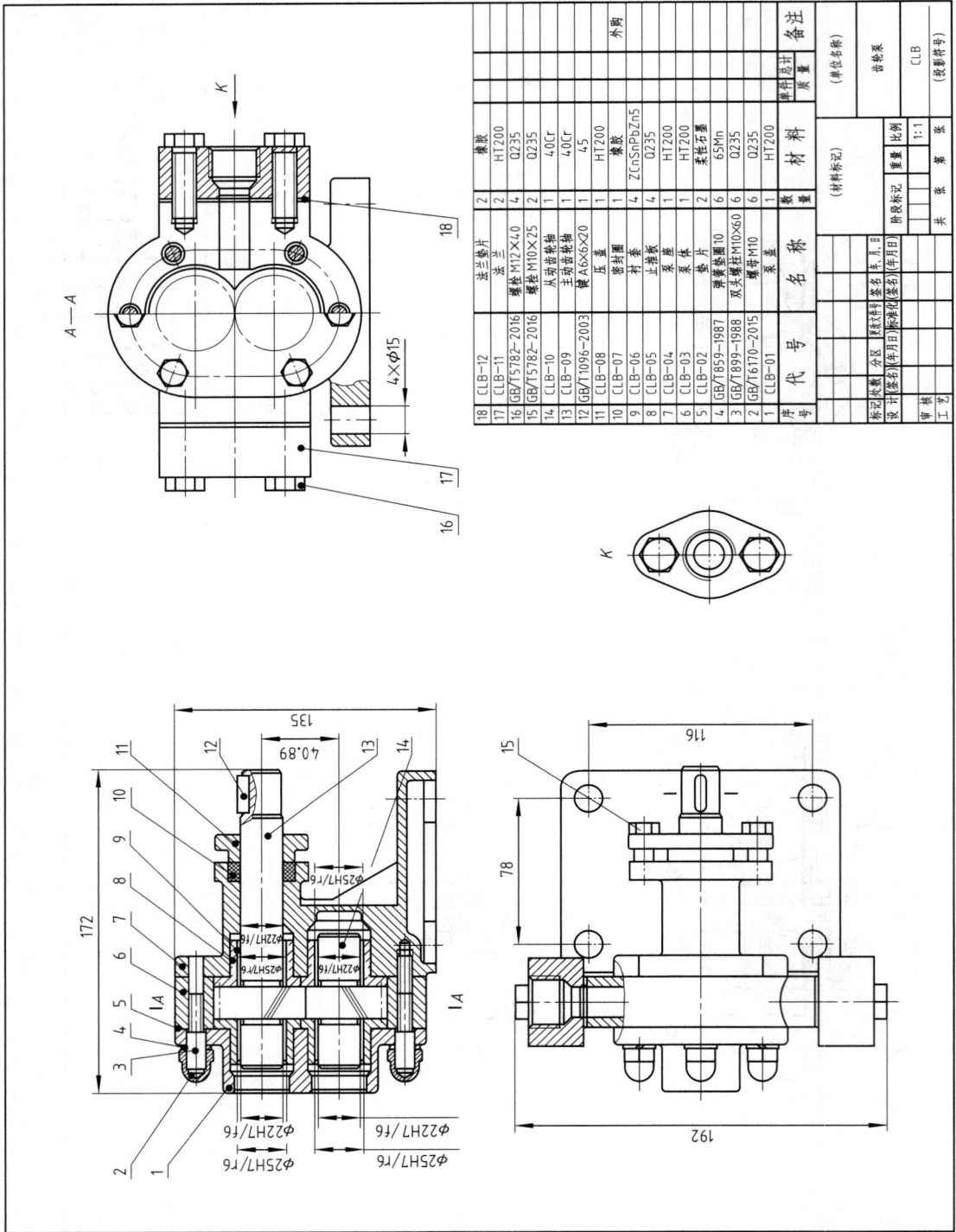

图 8-62　齿轮泵装配图

复习思考题

1. 测绘装配体时，一般的测绘方法和测绘步骤是怎样的？
2. 在绘制零件草图时，草图中应有哪些内容？

任务 8.4　AutoCAD 拼画滑动轴承装配图

任务描述

本任务以滑动轴承为载体，掌握应用 AutoCAD 由零件图拼画装配图的方法和技能。

8.4.1　滑动轴承结构分析

滑动轴承的基本组成零件为上、下轴衬，以及轴承座、轴承盖、固定套等，如图 8-63 所示。

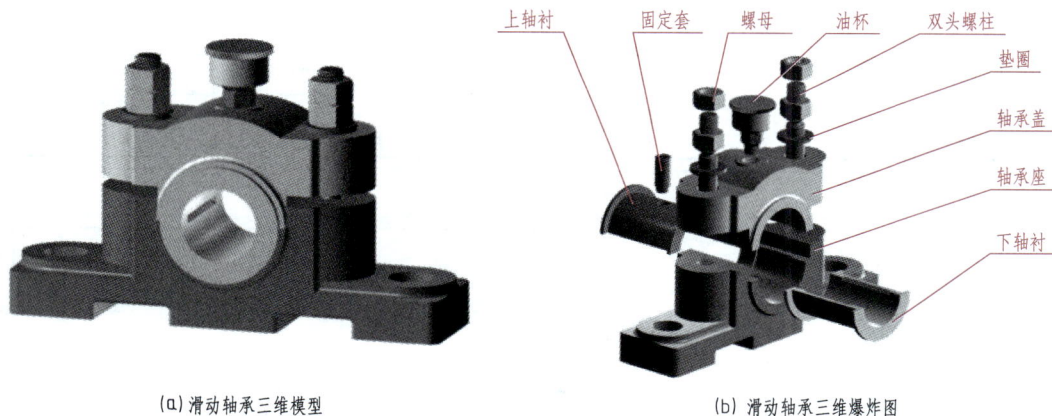

(a) 滑动轴承三维模型

(b) 滑动轴承三维爆炸图

图 8-63　滑动轴承

8.4.2　绘制滑动轴承装配图的方法和步骤

1. 准备相关 CAD 零件图

图 8-64~ 图 8-68 所示为由 AutoCAD 绘制的轴承座、轴承盖、下轴衬、上轴衬、固定套的零件图，由于绘制装配图时要画出螺栓、螺母等标准件的投影视图，故图 8-69 给出了这些标准件的基本投影视图。根据零件图相关文件可按下述步骤拼画滑动轴承装配图。

2. 确定装配图的表达方案

图纸选用 A2 幅面，采用主、俯两个视图来表达装配体的装配关系、工作原理等，其中主视图采用半剖视图，俯视图采用拆剖画法，绘图比例为 1∶1。

3. 调用 A2 样板图

绘图环境可根据需要进行修改。

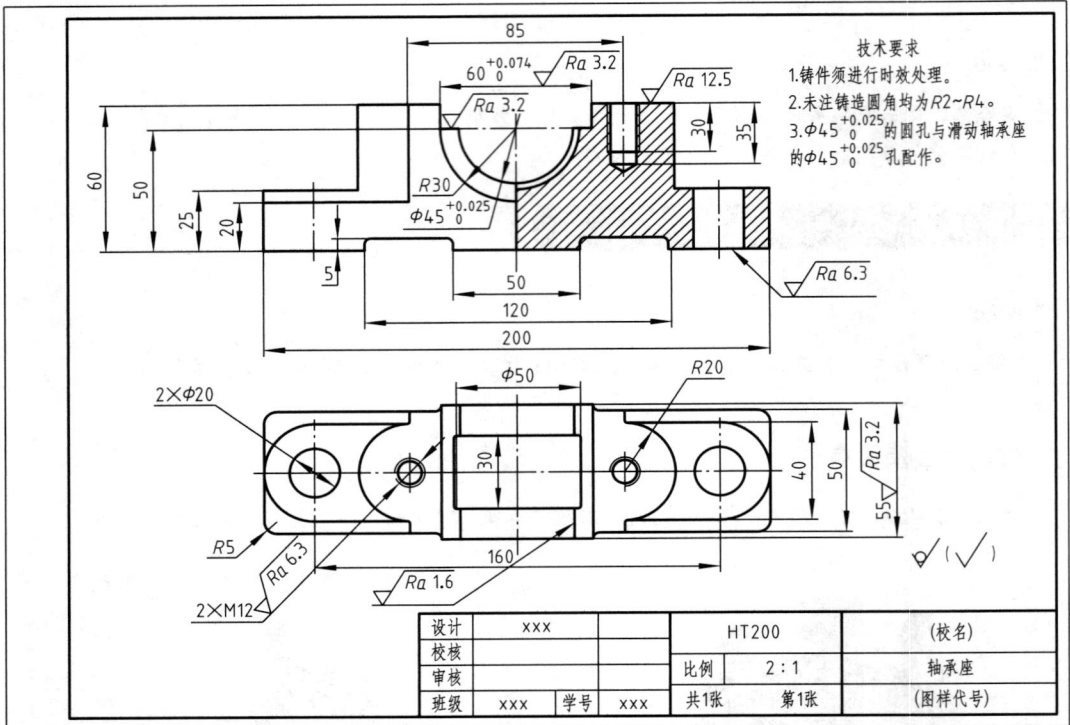

图 8-64　轴承座

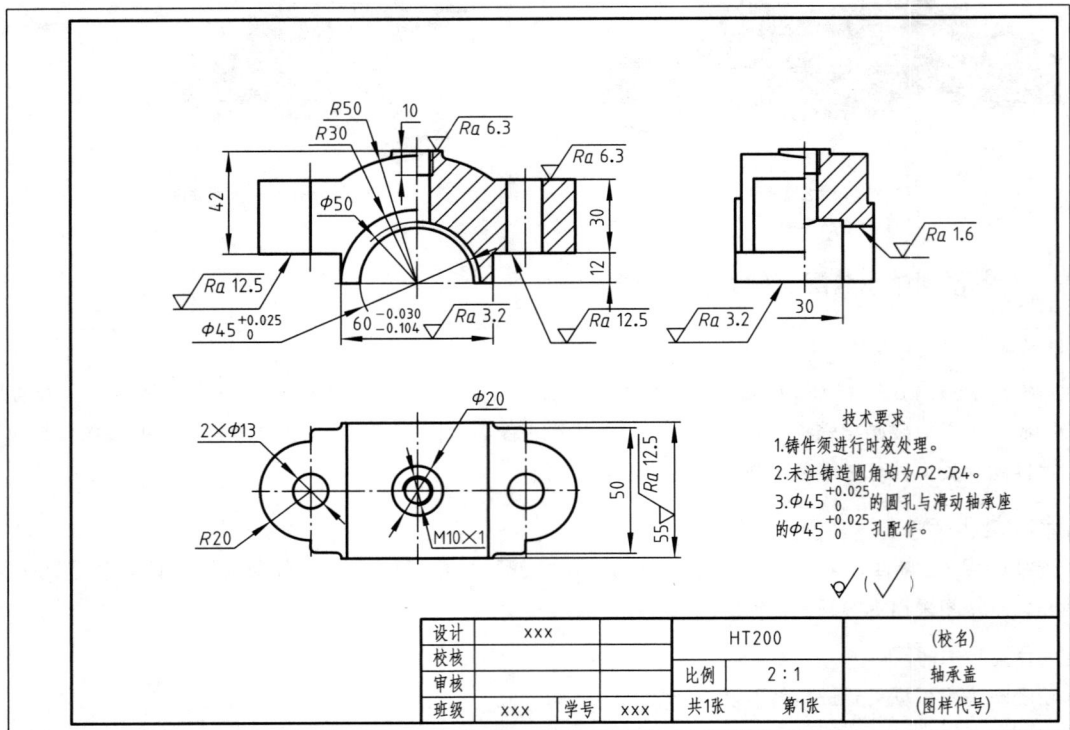

图 8-65　轴承盖

264

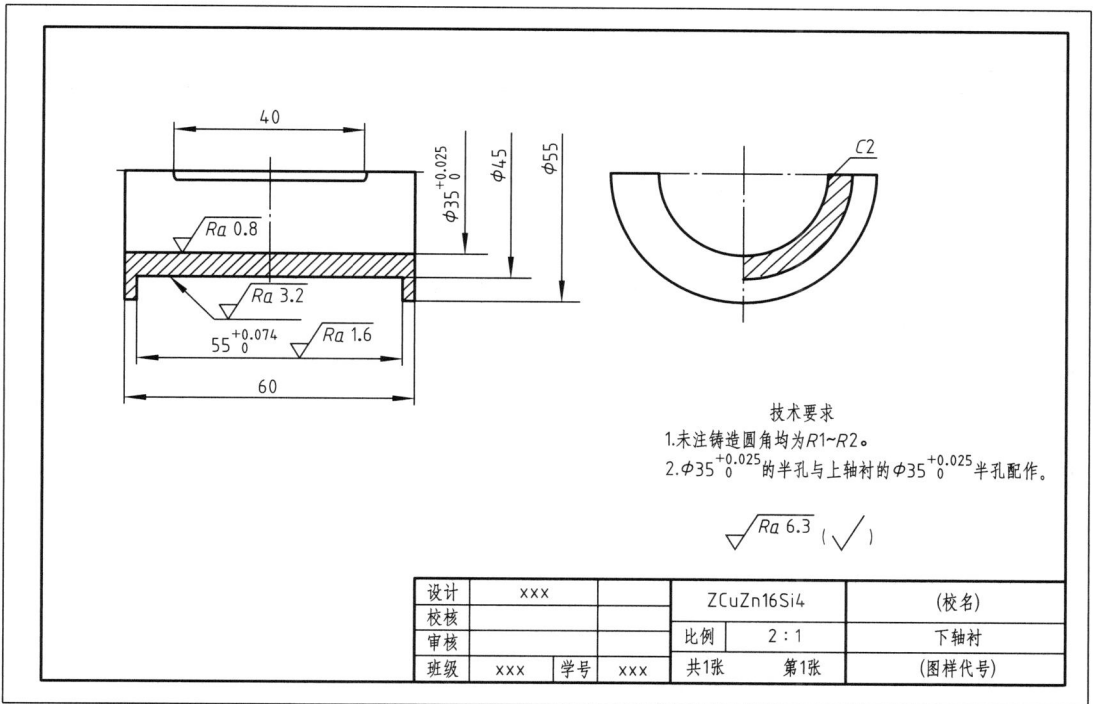

技术要求

1.未注铸造圆角均为R1~R2。

2.$\phi 35^{+0.025}_{0}$的半孔与上轴衬的$\phi 35^{+0.025}_{0}$半孔配作。

$\sqrt{Ra\ 6.3}\ (\sqrt{\ })$

设计	×××		ZCuZn16Si4	(校名)
校核				
审核			比例	2 : 1	下轴衬
班级	×××	学号 ×××	共1张　第1张	(图样代号)

图 8-66　下轴衬

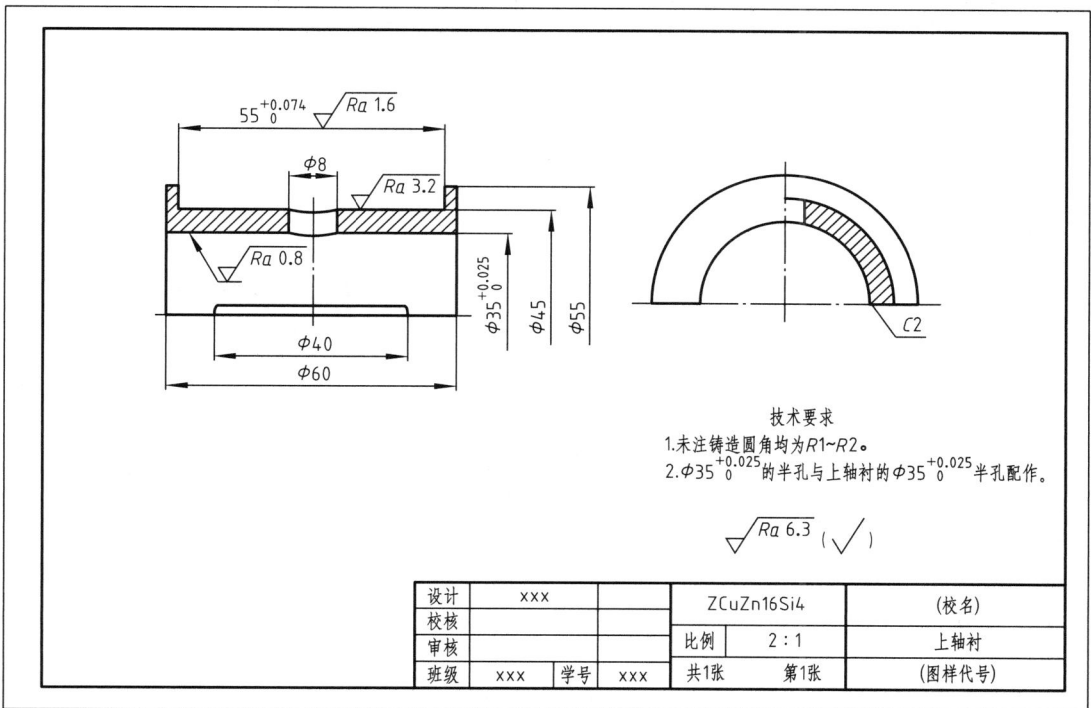

技术要求

1.未注铸造圆角均为R1~R2。

2.$\phi 35^{+0.025}_{0}$的半孔与上轴衬的$\phi 35^{+0.025}_{0}$半孔配作。

$\sqrt{Ra\ 6.3}\ (\sqrt{\ })$

设计	×××		ZCuZn16Si4	(校名)
校核				
审核			比例	2 : 1	上轴衬
班级	×××	学号 ×××	共1张　第1张	(图样代号)

图 8-67　上轴衬

265

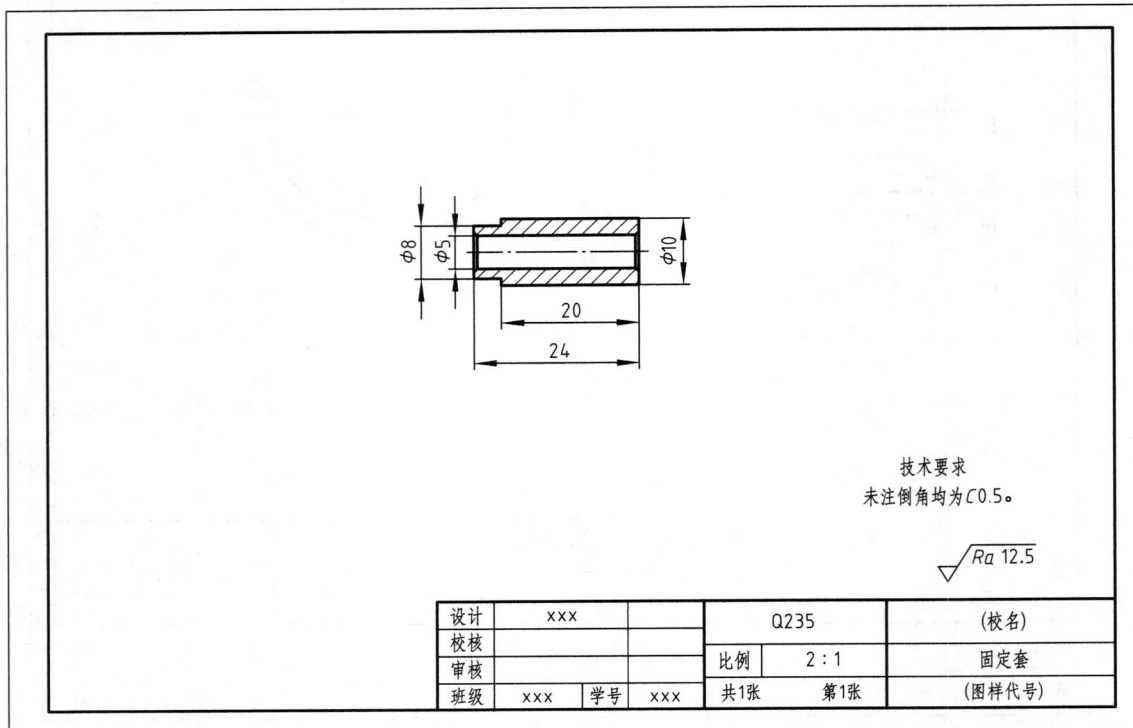

技术要求
未注倒角均为C0.5。

$\sqrt{Ra\ 12.5}$

设计	×××		Q235		(校名)
校核			比例	2:1	固定套
审核					
班级	×××	学号 ×××	共1张	第1张	(图样代号)

图 8-68 固定套

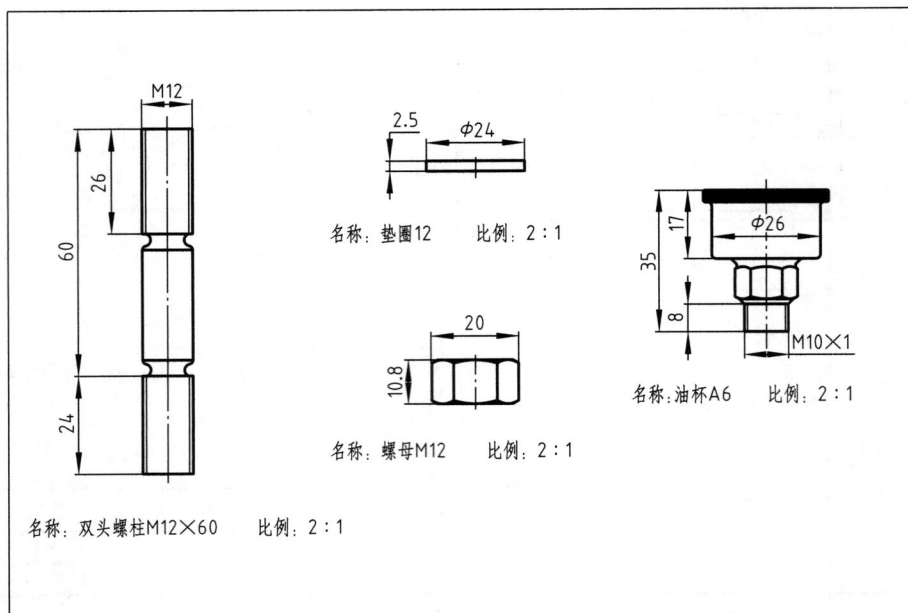

名称：双头螺柱M12×60   比例：2:1

名称：垫圈12   比例：2:1

名称：螺母M12   比例：2:1

名称：油杯A6   比例：2:1

图 8-69 标准件的基本投影视图

266

4. 选择基础零件作为拼画装配图的基础

　　滑动轴承的基础零件是轴承座，将轴承座的三视图复制到装配图中，并将绘图比例缩放到 1：1（由于装配图采用 1：1 的绘图比例，因而调入的所有零件的三视图均应调整到 1：1 的比例），对其进行编辑修改。如删除装配图上不需要的表面粗糙度代号，关闭"尺寸线"图层、"文字"图层和"剖面线"图层等。修改后的轴承座视图如图 8-70 所示，并以此图作为拼画装配图的基础。

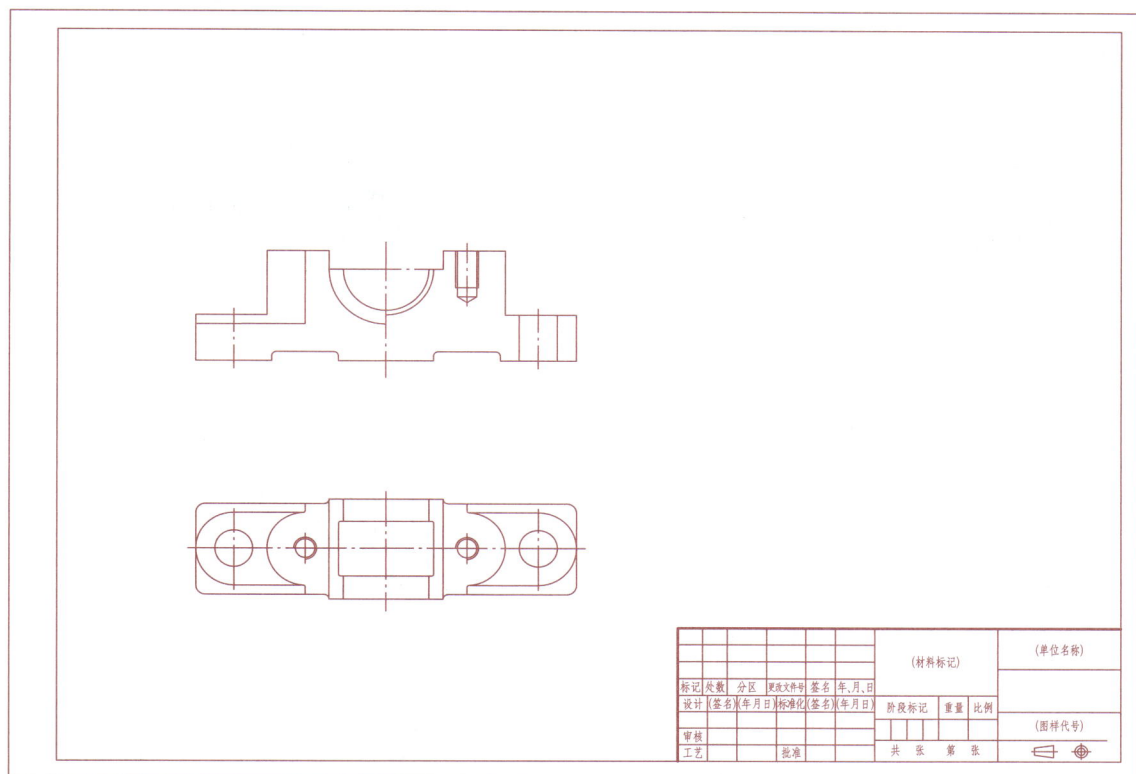

图 8-70　A2 样板图的调入、轴承座的绘制

5. 插入下轴衬

　　同样，在插入之前也需对零件图进行修改和编辑，修改图形比例，删除多余的尺寸、表面粗糙度、剖面线等，将下轴衬按装配关系插入到轴承座中，（由于下轴衬零件图的俯视图投射方向与装配图中的不同，故需要在装配图中补画下轴衬的俯视图），插入后删除被下轴衬遮住的线段，如图 8-71 所示。

6. 插入上轴衬

　　采用同样的方法插入上轴衬，由于俯视图中上轴衬右半边被剖切掉，故不必画出，如图 8-72 所示。

7. 插入固定套和轴承盖

　　同样的，俯视图中不必画出固定套和轴承盖的右半边投影，插入后如图 8-73 所示。

8. 插入标准件

　　由于俯视图中拆去了油杯，故在俯视图中不必画出油杯的投影，插入标准件后如图 8-74。

267

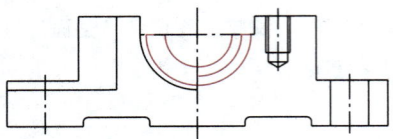

图 8-71　插入下轴衬

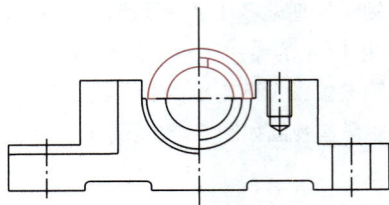

图 8-72　插入上轴衬

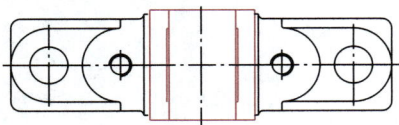

图 8-73　插入固定套和轴承盖

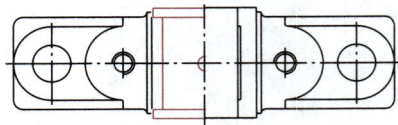

图 8-74　插入标准件

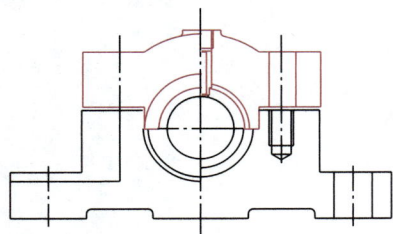

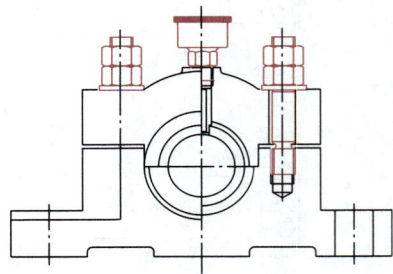

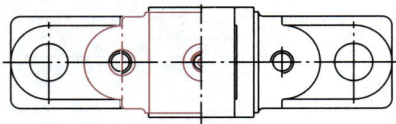

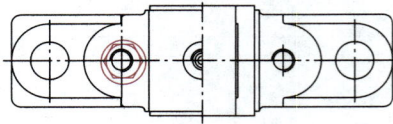

9. 整理视图、标注尺寸、编注序号、绘制并填写明细栏和标题栏等

整理视图时可绘制出剖面线及其他细小结构等，明细栏可以做到样板图中，这样将更便于装配图的绘制；检查全图并修正，保证视图正确，标注必要尺寸，编注序号，填写明细栏和标题栏等如图 8-75，至此完成了滑动轴承装配图的绘制。

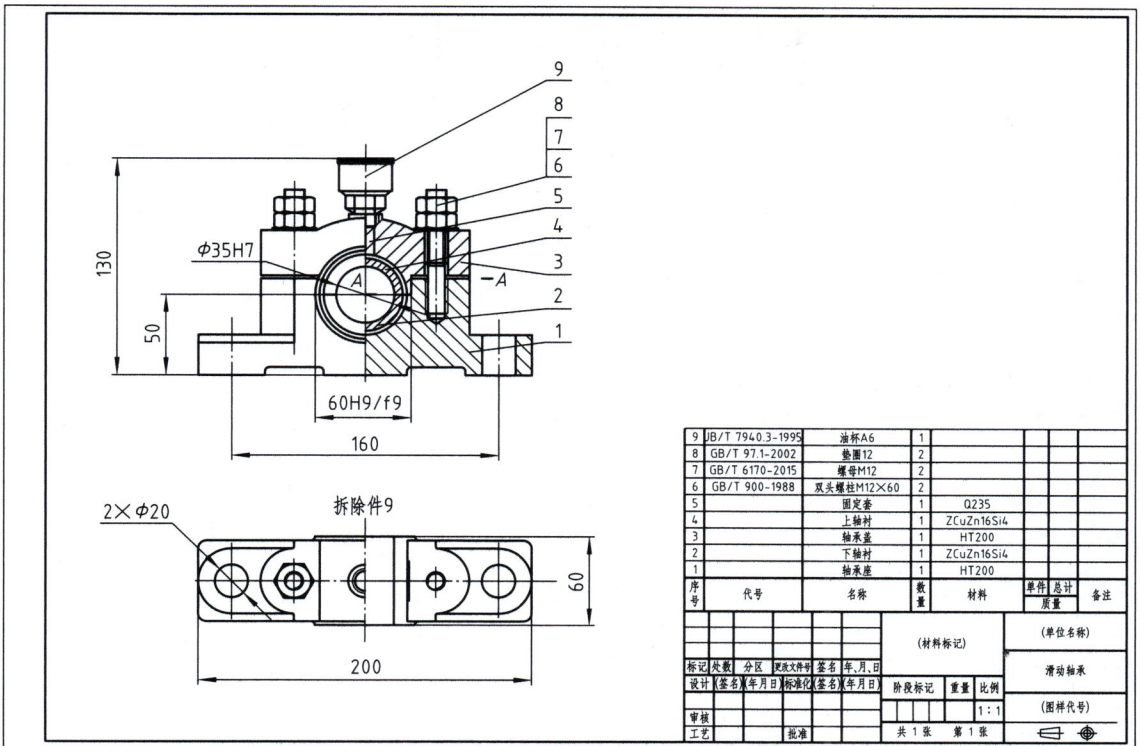

图 8-75　滑动轴承装配图

复习思考题

1. 使用 AotuCAD 拼画装配图时，其一般方法和步骤是怎样的？

2. 使用 AotuCAD 拼画装配图时，如何调用标准图纸的图幅、图框、标题栏，如何正确使用 AotuCAD 中块的命令？

3. 使用 AotuCAD 拼画装配图时，选择第一个零件的思路是什么？

模块 9　装配图拆画零件图

学习目标

1. 掌握识读装配图的方法。
2. 掌握运用 AutoCAD 将装配图拆画零件图的方法和步骤。
3. 通过"拆画零件图"的学习，培养综合分析问题，解决问题的能力。

学习重点

识读装配图；拆画零件图。

学习难点

从装配图中分离出零件，并对零件进行完整的结构设计及重建零件图。

任务 9.1　平口虎钳装配图的识读

任务描述

读装配图时应从装配体中分离出每一个零件，并分析其主要结构形状和作用，以及各个零件之间的位置关系、连接关系和装配关系；然后再将各个零件组合在一起，分析机器或部件的作用、工作原理等，必要时还应查阅有关的专业资料。本任务以平口虎钳装配图为例，介绍装配图的读图要求、方法和步骤。

9.1.1　平口虎钳的结构及作用

平口虎钳又称为机用平口虎钳、虎钳等，其主要由固定钳身、活动钳身、滑块、钳口板、螺杆等零件组成。

平口虎钳是一种机床通用附件，是刨床、铣床、钻床、磨床、插床的主要夹具，配合机床工作台使用，对加工过程中的工件起固定、夹紧和定位的作用，如图 9-1 所示为通用平口虎钳三维模型。

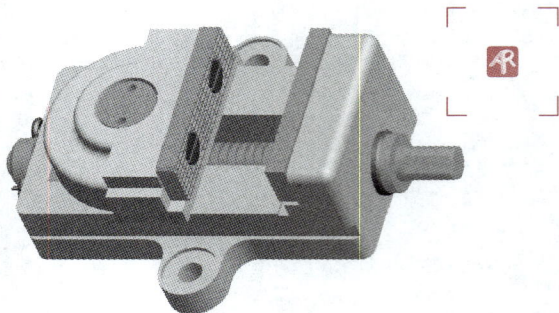

图 9-1　通用平口虎钳三维模型

9.1.2 平口虎钳装配图标题栏的识读

如图 9-2 所示平口虎钳装配图，标题栏采用国家标准 GB/T 10609.1—2008《技术制图 标题栏》规定的标准格式，从标题栏中可以知道，装配体名称为"平口虎钳"，图样代号为"HQ-00"，而其他信息本教材作为样例均未填写，实际应用中应将这些信息填写完整。

图样代号"HQ-00"的意义是："HQ"表示虎钳，为汉语拼音的缩写；"00"通常表示产品总成的图样。为便于图纸管理，一般情况下装配图均编写为"00"，而零件图的代号依次编写为"01""02"…，如本例明细栏所示，"滑块"零件的图样代号为"HQ-08"。由标题栏和明细栏可知，平口虎钳图样共 10 张，其中装配图 1 张，零件图 9 张。

9.1.3 平口虎钳装配图图形、零件序号及明细栏的识读

1. 装配图图形的识读

装配图由 6 个视图组成，即分别为主视图、俯视图、左视图三个基本视图及三个辅助视图。主视图为全剖视图，并在螺杆 8 左端进行了局部剖视，以显示螺杆销孔结构及装配关系；俯视图为局部剖视图，在固定钳身 1 和钳口板 2 后端作了局部剖视，以显示活动钳身螺钉孔结构及装配关系；左视图为半剖视图，剖切平面位置为滑块 9 垂直孔轴线处。另外有螺杆传动螺纹的局部放大图、螺杆端部的断面图及钳口板的单独零件视图等三个辅助视图。各视图的作用如下：

① 主视图 表达了平口虎钳的整体结构，也表达了装配体的主装配线。

② 俯视图 进一步表达平口虎钳的整体结构，以及各零件的形状特征，局部剖视图表达了螺钉 10 与钳口板 2、固定钳身 1 的装配关系。

③ 左视图 进一步表达整体结构、形状特征、装配关系，这里能清晰看出固定钳身 1 与活动钳身 4 的装配关系。

④ 断面图 表达了螺杆 8 手柄连接处"方形"截面的形状特征。

⑤ 局部放大图 表达了螺杆 8 的螺纹牙型特征。

⑥ 单独零件视图 表达了钳口板 2 的滚花结构及螺钉孔安装位置，其中滚花结构是为了增大夹紧工件的摩擦力，以便更可靠的工作。

明确了装配图的表达方法、投影关系和剖切位置后，想象出主要零件的结构形状，并分析平口虎钳的工作原理、装配关系。

工作原理从主视图看最清楚。固定钳身 1 可安装在机床的工作台上，用扳手（图中未画出）转动螺杆 8，能使滑块 9 做左右直线运动。需要注意的是，螺杆 8 的轴向移动被固定钳身 1 限制，所以只能做回转运动，并通过螺纹传递给滑块 9。滑块 9 的移动可带动螺钉 3、活动钳身 4、钳口板 2 做左右移动，从而起到夹紧或松开工件的作用，这就是平口虎钳的工作原理。

平口虎钳的装配关系亦从主视图看最清楚。两个螺钉 10 把钳口板 2 连接在固定钳身 1 上，同理，另一个钳口板被两个螺钉固定连接在活动钳身 4 上。活动钳身 4 由螺钉 3 连接到滑块 9 上，使活动钳身 4、螺钉 3、钳口板 2 随滑块 9 一起移动。

通过以上分析，对平口虎钳的各个零件结构应已有大致理解。固定钳身、活动钳身的主要结构形状如图 9-3、图 9-4 所示。

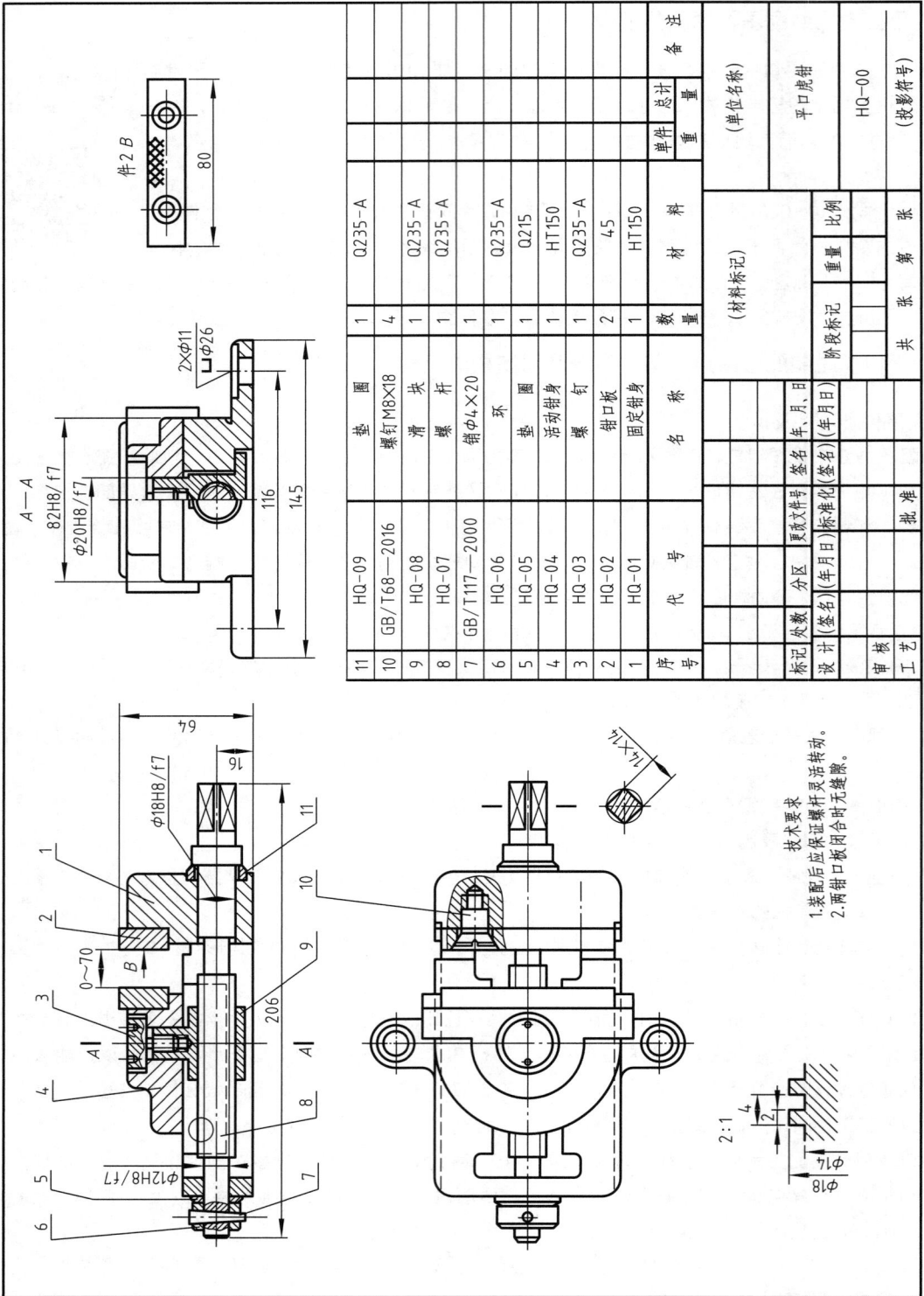

图 9-2　平口虎钳装配图

序号	代　号	名　称	数量	材　料	备　注
11	HQ-09	垫　圈	1	Q235-A	
10	GB/T68—2016	螺钉 M8×18	4	Q235-A	
9	HQ-08	滑　块	1	Q235-A	
8	HQ-07	螺　杆	1	Q235-A	
7	GB/T117—2000	销 φ4×20	1		
6	HQ-06	环	1	Q235-A	
5	HQ-05	垫　圈	1	Q215	
4	HQ-04	活动钳身	1	HT150	
3	HQ-03	螺　钉	1	Q235-A	
2	HQ-02	钳口板	2	45	
1	HQ-01	固定钳身	1	HT150	

技术要求
1.装配后应保证螺杆灵活转动。
2.两钳口板闭合时无缝隙。

272

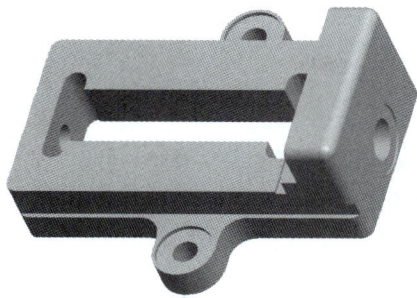

图 9-3　固定钳身结构形状

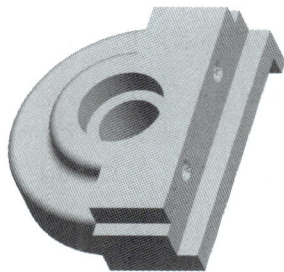

图 9-4　活动钳身结构形状

确定了固定钳身的结构形状后，再根据视图对应关系逐一看懂其他各个零件的结构和作用，按其在装配体中的位置及装配连接关系，想象出装配体的整体形状。

2. 零件序号的识读

如图 9-2 所示，零件序号按逆时针编排，主要集中标注在主视图上。从图中可以看出装配体零件种数为 11，识读零件序号还应与明细栏零件信息配合阅读，以理解各个零件的名称、结构、作用及各个零件之间的装配关系。

3. 明细栏的识读

如图 9-2 所示，明细栏采用了国家标准 GB/T 10609.2—2008《机械制图　明细栏》规定的标准格式，从明细栏中可以知道零件名称、数量、材料及图样代号等信息，其中专用件为 9 种，标准件为 2 种，如序号 1 零件为专用件，名称为"固定钳身"，数量为"1"，材料为"HT150"，图样代号为"HQ-01"；序号 10 零件为标准件，名称为"螺钉 M8×18"，数量为"4"，国家标准编号为"GB/T 68—2016"。需要说明的是，标准件的参数可查表获得，无须绘制零件图，故标准件无图样代号。

明细栏中各材料的意义如下：

① 材料 HT150　灰铸铁，断口呈灰色，最小抗拉强度为 150 MPa。

② 材料 Q235-A　普通碳素结构钢，材料的屈服强度不小于 235 MPa。

③ 材料 45　平均含碳量为 0.45% 的优质碳素结构钢。

关于以上各材料的详细说明、材料性能等，可查阅有关资料，在此不再赘述。

9.1.4　平口虎钳装配图尺寸标注的分析

如图 9-2 所示，尺寸分析如下：

① 规格尺寸　0~70。表示平口虎钳两个钳口板之间的工作范围为 0~70 mm，这个尺寸也代表了平口虎钳的规格。

② 总体尺寸　64、206、145。表示平口虎钳总体尺寸为高 64 mm，长 206 mm，宽 145 mm，可以了解平口虎钳的大小。

③ 装配尺寸　ϕ12H8/f7、ϕ18H8/f7、ϕ20H8/f7、82H8/f7。这些尺寸是零件装配时应达到的技术要求。

④ 安装尺寸　116、2×ϕ11。116 是将平口虎钳安装到工作台上所要求的尺寸。

⑤ 其他尺寸　一般为零件重要的形状尺寸，如"件 2B"图中的 80，放大图中的 4、2、ϕ18、ϕ14。

分析以上各个尺寸对理解平口虎钳的零件结构和装配关系具有重要的意义。

9.1.5　平口虎钳装配图技术要求的分析

如图 9-2 所示，技术要求为两条：

① 装配后应保证螺杆灵活转动　螺杆为传动零件，将力矩传递给滑块，并使滑块做左右直线运动，为保证良好的传动工作，还应给螺杆、滑块的传动螺纹结构使用润滑剂，如机油等。

② 两钳口板闭合时无缝隙　这是为了保证平口虎钳的夹装精度，以保证工件的加工质量。

读装配图小结：在机器或部件的设计、装配、使用及技术交流时都需要读装配图，读装配图是从事工程技术或管理工作必备的基本能力。一般说来，应按以下方法和步骤读装配图。

1. 概括了解

从标题栏和有关的说明书中了解装配体的名称和大致用途；根据图样，结合明细栏和图中零件序号了解装配体各零件的相互位置、装配关系及连接方式。

2. 分析视图

首先应判断出表达装配体整体结构形状的主视图，分析与其他视图的对应关系、剖切位置等。其次要对照明细栏和图中零件序号，并结合标注的尺寸，了解主要零件的结构形状。

3. 分析工作原理和装配关系

在概括了解的基础上，应对照各视图进一步研究装配体的工作原理、装配关系。读图应先从反映装配关系的视图入手，分析装配体中零件的运动情况，从而了解工作原理。然后再根据投影关系，分析各条装配轴线，弄清零件之间的配合要求、定位和连接方式等。

4. 分析零件结构，想象整体形状

对主要的复杂零件要进行投影分析，想象出其主要形状及结构。然后再根据对应关系逐一看懂各个零件的结构和作用，按其在装配体中的位置及装配连接关系，想象出装配体的整体形状。

复习思考题

1. 读装配图的目的是什么？要求读懂部件的哪些内容？

2. 装配图中有哪些尺寸，各有什么意义？

3. 举例说明如何读懂机件的工作原理和装配关系？

任务 9.2　拆画平口虎钳滑块零件图

任务描述

为了看懂某一零件的结构形状，应先把这个零件的视图从整个装配图中分离出来，然后想象其结构形状，对于表达不清的地方要根据整个机器或部件的工作原理来进行补充，然后画出其零件图。这种由装配图画出零件图的过程称为拆图。

拆画零件图是设计工作中的一个重要环节，对于初学者来说难点在于从整体中分离出零件的过程，要多加实践，掌握方法和步骤，逐步学会拆画零件图技巧。

9.2.1　分析并绘制滑块零件投影视图

通过阅读装配图，对装配体有了较深刻理解后，即可绘制体现装配图设计意图的零件图。拆画的图样应包含零件图的完整内容，即一组视图、全部尺寸、技术要求、标题栏。

绘图时既要考虑零件的作用和设计要求，又要考虑零件的制造和装配工艺，使拆画的零件图符合装配图的设计和生产要求。

下面以图 9-2 所示平口虎钳装配图中的滑块零件图为例来分析并拆画出滑块零件投影视图。具体步骤如下。

从装配图中分离出滑块零件时需把各个视图中滑块的投影都找出来。

从主视图序号指引线和明细栏可以看到，滑块对应的零件序号为 9，主视图中滑块与螺杆 8、活动钳身 4、螺钉 3 邻接，滑块主孔结构被螺杆 8 遮挡，因螺杆截面为圆形，可以判定滑块的主孔结构也应该为圆形。

左视图采用半剖视图，滑块能看到右半边的图形结构，左半边虽被遮挡，但可以确定为左右对称结构，这样基本可以判定滑块为倒 T 形结构。从右半边视图可以看出，滑块主孔与螺杆 8 有螺纹连接关系，上方的螺孔与螺钉 3 也是螺纹连接关系，与固定钳身 1 有明显的空隙。从滑块的主视图与左视图投影关系，以及左视图中的尺寸标注 $\phi 20H8/f7$ 可以判定，滑块的上部结构为圆柱形结构，中部主体结构及以下部结构为矩形结构。

俯视图采用局部剖视图，滑块的图形结构被全部遮挡。

局部放大图的放大比例为 2:1，从中可以清楚看到滑块主孔结构的螺纹牙型为矩形。

根据以上分析，分离出的滑块投影图及想象出的结构形状如图 9-5 所示。

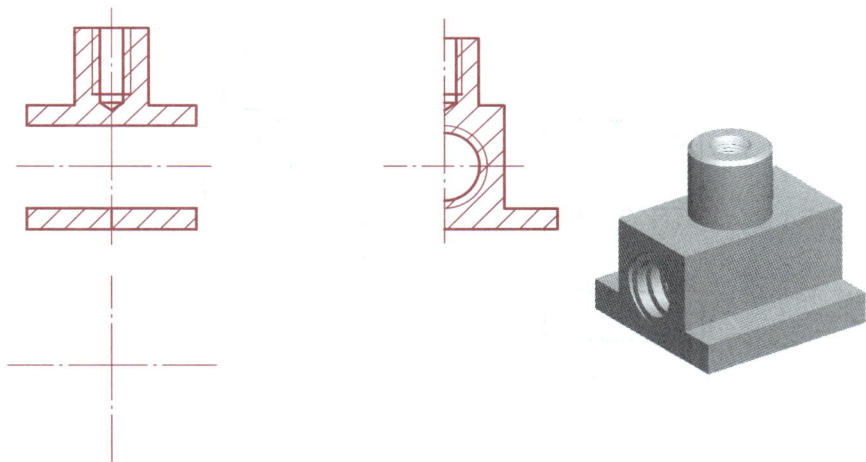

图 9-5　分离出的滑块投影及想象出的结构形状

图 9-5 所示三视图结构很不完整，需根据理解补全装配图上未显示的零件结构要素等细节特征，补全后的三视图如图 9-6 所示。

补全三视图后，对滑块的结构有了全面的理解，接下来就需要确定视图表达方案了。

通过分析，图 9-6 所示主视图的视图选择是最佳的投射方向选择，也与装配图的投影相吻合，因此视图选择不作更改。而视图表达方案则要具体分析，由图 9-6 所示可知，滑块为左右、前后对称结构，有两个螺孔，其中上部孔为连接螺孔，中部主体孔为传动螺孔，这两个孔都需要剖切表达。

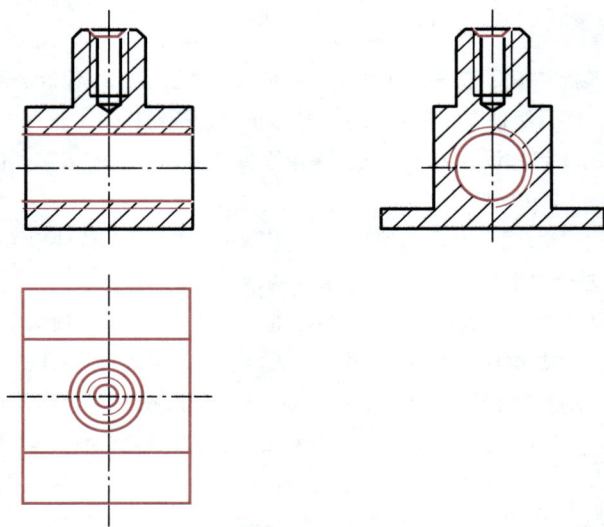

图 9-6　补全结构要素后的滑块三视图

由以上分析最后确定视图表达方案为主视图采用全剖视图，左视图采用半剖视图，俯视图采用外形视图，局部放大图表达传动螺纹牙型结构，最终视图表达方案如图 9-7 所示。

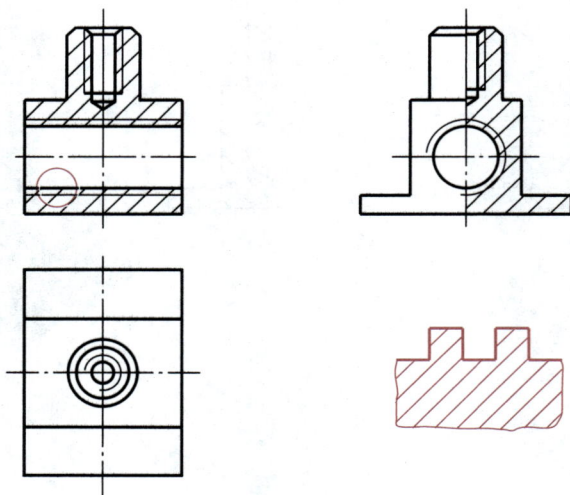

图 9-7　最终视图表达方案

9.2.2　完善尺寸标注

装配图中只需标注必要的尺寸，而零件图中需要标注全部的尺寸，因此，要合理标注滑块零件图的尺寸，应注意以下几点：

① 在装配图上已经给出的尺寸，可在零件图上直接注出。如放大图中牙型尺寸 ϕ18、ϕ14、4、2 等。

② 其余尺寸可按比例从装配图中直接量取，并作适当优化圆整，如测得滑块高度尺寸为 45.8 mm，优

化后取 46 mm。

③ 滑块上方的螺钉孔测得尺寸为 M10，孔深 18 mm，螺钉孔端部倒角取值需符合国家标准，不能简单地直接量取，应查阅《机械设计手册》等有关资料，查阅后得知倒角尺寸为 C1。

完善尺寸标注如图 9-8 所示，接下来就是技术要求的注写。

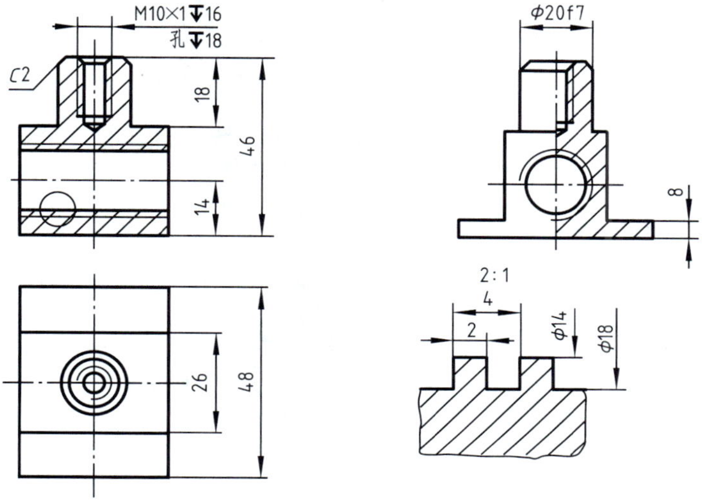

图 9-8　完善尺寸标注

9.2.3　注写技术要求

如图 9-2 所示，滑块 9 与活动钳身 4 等零件组装后有配合功能要求，因此对滑块的技术要求还应包括尺寸公差、表面结构等。

1. 表面结构要求

滑块与螺杆是平口虎钳的重要零件，螺杆起传递力矩的作用，为减小传递阻力，使螺杆转动灵活，滑块与螺杆的螺纹结构需有较高的表面精度，同时还需要添加机油等润滑剂以改善工作性能，本例给予滑块传动螺纹两侧面表面粗糙度值 $Ra1.6$ μm。

滑块的底部顶面（图 9-9 左视图所示）是接触面，相对于固定钳身的底部做相对移动，因此接触面也需有较高的表面精度，也需要添加润滑剂以改善工作性能，本例同样给予滑块底部顶面表面粗糙度值 $Ra1.6$ μm。

滑块的其他加工面在工作中由于没有特殊的技术要求，可统一给予其余加工面表面粗糙度值 $Ra6.3$ μm，一般标注在标题栏的上方，如图 9-9 所示。

2. 尺寸公差、几何公差要求

① 尺寸公差　有配合要求的尺寸及其公差可从装配图中获得，如装配图中左视图标注的尺寸 $\phi 20H8/f7$ 是表示活动钳身与滑块的配合尺寸，其中 f7 是滑块上的尺寸公差带，因此可将滑块上方圆柱面尺寸标注为 $\phi 20f7$。其他非配合尺寸拆图时可在技术要求中按 GB/T 1804—2000 统一说明未注公差要求，如"未注尺寸公差按 GB/T 1804—m"。

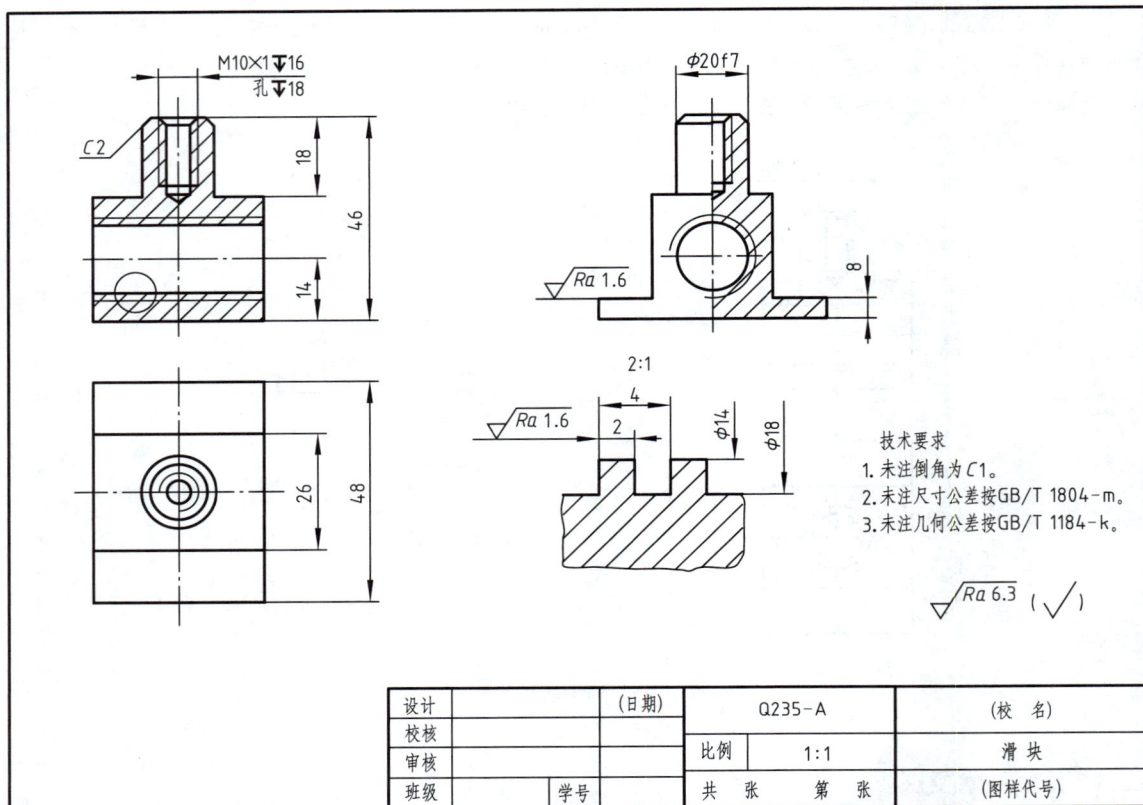

图 9-9　滑块零件图

② 几何公差　滑块的几何公差要求无须过高，拆图时不必注出，此时可按 GB/T 1184—1996 在技术要求中统一说明，如 "未注几何公差按 GB/T 1184-K"。

最终完成的滑块零件图如图 9-9 所示。

【例 9-1】　由图 9-10 所示旋架装配图中拆画出支座零件图。

解：拆画支座零件图的基本步骤如下。

1. 分离出支座零件的投影视图

分离的结果如图 9-11 所示。

2. 补全工艺结构

从装配图中可以知道，支座零件是铸件，材料为 HT200。因此支座零件应具有铸件的结构特征，补全工艺结构后的投影图如图 9-12 所示。

3. 确定视图表达方案

从图 9-12 中 "件 3 B—B" 的断面图可以判断出支座右端面的形状结构，该表达方案并不合理，需要修改。因此，此处把断面图修改为 B 向视图，删除剖面线，使图形更为合理、简洁，如图 9-13 所示。

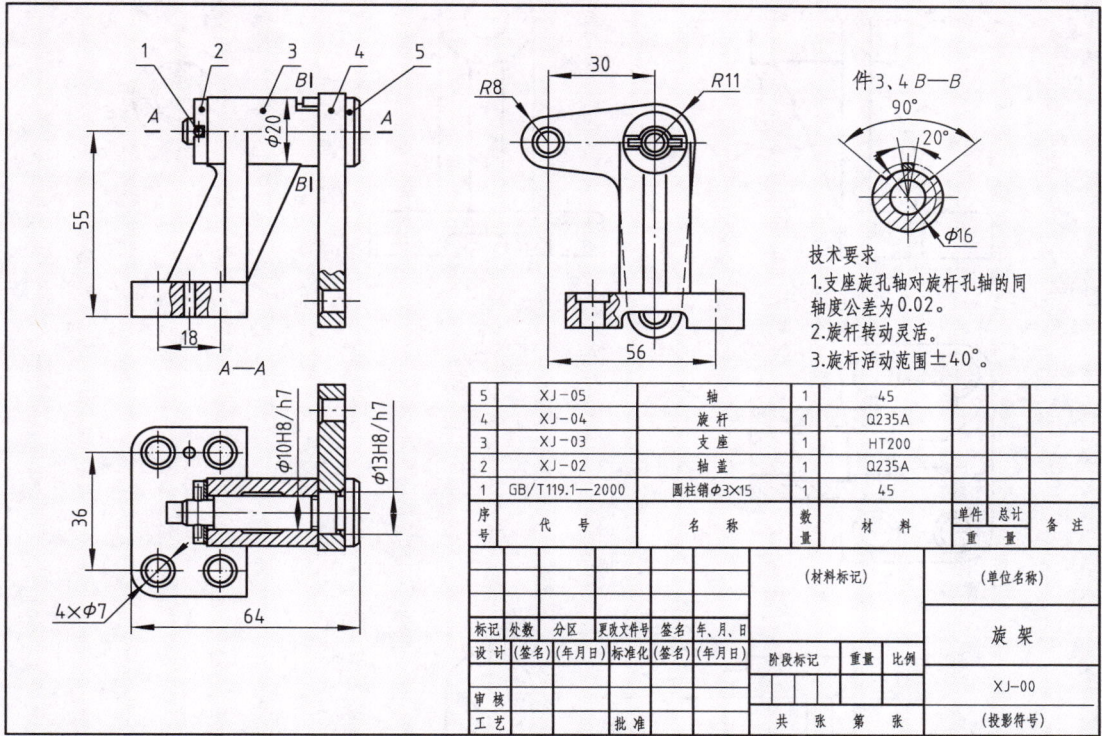

件3、4 B—B

90°

20°

φ16

技术要求

1.支座旋孔轴对旋杆孔轴的同轴度公差为 0.02。

2.旋杆转动灵活。

3.旋杆活动范围±40°。

序号	代号	名称	数量	材料	单件 总计 重量	备注
5	XJ－05	轴	1	45		
4	XJ－04	旋杆	1	Q235A		
3	XJ－03	支座	1	HT200		
2	XJ－02	轴盖	1	Q235A		
1	GB/T119.1—2000	圆柱销φ3×15	1	45		

				(材料标记)		(单位名称)
标记	处数	分区	更改文件号	签名	年、月、日	旋 架
设 计	(签名)	(年月日)	标准化	(签名)	(年月日)	阶段标记　重量　比例
审 核						XJ－00
工 艺		批 准				(投影符号)

共　张　第　张

图 9-10　旋架装配图

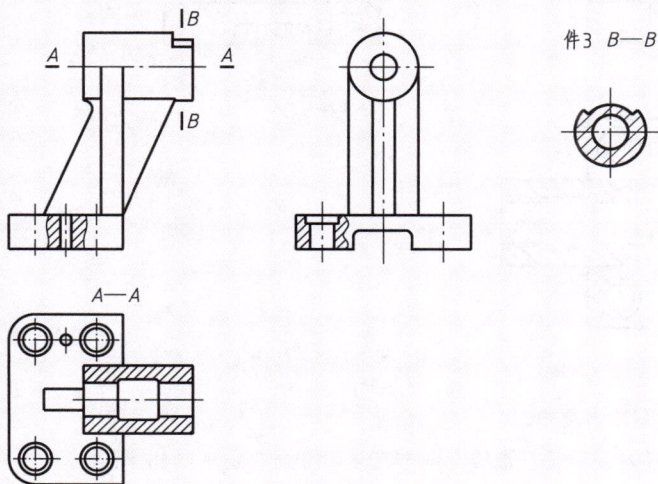

件3 B—B

图 9-11　支座零件的投影视图

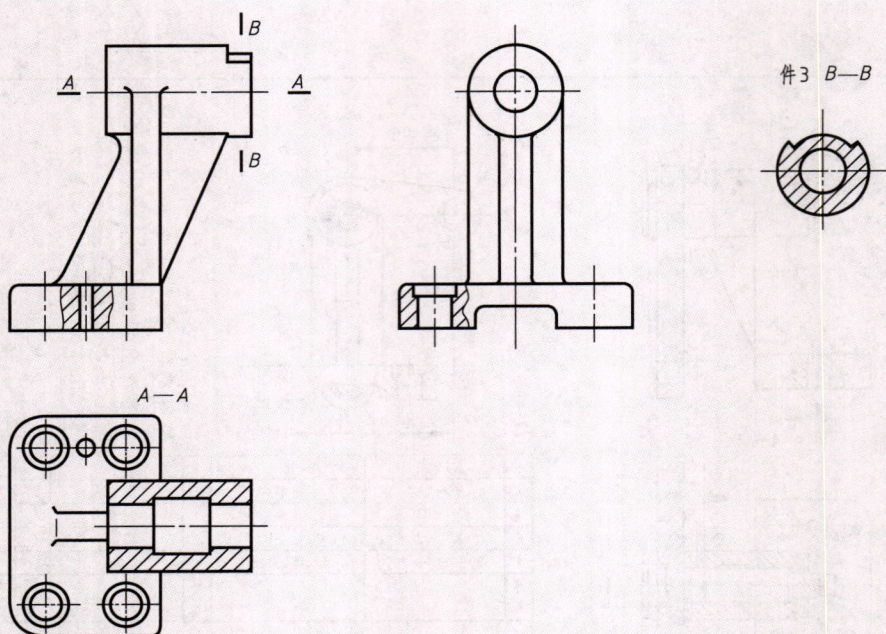

件3 *B—B*

图9-12 补全工艺结构

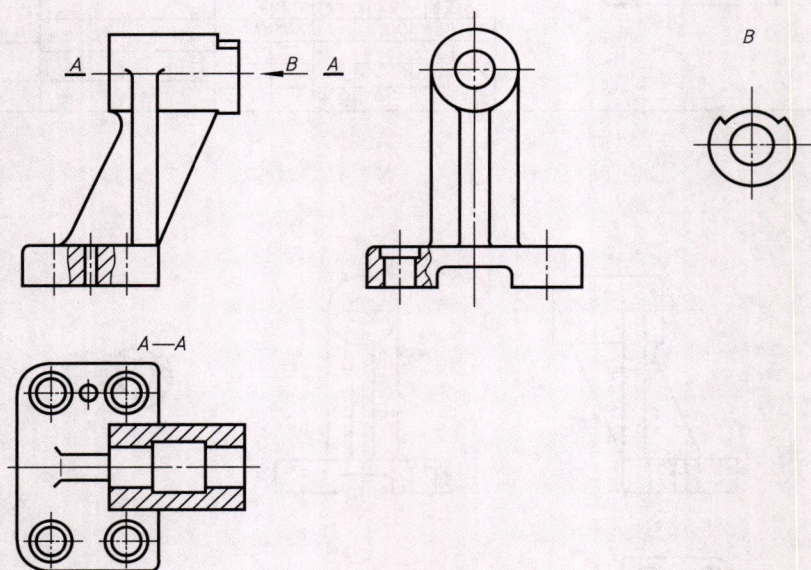

图9-13 修改后的视图表达方案

4. 标注尺寸、注写技术要求

标注尺寸、注写技术要求等，最终完成的支座零件图如图9-14所示。

拆画零件图小结：拆画零件图是一种综合能力训练，它不仅需要具备读懂装配图的能力，而且还应具备有关的专业知识。随着计算机绘图技术的普及，拆画零件图的方法将会变得更加容易。如果是对计算机绘出的机器或部件的装配图进行拆画，可对被拆画的零件进行拷贝，然后加以整理，并标注尺寸，即可画出零件图，本任务的支座零件图，就是采用这种方法拆画的。

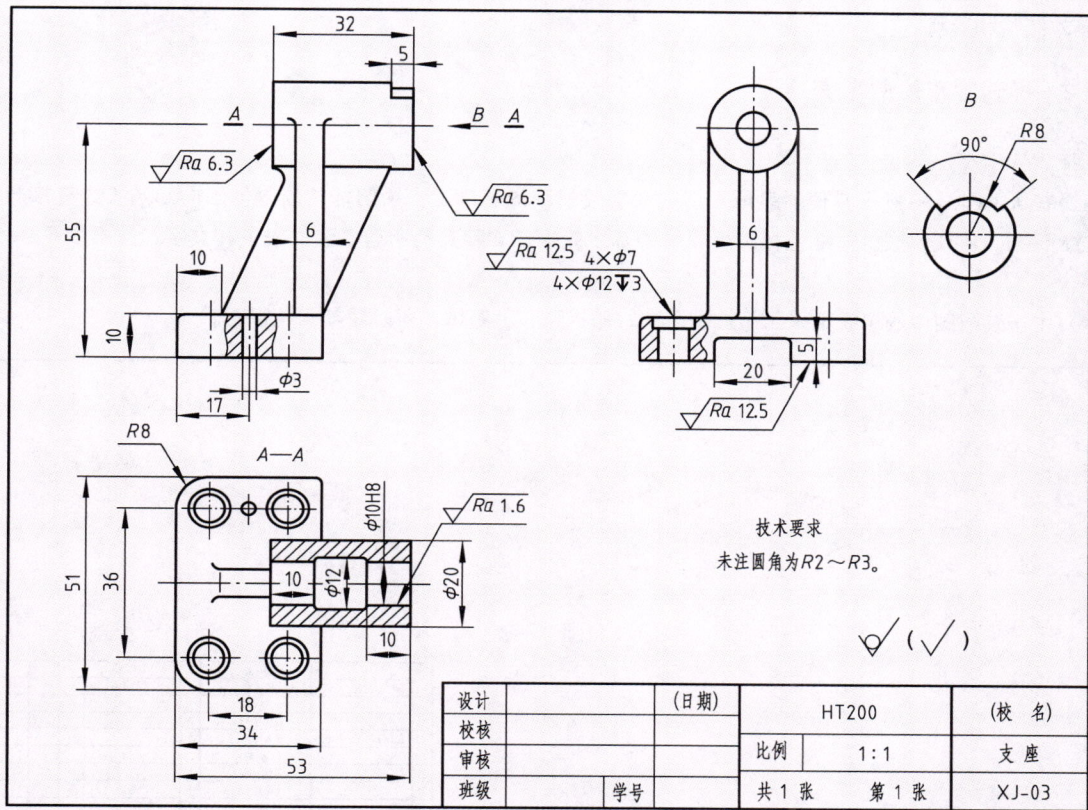

图 9-14 支座零件图

复习思考题

1. 试说明由装配图拆画零件图的方法和步骤。

2. 为什么由装配图拆画零件图的视图表达方案与该零件在装配图的表达方案有时相同，而有时不同？

3. 请举例说明如何注写零件图的技术要求？

任务 9.3 AutoCAD 拆画减速器上箱体零件图

任务描述

零件是组成机器的最小单元，也是最小的加工单元，对于自上而下的机械设计来说，由装配图拆画零件图是必不可少的重要环节，也是机械设计人员必须具备的基本技能。本任务以一级减速器的上箱体为载体，应用 AutoCAD 由装配图拆画零件图。

9.3.1　减速器的装配图

以模块 8 中图 8-3 所示的减速器装配图为例，运用本模块介绍的识读装配图的方法，识读出上箱体的基本结构和形状。

9.3.2　拆画上箱体的步骤

1. 分离上箱体

在 AutoCAD 中打开减速器装配图，在读懂装配图的基础上，关闭标注层以使画面简洁（或直接删除尺寸标注），用其他颜色如红色标出上箱体的基本轮廓，删除其他所有多余的线条和文字，效果如图 9-15 所示。

由于装配图中的俯视图采用了拆剖画法，即拆除了上箱体，所以需补画俯视图。

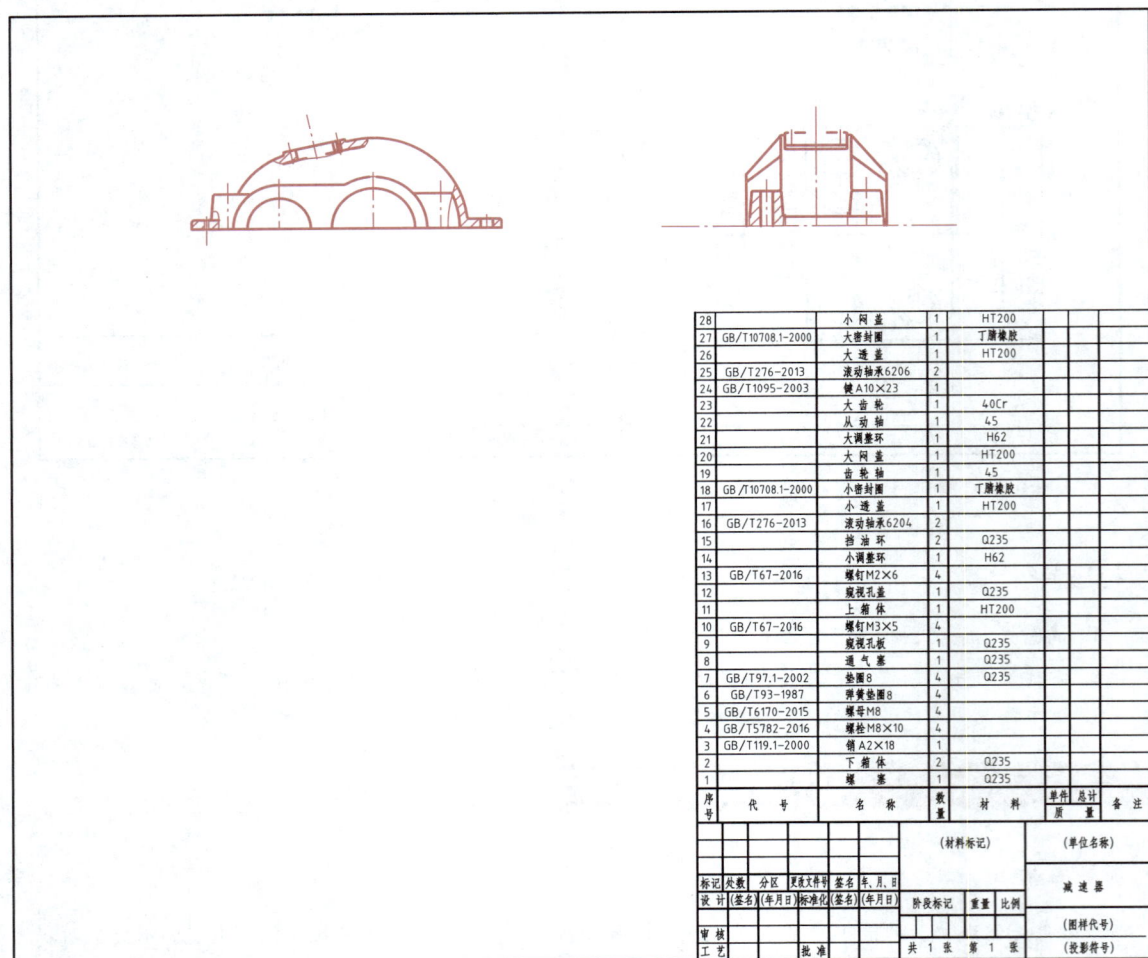

28		小网盖	1	HT200		
27	GB/T10708.1-2000	大密封圈	1	丁腈橡胶		
26		大透盖	1	HT200		
25	GB/T276-2013	滚动轴承6206	2			
24	GB/T1095-2003	键A10×23	1			
23		大齿轮	1	40Cr		
22		从动轴	1	45		
21		大调整环	1	H62		
20		大网盖	1	HT200		
19		齿轮轴	1	45		
18	GB/T10708.1-2000	小密封圈	1	丁腈橡胶		
17		小透盖	1	HT200		
16	GB/T276-2013	滚动轴承6204	2			
15		挡油环	1	Q235		
14		小调整环	1	H62		
13	GB/T67-2016	螺钉M2×6	4			
12		窥视孔盖	1	Q235		
11		上箱体	1	HT200		
10	GB/T67-2016	螺钉M3×5	4			
9		窥视孔板	1	Q235		
8		通气塞	1	Q235		
7	GB/T97.1-2002	垫圈8	4	Q235		
6	GB/T93-1987	弹簧垫圈8	4			
5	GB/T6170-2015	螺母M8	4			
4	GB/T5782-2016	螺栓M8×10	4			
3	GB/T119.1-2000	销A2×18	1			
2		下箱体	1	Q235		
1		螺塞	1	Q235		
序号	代　号	名　称	数量	材　料	单件 质量　总计	备注

图 9-15　上箱体的大致轮廓

2. 确定上箱体零件图的图幅

上箱体属于箱体类零件，结构比较复杂，至少需要三个基本视图加若干局部视图才能表达清楚其形状和结构，根据装配图中上箱体的外形尺寸，考虑到优先选用 1∶1 的原值比例绘制，故这里采用 A2 幅面的图纸，绘图比例为 1∶1。

3. 视图表达方案

由于上箱体的结构较为复杂，这里采用三个基本视图和一个斜向视图，主视图的放置位置及投射方向均与装配图中相同，采用局部剖视图来兼顾表达零件的外形和内部结构；左视图采用半剖视图，一半表达外部形状，一半表达内部结构；俯视图采用局部剖视的方法，未剖部分用来补充说明一些孔、加强筋等局部结构，剖开部分用来表达箱体壁厚，同时避开注油孔部分的类似性投影以简洁画面；斜向视图用来表达上部注油孔的端面形状及安装视孔板的螺钉孔位置。

4. 调入 A2 样板图

调入 A2 样板图，并将分离后的上箱体主视图和左视图复制到 A2 图纸中，调整两个视图的位置，效果如图 9-16 所示。

5. 完善主视图和左视图

将主视图和左视图所缺的线段补齐，删除不合适的线段，调整线型及长度，效果如图 9-17。

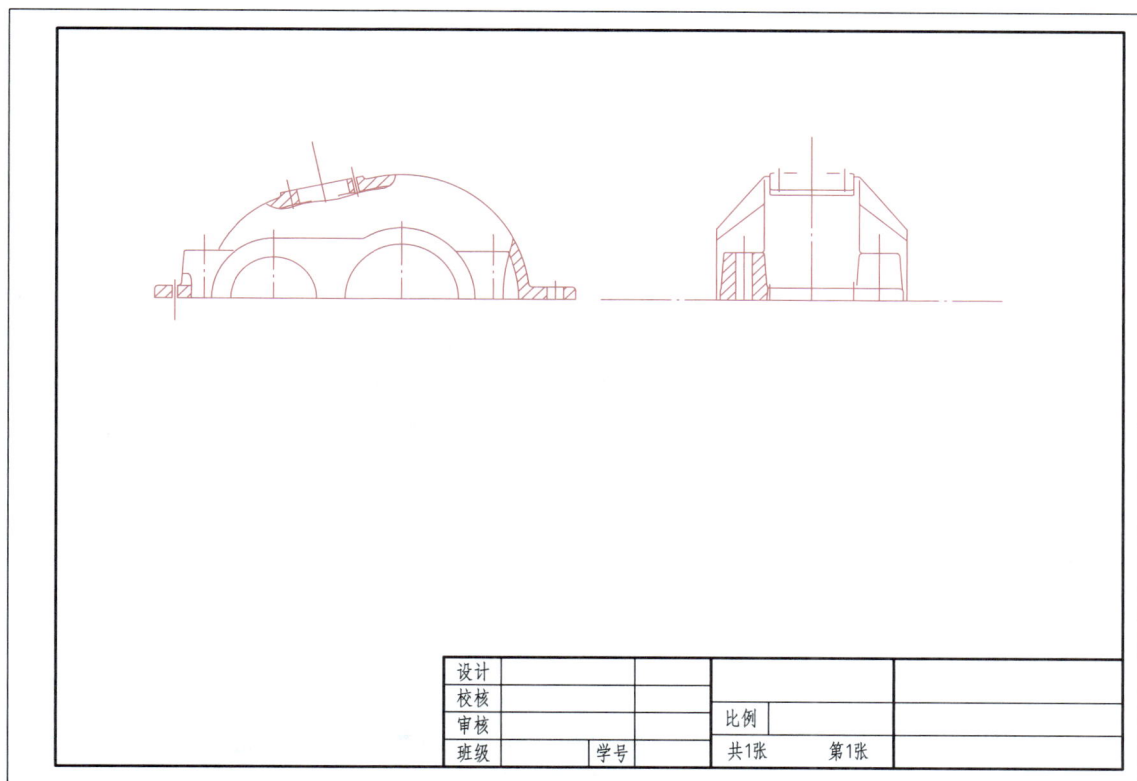

图 9-16　调入 A2 样板图

283

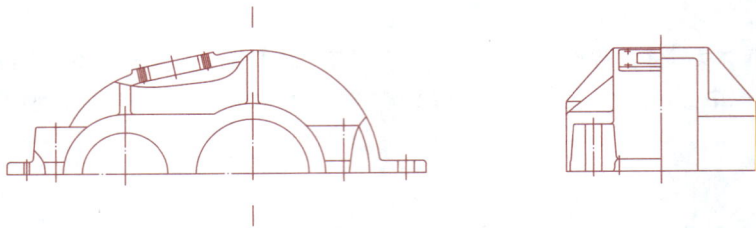

图 9-17　完善视图

6. 补画俯视图和斜向视图

根据主视图和左视图完成俯视图的绘制，完成注油孔斜向视图的绘制，补画 4 个连接螺栓的沉孔，最后绘制剖面线、调整线型、线宽，完成上箱体视图的绘制，效果如图 9-18。

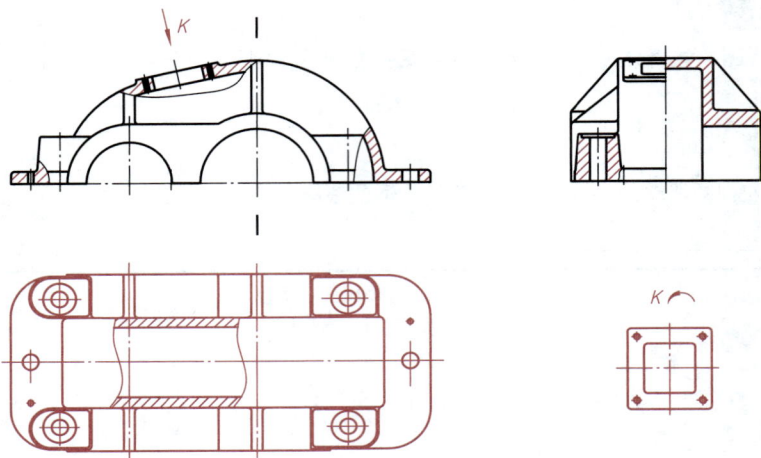

图 9-18　完成上箱体视图的绘制

7. 标注尺寸

对于一张零件图来说，尺寸必须准确、完整、合理，不允许出现封闭尺寸链，标注尺寸时，在装配图上已标注的尺寸可直接标注在零件图上，有配合要求的，应根据相应的尺寸公差查表标注出其上、下极限偏差，而对于装配图上没有标注的尺寸可量取获得，对于量取尺寸可能存在的错误，可与装配图绘制者沟通、求证。标注效果如图 9-19 所示。

8. 标注和书写技术要求

对于零件图来说，零件表面需提出表面粗糙度要求，表面粗糙度可通过插入块的方式标注，对有尺寸公差和几何公差要求的，也必须标注或填写，此外，有其他的技术要求也应反映到图纸上来，效果如图 9-20 所示。

9. 填写标题栏

根据装配图中明细栏内提供的上箱体零件的相关信息，完成标题栏的填写，效果如图 9-21 所示。

10. 检查图纸

再次检查图纸，确认无误后完成上箱体零件图的绘制，效果如图 9-21 所示。

284

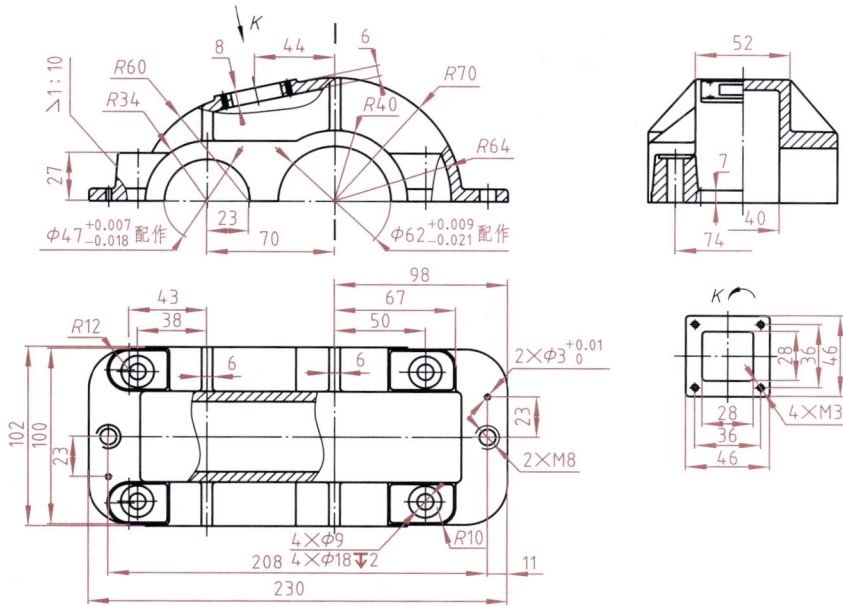

图 9-19　尺寸标注

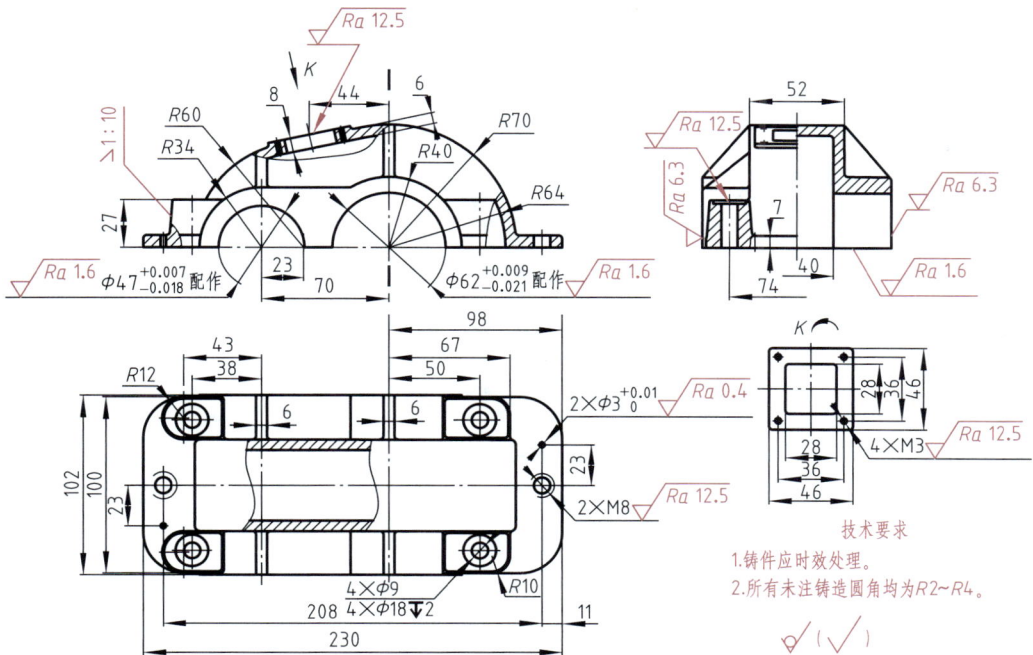

技术要求
1.铸件应时效处理。
2.所有未注铸造圆角均为R2~R4。

图 9-20　标注和书写技术要求

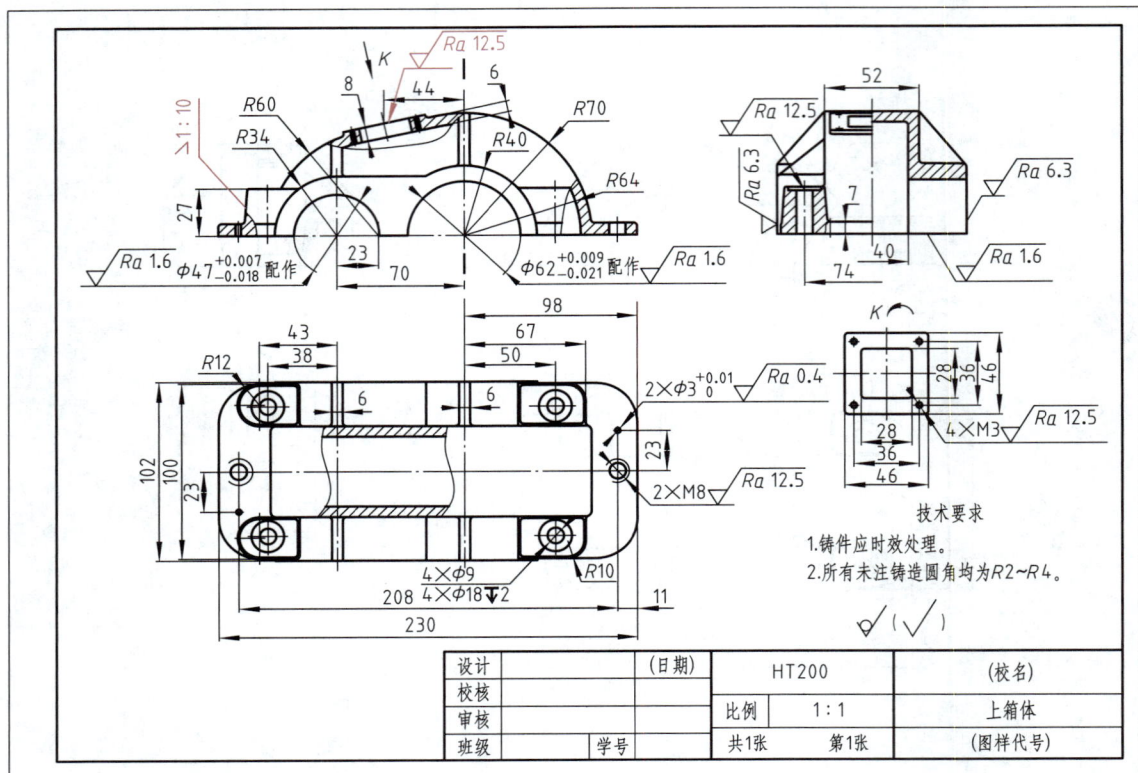

图 9-21　上箱体零件图

复习思考题

1. 在 AutoCAD 中，由装配图拆画零件图时，用什么方法获得零件的基本轮廓？

2. 由装配图拆画零件图时，如何获得零件的尺寸？

附录　机械制图常用国家标准节选

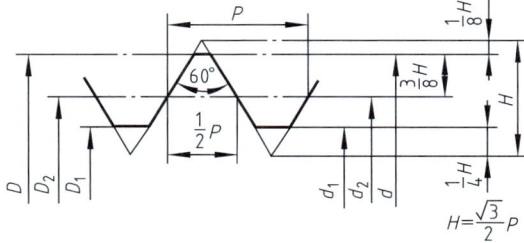

标记示例

公称直径 d=10 mm，螺距 P= 1 mm，中径、大径公差带代号 7H，中等旋合长度，单线细牙普通内螺纹：

M10×1—7H

$$H=\frac{\sqrt{3}}{2}P$$

mm

公称直径（大径）D、d		螺距 P		小径 D_1、d_1
第一系列	第二系列	粗牙	细牙	粗牙
3		0.5	0.35	2.459
	3.5	0.6		2.850
4		0.7		3.242
	4.5	0.75	0.5	3.688
5		0.8		4.134
6		1	0.75	4.917
	7			5.917
8		1.25	1，0.75	6.647
10		1.5	1.25，1，0.75	8.376
12		1.75	1.25，1	10.106
	14	2	1.5，1.25*，1	11.835
16			1.5，1	13.835
	18	2.5		15.294
20			2，1.5，1	17.294
	22			19.294
24		3		20.752
	27			23.752
30		3.5	(3)，2，1.5，1	26.211
	33		(3)，2，1.5	29.211
36		4	3，2，1.5	31.670

注：1. 螺纹公称直径应优先选用第一系列，第三系列未列入。

　　2. 括号内的尺寸尽量不用。

　　3. *M14×1.25 仅用于发动机的火花塞。

附表 2　六角头螺栓（摘自 GB/T 5782—2016）

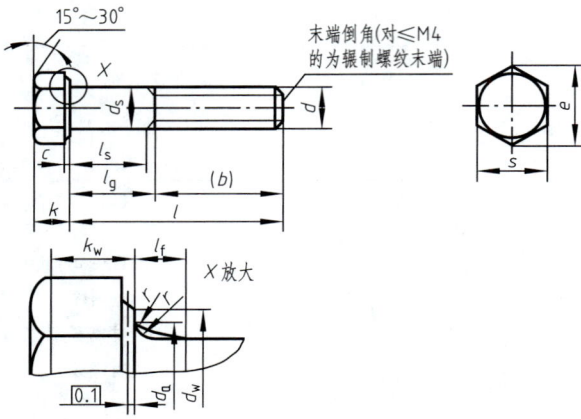

标记示例

螺纹规格 M12、公称长度 *l*=80 mm、性能等级为 8.8 级、表面氧化、产品等级为 A 级的六角头螺栓：

螺栓　GB/T 5782　M12×80

mm

螺纹规格 *d*			M3	M4	M5	M6	M8	M10	M12	M16	M20	M24	M30	M36	M42	M48
螺距 *P*			0.5	0.7	0.8	1	1.25	1.5	1.75	2	2.5	3	3.5	4	4.5	5
b 参考	*l* 公称 ≤125		12	14	16	18	22	26	30	38	46	54	66	—	—	—
	125< *l* 公称 ≤200		18	20	22	24	28	32	36	44	52	60	72	84	96	108
	l 公称 >200		31	33	35	37	41	45	49	57	65	73	85	97	109	121
c	max		0.40	0.40	0.50	0.50	0.60	0.60	0.60	0.8	0.8	0.8	0.8	0.8	1.0	1.0
	min		0.15	0.15	0.15	0.15	0.15	0.15	0.15	0.2	0.2	0.2	0.2	0.2	0.3	0.3
*d*ₐ	max		3.6	4.7	5.7	6.8	9.2	11.2	13.7	17.7	22.4	26.4	33.4	39.4	45.6	52.6
*d*ₛ	公称=max		3.00	4.00	5.00	6.00	8.00	10.00	12.00	16.00	20.00	24.00	30.00	36.00	42.00	48.00
	min	产品等级 A	2.86	3.82	4.82	5.82	7.78	9.78	11.73	15.73	19.67	23.67	—	—	—	—
		产品等级 B	2.75	3.70	4.70	5.70	7.64	9.64	11.57	15.57	19.48	23.48	29.48	35.38	41.38	47.38
*d*w min	产品等级	A	4.57	5.88	6.88	8.88	11.63	14.63	16.63	22.49	28.19	33.61	—	—	—	—
		B	4.45	5.74	6.74	8.74	11.47	14.47	16.47	22	27.7	33.25	42.75	51.11	59.95	69.45
e min	产品等级	A	6.01	7.66	8.79	11.05	14.38	17.77	20.03	26.75	33.53	39.98	—	—	—	—
		B	5.88	7.50	8.63	10.89	14.20	17.59	19.85	26.17	32.95	39.55	50.85	60.79	71.3	82.6

288

续表

l_f max			1	1.2	1.2	1.4	2	2	3	3	4	4	6	6	8	10
	公称		2	2.8	3.5	4	5.3	6.4	7.5	10	12.5	15	18.7	22.5	26	30
k	产品等级	A max	2.125	2.925	3.65	4.15	5.45	6.58	7.68	10.18	12.715	15.215	—	—	—	—
		A min	1.875	2.675	3.35	3.85	5.15	6.22	7.32	9.82	12.285	14.785	—	—	—	—
		B max	2.2	3.0	3.74	4.24	5.54	6.69	7.79	10.29	12.85	15.35	19.12	22.92	26.42	30.42
		B min	1.8	2.6	3.26	3.76	5.06	6.11	7.21	9.71	12.15	14.65	18.28	22.08	25.58	29.58
k_w min	产品等级	A	1.31	1.87	2.35	2.70	3.61	4.35	5.12	6.87	8.6	10.35	—	—	—	—
		B	1.26	1.82	2.28	2.63	3.54	4.28	5.05	6.8	8.51	10.26	12.8	15.46	17.91	20.71
r	min		0.1	0.2	0.2	0.25	0.4	0.4	0.6	0.6	0.8	0.8	1	1	1.2	1.6
s	公称=max		5.50	7.00	8.00	10.00	13.00	16.00	18.00	24.00	30.00	36.00	46	55.0	65.0	75.0
	min 产品等级	A	5.32	6.78	7.78	9.78	12.73	15.73	17.73	23.67	29.67	35.38	—	—	—	—
		B	5.20	6.64	7.64	9.64	12.57	15.57	17.57	23.16	29.16	35.00	45	53.8	63.1	73.1
l（商品规格范围）			20~30	25~40	25~50	30~60	40~80	45~100	50~120	65~160	80~200	90~240	110~300	140~360	160~440	180~480

l 系列	12，16，20，25，30，35，40，45，50，55，60，65，70，80，90，100，110，120，130，140，150，160，180，200，220，240，260，280，300，320，340，360

注：1. A 级用于 $d \leqslant 24$ mm 和 $l \leqslant 10d$ 或 $\leqslant 150$ mm 的螺栓；B 级用于 $d > 24$ mm 和 $l > 10d$ 或 > 150 mm 的螺栓。

2. 螺纹规格 d 范围：GB/T 5780 为 M5~M64；GB/T 5782 为 M1.6~M64。

3. 公称长度 l 范围：GB/T 5780 为 25~500 mm；GB/T 5782 为 12~500 mm。

4. l_g 与 l_s 表中未列出。

附表 3　双 头 螺 柱

$b_m=1d$（GB/T 897—1988）；$b_m=1.25d$（GB/T 898—1988）

$b_m=1.5d$（GB/T 899—1988）；$b_m=2d$（GB/T 900—1988）

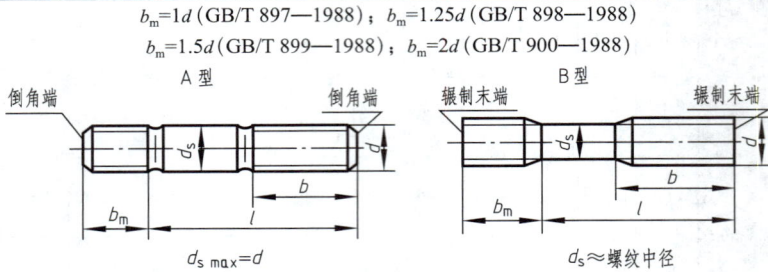

A 型　　　　　　　　　　　　　　B 型

$d_{s\ max}=d$　　　　　　　　　$d_s\approx$螺纹中径

标记示例

两端均为粗牙普通螺纹，$d=10$ mm、$l=50$ mm、性能等级为 4.8 级、不经表面处理、B 型、$b_m=2d$ 的双头螺柱：

螺柱 GB/T 900—1988 M10×50

旋入机体一端为粗牙普通螺纹，旋螺母端为螺距 $P=1$ mm 的细牙普通螺纹，$d=10$ mm、$l=50$ mm、性能等级为 4.8 级、不经表面处理、A 型、$b_m=2d$ 的双头螺柱：

螺柱 GB/T 900—1988 AM10—10×1×50

mm

螺纹规格 d	b_m（旋入机体端长度）				l/b（螺柱长度 / 旋螺母端长度）				
	GB/T 897	GB/T 898	GB/T 899	GB/T 900					
M4	—	—	6	8	$\dfrac{16\sim22}{8}$	$\dfrac{25\sim40}{14}$			
M5	5	6	8	10	$\dfrac{16\sim22}{10}$	$\dfrac{25\sim50}{16}$			
M6	6	8	10	12	$\dfrac{20\sim22}{10}$	$\dfrac{25\sim30}{14}$	$\dfrac{32\sim75}{18}$		
M8	8	10	12	16	$\dfrac{20\sim22}{12}$	$\dfrac{25\sim30}{16}$	$\dfrac{32\sim90}{22}$		
M10	10	12	15	20	$\dfrac{25\sim28}{14}$	$\dfrac{30\sim38}{16}$	$\dfrac{40\sim120}{26}$	$\dfrac{130}{32}$	
M12	12	15	18	24	$\dfrac{25\sim30}{14}$	$\dfrac{32\sim40}{16}$	$\dfrac{45\sim120}{26}$	$\dfrac{130\sim180}{32}$	
M16	16	20	24	32	$\dfrac{30\sim38}{16}$	$\dfrac{40\sim55}{20}$	$\dfrac{60\sim120}{30}$	$\dfrac{130\sim200}{36}$	
M20	20	25	30	40	$\dfrac{35\sim40}{20}$	$\dfrac{45\sim65}{30}$	$\dfrac{70\sim120}{38}$	$\dfrac{130\sim200}{44}$	
(M24)	24	30	36	48	$\dfrac{45\sim50}{25}$	$\dfrac{55\sim75}{35}$	$\dfrac{80\sim120}{46}$	$\dfrac{130\sim200}{52}$	
(M30)	30	38	45	60	$\dfrac{60\sim65}{40}$	$\dfrac{70\sim90}{50}$	$\dfrac{95\sim120}{66}$	$\dfrac{130\sim200}{72}$	$\dfrac{210\sim250}{85}$
M36	36	45	54	72	$\dfrac{65\sim75}{45}$	$\dfrac{80\sim110}{60}$	$\dfrac{120}{78}$	$\dfrac{130\sim200}{84}$	$\dfrac{210\sim300}{97}$
M42	42	52	63	84	$\dfrac{70\sim80}{50}$	$\dfrac{85\sim110}{70}$	$\dfrac{120}{90}$	$\dfrac{130\sim200}{96}$	$\dfrac{210\sim300}{109}$
M48	48	60	72	96	$\dfrac{80\sim90}{60}$	$\dfrac{95\sim110}{80}$	$\dfrac{120}{102}$	$\dfrac{130\sim200}{108}$	$\dfrac{210\sim300}{121}$
$l_{系列}$	12、(14)、16、(18)、20、(22)、25、(28)、30、(32)、35、(38)、40、45、50、55、60、(65)、70、75、80、(85)、90、(95)、100～260（10 进位）、280、300								

注：1. 尽可能不采用括号内的规格。末端按 GB/T 2—2016 规定。

2. $b_m=1d$，一般用于钢对钢；$b_m=(1.25\sim1.5)d$，一般用于钢对铸铁；$b_m=2d$，一般用于钢对铝合金。

附表 4　内六角圆柱头螺钉（摘自 GB/T 70.1—2008）

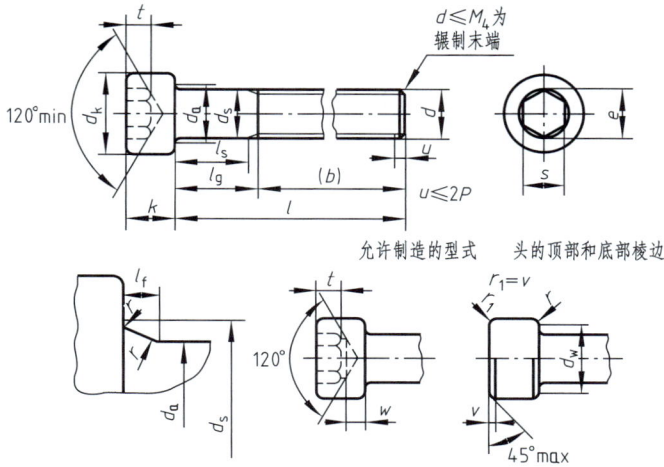

标记示例

螺纹规格 M5、公称长度 *l*=20 mm、性能等级为 8.8 级、表面氧化的内六角圆柱头螺钉的标记：

螺钉　GB/T 70.1　M5×20

mm

螺纹规格 *d*		M4	M5	M6	M8	M10	M12	M16	M20	M24
P		0.7	0.8	1	1.25	1.5	1.75	2	2.5	3
b 参考		20	22	24	28	32	36	44	52	60
	max	7.00	8.50	10.00	13.00	16.00	18.00	24.00	30.00	36.00
*d*_k	max	7.22	8.72	10.22	13.27	16.27	18.27	24.33	30.33	36.39
	min	6.78	8.28	9.78	12.73	15.73	17.73	23.67	29.67	35.61
*d*_a	max	4.7	5.7	6.8	9.2	11.2	13.7	17.7	22.4	26.4
*d*_s	max	4.00	5.00	6.00	8.00	10.00	12.00	16.00	20.00	24.00
	min	3.82	4.82	5.82	7.78	9.78	11.73	15.73	19.67	23.67
e	min	3.443	4.583	5.723	6.863	9.149	11.429	15.996	19.437	21.734
*l*_f	max	0.6	0.6	0.68	1.02	1.02	1.45	1.45	2.04	2.04
k	max	4.00	5.00	6.00	8.00	10.00	12.00	16.00	20.00	24.00
	min	3.82	4.82	5.7	7.64	9.64	11.57	15.57	19.48	23.48
r	min	0.2	0.2	0.25	0.4	0.4	0.6	0.6	0.8	0.8
	公称	3	4	5	6	8	10	14	17	19
s	min	3.02	4.020	5.02	6.02	8.025	10.025	14.032	17.05	19.065
	max	3.08	4.095	5.14	6.14	8.175	10.175	14.212	17.23	19.275
t	min	2	2.5	3	4	5	6	8	10	12
v	max	0.4	0.5	0.6	0.8	1	1.2	1.6	2	2.4
*d*_w	min	6.53	8.03	9.38	12.33	15.33	17.23	23.17	28.87	34.81
w	min	1.4	1.9	2.3	3.3	4	4.8	6.8	8.6	10.4
l（商品规格范围公称长度）		6～40	8～50	10～60	12～80	16～100	20～120	25～160	30～200	40～200
l（系列）		6、8、10、12、(14)、(16)、20、25、30、35、40、45、50、(55)、60、(65)、70、80、90、100、110、120、130、140、150、160、180、200								

注：1. 尽可能不采用括号内的规格。

　　 2. *P* 为螺距。

附表 5　开槽圆柱头螺钉（摘自 GB/T 65—2016）

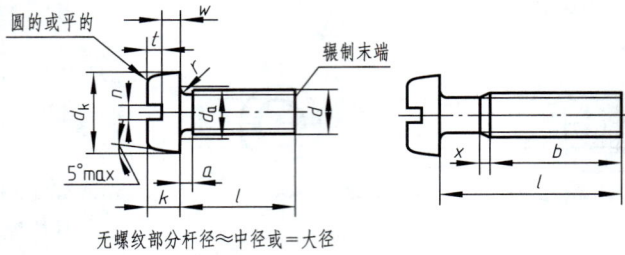

无螺纹部分杆径≈中径或＝大径

标记示例

螺纹规格 M5、公称长度 l＝20 mm、性能等级为 4.8 级、不经表面处理的 A 级开槽圆柱头螺钉：

螺钉　GB/T 65　M5×20

mm

螺纹规格 d		M1.6	M2	M2.5	M3	M4	M5	M6	M8	M10
P		0.35	0.4	0.45	0.5	0.7	0.8	1	1.25	1.5
a	max	0.7	0.8	0.9	1.0	1.4	1.6	2	2.5	3.0
b	min	25	25	25	25	38	38	38	38	38
d_k	公称＝ max	3.00	3.80	4.50	5.50	7.00	8.50	10.00	13.00	16.00
	min	2.86	3.62	4.32	5.32	6.78	8.28	9.78	12.73	15.73
d_a	max	2.0	2.6	3.1	3.6	4.7	5.7	6.8	9.2	11.2
k	公称＝ max	1.10	1.40	1.80	2.00	2.60	3.30	3.9	5.0	6.0
	min	0.96	1.26	1.66	1.86	2.46	3.12	3.6	4.7	5.7
n	公称	0.4	0.5	0.6	0.8	1.2	1.2	1.6	2	2.5
	max	0.6	0.7	0.8	1.00	1.51	1.51	1.91	2.31	2.81
	min	0.46	0.56	0.66	0.86	1.26	1.26	1.66	2.06	2.56
r	min	0.10	0.10	0.10	0.10	0.20	0.20	0.25	0.40	0.40
t	min	0.45	0.60	0.70	0.85	1.10	1.30	1.60	2.00	2.40
w	min	0.40	0.50	0.70	0.75	1.10	1.30	1.60	2.00	2.40
x	max	0.90	1.00	1.10	1.25	1.75	2.00	2.50	3.20	3.80
l（商品规格 范围 公称长度）		2～16	3～20	3～25	4～30	5～40	6～50	8～60	10～80	12～80
l（系列）		2, 3, 4, 5, 6, 8, 10, 12,（14）, 16, 20, 25, 30, 35, 40, 45, 50,（55）, 60,（65）, 70,（75）, 80								

注：1. P 为螺距。

　　2. 螺纹规格 M4～M10、公称长度 l≤40 mm 的螺钉，应制出全螺纹（$b=l-a$）。

　　3. 尽可能不采用括号内的规格。

附表 6　开槽沉头螺钉（摘自 GB/T 68—2016）　开槽半沉头螺钉（摘自 GB/T 69—2016）

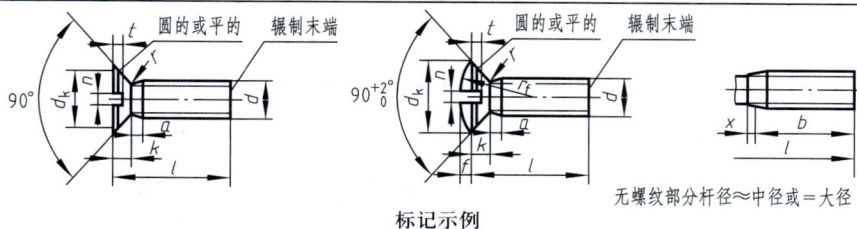

无螺纹部分杆径≈中径或＝大径

标记示例

螺纹规格 M5、公称长度 *l*=20 mm、性能等级为 4.8 级、不经表面处理的 A 级开槽沉头螺钉：

螺钉　GB/T 68　M5×20

mm

螺纹规格 *d*			M1.6	M2	M2.5	M3	M4	M5	M6	M8	M10
P			0.35	0.4	0.45	0.5	0.7	0.8	1	1.25	1.5
a		max	0.7	0.8	0.9	1	1.4	1.6	2	2.5	3
b		min	25				38				
d$_k$	理论值 max		3.6	4.4	5.5	6.3	9.4	10.4	12.6	17.3	20
	实际值	max	3.0	3.8	4.7	5.5	8.40	9.30	11.30	15.80	18.30
		min	2.7	3.5	4.4	5.2	8.04	8.94	10.87	15.37	17.78
k		max	1	1.2	1.5	1.65	2.7	2.7	3.3	4.65	5
n	公称		0.4	0.5	0.6	0.8	1.2	1.2	1.6	2	2.5
	max		0.60	0.70	0.80	1.00	1.51	1.51	1.91	2.31	2.81
	min		0.46	0.56	0.66	0.86	1.26	1.26	1.66	2.06	2.56
r		max	0.4	0.5	0.6	0.8	1	1.3	1.5	2	2.5
x		max	0.9	1	1.1	1.25	1.75	2	2.5	3.2	3.8
f		≈	0.4	0.5	0.6	0.7	1	1.2	1.4	2	2.3
r$_f$		≈	3	4	5	6	9.5	9.5	12	16.5	19.5
t	max	GB/T 68	0.5	0.6	0.75	0.85	1.3	1.4	1.6	2.3	2.6
		GB/T 69	0.80	1.0	1.20	1.45	1.9	2.4	2.8	3.7	4.4
	min	GB/T 68	0.32	0.4	0.50	0.60	1.0	1.1	1.2	1.8	2.0
		GB/T 69	0.64	0.8	1.0	1.20	1.6	2.0	2.4	3.2	3.8
l（商品规格范围公称长度）			2.5～16	3～20	4～25	5～30	6～40	8～50	8～60	10～80	12～80
l（系列）			2.5，3，4，5，6，8，10，12，(14)，16，20，25，30，35，40，45，50，(55)，60，(65)，70，(75)，80								

注：1. *P* 为螺距。

　　2. 公称长度 *l* ≤ 30 mm，而螺纹规格为 M1.6~M3 的螺钉，应制出全螺纹；公称长度 *l* ≤ 45 mm，而螺纹规格为 M4~M10 的螺钉也应制出全螺纹 [*b*=*l*−(*k*+*a*)]。

　　3. 尽可能不采用括号内的规格。

附表 7　开槽锥端紧定螺钉（摘自 GB/T 71—2018）

开槽平端紧定螺钉（摘自 GB/T 73—2017）

开槽长圆柱端紧定螺钉（摘自 GB/T 75—2018）

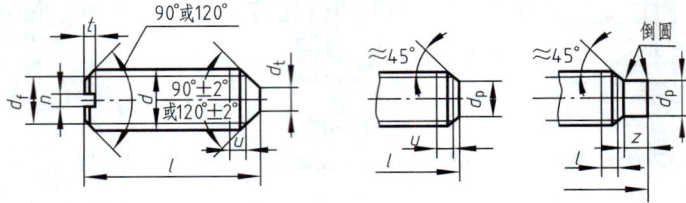

公称长度为短螺钉时,应制成120°,u为不完整螺纹的长度≤2P

标记示例

螺纹规格 M5、公称长度 l=12 mm、性能等级为 14H 级、表面氧化的开槽平端紧定螺钉：

螺钉 GB/T 73　M5×12

mm

螺纹规格 d		M1.2	M1.6	M2	M2.5	M3	M4	M5	M6	M8	M10	M12
P		0.25	0.35	0.4	0.45	0.5	0.7	0.8	1	1.25	1.5	1.75
$d_f \approx$		螺 纹 小 径										
d_t	min	—	—	—	—	—	—	—	—	—	—	—
	max	0.12	0.16	0.2	0.25	0.3	0.4	0.5	1.5	2	2.5	3
d_p	min	0.35	0.55	0.75	1.25	1.75	2.25	3.2	3.7	5.2	6.64	8.14
	max	0.60	0.80	1.00	1.50	2.00	2.50	3.50	4.00	5.50	7.00	8.50
n	公称	0.2	0.25	0.25	0.4	0.4	0.6	0.8	1	1.2	1.6	2
	min	0.26	0.31	0.31	0.46	0.46	0.66	0.86	1.06	1.26	1.66	2.06
	max	0.40	0.45	0.45	0.60	0.60	0.80	1.00	1.20	1.51	1.91	2.31
t	min	0.40	0.56	0.64	0.72	0.80	1.12	1.28	1.60	2.00	2.40	2.80
	max	0.52	0.74	0.84	0.95	1.05	1.42	1.63	2.00	2.50	3.00	3.60
z	min	—	0.8	1	1.2	1.5	2	2.5	3	4	5	6
	max	—	1.05	1.25	1.5	1.75	2.25	2.75	3.25	4.3	5.3	6.3
GB/T 71	l(公称长度)	2~6	2~8	3~10	3~12	4~16	6~20	8~25	8~30	10~40	12~50	14~60
	l(短螺钉)	2	2~2.5	2~2.5	2~3	2~3	2~4	2~5	2~6	2~8	2~10	2~12
GB/T 73	l(公称长度)	2~6	2~8	2~10	2.5~12	3~16	4~20	5~25	6~30	8~40	10~50	12~60
	l(短螺钉)	—	2	2~2.5	2~3	2~3	2~4	2~5	2~6	2~6	2~8	2~10
GB/T 75	l(公称长度)	—	2.5~8	3~10	4~12	5~16	6~20	8~25	8~30	10~40	12~50	14~60
	l(短螺钉)	—	2~2.5	2~3	2~4	2~5	2~6	2~8	2~10	2~14	2~16	2~20
l（系列）		2, 2.5, 3, 4, 5, 6, 8, 10, 12, (14), 16, 20, 25, 30, 35, 40, 45, 50, (55), 60										

注：1. 公称长度为商品规格尺寸。

　　2. 尽可能不采用括号内的规格。

附表 8　1 型六角螺母（摘自 GB/T 6170—2015）

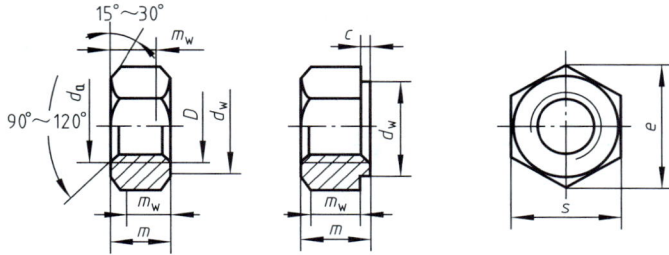

垫圈面型，应在订单中注明

标记示例

螺纹规格 M12、性能等级为 8 级、不经表面处理、产品等级为 A 级的 1 型六角螺母：

螺母 GB/T 6170 M12

mm

螺纹规格 D		M1.6	M2	M2.5	M3	M4	M5	M6	M8	M10	M12
螺距 P		0.35	0.4	0.45	0.5	0.7	0.8	1	1.25	1.5	1.75
c	max	0.20	0.20	0.30	0.40	0.40	0.50	0.50	0.60	0.60	0.60
d_a	max	1.84	2.30	2.90	3.45	4.60	5.75	6.75	8.75	10.80	13.00
	min	1.60	2.00	2.50	3.00	4.00	5.00	6.00	8.00	10.00	12.00
d_w	min	2.40	3.10	4.10	4.60	5.90	6.90	8.90	11.60	14.60	16.60
e	min	3.41	4.32	5.45	6.01	7.66	8.79	11.05	14.38	17.77	20.03
m	max	1.30	1.60	2.00	2.40	3.20	4.70	5.20	6.80	8.40	10.80
	min	1.05	1.35	1.75	2.15	2.90	4.40	4.90	6.44	8.04	10.37
m_w	min	0.8	1.10	1.40	1.70	2.30	3.50	3.90	5.20	6.40	8.30
s	公称＝max	3.20	4.00	5.00	5.50	7.00	8.00	10.00	13.00	16.00	18.00
	min	3.02	3.82	4.82	5.32	6.78	7.78	9.78	12.73	15.73	17.73

螺纹规格 D		M16	M20	M24	M30	M36	M42	M48	M56	M64
螺距 P		2	2.5	3	3.5	4	4.5	5	5.5	6
c	max	0.80	0.80	0.80	0.80	0.80	1.00	1.00	1.00	1.00
d_a	max	17.30	21.60	25.90	32.40	38.90	45.40	51.80	60.50	69.10
	min	16.00	20.00	24.00	30.00	36.00	42.00	48.00	56.00	64.00
d_w	min	22.50	27.70	33.30	42.80	51.10	60.00	69.50	78.70	88.20
e	min	26.75	32.95	39.55	50.85	60.79	71.30	82.60	93.56	104.86
m	max	14.80	18.00	21.50	25.60	31.00	34.00	38.00	45.00	51.00
	min	14.10	16.90	20.20	24.30	29.40	32.40	36.40	43.40	49.10
m_w	min	11.30	13.50	16.20	19.40	23.50	25.90	29.10	34.70	39.30
s	公称＝max	24.00	30.00	36.00	46.00	55.00	65.00	75.00	85.00	95.00
	min	23.67	29.16	35.00	45.00	53.80	63.10	73.10	82.80	92.80

注：1. A 级用于 $D \leqslant 16$ mm 的螺母；B 级用于 $D > 16$ mm 的螺母。本表仅按优选的螺纹规格列出。

2. 螺纹规格为 M8~M64、细牙、A 级和 B 级的 1 型六角螺母，请查阅 GB/T 6171—2016。

附表9　平垫圈 A 级（GB/T 97.1—2002）、平垫圈　倒角型　A 级（GB/T 97.2—2002）、
大垫圈 A 级（摘自 GB/T 96.1—2002）

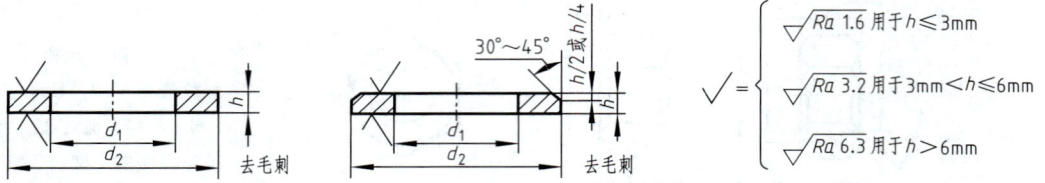

标记示例

标准系列、公称规格 8 mm、由钢制造的硬度等级为 200 HV 级、不经表面处理、产品等级为 A 级的平垫圈：
垫圈 GB/T 97.1　8

mm

公称规格（螺纹大径 d）		3	4	5	6	8	10	12	16	20	24	30	36	42
内径 d_1 · 公称 (min)	GB/T 97.1	3.2	4.3	5.3	6.4	8.4	10.5	13	17	21	25	31	37	45
	GB/T 97.2	—	—											
	GB/T 96.1	3.2	4.3	5.3	6.4	8.4	10.5	13	17	21	25	33	39	—
内径 d_1 · max	GB/T 97.1	3.38	4.48	5.48	6.62	8.62	10.77	13.27	17.27	21.33	25.33	31.39	37.62	45.62
	GB/T 97.2	—	—											
	GB/T 96.1	3.38	4.48	5.48	6.62	8.62	10.77	13.27	17.27	21.33	25.52	33.62	39.62	—
外径 d_2 · 公称 (max)	GB/T 97.1	7	9	10	12	16	20	24	30	37	44	56	66	78
	GB/T 97.2	—	—											
	GB/T 96.1	9	12	15	18	24	30	37	50	60	72	92	110	—
外径 d_2 · min	GB/T 97.1	6.64	8.64	9.64	11.57	15.57	19.48	23.48	29.48	36.38	43.38	55.26	64.8	76.8
	GB/T 97.2	—	—											
	GB/T 96.1	8.64	11.57	14.57	17.57	23.48	29.48	36.38	49.38	59.26	70.8	90.6	108.6	—
厚度 h · 公称	GB/T 97.1	0.5	0.8	1	1.6	1.6	2	2.5	3	3	4	4	5	8
	GB/T 97.2	—	—											
	GB/T 96.1	0.8	1	1	1.6	2	2.5	3	3	4	5	6	8	—
厚度 h · max	GB/T 97.1	0.55	0.9	1.1	1.8	1.8	2.2	2.7	3.3	3.3	4.3	4.3	5.6	9
	GB/T 97.2	—	—											
	GB/T 96.1	0.9	1.1	1.1	1.8	2.2	2.7	3.3	3.3	4.3	5.6	6.6	9	—
厚度 h · min	GB/T 97.1	0.45	0.7	0.9	1.4	1.4	1.8	2.3	2.7	2.7	3.7	3.7	4.4	7
	GB/T 97.2	—	—											
	GB/T 96.1	0.7	0.9	0.9	1.4	1.8	2.3	2.7	2.7	3.7	4.4	5.4	7	—

附表 10 标准型弹簧垫圈（摘自 GB/T 93—1987）、轻型弹簧垫圈（摘自 GB/T 859—1987）

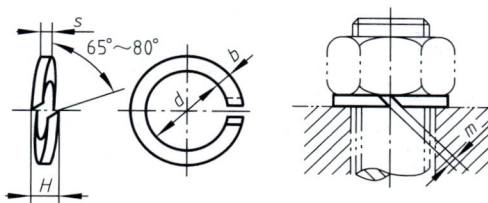

标记示例

规格 16 mm、材料为 65Mn、表面氧化的标准型弹簧垫圈：

垫圈 GB/T 93　16

规格 16 mm、材料为 65Mn、表面氧化的轻型弹簧垫圈：

垫圈 GB/T 859　16

mm

规格（螺纹大径）			2	2.5	3	4	5	6	8	10	12	16	20	24	30	36	42	48
d	min		2.1	2.6	3.1	4.1	5.1	6.1	8.1	10.2	12.2	16.2	20.2	24.5	30.5	36.5	42.5	48.5
	max		2.35	2.85	3.4	4.4	5.4	6.68	8.68	10.9	12.9	16.9	21.04	25.5	31.5	37.7	43.7	49.7
$s(b)$ 公称	GB/T 93		0.5	0.65	0.8	1.1	1.3	1.6	2.1	2.6	3.1	4.1	5	6	7.5	9	10.5	12
s 公称	GB/T 859		—	—	0.6	0.8	1.1	1.3	1.6	2	2.5	3.2	4	5	6	—	—	—
b 公称			—	—	1	1.2	1.5	2	2.5	3	3.5	4.5	5.5	7	9	—	—	—
H	GB/T 93	min	1	1.3	1.6	2.2	2.6	3.2	4.2	5.2	6.2	8.2	10	12	15	18	21	24
		max	1.25	1.63	2	2.75	3.25	4	5.25	6.5	7.75	10.25	12.5	15	18.75	22.5	26.25	30
	GB/T 859	min	—	—	1.2	1.6	2.2	2.6	3.2	4	5	6.4	8	10	12	—	—	—
		max	—	—	1.5	2	2.75	3.25	4	5	6.25	8	10	12.5	15	—	—	—
$m \leqslant$	GB/T 93		0.25	0.33	0.4	0.55	0.65	0.8	1.05	1.3	1.55	2.05	2.5	3	3.75	4.5	5.25	6
	GB/T 859		—	—	0.3	0.4	0.55	0.65	0.8	1	1.25	1.6	2	2.5	3	—	—	—

注：m 应大于零。

附表 11　普通型 平键（摘自 GB/T 1096—2003）平键　键槽的剖面尺寸（摘自 GB/T 1095—2003）

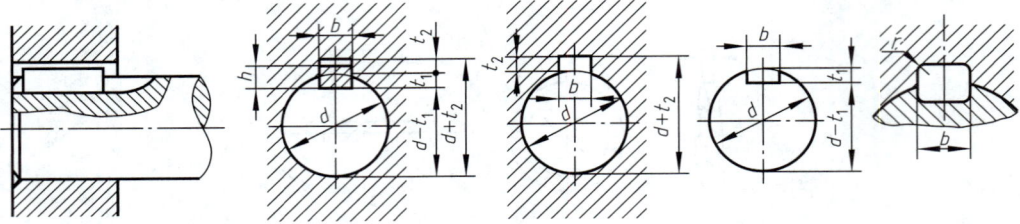

注：在工作图中，轴槽深用 t_1 或 $(d-t_1)$ 标注，轮毂槽深用 $(d+t_2)$ 标注。

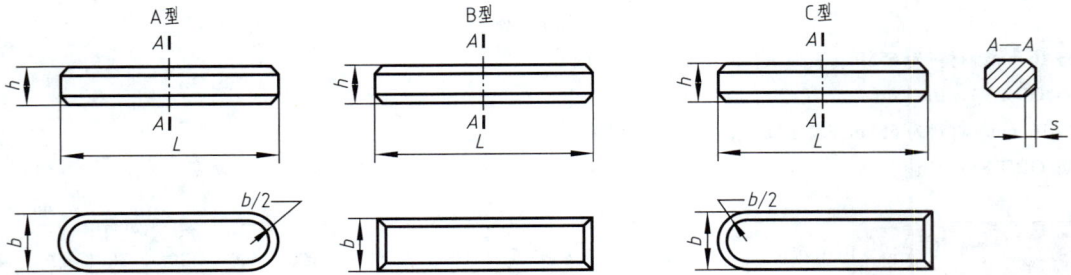

标记示例

宽度 b=16 mm、高度 h=10 mm、长度 L=100 mm 的普通 A 型平键：　GB/T 1096　键 A 16×10×100
宽度 b=16 mm、高度 h=10 mm、长度 L=100 mm 的普通 B 型平键：　GB/T 1096　键 B 16×10×100
宽度 b=16 mm、高度 h=10 mm、长度 L=100 mm 的普通 C 型平键：　GB/T 1096　键 C 16×10×100

mm

序号	轴	键		键槽									
				宽度 b					深度				
	公称直径 d	键尺寸 $b×h$	长度 L	基本尺寸	极限偏差					轴 t_1		毂 t_2		半径 r
					正常连结		紧密连结	松连结		基本尺寸	极限偏差	基本尺寸	极限偏差	
					轴 N9	毂 JS9	轴和毂 P9	轴 H9	毂 D10					min	max
1	自 6～8	2×2	6～20	2	−0.004 −0.029	±0.012 5	−0.006 −0.031	+0.025 0	+0.060 +0.020	1.2		1.0			
2	>8～10	3×3	6～36	3						1.8	+0.1 0	1.4	+0.1 0	0.08	0.16
3	>10～12	4×4	8～45	4	0 −0.030	±0.015	−0.012 −0.042	+0.030 0	+0.078 +0.030	2.5		1.8			
4	>12～17	5×5	10～56	5						3.0		2.3			
5	>17～22	6×6	14～70	6						3.5		2.8		0.16	0.25
6	>22～30	8×7	18～90	8	0 −0.036	±0.018	−0.015 −0.051	+0.036 0	+0.098 +0.040	4.0		3.3			
7	>30～38	10×8	22～110	10						5.0		3.3			
8	>38～44	12×8	28～140	12						5.0	+0.2 0	3.3	+0.2 0		
9	>44～50	14×9	36～160	14	0 −0.043	±0.021 5	−0.018 −0.061	+0.043 0	+0.120 +0.050	5.5		3.8		0.25	0.40
10	>50～58	16×10	45～180	16						6.0		4.3			
11	>58～65	18×11	50～200	18						7.0		4.4			

序号	轴	键		键槽										
	公称直径 d	键尺寸 $b \times h$	长度 L	宽度 b						深度				半径 r
				基本尺寸	极限偏差					轴 t_1		毂 t_2		
					正常连结		紧密连结	松连结		基本尺寸	极限偏差	基本尺寸	极限偏差	
					轴 N9	毂 JS9	轴和毂 P9	轴 H9	毂 D10					min	max
12	>65~75	20×12	56~220	20						7.5		4.9		
13	>75~85	22×14	56~220	22	$\begin{matrix}0\\-0.052\end{matrix}$	±0.026	$\begin{matrix}-0.022\\-0.074\end{matrix}$	$\begin{matrix}+0.052\\0\end{matrix}$	$\begin{matrix}+0.149\\+0.065\end{matrix}$	9.0		5.4		
14	>85~95	25×14	70~280	25						9.0	$\begin{matrix}+0.2\\0\end{matrix}$	5.4	$\begin{matrix}+0.2\\0\end{matrix}$	0.40 / 0.60
15	>95~110	28×16	80~320	28						10.0		6.4		
16	>110~130	32×18	90~360	32	$\begin{matrix}0\\-0.062\end{matrix}$	±0.031	$\begin{matrix}-0.026\\-0.088\end{matrix}$	$\begin{matrix}+0.062\\0\end{matrix}$	$\begin{matrix}+0.180\\+0.080\end{matrix}$	11.0		7.4		

注：1. $(d-t_1)$ 和 $(d+t_2)$ 两组组合尺寸的极限偏差按相应的 t_1 和 t_2 的极限偏差选取，但 $(d-t_1)$ 极限偏差应取负号（−）。

2. L 系列：6、8、10、12、14、16、18、20、22、25、28、32、36、40、45、50、56、63、70、80、90、100、110、125、140、160、180、200、220、250、280、320、360、400、450、500。

3. 平键轴槽的长度公差用 H14。

4. 图中倒角或倒圆尺寸 s：序号 1~3，$s=0.16~0.25$；序号 4~6，$s=0.25~0.40$；序号 7~11，$s=0.40~0.60$；序号 12~16，$s=0.60~0.80$。

5. 轴槽及轮毂槽的宽度 b 对轴及轮毂轴心线的对称度，一般可按 GB/T 1184—1996 表 B4 中对称度公差 7~9 级选取。

6. 轴公称直径一列，已不属于本标准，仅供参考。

附表 12　圆柱销　不淬硬钢和奥氏体不锈钢（摘自 GB/T 119.1—2000）

圆柱销　淬硬钢和马氏体不锈钢（摘自 GB/T 119.2—2000）

末端形状，由制造者确定

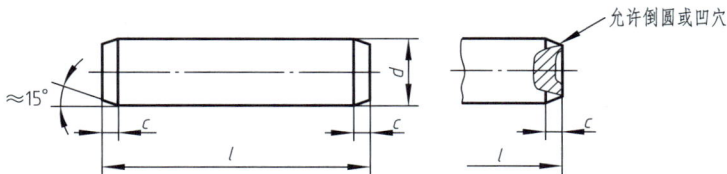

标记示例

公称直径 $d=6$ mm、公差为 m6、公称长度 $l=30$ mm、材料为钢、不经淬火、不经表面处理的圆柱销：

销　GB/T 119.1　6 m6×30

公称直径 $d=6$ mm、公差为 m6、公称长度 $l=30$ mm、材料为钢、普通淬火（A 型）、表面氧化处理的圆柱销：

销　GB/T 119.2　6×30

mm

d（公称）		1.5	2	2.5	3	4	5	6	8
$c\approx$		0.3	0.35	0.4	0.5	0.63	0.8	1.2	1.6
l（商品长度范围）	GB/T 119.1	4~16	6~20	6~24	8~30	8~40	10~50	12~60	14~80
	GB/T 119.2	4~16	5~20	6~24	8~30	10~40	12~50	14~60	18~80

续表

d（公称）	10	12	16	20	25	30	40	50
c≈	2	2.5	3	3.5	4	5	6.3	8
l（商品长度范围）GB/T 119.1	18～95	22～140	26～180	35～200 及以上	50～200 及以上	60～200 及以上	80～200 及以上	95～200 及以上
GB/T 119.2	22～100 及以上	26～100 及以上	40～100 及以上	50～100 及以上	—	—	—	—
l（系列）	3，4，5，6，8，10，12，14，16，18，20，22，24，26，28，30，32，35，40，45，50，55，60，65，70，75，80，85，90，95，100，120，140，160，180，200，…							

注：1. 公称直径 d 的公差：GB/T 119.1—2000 规定为 m6 和 h8，GB/T 119.2—2000 仅有 m6。其他公差由供需双方协议。

2. GB/T 119.2—2000 中淬硬钢按淬火方法不同，分为普通淬火（A 型）和表面淬火（B 型）。

3. 表中的"及以上"表示销的公称长度大于 200 mm 时，按 20 mm 递增。

附表 13　圆锥销（摘自 GB/T 117—2000）

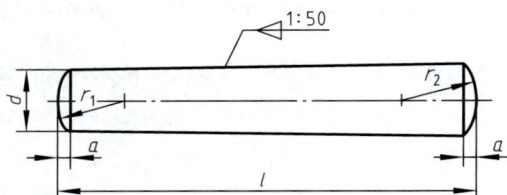

$$r_1 \approx d$$

$$r_2 \approx \frac{a}{2} + d + \frac{(0.02l)^2}{8a}$$

（锥面粗糙度见附注）

标记示例

公称直径 d = 6 mm、公称长度 l=30 mm、材料为 35 钢、热处理硬度 28~38 HRC、表面氧化处理的 A 型圆锥销：

销 GB/T 117　6×30

mm

d（公称）	0.6	0.8	1	1.2	1.5	2	2.5	3	4	5
a≈	0.08	0.1	0.12	0.16	0.2	0.25	0.3	0.4	0.5	0.63
l（商品长度范围）	4～8	5～12	6～16	6～20	8～24	10～35	10～35	12～45	14～55	18～60
d（公称）	6	8	10	12	16	20	25	30	40	50
a≈	0.8	1	1.2	1.6	2	2.5	3	4	5	6.3
l（商品长度范围）	22～90	22～120	26～160	32～180	40～200 及以上	45～200 及以上	50～200 及以上	55～200 及以上	60～200 及以上	65～200 及以上
l（系列）	2，3，4，5，6，8，10，12，14，16，18，20，22，24，26，28，30，32，35，40，45，50，55，60，65，70，75，80，85，90，95，100，120，140，160，180，200，…									

注：1. 公称直径 d 的公差规定为 h10，其他公差如 a11，c11 和 f8 由供需双方协议。

2. 圆锥销有 A 型和 B 型。A 型为磨削，锥面表面粗糙度为 Ra 0.8 μm，B 型为切削或冷镦，锥面表面粗糙度为 Ra 3.2 μm。

3. 表中的"及以上"表示销的公称长度大于 200 mm 时，按 20 mm 递增。

300

附表 14　深沟球轴承（摘自 GB/T 276—2013）

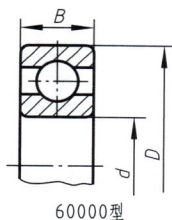

60000型

轴承代号	尺寸 /mm		
	d	D	B
10 系列			
606	6	17	6
607	7	19	6
608	8	22	7
609	9	24	7
6000	10	26	8
6001	12	28	8
6002	15	32	9
6003	17	35	10
6004	20	42	12
60/22	22	44	12
6005	25	47	12
60/28	28	52	12
6006	30	55	13
60/32	32	58	13
6007	35	62	14
6008	40	68	15
6009	45	75	16
6010	50	80	16
6011	55	90	18
6012	60	95	18
02 系列			
623	3	10	4
624	4	13	5
625	5	16	5
626	6	19	6
627	7	22	7
628	8	24	8
629	9	26	8
6200	10	30	9
6201	12	32	10
6202	15	35	11
6203	17	40	12
6204	20	47	14
62/22	22	50	14
6205	25	52	15
62/28	28	58	16
6206	30	62	16
62/32	32	65	17
6207	35	72	17
6208	40	80	18
6209	45	85	19
6210	50	90	20
6211	55	100	21
6212	60	110	22

轴承代号	尺寸 /mm		
	d	D	B
03 系列			
633	3	13	5
634	4	16	5
635	5	19	6
6300	10	35	11
6301	12	37	12
6302	15	42	13
6303	17	47	14
6304	20	52	15
63/22	22	56	16
6305	25	62	17
63/28	28	68	18
6306	30	72	19
63/32	32	75	20
6307	35	80	21
6308	40	90	23
6309	45	100	25
6310	50	110	27
6311	55	120	29
6312	60	130	31
6313	65	140	33
6314	70	150	35
6315	75	160	37
6316	80	170	39
6317	85	180	41
6318	90	190	43
04 系列			
6403	17	62	17
6404	20	72	19
6405	25	80	21
6406	30	90	23
6407	35	100	25
6408	40	110	27
6409	45	120	29
6410	50	130	31
6411	55	140	33
6412	60	150	35
6413	65	160	37
6414	70	180	42
6415	75	190	45
6416	80	200	48
6417	85	210	52
6418	90	225	54
6419	95	240	55
6420	100	250	58
6422	110	280	65

附表 15　零件倒圆与倒角（摘自 GB/T 6403.4—2008） mm

型式	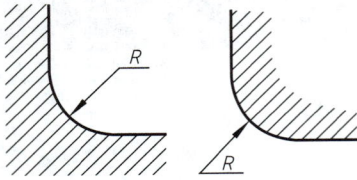 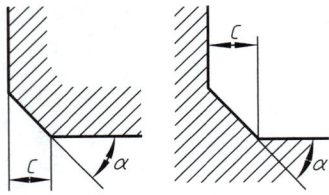	R、C尺寸系列： 0.1, 0.2, 0.3, 0.4, 0.5, 0.6, 0.8, 1.0, 1.2, 1.6, 2.0, 2.5, 3.0, 4.0, 5.0, 6.0, 8.0, 10, 12, 16, 20, 25, 32, 40, 50
装配方式	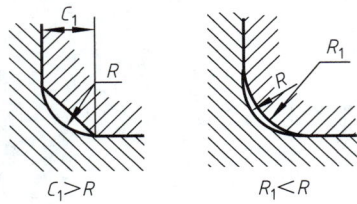 $C_1 > R$　　$R_1 < R$ 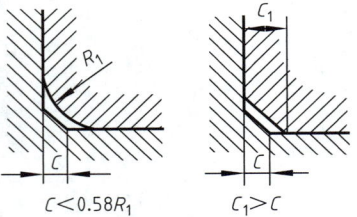 $C < 0.58R_1$　　$C_1 > C$	尺寸规定： 1. R_1、C_1 的偏差为正；R、C 的偏差为负。 2. 左下的装配方式（$G < 0.58R_1$），C 的最大值 C_{max} 与 R_1 的关系如下

R_1	0.1	0.2	0.3	0.4	0.5	0.6	0.8	1.0	1.2	1.6	2.0	2.5	3.0	4.0	5.0	6.0	8.0	10	12	16	20	25
C_{max}	—	0.1	0.1	0.2	0.2	0.3	0.4	0.5	0.6	0.8	1.0	1.2	1.6	2.0	2.5	3.0	4.0	5.0	6.0	8.0	10	12

直径 ϕ 相应的倒角 C、倒圆 R 的推荐值　　mm

φ	~3	>3~6	>6~10	>10~18	>18~30	>30~50	>50~80	>80~120	>120~180
C 或 R	0.2	0.4	0.6	0.8	1.0	1.6	2.0	2.5	3.0
φ	>180 ~250	>250 ~320	>320 ~400	>400 ~500	>500 ~630	>630 ~800	>800 ~1 000	>1 000 ~1 250	>1 250 ~1 600
C 或 R	4.0	5.0	6.0	8.0	10	12	16	20	25

附表 16　紧固件　螺栓和螺钉通孔（摘自 GB/T 5277—1985）

及各种沉孔　尺寸（摘自 GB/T 152.2—2014、

GB/T 152.3—1988、GB/T 152.4—1988）　　　　mm

螺栓或螺钉直径 d			4	5	6	8	10	12	14	16	18	20	22	24	27	30	36
螺栓、螺钉通孔直径	精装配		4.3	5.3	6.4	8.4	10.5	13	15	17	19	21	23	25	28	31	37
	中等装配		4.5	5.5	6.6	9	11	13.5	15.5	17.5	20	22	24	26	30	33	39
	粗装配		4.8	5.8	7	10	12	14.5	16.5	18.5	21	24	26	28	32	35	42
沉头螺钉用沉孔	GB/T 152.2	d_2	9.4	10.40	12.60	17.30	20.0	—	—	—	—	—	—	—	—	—	—
		$t\approx$	2.55	2.58	3.13	4.28	4.65	—	—	—	—	—	—	—	—	—	—
		α	$90°^{-2°}_{-4°}$														
内六角圆柱头螺钉用沉孔	GB/T 152.3	d_2	8	10	11	15	18	20	24	26	—	33	—	40	—	48	57
		t	4.6	5.7	6.8	9	11	13	15	17.5	—	21.5	—	25.5	—	32	38
		d_3	—	—	—	—	—	16	18	20	—	24	—	28	—	36	42
开槽圆柱头螺钉用沉孔	GB/T 152.3	d_2	8	10	11	15	18	20	24	26	—	33	—	—	—	—	—
		t	3.2	4	4.7	6	7	8	9	10.5	—	12.5	—	—	—	—	—
		d_3	—	—	—	—	—	16	18	20	—	24	—	—	—	—	—
六角头螺栓、螺母用沉孔	GB/T 152.4	d_2	10	11	13	18	22	26	30	33	36	40	43	48	53	61	71
		t	只要制出与通孔轴线垂直的圆平面即可														
		d_3	—	—	—	—	—	16	18	20	22	24	26	28	33	36	42

注：表中的螺栓或螺钉直径 d，即螺纹规格。

附表 17　轴的极限偏差

表中数值为上偏差/下偏差（单位：μm）

公称尺寸/mm 大于	至	a* 11	b* 11	b* 12	c 9	c 10	c 11	d 8	d 9	d 10	d 11	e 7	e 8	e 9
–	3	-270/-330	-140/-200	-140/-240	-60/-85	-60/-100	-60/-120	-20/-34	-20/-45	-20/-60	-20/-80	-14/-24	-14/-28	-14/-39
3	6	-270/-345	-140/-215	-140/-260	-70/-100	-70/-118	-70/-145	-30/-48	-30/-60	-30/-78	-30/-105	-20/-32	-20/-38	-20/-50
6	10	-280/-370	-150/-240	-150/-300	-80/-116	-80/-138	-80/-170	-40/-62	-40/-76	-40/-98	-40/-130	-25/-40	-25/-47	-25/-61
10	14	-290/-400	-150/-260	-150/-330	-95/-138	-95/-165	-95/-205	-50/-77	-50/-93	-50/-120	-50/-160	-32/-50	-32/-59	-32/-75
14	18	-290/-400	-150/-260	-150/-330	-95/-138	-95/-165	-95/-205	-50/-77	-50/-93	-50/-120	-50/-160	-32/-50	-32/-59	-32/-75
18	24	-300/-430	-160/-290	-160/-370	-110/-162	-110/-194	-110/-240	-65/-98	-65/-117	-65/-149	-65/-195	-40/-61	-40/-73	-40/-92
24	30	-300/-430	-160/-290	-160/-370	-110/-162	-110/-194	-110/-240	-65/-98	-65/-117	-65/-149	-65/-195	-40/-61	-40/-73	-40/-92
30	40	-310/-470	-170/-330	-170/-420	-120/-182	-120/-220	-120/-280	-80/-119	-80/-142	-80/-180	-80/-240	-50/-75	-50/-89	-50/-112
40	50	-320/-480	-180/-340	-180/-430	-130/-192	-130/-230	-130/-290	-80/-119	-80/-142	-80/-180	-80/-240	-50/-75	-50/-89	-50/-112
50	65	-340/-530	-190/-380	-190/-490	-140/-214	-140/-260	-140/-330	-100/-146	-100/-174	-100/-220	-100/-290	-60/-90	-60/-106	-60/-134
65	80	-360/-550	-200/-390	-200/-500	-150/-224	-150/-270	-150/-340	-100/-146	-100/-174	-100/-220	-100/-290	-60/-90	-60/-106	-60/-134
80	100	-380/-600	-220/-440	-220/-570	-170/-257	-170/-310	-170/-390	-120/-174	-120/-207	-120/-260	-120/-340	-72/-107	-72/-126	-72/-159
100	120	-410/-630	-240/-460	-240/-590	-180/-267	-180/-320	-180/-400	-120/-174	-120/-207	-120/-260	-120/-340	-72/-107	-72/-126	-72/-159
120	140	-460/-710	-260/-510	-260/-660	-200/-300	-200/-360	-200/-450	-145/-208	-145/-245	-145/-305	-145/-395	-85/-125	-85/-148	-85/-185
140	160	-520/-770	-280/-530	-280/-680	-210/-310	-210/-370	-210/-460	-145/-208	-145/-245	-145/-305	-145/-395	-85/-125	-85/-148	-85/-185
160	180	-580/-830	-310/-560	-310/-710	-230/-330	-230/-390	-230/-480	-145/-208	-145/-245	-145/-305	-145/-395	-85/-125	-85/-148	-85/-185
180	200	-660/-950	-340/-630	-340/-800	-240/-355	-240/-425	-240/-530	-170/-242	-170/-285	-170/-355	-170/-460	-100/-146	-100/-172	-100/-215
200	225	-740/-1030	-380/-670	-380/-840	-260/-375	-260/-445	-260/-550	-170/-242	-170/-285	-170/-355	-170/-460	-100/-146	-100/-172	-100/-215
225	250	-820/-1110	-420/-710	-420/-880	-280/-395	-280/-465	-280/-570	-170/-242	-170/-285	-170/-355	-170/-460	-100/-146	-100/-172	-100/-215
250	280	-920/-1240	-480/-800	-480/-1000	-300/-430	-300/-510	-300/-620	-190/-271	-190/-320	-190/-400	-190/-510	-110/-162	-110/-191	-110/-240
280	315	-1050/-1370	-540/-860	-540/-1060	-330/-460	-330/-540	-330/-650	-190/-271	-190/-320	-190/-400	-190/-510	-110/-162	-110/-191	-110/-240
315	355	-1200/-1560	-600/-960	-600/-1170	-360/-500	-360/-590	-360/-720	-210/-299	-210/-350	-210/-440	-210/-570	-125/-182	-125/-214	-125/-265
355	400	-1350/-1710	-680/-1040	-680/-1250	-400/-540	-400/-630	-400/-760	-210/-299	-210/-350	-210/-440	-210/-570	-125/-182	-125/-214	-125/-265
400	450	-1500/-1900	-760/-1160	-760/-1390	-440/-595	-440/-690	-440/-840	-230/-327	-230/-385	-230/-480	-230/-630	-135/-198	-135/-232	-135/-290
450	500	-1650/-2050	-840/-1240	-840/-1470	-480/-635	-480/-730	-480/-880	-230/-327	-230/-385	-230/-480	-230/-630	-135/-198	-135/-232	-135/-290

（摘自 GB/T 1800.2—2020）

μm

	f				g			h							
5	6	7	8	9	5	6	7	5	6	7	8	9	10	11	12
−6	−6	−6	−6	−6	−2	−2	−2	0	0	0	0	0	0	0	0
−10	−12	−16	−20	−31	−6	−8	−12	−4	−6	−10	−14	−25	−40	−60	−100
−10	−10	−10	−10	−10	−4	−4	−4	0	0	0	0	0	0	0	0
−15	−18	−22	−28	−40	−9	−12	−16	−5	−8	−12	−18	−30	−48	−75	−120
−13	−13	−13	−13	−13	−5	−5	−5	0	0	0	0	0	0	0	0
−19	−22	−28	−35	−49	−11	−14	−20	−6	−9	−15	−22	−36	−58	−90	−150
−16	−16	−16	−16	−16	−6	−6	−6	0	0	0	0	0	0	0	0
−24	−27	−34	−43	−59	−14	−17	−24	−8	−11	−18	−27	−43	−70	−110	−180
−20	−20	−20	−20	−20	−7	−7	−7	0	0	0	0	0	0	0	0
−29	−33	−41	−53	−72	−16	−20	−28	−9	−13	−21	−33	−52	−84	−130	−210
−25	−25	−25	−25	−25	−9	−9	−9	0	0	0	0	0	0	0	0
−36	−41	−50	−64	−87	−20	−25	−34	−11	−16	−25	−39	−62	−100	−160	−250
−30	−30	−30	−30	−30	−10	−10	−10	0	0	0	0	10	0	0	0
−43	−49	−60	−76	−104	−23	−29	−40	−13	−19	−30	−46	−74	−120	−190	−300
−36	−36	−36	−36	−36	−12	−12	−12	0	0	0	0	0	0	0	0
−51	−58	−71	−90	−123	−27	−34	−47	−15	−22	−35	−54	−87	−140	−220	−350
−43	−43	−43	−43	−43	−14	−14	−14	0	0	0	0	0	0	0	0
−61	−68	−83	−106	−143	−32	−39	−54	−18	−25	−40	−63	−100	−160	−250	−400
−50	−50	−50	−50	−50	−15	−15	−15	0	0	0	0	0	0	0	0
−70	−79	−96	−122	−165	−35	−44	−61	−20	−29	−46	−72	−115	−185	−290	−460
−56	−56	−56	−56	−56	−17	−17	−17	0	0	0	0	0	0	0	0
−79	−88	−108	−137	−186	−40	−49	−69	−23	−32	−52	−81	−130	−210	−320	−520
−62	−62	−62	−62	−62	−18	−18	−13	0	0	0	0	0	0	0	0
−87	−98	−119	−151	−202	−43	−54	−75	−25	−36	−57	−89	−140	−230	−360	−570
−68	−68	−68	−68	−68	−20	−20	−20	0	0	0	0	0	0	0	0
−95	−108	−131	−165	−223	−47	−60	−83	−27	−40	−63	−97	−155	−250	−400	−630

公称尺寸/mm 大于	至	js 5	js 6	js 7	k 5	k 6	k 7	m 5	m 6	m 7	n 5	n 6	n 7	p 5	p 6	p 7
−	3	±2	±3	±5	+4/0	+6/0	+10/0	+6/+2	+8/+2	+12/+2	+8/+4	+10/+4	+14/+4	+10/+6	+12/+6	+16/+6
3	6	±2.5	±4	±6	+6/+1	+9/+1	+13/+1	+9/+4	+12/+4	+16/+4	+13/+8	+16/+8	+20/+8	+17/+12	+20/+12	+24/+12
6	10	±3	±4.5	±7	+7/+1	+10/+1	+16/+1	+12/+6	+15/+6	+21/+6	+16/+10	+19/+10	+25/+10	+21/+15	+24/+15	+30/+15
10	14	±4	±5.5	±9	+9/+1	+12/+1	+19/+1	+15/+7	+18/+7	+25/+7	+20/+12	+23/+12	+30/+12	+26/+18	+29/+18	+36/+18
14	18	±4	±5.5	±9	+9/+1	+12/+1	+19/+1	+15/+7	+18/+7	+25/+7	+20/+12	+23/+12	+30/+12	+26/+18	+29/+18	+36/+18
18	24	±4.5	±6.5	±10	+11/+2	+15/+2	+23/+2	+17/+8	+21/+8	+29/+8	+24/+15	+28/+15	+36/+15	+31/+22	+35/+22	+43/+22
24	30	±4.5	±6.5	±10	+11/+2	+15/+2	+23/+2	+17/+8	+21/+8	+29/+8	+24/+15	+28/+15	+36/+15	+31/+22	+35/+22	+43/+22
30	40	±5.5	±8	±12	+13/+2	+18/+2	+27/+2	+20/+9	+25/+9	+34/+9	+28/+17	+33/+17	+42/+17	+37/+26	+42/+26	+51/+26
40	50	±5.5	±8	±12	+13/+2	+18/+2	+27/+2	+20/+9	+25/+9	+34/+9	+28/+17	+33/+17	+42/+17	+37/+26	+42/+26	+51/+26
50	65	±6.5	±9.5	±15	+15/+2	+21/+2	+32/+2	+24/+11	+30/+11	+41/+11	+33/+20	+39/+20	+50/+20	+45/+32	+51/+32	+62/+32
65	80	±6.5	±9.5	±15	+15/+2	+21/+2	+32/+2	+24/+11	+30/+11	+41/+11	+33/+20	+39/+20	+50/+20	+45/+32	+51/+32	+62/+32
80	100	±7.5	±11	±17	+18/+3	+25/+3	+38/+3	+28/+13	+35/+13	+48/+13	+38/+23	+45/+23	+58/+23	+52/+37	+59/+37	+72/+37
100	120	±7.5	±11	±17	+18/+3	+25/+3	+38/+3	+28/+13	+35/+13	+48/+13	+38/+23	+45/+23	+58/+23	+52/+37	+59/+37	+72/+37
120	140	±9	±12.5	±20	+21/+3	+28/+3	+43/+3	+33/+15	+40/+15	+55/+15	+45/+27	+52/+27	+67/+27	+61/+43	+68/+43	+83/+43
140	160	±9	±12.5	±20	+21/+3	+28/+3	+43/+3	+33/+15	+40/+15	+55/+15	+45/+27	+52/+27	+67/+27	+61/+43	+68/+43	+83/+43
160	180	±9	±12.5	±20	+21/+3	+28/+3	+43/+3	+33/+15	+40/+15	+55/+15	+45/+27	+52/+27	+67/+27	+61/+43	+68/+43	+83/+43
180	200	±10	±14.5	±23	+24/+4	+33/+4	+50/+4	+37/+17	+46/+17	+63/+17	+51/+31	+60/+31	+77/+31	+70/+50	+79/+50	+96/+50
200	225	±10	±14.5	±23	+24/+4	+33/+4	+50/+4	+37/+17	+46/+17	+63/+17	+51/+31	+60/+31	+77/+31	+70/+50	+79/+50	+96/+50
225	250	±10	±14.5	±23	+24/+4	+33/+4	+50/+4	+37/+17	+46/+17	+63/+17	+51/+31	+60/+31	+77/+31	+70/+50	+79/+50	+96/+50
250	280	±11.5	±16	±26	+27/+4	+36/+4	+56/+4	+43/+20	+52/+20	+72/+20	+57/+34	+66/+34	+86/+34	+79/+56	+88/+56	+108/+56
280	315	±11.5	±16	±26	+27/+4	+36/+4	+56/+4	+43/+20	+52/+20	+72/+20	+57/+34	+66/+34	+86/+34	+79/+56	+88/+56	+108/+56
315	355	±12.5	±18	±28	+29/+4	+40/+4	+61/+4	+46/+21	+57/+21	+78/+21	+62/+37	+73/+37	+94/+37	+87/+62	+98/+62	+119/+62
355	400	±12.5	±18	±28	+29/+4	+40/+4	+61/+4	+46/+21	+57/+21	+78/+21	+62/+37	+73/+37	+94/+37	+87/+62	+98/+62	+119/+62
400	450	±13.5	±20	±31	+32/+5	+45/+5	+68/+5	+50/+23	+63/+23	+86/+23	+67/+40	+80/+40	+103/+40	+95/+68	+108/+68	+131/+68
450	500	±13.5	±20	±31	+32/+5	+45/+5	+68/+5	+50/+23	+63/+23	+86/+23	+67/+40	+80/+40	+103/+40	+95/+68	+108/+68	+131/+68

注：1. * 公称尺寸小于 1 mm 时，各级的 a 和 b 均不采用。

2. 黑体字为优先公差带。

续表

r			s			t			u		v	x	y	z
5	6	7	5	6	7	5	6	7	6	7	6	6	6	6
+14 +10	+16 +10	+20 +10	+18 +14	+20 +14	+24 +14	—	—	—	+24 +18	+28 +18	—	+26 +20	—	+32 +26
+20 +15	+23 +15	+27 +15	+24 +19	+27 +19	+31 +19	—	—	—	+31 +23	+35 +23	—	+36 +28	—	+43 +35
+25 +19	+28 +19	+34 +19	+29 +23	+32 +23	+38 +23	—	—	—	+37 +28	+43 +28	—	+43 +34	—	+51 +42
+31 +23	+34 +23	+41 +23	+36 +28	+39 +28	+46 +28	—	—	—	+44 +33	+51 +33	—	+51 +40	—	+61 +50
						—	—	—			+50 +39	+56 +45	—	+71 +60
+37 +28	+41 +28	+49 +28	+44 +35	+48 +35	+56 +35	—	—	—	+54 +41	+62 +41	+60 +47	+67 +54	+76 +63	+86 +73
						+50 +41	+54 +41	+62 +41	+61 +48	+69 +48	+68 +55	+77 +64	+88 +75	+101 +88
+45 +34	+50 +34	+59 +34	+54 +43	+59 +43	+68 +43	+59 +48	+64 +48	+73 +48	+76 +60	+85 +60	+84 +68	+96 +80	+110 +94	+128 +112
						+65 +54	+70 +54	+79 +54	+86 +70	+95 +70	+97 +81	+113 +97	+130 +114	+152 +136
+54 +41	+60 +41	+71 +41	+66 +53	+72 +53	+83 +53	+79 +66	+85 +66	+96 +66	+106 +87	+117 +87	+121 +102	+141 +122	+163 +144	+191 +172
+56 +43	+62 +43	+73 +43	+72 +59	+78 +59	+89 +59	+88 +75	+94 +75	+105 +75	+121 +102	+132 +102	+139 +120	+165 +146	+193 +174	+229 +210
+66 +51	+73 +51	+86 +51	+86 +71	+93 +71	+106 +71	+106 +91	+113 +91	+126 +91	+146 +124	+159 +124	+168 +146	+200 +178	+236 +214	+280 +258
+69 +54	+76 +54	+89 +54	+94 +79	+101 +79	+114 +79	+119 +104	+126 +104	+139 +104	+166 +144	+179 +144	+194 +172	+232 +210	+276 +254	+332 +310
+81 +63	+88 +63	+103 +63	+110 +92	+117 +92	+132 +92	+140 +122	+147 +122	+162 +122	+195 +170	+210 +170	+227 +202	+273 +248	+325 +300	+390 +365
+83 +65	+90 +65	+105 +65	+118 +100	+125 +100	+140 +100	+152 +134	+159 +134	+174 +134	+215 +190	+230 +190	+253 +228	+305 +280	+365 +340	+440 +415
+86 +68	+93 +68	+108 +68	+126 +108	+133 +108	+148 +108	+164 +146	+171 +146	+186 +146	+235 +210	+250 +210	+277 +252	+335 +310	+405 +380	+490 +465
+97 +77	+106 +77	+123 +77	+142 +122	+151 +122	+168 +122	+186 +166	+195 +166	+212 +166	+265 +236	+282 +236	+313 +284	+379 +350	+454 +425	+549 +520
+100 +80	+109 +80	+126 +80	+150 +130	+159 +130	+176 +130	+200 +180	+209 +180	+226 +180	+287 +258	+304 +258	+339 +310	+414 +385	+494 +470	+604 +575
+104 +84	+113 +84	+130 +84	+160 +140	+169 +140	+186 +140	+216 +196	+225 +196	+242 +196	+313 +284	+330 +284	+369 +340	+454 +425	+549 +520	+669 +640
+117 +94	+126 +91	+146 +94	+181 +158	+190 +158	+210 +158	+241 +218	+250 +218	+270 +218	+347 +315	+367 +315	+417 +385	+507 +475	+612 +580	+742 +710
+121 +98	+130 +98	+150 +98	+198 +170	+202 +170	+222 +170	+263 +240	+272 +240	+292 +240	+382 +350	+402 +350	+457 +425	+557 +525	+682 +650	+822 +790
+133 +108	+144 +108	+165 +108	+215 +190	+226 +190	+247 +190	+293 +268	+304 +268	+325 +268	+426 +390	+447 +390	+511 +475	+626 +590	+766 +730	+936 +900
+139 +114	+150 +114	+171 +114	+233 +208	+244 +208	+265 +208	+319 +294	+330 +294	+351 +294	+471 +435	+492 +485	+566 +530	+696 +660	+856 +820	+1 036 +1 000
+153 +126	+166 +126	+189 +126	+259 +232	+272 +232	+295 +232	+357 +330	+370 +330	+393 +330	+530 +490	+553 +490	+635 +595	+780 +740	+980 +920	+1 140 +1 100
+159 +132	+172 +132	+195 +132	+279 +252	+292 +252	+315 +252	+387 +360	+400 +360	+423 +360	+580 +540	+603 +540	+700 +660	+860 +820	+1 040 +1 000	+1 290 +1 250

附表 18　孔的极限偏差

公称尺寸/mm 大于	至	A* 11	B* 11	B* 12	C 11	C 12	D 8	D 9	D 10	D 11	E 8	E 9	F 6	F 7	F 8	F 9
−	3	+330/+270	+200/+140	+240/+140	+120/+60	+160/+60	+34/+20	+45/+20	+60/+20	+80/+20	+28/+14	+39/+14	+12/+6	+16/+6	+20/+6	+31/+6
3	6	+345/+270	+215/+140	+260/+140	+145/+70	+190/+70	+48/+30	+60/+30	+78/+30	+105/+30	+38/+20	+50/+20	+18/+10	+22/+10	+28/+10	+40/+10
6	10	+370/+280	+240/+150	+300/+150	+170/+80	+230/+80	+62/+40	+76/+40	+98/+40	+130/+40	+47/+25	+61/+25	+22/+13	+28/+13	+35/+13	+49/+13
10	14	+400/+290	+260/+150	+330/+150	+205/+95	+275/+95	+77/+50	+93/+50	+120/+50	+160/+50	+59/+32	+75/+32	+27/+16	+34/+16	+43/+16	+59/+16
14	18	+400/+290	+260/+150	+330/+150	+205/+95	+275/+95	+77/+50	+93/+50	+120/+50	+160/+50	+59/+32	+75/+32	+27/+16	+34/+16	+43/+16	+59/+16
18	24	+430/+300	+290/+160	+370/+160	+240/+110	+320/+110	+98/+65	+117/+65	+149/+65	+195/+65	+73/+40	+92/+40	+33/+20	+41/+20	+53/+20	+72/+20
24	30	+430/+300	+290/+160	+370/+160	+240/+110	+320/+110	+98/+65	+117/+65	+149/+65	+195/+65	+73/+40	+92/+40	+33/+20	+41/+20	+53/+20	+72/+20
30	40	+470/+310	+330/+170	+420/+170	+280/+120	+370/+120	+119/+80	+142/+80	+180/+80	+240/+80	+89/+50	+112/+50	+41/+25	+50/+25	+64/+25	+87/+25
40	50	+480/+320	+340/+180	+430/+180	+290/+130	+380/+130	+119/+80	+142/+80	+180/+80	+240/+80	+89/+50	+112/+50	+41/+25	+50/+25	+64/+25	+87/+25
50	65	+530/+340	+380/+190	+490/+190	+330/+140	+440/+140	+146/+100	+174/+100	+220/+100	+290/+60	+106/+60	+134/+60	+49/+30	+60/+30	+76/+30	+104/+30
65	80	+550/+360	+390/+200	+500/+200	+340/+150	+450/+150	+146/+100	+174/+100	+220/+100	+290/+60	+106/+60	+134/+60	+49/+30	+60/+30	+76/+30	+104/+30
80	100	+600/+380	+440/+220	+570/+220	+390/+170	+520/+170	+174/+120	+207/+120	+260/+120	+340/+120	+126/+72	+159/+72	+58/+36	+71/+36	+90/+36	+123/+36
100	120	+630/+410	+460/+240	+590/+240	+400/+180	+530/+180	+174/+120	+207/+120	+260/+120	+340/+120	+126/+72	+159/+72	+58/+36	+71/+36	+90/+36	+123/+36
120	140	+710/+460	+510/+260	+660/+260	+450/+200	+600/+200	+208/+145	+245/+145	+305/+145	+395/+145	+148/+85	+185/+85	+68/+43	+83/+43	+106/+43	+143/+43
140	160	+770/+520	+530/+280	+680/+280	+460/+210	+610/+210	+208/+145	+245/+145	+305/+145	+395/+145	+148/+85	+185/+85	+68/+43	+83/+43	+106/+43	+143/+43
160	180	+830/+580	+560/+310	+710/+310	+480/+230	+630/+230	+208/+145	+245/+145	+305/+145	+395/+145	+148/+85	+185/+85	+68/+43	+83/+43	+106/+43	+143/+43
180	200	+950/+660	+630/+340	+800/+340	+530/+240	+700/+240	+242/+170	+285/+170	+355/+170	+460/+170	+172/+100	+215/+100	+79/+50	+96/+50	+122/+50	+165/+50
200	225	+1 030/+740	+670/+380	+840/+380	+550/+260	+720/+260	+242/+170	+285/+170	+355/+170	+460/+170	+172/+100	+215/+100	+79/+50	+96/+50	+122/+50	+165/+50
225	250	+1 110/+820	+710/+420	+880/+420	+570/+280	+740/+280	+242/+170	+285/+170	+355/+170	+460/+170	+172/+100	+215/+100	+79/+50	+96/+50	+122/+50	+165/+50
250	280	+1 240/+920	+800/+480	+1 000/+480	+620/+300	+820/+300	+271/+190	+320/+190	+400/+190	+510/+190	+191/+110	+240/+110	+88/+56	+108/+56	+137/+56	+186/+56
280	315	+1 370/+1 050	+860/+540	+1 060/+540	+650/+330	+850/+330	+271/+190	+320/+190	+400/+190	+510/+190	+191/+110	+240/+110	+88/+56	+108/+56	+137/+56	+186/+56
315	355	+1 560/+1 200	+960/+600	+1 170/+600	+720/+360	+930/+360	+299/+210	+350/+210	+440/+210	+570/+210	+214/+125	+265/+125	+98/+62	+119/+62	+151/+62	+202/+62
355	400	+1 710/+1 350	+1 040/+680	+1 250/+680	+760/+400	+970/+400	+299/+210	+350/+210	+440/+210	+570/+210	+214/+125	+265/+125	+98/+62	+119/+62	+151/+62	+202/+62
400	450	+1 900/+1 500	+1 160/+760	+1 390/+760	+840/+440	+1 070/+440	+327/+230	+385/+230	+480/+230	+630/+230	+232/+135	+290/+135	+108/+68	+131/+68	+165/+68	+223/+68
450	500	+2 050/+1 650	+1 240/+840	+1 470/+840	+880/+480	+1 110/+488	+327/+230	+385/+230	+480/+230	+630/+230	+232/+135	+290/+135	+108/+68	+131/+68	+165/+68	+223/+68

（摘自 GB/T 1800.2—2020）　　　　　　　　　　　　　　　　　　　　　　μm

G		H							JS			K		
6	7	6	7	8	9	10	11	12	6	7	8	6	7	8
+8 +2	+12 +2	+6 0	+10 0	+14 0	+25 0	+40 0	+60 0	+100 0	±3	±5	±7	0 −6	0 −10	0 −14
+12 +4	+16 +4	+8 0	+12 0	+18 0	+30 0	+48 0	+75 0	+120 0	±4	±6	±9	+2 −6	+3 −9	+5 −13
+14 +5	+20 +5	+9 0	+15 0	+22 0	+36 0	+58 0	+90 0	+150 0	±4.5	±7	±11	+2 −7	+5 −10	+6 −16
+17 +6	+24 +6	+11 0	+18 0	+27 0	+43 0	+70 0	+110 0	+180 0	±5.5	±9	±13	+2 −9	+6 −12	+8 −19
+20 +7	+28 +7	+13 0	+21 0	+33 0	+52 0	+84 0	+130 0	+210 0	±6.5	±10	±16	+2 −11	+6 −15	+10 −23
+25 +9	+34 +9	+16 0	+25 0	+39 0	+62 0	+100 0	+160 0	+250 0	±8	±12	±19	+3 −13	+7 −18	+12 −27
+29 +10	+40 +10	+19 0	+30 0	+46 0	+74 0	+120 0	+190 0	+300 0	±9.5	±15	±23	+4 −15	+9 −21	+14 −32
+34 +12	+47 +12	+22 0	+35 0	+54 0	+87 0	+140 0	+220 0	+350 0	±11	±17	±27	+4 −18	+10 −25	+16 −38
+39 +14	+54 +14	+25 0	+40 0	+63 0	+100 0	+160 0	+250 0	+400 0	±12.5	±20	±31	+4 −21	+12 −28	+20 −43
+44 +15	+61 +15	+29 0	+46 0	+72 0	+115 0	+185 0	+290 0	+460 0	±14.5	±23	±36	+5 −24	+13 −33	+22 −50
+49 +17	+69 +17	+32 0	+52 0	+81 0	+130 0	+210 0	+320 0	+520 0	±16	±26	±40	+5 −27	+16 −36	+25 −56
+54 +18	+75 +18	+36 0	+57 0	+89 0	+140 0	+230 0	+360 0	+570 0	±18	±28	±44	+7 −29	+17 −40	+28 −61
+60 +20	+83 +20	+40 0	+63 0	+97 0	+155 0	+250 0	+400 0	+630 0	±20	±31	±48	+8 −32	+18 −45	+29 −68

公称尺寸/mm		M			N			P	
大于	至	6	7	8	6	7	8	6	7
—	3	−2 / −8	−2 / −12	−2 / −16	−4 / −10	**−4 / −14**	−4 / −18	−6 / −12	**−6 / −16**
3	6	−1 / −9	0 / −12	+2 / −16	−5 / −13	**−4 / −16**	−2 / −20	−9 / −17	**−8 / −20**
6	10	−3 / −12	0 / −15	+1 / −21	−7 / −16	**−4 / −19**	−3 / −25	−12 / −21	**−9 / −24**
10	14	−4 / −15	0 / −18	+2 / −25	−9 / −20	**−5 / −23**	−3 / −30	−15 / −26	**−11 / −29**
14	18								
18	24	−4 / −17	0 / −21	+4 / −29	−11 / −24	**−7 / −28**	−3 / −36	−18 / −31	**−14 / −35**
24	30								
30	40	−4 / −20	0 / −25	+5 / −34	−12 / −28	**−8 / −33**	−3 / −42	−21 / −37	**−17 / −42**
40	50								
50	65	−5 / −24	0 / −30	+5 / −41	−14 / −33	**−9 / −39**	−4 / −50	−26 / −45	**−21 / −51**
65	80								
80	100	−6 / −28	0 / −35	+6 / −48	−16 / −38	**−10 / −45**	−4 / −58	−30 / −52	**−24 / −59**
100	120								
120	140	−8 / −33	0 / −40	+8 / −55	−20 / −45	**−12 / −52**	−4 / −67	−36 / −61	**−28 / −68**
140	160								
160	180								
180	200	−8 / −37	0 / −46	+9 / −63	−22 / −51	**−14 / −60**	−5 / −77	−41 / −70	**−33 / −79**
200	225								
225	250								
250	280	−9 / −41	0 / −52	+9 / −72	−25 / −57	**−14 / −66**	−5 / −86	−47 / −79	**−36 / −88**
280	315								
315	355	−10 / −46	0 / −57	+11 / −78	−26 / −62	**−16 / −73**	−5 / −94	−51 / −87	**−41 / −98**
355	400								
400	450	−10 / −50	0 / −63	+11 / −86	−27 / −67	**−17 / −80**	−6 / −103	−55 / −95	**−45 / −108**
450	500								

注：1. * 公称尺寸小于 1 mm 时，各级的 A 和 B 均不采用。

2. 黑体字为优先公差带。

R		S		T		U
6	7	6	7	6	7	7
−10 −16	−10 −20	−14 −20	**−14** **−24**	—	—	**−18** **−28**
−12 −20	−11 −23	−16 −24	**−15** **−27**	—	—	**−19** **−31**
−16 −25	−13 −28	−20 −29	**−17** **−32**	—	—	**−22** **−37**
−20 −31	−16 −34	−25 −36	**−21** **−39**	—	—	**−26** **−44**
−24 −37	−20 −41	−31 −44	**−27** **−48**	— −37 −50	— −33 −54	**−33** **−54** **−40** **−61**
−29 −45	−25 −50	−38 −54	**−34** **−59**	−43 −59 −49 −65	−39 −64 −45 −70	**−51** **−76** **−61** **−86**
−35 −54	−30 −60	−47 −66	**−42** **−72**	−60 −79	−55 −85	**−76** **−106**
−37 −56	−32 −62	−53 −72	**−48** **−78**	−69 −88	−64 −94	**−91** **−121**
−44 −66	−38 −73	−64 −86	**−58** **−93**	−84 −106	−78 −113	**−111** **−146**
−47 −69	−41 −76	−72 −94	**−66** **−101**	−97 −119	−91 −126	**−131** **−166**
−56 −81	−48 −88	−85 −110	**−77** **−117**	−115 −140	−107 −147	**−155** **−195**
−58 −83	−50 −90	−93 −118	**−85** **−125**	−127 −152	−119 −159	**−175** **−215**
−61 −86	−53 −93	−101 −126	**−93** **−133**	−139 −164	−131 −171	**−195** **−235**
−68 −97	−60 −106	−113 −142	**−105** **−151**	−157 −186	−149 −195	**−219** **−265**
−71 −100	−63 −109	−121 −150	**−113** **−159**	−171 −200	−163 −209	**−241** **−287**
−75 −104	−67 −113	−131 −160	**−123** **−169**	−187 −216	−179 −225	**−267** **−313**
−85 −117	−74 −126	−149 −181	**−138** **−190**	−209 −241	−198 −250	**−295** **−347**
−89 −121	−78 −130	−161 −193	**−150** **−202**	−231 −263	−220 −272	**−330** **−382**
−97 −133	−87 −144	−179 −215	**−169** **−226**	−257 −293	−247 −304	**−369** **−426**
−103 −139	−93 −150	−197 −233	**−187** **−244**	−283 −319	−273 −330	**−414** **−471**
−113 −153	−103 −166	−219 −259	**−209** **−272**	−317 −357	−307 −370	**−467** **−530**
−119 −159	−109 −172	−239 −279	**−229** **−292**	−347 −387	−337 −400	**−517** **−580**

参考文献

［1］史艳红.机械制图.3 版.北京：高等教育出版社，2018.

［2］胡建生.机械制图.2 版.北京：机械工业出版社，2021.

［3］李芬.机械制图及计算机绘图.武汉：华中科技大学出版社，2012.

［4］彭晓兰.机械制图.2 版.南昌：江西高校出版社，2018.

［5］刘力，王冰.机械制图.5 版.北京：高等教育出版社，2019.

［6］李澄，吴天生，闻百桥.机械制图.4 版.北京：高等教育出版社，2013.

［7］周鹏翔，何文平.工程制图.5 版.北京：高等教育出版社，2020.

［8］王槐德.机械制图新旧标准代换教程.3 版.北京：中国标准出版社，2017.

郑重声明

高等教育出版社依法对本书享有专有出版权。任何未经许可的复制、销售行为均违反《中华人民共和国著作权法》，其行为人将承担相应的民事责任和行政责任；构成犯罪的，将被依法追究刑事责任。为了维护市场秩序，保护读者的合法权益，避免读者误用盗版书造成不良后果，我社将配合行政执法部门和司法机关对违法犯罪的单位和个人进行严厉打击。社会各界人士如发现上述侵权行为，希望及时举报，我社将奖励举报有功人员。

反盗版举报电话 （010）58581999　58582371

反盗版举报邮箱　dd@hep.com.cn

通信地址　北京市西城区德外大街 4 号　高等教育出版社法律事务部

邮政编码　100120

读者意见反馈

为收集对教材的意见建议，进一步完善教材编写并做好服务工作，读者可将对本教材的意见建议通过如下渠道反馈至我社。

咨询电话　400-810-0598

反馈邮箱　gjdzfwb@pub.hep.cn

通信地址　北京市朝阳区惠新东街 4 号富盛大厦 1 座

　　　　　高等教育出版社总编辑办公室

邮政编码　100029

防伪查询说明

用户购书后刮开封底防伪涂层，使用手机微信等软件扫描二维码，会跳转至防伪查询网页，获得所购图书详细信息。

防伪客服电话 （010）58582300